黑龙江省精品图书出版工程
“十四五”时期国家重点出版物出版专项规划项目
先进制造理论研究与工程技术系列

无人船状态估计和路径跟踪控制

林孝工　丁福光　赵大威　著

哈爾濱工業大學出版社

内 容 简 介

本书介绍了无人船状态估计和路径跟踪控制方法，重点对无人船非线性状态估计及数据融合方法、无人船路径跟踪控制方法两部分内容进行了深入研究。主要内容包括互相关噪声下的容积卡尔曼滤波算法、变分贝叶斯－变结构滤波器、基于容积规则的容积混合卡尔曼滤波算法、基于多回归型支持向量机模型的多传感器融合算法、基于估计器的路径跟踪自适应模糊控制器、基于有限时间路径跟踪鲁棒控制器、基于速度观测值的 LOS 导引律和鲁棒输出反馈控制器等。本书是关于无人船控制系统方面的专业著作，总结了作者近几年研究的最新成果，力求反映该领域的最新研究思想、观点和内容，推动该领域的研究不断发展。

本书可作为船舶与海洋工程领域科学工作者和工程技术人员的参考书，也可供自动控制类和海洋工程专业的高校师生使用，同时也适合对无人船控制感兴趣的专业人员阅读参考。

图书在版编目(CIP)数据

无人船状态估计和路径跟踪控制/林孝工，丁福光，赵大威著. 一哈尔滨：哈尔滨工业大学出版社，2022.10
ISBN 978-7-5603-8579-2

Ⅰ.①无… Ⅱ.①林…②丁…③赵… Ⅲ.①无人驾驶一船舶一运动控制一研究 Ⅳ.①U675.7

中国版本图书馆 CIP 数据核字(2019)第 242716 号

策划编辑 王桂芝
责任编辑 王会丽
出版发行 哈尔滨工业大学出版社
社 址 哈尔滨市南岗区复华四道街 10 号 邮编 150006
传 真 0451-86414749
网 址 http://hitpress.hit.edu.cn
印 刷 哈尔滨市工大节能印刷厂
开 本 787 mm×1 092 mm 1/16 印张 14.5 字数 340 千字
版 次 2022 年 10 月第 1 版 2022 年 10 月第 1 次印刷
书 号 ISBN 978-7-5603-8579-2
定 价 58.00 元

前　言

欠驱动无人船(简称无人船)作为一种水面运动平台,具有响应速度快、运动灵活的特点。一方面,它可以通过控制模块来实现远程操控;另一方面,它还可实现自主巡航,应用范围非常广泛。无人船的这些特点,使它成为各国科研人员研究的热点与焦点。无论是应用于军事还是民用,其最根本功能就是要实现自主巡航,而航迹控制技术是解决无人船路径跟踪和自主巡航等问题的前提。由于海洋环境复杂多变,实际系统中的加性噪声干扰通常更加符合相关有色噪声的特性。因此,针对具有加性相关有色噪声干扰、系统模型参数不确定性以及乘性噪声干扰的无人船非线性系统,研究相应的无人船非线性状态估计及融合算法具有重要的实际意义。

本书以无人船为研究对象,重点研究两方面的内容。

(1)无人船非线性状态估计及数据融合方法的研究。针对无人船加性测量噪声和加性状态噪声具有一步自相关和两步互相关性,分别研究了加性互相关噪声下无人船单自由度直航状态估计方法以及三自由度非线性状态估计方法。针对无人船参数不确定性,提出了容积平滑变结构滤波及平方根容积平滑变结构滤波算法;针对无人船加性测量噪声统计特性未知的情形,提出了变分贝叶斯一变结构滤波器,提高了变结构滤波器中平滑边界层的精度;针对无人船测量值随机丢失及加性有色噪声干扰,提出了基于容积规则的容积混合卡尔曼滤波算法,解决了测量值随机丢失和加性有色噪声下的无人船非线性状态估计问题。针对多传感器系统,提出了基于多回归型支持向量机模型的多传感器融合算法,解决了乘性噪声下的非线性状态估计及融合问题。

(2)无人船路径跟踪控制方法的研究。其目的是提高干扰下无人船状态估计精度,改善船舶路径跟踪的控制性能。针对模型不确定性、未知外界环境干扰、时变侧滑及时变海流条件下的无人船路径跟踪控制问题,提出了基于改进视线导引律的自适应模糊路径跟踪控制方法;针对执行器输入受限以及跟踪误差受限条件下的无人船路径跟踪控制问题,提出了路径跟踪抗饱和鲁棒控制方法;针对速度测量值未知条件下的无人船路径跟踪控制问题,提出了路径跟踪抗饱和输出反馈控制方法。

本书是作者近年来对无人船及其相关领域研究成果的积累和总结，目的是向读者传达设计无人船控制器系统所需的知识，使读者具备对无人船控制系统设计及使用的能力。因此，本书适合船舶操纵人员、船舶设计人员和研究开发者阅读。本书按照无人船非线性状态估计及数据融合、无人船路径跟踪控制两部分进行编排，着重阐释了理论知识及其与实际应用的关系，侧重于介绍偏理论研究的技术问题。

本书的主要内容由哈尔滨工程大学林孝工、丁福光、赵大威共同完成，同时也有研究所研究生的贡献和支持，在此对焦玉召博士、聂君博士等表示感谢。

限于作者水平，书中难免存在疏漏及不足之处，敬请读者指正。

作　者

2022 年 7 月

目　录

第1章 绪　论

本章要点：本章介绍无人船系统研究的意义和作用，状态估计及融合理论技术发展，船舶非线性状态估计及融合技术发展，无人船运动控制研究现状和路径跟踪控制研究现状，最后介绍本书的主要研究内容与组织结构。

1.1 研究的意义和作用

无人船作为一种水面运动平台，具有响应速度快和运动灵活的特点。一方面，它可以通过控制模块来实现远程操控；另一方面，它还可实现自主巡航，应用范围非常广泛。无人船的这些特点，使它成为各国科研人员研究的热点与焦点。在军事方面，由于现代信息设备的不断革新，具有隐蔽性好和高战略渗透能力的无人船在西方发达国家越来越受到重视，他们期望将无人船与无人水下航行器、无人地面平台及无人机平台相互结合，构建四位一体多维度、高精度的无人作战平台。无人作战平台所具有的侦察、监视、情报收集、准确打击等技术优势，将会成为未来国际战争中实现零伤亡的重要军事手段。无人船不仅应用在军事方面，而且也应用在民用方面。水资源是人类最重要的自然资源，是人类赖以生存和发展的基本条件，我国作为世界人口大国，水质的监测对水环境的保护以及维护水环境健康方面起着至关重要的作用，而无人船具有自主航行、自主避障等特点，常常被用来作为国家水利水质监测和漂浮物清理的载具，具有很高的实际应用价值。

无论应用于军事还是民用，无人船最根本的功能就是要实现自主巡航，而航迹控制技术是解决无人船路径跟踪和自主巡航等问题的前提。无人船在航行环境中会受到一些不确定性干扰的影响，如水面上风、浪、流以及航行环境中的综合扰动，这使得无人船的运动惯性较大，且具有非线性、时滞性等特性。另外，船舶行驶中不断变化的航速与所载设备质量的变化等会导致运动模型参数在一定范围内变化，也会影响到无人船航迹的准确性。因此船舶航迹控制的快速性和抗干扰性将是设计无人船航迹控制器的参考因素和重要指标。

无人船需要实现的基本功能有艏向控制、目标追踪、直线循迹和曲线循迹等，而这些功能的实现都离不开船舶精确的导航和制导系统。无人船信息测量系统主要包括卫星导航单元、电罗经、惯性测量单元(Inertial Measurement Unit，IMU)等。测量系统的作用是通过导航设备和必要的传感器对船舶北向位置、东向位置、艏向角、纵荡速度、横荡速度和回转率进行测量，并利用合适的状态估计及融合方法对测量值进行处理，使其能够较好地估计出船舶真实的状态信息。

为了估计出无人船精确的北向位置、东向位置、艏向角、纵荡速度、横荡速度和回转率等信息，常用的状态估计及融合方法一般都假设系统是理想环境下的系统，即假设系统噪声干扰满足独立高斯白噪声的统计特性;又假设可以精确地知道系统状态模型参数和测量模型参数;同时也假设状态估计器可以及时准确地接收到传感器单元采集到的测量值。然而对于实际的无人船,由于复杂的海洋环境、电磁干扰以及传感器故障等,以上这些假设通常是不容易实现的。由于海洋环境复杂多变,实际系统中的加性噪声干扰通常更加符合相关有色噪声的特性,即加性噪声之间存在相关性;同时由于实际中的系统模型不是非常精确的,因此系统具有模型参数不确定性、加性测量噪声统计特性未知及乘性噪声等干扰,而且测量数据在传输过程中也会存在测量值随机丢失现象。因此,针对具有加性相关有色噪声干扰、系统模型参数不确定性及乘性噪声干扰的无人船非线性系统,研究相应的无人船非线性状态估计及融合方法具有重要的实际意义。

目前,大多数的无人船基于空间体积限制、水动力性能优化、减轻船体质量及提高经济效益等因素的考虑,其主要推进装置和转向操纵设备为螺旋桨推进器和舵,而不配备横向推进装置(也称侧推),但是却需要控制船舶在水平面上的三个自由度运动,因此它是一种典型的欠驱动系统。对欠驱动无人船(Underactuated marine Surface Vessel, USV)(简称无人船)的研究,有助于减少船舶执行器的数量,简化船舶机械结构的设计,节约系统研发和运行成本。无人船运动控制的研究还可以提高船舶航行的安全性,全驱动配置的船舶可能因为执行机构发生故障而在瞬间变为欠驱动系统,如果配备了欠驱动控制策略,即使横向推进器发生了故障,依旧可以使用剩下的推进器进行控制,提高了船舶的安全性,因此具有重要的实用价值。图 1.1 所示为无人船海上巡逻,图 1.2 所示为无人船探测水下地形地貌。

图 1.1 无人船海上巡逻

图 1.2 无人船探测水下地形地貌

首先,由于无人船没有安装侧向推进器,更容易遭受复杂外界环境的影响,船舶容易发生侧滑,因此船舶航向角和实际运动方向不相等,侧滑角会放大路径跟踪误差,甚至破坏系统的稳定性,并且海流对无人船运动学模型的影响不容忽视,会导致船舶漂移,进而使位置和速度发生变化,此时,船舶就会偏离期望航线和航向,不利于跟踪任务的完成;其次,无人船在狭窄的航道航行时,船舶的航线应该限制在航道两侧界限范围内,跟踪误差不能有较大的抖动,如果不考虑此问题,无人船容易碰撞航道,甚至造成人员伤亡;然后,无人船的执行器输入饱和是客观存在的问题,因为执行机构都存在物理限制,所能提供的力和力矩都是有限的,如果控制律超出执行器所能提供的力和力矩时,容易造成执行器机械磨损,减少使用寿命,同时也会影响系统的控制性能,甚至造成系统不稳定;最后,在实际工程中，无人船的空间限制、技术不足、成本约束和传感器故障等因素的存在，会导致船舶的速度测量值不可用或者速度测量值存在较大的误差，因此，船舶的状态信息会存在不完全可用的情况。

综上所述，本书重点研究两方面的内容：一是无人船的非线性状态估计及数据融合方法研究；二是无人船路径跟踪控制方法研究，主要是为了提高干扰下无人船状态估计精度，改善船舶路径跟踪的控制性能，提高船舶系统的抗干扰能力以及路径跟踪精度。

1.2　状态估计及融合理论技术发展

估计理论是从一系列的测量值中估计出所需状态的一种推理方法。最早出现的估计方法是数学家高斯(Gauss)提出的最小二乘法，由于没有考虑被估计参数和测量数据的统计特性，因此是一种次优估计算法。随后费舍尔(Fisher)从概率论角度出发，提出了极大似然估计，极大地推动了估计理论的发展。而维纳(Wiener)将统计估计方法引入随机控制中，并提出了一种在频域中使用的滤波器，即 Wiener 滤波器。Wiener 滤波器是频域中针对平稳高斯信号的最小二乘滤波器，Wiener 滤波在通信、信号处理和图像滤波等领域仍有着十分重要的作用，缺点是只适用于平稳信号。

1960 年卡尔曼(Kalman)在其开创性工作中阐述线性离散系统滤波的递归解法，即给出了线性 Kalman 滤波(Kalman Filter，KF)算法。与 Wiener 滤波相比，KF 算法采用状态空间方法描述系统，是一种时域滤波方法，具有结构简单、数据存储量小的特点，二者基本原理相同，KF 算法可看作 Wiener 滤波在时域中的一种推广形式。正是由于 KF 算法的这些优点，使其在工程实践中得到了较好的应用，并已成功应用于阿波罗飞船和 C-5A飞机导航。

在 Kalman 发展线性 Kalman 滤波理论的同时，俄罗斯的 Stratonovich 也从概率角度出发对贝叶斯估计方法进行着开创性研究。贝叶斯学派学者们也进行了类似于 KF 的递归估计器设计。贝叶斯推理按照所研究对象的模型划分，可分为两种，第一种是当传感器测量值含有噪声和随机干扰时，对于系统恒定参数的估计，此类估计又称为 Fisher 估计；第二种是当传感器测量值含有噪声和随机干扰，并且待估计参数具有随机性，则在已知先验概率的情况下，对于系统参数的估计，此类估计方法被称为贝叶斯估计。虽然 Kalman 滤波最初的推导是基于最小二乘法，但是贝叶斯方法也可推导出相同的公式，二者推导结果具有等价关系，因而 Kalman 滤波仍属于贝叶斯估计的范畴。

若系统概率密度函数满足高斯分布，则由前两阶矩的递归即可得系统的最优状态估计。KF 算法是一种特殊的线性高斯滤波算法。但是在实际系统中，系统一般是非线性的。1970 年，Senne 在其论文中阐述了解析线性化 Kalman 滤波算法，使用一阶泰勒多项式逼近非线性函数推导出了扩展 Kalman 滤波(Extended Kalman Filter，EKF)算法，EKF 算法与 KF 算法具有相同的估计框架，但非线性系统雅可比矩阵(Jacobi Matrix)的计算，使得估计过程计算量大，且有一定线性化误差。同理，对于强非线性系统，Mahalanabis 通过计算黑塞矩阵(Hessian Matrix)，提出二阶扩展 Kalman 滤波(Second Order Extended Kalman Filter，SOEKF)算法，却同样无法克服 EKF 算法的缺点。但是由于 EKF 计算方法简单，因此目前在无人船舶系统中，船舶状态估计方法仍然大多采用 EKF 技术。

1995 年 Schei 首次提出，在非线性估计算法中利用中心差分实现线性化，由于仅在状态和协方差预测中替代了 Jacobi 矩阵，因此仅状态预测精度高于 EKF 的状态预测精度。2000 年，出现了一种使用斯特林插值公式（Stirling Interpolation Formula，SIF）来代替非线性函数的多项式逼近方法，该方法能够保持状态和协方差预测的高阶项，因而具有更高的估计精度，随后 Xiong 和 Wu 等人进一步完善了有限差分滤波算法。除了有限差分逼近法，另一种非线性状态估计的线性化逼近方法是 Sigma 点 Kalman 滤波算法，该方法通过离散向量点来逼近高斯分布。例如无迹 Kalman 滤波（Unscented Kalman Filter，UKF）算法，是一种基于无迹变换（Unscented Transform，UT）的 Sigma 点 Kalman 滤波方法，估计精度高于 EKF 算法，但同样需要较多的向量点，容易发生维数灾难。为解决这个问题，Arasaratnam 在 2009 年提出基于径向基（Spherical-Radial，SR）规则计算贝叶斯估计中的非线性积分的方法，即得到了容积 Kalman 滤波（Cubature Kalman Filter，CKF）算法，CKF 算法利用了高斯加权积分的对称性质，减少了状态估计的计算负载，且对于高维系统具有更高状态估计精度。同时为保证算法的稳定性，研究了平方根滤波算法，平方根滤波算法可以使状态协方差矩阵保持对称性和正定性，抑制了滤波发散，是一种稳定的滤波方法，且已经在状态估计方面得到了广泛应用。

若系统概率密度函数不满足高斯分布，那么基于序贯蒙特卡洛（Sequential Monte Carlo，SMC）方法可以求解一些一般形式的解析概率密度函数，SMC 方法更适用于一般化的状态空间模型的后验推理。目前发展较为完善的是粒子滤波（Particle Filter，PF）算法。同时为解决粒子传递过程中易发生的退化现象，又出现了各种粒子滤波的改进形式，例如自举粒子滤波（Bootstrap Particle Filter，BPF）算法、最优粒子滤波（Optimal Particle Filter，OPF）算法和辅助粒子滤波（Auxiliary Particle Filter，APF）算法等。但其仍有不足之处，例如 BPF 算法重采样时，不使用当前时刻的测量值。因而易受方差和突然出现的不稳定性的影响，同时所有序贯重要性采样（Sequential Importance Sampling，SIS）粒子滤波器都需要重采样和移动步骤，且不能并行处理，增加了计算负荷。APF 算法需要在每个时间点对每一个粒子使用高斯滤波，增加了计算负荷。另外，不使用递归权值更新的广义蒙特卡洛粒子滤波（Generalized Monte Carlo Particle Filter，GMCPF）算法也得到了广泛研究，理论上粒子数量越多，概率密度函数的非线性拟合效果越好，因而实际中为提高概率密度非线性拟合的精度，往往需要增加粒子数量，这将进一步增加计算负荷。

以上状态估计算法均是基于标准系统模型展开的，对于各种不满足理想假设下的系统，也有了相应的鲁棒滤波算法，例如以上常用的估计方法一般都假设系统噪声干扰满足独立高斯白噪声的统计特性，但由于复杂环境的干扰，加性状态噪声更加符合相关有色噪声的统计特性，因而有了以下研究：概率密度函数满足高斯分布且具有互相关噪声的高斯近似递归滤波算法；噪声异步互相关下的非线性高斯滤波算法；相关噪声下的 CKF 算法；互相关噪声下的最优 KF 融合算法；互相关噪声下的 UKF 算法；一步互相关噪声下的非线性滤波；具有有色噪声干扰下的容积信息滤波器以及分布式融合算法；针对多传感器测量系统的不同传感器组噪声之间以及与系统噪声之间同时具有互相关噪声情形下的滤波及对应的分布式融合算法，进一步扩展了具有噪声干扰下的滤波理论。

但以上算法仅研究了一步互相关下的滤波算法，由于状态之间的递推关系，因此加性状态噪声之间具有互相关性；同时测量值是由系统状态值获得的，因而加性测量噪声之间也具有互相关性；并且传感器单元和系统工作于同一工作环境中，因而系统加性状态噪声和加性测量噪声之间也存在互相关性，故研究中假设系统存在一步自相关和两步互相关性，并在此基础上研究了线性系统滤波算法。而实际系统大多是非线性的，且对同时具有自相关和互相关噪声的非线性系统状态估计算法缺乏研究。

噪声干扰的另一个特点是噪声协方差和统计特性难以获得，针对此类情况，研究者们进行了以下研究：具有未知噪声协方差的线性状态估计方法；利用变分学习法来估计噪声统计特性的非线性噪声自适应 Kalman 滤波器；改进的变分贝叶斯噪声自适应滤波算法；具有噪声估计器的平方根容积 Kalman 滤波器；系统噪声协方差未知的平滑贝叶斯滤波算法；未知测量噪声统计特性下的鲁棒混合状态估计。这些算法可以很好地解决噪声协方差未知带来的影响，但是针对模型不确定性和未知协方差的非线性系统还没有合适的估计算法。

若已知精确系统模型，基于 Kalman 滤波算法具有较好的估计效果，然而由于实际系统参数不确定性或噪声干扰的随机性，Kalman 滤波算法可能会发散。故 Habibi S R 将滑模概念引入滤波增益计算中，提出变结构滤波（Variable Structure Filter，VSF）算法。VSF 算法是一种基于不确定模型的滤波算法。若引入平滑边界层（Smooth Boundary Layer，SBL），则得具有固定平滑边界层的平滑变结构滤波（Smoothing Variable Structure Filter，SVSF）算法。由于实际系统的干扰和不确定性具有随机性，令估计误差协方差对平滑边界层求偏导，可得近似最优平滑边界层（Optimal Smooth Boundary Layer，OSBL）。Gadsden S A 将边界层扩展为全矩阵形式，得到具有最优平滑边界层的平滑变结构滤波算法。模型不确定时，SVSF 算法是一种有效的滤波算法，但仍具有一定局限性：①要求系统方程是适度非线性且可微，需计算系统的 Jacobi 矩阵；②受计算机字长限制，累计误差易使协方差失去对称性和非负定性，从而使得滤波发散。

与此同时，针对具有测量延迟或测量损失的非标准模型，基于标准的 KF 算法框架，分别出现了对应的鲁棒 Kalman 滤波算法，但这些改进算法都要求系统是线性的。而对非线性系统，研究者们进行了以下研究：对存在随机非线性干扰和多个测量数据丢失的问题，提出了改进的 EKF 算法；对具有衰退测量非线性传感器网络的问题，提出了改进的 UKF 算法；对具有不确定测量的问题，提出了非线性状态估计算法。对多传感器系统存在相关丢失测量的状态估计问题展开研究，提出了一种信息融合算法；通过引入新的参数来处理测量延时和丢包问题。但这些算法仍有一些不足之处，如只考虑状态噪声与测量噪声之间的同步互相关性，而没有考虑相邻采样时刻之间的互相关性。

在自动控制、导航、通信和工业生产领域，常常需要通过多传感器测量数据来对系统的状态参数做出评估，因而将估计理论与多传感器相结合的多传感器信息融合算法得到了普遍的关注。这方面最具有代表性的是麻省理工学院（Massachusetts Institute Technology，MIT）的 Willsky 教授于 1989 年提出的多尺度系统估计理论，随后 Willsky 进一步完善了多尺度理论，提出基于小波变换的多尺度数据融合算法；而 Hong 利用多尺度理论研究了不同采样速率下的状态估计问题，将多传感器融合问题转化为单一尺度上的状态估计问题，极大地丰富了多传感器状态估计理论；同时西北工业大学潘泉利用Haar小波变换构造状态在各尺度上的投影关系，然后基于构造的系统模型，将多传感器多尺度融合问题转化为Kalman滤波问题；Zhang进一步将Haar小波推广到任意小波，使算法更具有一般性；黑龙江大学的邓自立在其专著中研究了多传感器最优估计理论及应用；杭州电子科技大学文成林在其专著中研究了多尺度估计理论及应用，建立了多尺度估计理论框架；清华大学的闫丽萍在其专著中较为系统地总结了他们近年来在多传感器多速率融合方面的研究成果；Sun S研究了随机不确定性多传感器网络中，多测量丢失速率下最优估计问题。近年来，随着多传感器估计技术的发展，将模糊理论、神经网络、粗糙集、支持向量机及小波变换等结合起来的多传感器估计理论是未来的一个重要发展趋势。

综上，尽管理想假设情况下的非线性状态估计及融合算法已经得到相当多的研究，但是针对相关有色噪声、参数不确定性及乘性噪声干扰下的非线性状态估计及融合算法仍有很多问题亟待解决，因而仍需继续研究干扰下的非线性状态估计及融合理论，提高无人船传感器数据处理的能力。

1.3 船舶非线性状态估计及融合技术发展

无人船的核心部分由制导、导航和控制单元组成，无人船需要能够实现艏向控制和航迹控制等功能。因而如何获得精确的当前船舶状态信息是无人船技术的关键和基础。无人船当前的位置和速度等信息主要受到两方面的影响：一方面是受系统状态噪声、测量噪声、模型不确定性和测量值丢失的影响，这一点和常规非线性系统一样；另一方面由于船舶运动模型的特殊性，无人船状态还受到高频波浪运动的影响，即无人船低频运动和干扰引起的高频运动叠加组成无人船的总运动。因而如何排除干扰，得到较为精确的船舶位置和速度信息成了无人船研究的一个主要方面。

众多学者已经开展船舶状态估计方面的研究。无人船状态估计的主要方法有低通滤波(Low Pass Filter，LPF)、陷波滤波(Notch Filter，NF)、EKF、固定增益观测器(Fixed Gain Observer，FGO)和非线性无源观测器(Nonlinear Passive Observer，NPO)等，并通过IMU(惯性测量单元)和GNSS(全球导航卫星系统)组合系统测量值来验证状态估计方法。以上设计的滤波器中，LPF和NF可以用于减少反馈回路中海浪的高频干扰；EKF通过计算系统的Jacobi矩阵，得到船舶状态估计值，但具有计算量大、估计误差偏高的缺点；NPO设计简单，但是参数调整过程较为复杂。

与此同时，关于无人船状态估计方面的论文也是不断涌现。2004年Guttorm在观测器中加入可自主调节的参数，通过重构未测量状态，使得观测器能进行自适应滤波，从而基于位置测量得到了船舶位置、速度和慢变干扰力估计值；2009年Fossen研究了Kalman滤波在船舶和海洋钻井设备位置和艏向控制上的应用；2013年Vahid通过引入性能索引函数，提出了自适应海浪滤波方法；而Maria将其扩展为平方根自适应海浪滤波器，保证了状态估计中数值计算的稳定性；2015年Mehdi研究了基于NPO的海浪滤波和状态估计问题；冯辉提出了采用Alpha-Beta滤波对船舶艏向进行滤波，同时采用EKF对船舶横荡和纵荡进行混合滤波，以改善船舶艏向的滤波效果，是一种不基于模型的稳定常增益滤波器；曹园山提出了基于UKF和PF融合算法的船舶状态估计问题；丁浩晗提出了一种自适应UKF算法，可以有效处理模型不精确导致的船舶系统噪声的变化；郑燕飞研究了团队一致性和置信距离两种算法在船舶中的应用；孔大伟描述了基于相关法的雷达方法在舰艇中的应用前景；Xu S S通过建立船舶三个自由度运动方程，提出了应用于无人船的异步多传感器分级自适应数据融合算法、模糊自适应融合算法等，并研究了基于小波变换的异步多尺度分布式融合算法；王海坤提出了船舶最优艏向状态估计算法；有学者提出了基于鲁棒容积Kalman滤波(Robust Cubature Kalman Filter，RCKF)算法的船舶位置和艏向估计方法，采用模糊自适应融合的方法，对船舶艏向和回转率进行估计。

由于标准Kalman滤波理论的前提是模型参数已知，并且系统噪声是相互独立的高斯白噪声，因此已有船舶状态估计中，均假设系统噪声是零均值独立高斯白噪声。而针对船舶加性互相关性噪声、系统参数不确定性以及乘性互相关噪声干扰的状态估计及融合算法还比较少。

另外，相关噪声下不确定系统状态估计、融合算法以及测量值随机丢失时的系统状态参数估计已经得到越来越多的研究。对于实际的无人船来说，由于船舶受到风、浪、流等因素的影响，精确的船舶理论模型很难获得，因此可能会出现乘性噪声干扰或模型参数不确定性干扰。对于无人船离散时间状态估计，由于状态之间的递推关系，因此不同时刻的状态噪声之间就会有一定的相关性；在传感器测量单元中，测量值是根据系统状态值得到的，因而测量噪声之间也具有互相关性；同时传感器单元与系统处于同一工作环境下，因而测量噪声和系统状态噪声必然也有一定的互相关性。对传感器单元而言，由于传感器通信线路故障、路由信息错误等，测量模型可能会出现乘性噪声或测量值随机丢失现象。

综上，对于无人船非线性状态估计及融合问题，考虑加性相关噪声干扰、参数不确定性或乘性噪声干扰的估计算法还比较少，因而为了提高存在干扰的无人船状态估计精度，本书开展了无人船在加性相关噪声、参数不确定性及乘性噪声下的非线性状态估计及融合算法研究。

1.4 无人船运动控制研究现状

目前，欠驱动系统的运动控制逐渐吸引人们的关注。欠驱动系统定义为系统的控制输入向量空间的维数小于其广义坐标向量空间维数，即系统的独立控制输入量少于系统本身的自由度。典型的欠驱动系统主要有大多数无人船和水下潜器、非完整移动机器人、仿生机器人、航空航天器(直升机、航天飞机)、交通运载工具(机车、吊车)、基准系统(倒立摆 、球棒系统 、柔性机械臂)等。

由于成本的限制或者船体空间的限制，海上航行的大多数船舶仅装备螺旋桨推进器和舵装置，用于操纵船舶航行作业。少量船舶虽然配备侧推器，但仅适于在低速靠离泊时启动的情况。对于无人船的运动控制，一般通过调节船舶的推进速度或者操纵船舶的航向来实现。船舶运动控制通常通过舵角操纵来实现航向控制，对船舶位置的控制不是直接对其进行控制，而是通过控制航向间接实现位置的控制。当需要通过舵和螺旋桨推进器这两个独立的控制输入来改变无人船的横向位置、纵向位置及艏向角时，船舶运动控制系统便归结为欠驱动系统。欠驱动船舶的控制应用主要有船舶镇定控制、船舶航向控制及船舶航迹控制等。由于无人船系统是非完整系统，本质又是非线性系统，并且欠驱动船舶在侧向上没有配备驱动装置，因此，对于欠驱动船舶的运动控制方法就会比较复杂。此外，从船舶自身角度来看，在复杂海洋环境下航行作业，对其进行建模控制，模型本身就会存在着不确定性。由于受环境的影响，模型参数也会在航行过程中发生变化，并且测量信号会遭受传感器噪声的影响，无人船系统因为上述不确定性因素的存在，便成了一种特殊的非线性系统。所以，研究无人船运动控制，需要寻找新的有效的控制方法。

无人船的运动控制可分为航速航向控制、镇定控制、轨迹跟踪控制和路径跟踪控制等。

航速航向控制即采用舵控制航向，采用螺旋桨推进器控制航速。无人船航速航向控制技术是在传统的船舶航速航向控制技术基础之上发展起来的。主要控制技术有 PID 控制、模糊控制、S 面控制、神经网络控制、自适应控制及其他现代控制理论技术，如滑模控制、反步法控制、鲁棒控制、基于观测器的控制等。

无人船的镇定控制是从 20 世纪 90 年代兴起的。镇定控制也称为点镇定控制，是指系统从给定的初始状态在控制律的作用下，在一定时间内到达并稳定在指定的目标状态上，即获得反馈控制律，使得系统渐进收敛到平衡点上。无人船很难转换为标准的无漂系统，对于非完整系统的一些结论不能直接用于欠驱动船舶镇定控制。欠驱动系统还具有加速度不可积性质，不满足 Brockett 定理必要条件的约束。所以，传统光滑时不变的反馈控制律不能使欠驱动船舶镇定到目标点，研究无人船的镇定控制不能直接采用常规的非线性控制方法，需要发展新的适用于欠驱动系统的方法。目前欠驱动船舶镇定控制的主要方法有变换法、齐次法、反步法、滑模控制、变结构控制及模糊控制等方法。

航迹控制包括轨迹跟踪(trajectory tracking)控制和路径跟踪(path following)控制。轨迹跟踪控制是指在规定的时间内船舶能够到达指定位置，并能按照预先设定的轨迹继续航行，参考轨迹与时间变量有关。图 1.3 所示为船舶轨迹跟踪示意图，它是空间与时间的交集，也就是说，船舶需要在时间和空间同时限制的前提下进行跟踪参考轨迹的操作。由于此特点的存在，在众多船舶海事任务中，对时间要求很高的船舶作业，通常需要进行轨迹跟踪操作。

路径跟踪控制与轨迹跟踪控制最大的区别在于对时间的要求。路径跟踪控制是指在不要求时间限制的条件下，船舶能够从某一位置出发，按照事先设定好的航线行驶，参考路径与时间变量无关。图 1.4 所示为船舶路径跟踪示意图，从图中可以看出，它是时间和空间的并集。在进行船舶路径跟踪控制时，首先要考虑船舶当下位置到期望路径的空间限制，然后再探讨其到达期望路径的时间限制。同轨迹跟踪控制相比，路径跟踪控制对时间变量没有严格的要求，能够实现更光滑的跟踪效果，因此研究无人船路径跟踪控制在实际工程中更具有实用价值。

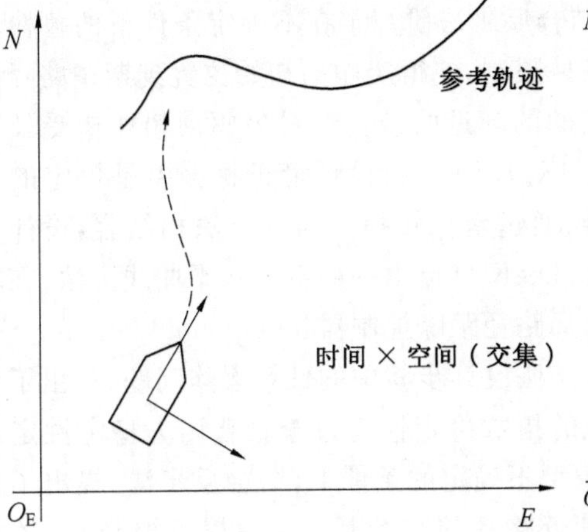

图 1.3 船舶轨迹跟踪示意图

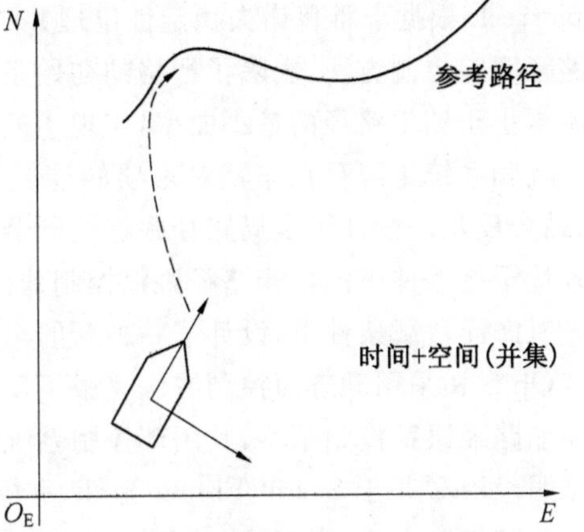

图 1.4 船舶路径跟踪示意图

1.5 路径跟踪控制研究现状

由于欠驱动船舶路径跟踪任务的广泛应用,其控制方法的探索成为当前船舶运动控制的一个热点问题。欠驱动船舶在进行路径跟踪作业时,通常将需要设定的期望路径归类为两种,即直线路径和曲线路径。在对这两种不同的路径进行跟踪控制时,它们的主要差别在于控制器的设计。在进行直线路径跟踪控制时,可以将船舶模型在一定程度上做线性化处理,并在稳定点的相邻区域内进行镇定控制,或者在特定的前提下忽略横向漂移的影响。但是,曲线路径跟踪控制则必须研究船舶的操纵控制,忽略横向漂移会降低路径跟踪控制的精度。目前多数针对路径跟踪控制研究的文献中,直线以及曲线路径跟踪控制的实际需求并没有同时得到解决。

近年来,针对欠驱动船舶的路径跟踪控制问题,国外一些学者取得了一些成果。如澳大利亚学者 Do K D,美国密西根大学的 Sun,挪威科技大学团队,葡萄牙里斯本大学的 Aguiar,法国的 Lionel Lapierre、Ghommam 等。国内关于欠驱动船舶路径跟踪控制问题的研究成果主要集中在以下几个高校,如北京航空航天大学、上海交通大学、西北工业大学、哈尔滨工程大学、大连海事大学等。下面针对欠驱动船舶路径跟踪控制的主要研究成果做一下介绍。

Encarnação P 首次研究了欠驱动船舶的路径跟踪控制问题,将 Serret-Frenet(SF)坐标引入到路径跟踪控制研究中,采用反步法和稳定性定理提出了路径跟踪控制方法,所设计的控制器能够保证船舶在未知常数海流条件下路径跟踪的收敛性。Do K D 结合 Serret-Frenet 坐标,假设船舶在主要推进器驱动下定速航行,研究了由风、浪、流引起的外界环境干扰条件下的欠驱动船舶的路径跟踪控制问题,但是没有对船舶进行速度控制。Do K D 针对欠驱动船舶在环境干扰和系统不确定条件下的路径跟踪控制,结合反步法和李雅普诺夫稳定性理论,研究了在外界环境干扰下和系统不确定条件下的鲁棒自适应路径跟踪控制器,并证明了系统的稳定性。Do K D 在常数环境干扰条件下,采用全状态反馈控制,设计了全局路径跟踪控制器,保证了船舶的合速度方向与期望路径相切。Lapierre L 根据李雅普诺夫稳定性定理并结合反步法研究了在不确定条件下的鲁棒非线性路径跟踪控制方法,去除了严格的初始条件限制,使得船舶的初始位置到期望路径的距离不再小于期望路径的最小曲率,实现了船舶的渐近收敛。针对欠驱动船舶遭受外界环境干扰和系统矩阵存在非零对角项的情况,Do K D 在假设环境干扰偏差是恒定的条件下,结合反步法设计了全局路径跟踪控制器;通过坐标转换并与反步法相结合,设计了时变环境干扰条件下的鲁棒路径跟踪控制器。Do K D 提出一种新的水平曲线方法,在确定性随机海洋负载条件下,设计了一种新的全局路径跟踪控制器。

Oh S R 采用动态面控制方法克服了反步法设计步骤中的计算爆炸问题,提出了欠驱动船舶路径跟踪控制策略,其闭环控制系统的指数稳定性通过李雅普诺夫稳定性定理得以证明。Li Z 基于 Serret-Frenet 坐标,在模型不确定的条件下,结合反步法,提出了鲁棒路径跟踪控制方法,实现了欠驱动船舶的渐近路径跟踪控制。考虑横摇控制,Li Z 提出了一种基于线性化的模型预测控制器,实现了包含横摇运动的四自由度无人船路径跟踪控制。考虑波浪干扰对船舶模型的影响,Li Z 设计了一种新型的鲁棒路径跟踪控制器。考虑欠驱动船舶的位置和速度受限问题,Peymani E 借助拉格朗日(Lagrange)公式,提出一种直线路径跟踪控制器,该控制器经证明是指数稳定的。针对船舶存在大的模型参数不确定的情况,Aguiar A P 研究了欠驱动自主航行器在模型参数不确定条件下的轨迹跟踪和路径跟踪控制问题。结合自适应切换监督控制和李雅普诺夫稳定性理论,分别提出了相应的设计方法,证明了路径跟踪误差能够渐近镇定到零附近任意小的紧致集内。Ghommam J 结合反步法和李雅普诺夫函数方法设计了一种新的控制器,驱动无人船以常数速度跟踪预定路径,能在一定程度上抵抗由风、浪、流引起的环境干扰,证明了闭环系统的路径跟踪误差是一致最终有界的。Daly J M 针对无人船存在传感器噪声、环境干扰以及未建模动态的情况,设计了一种基于领航系统的非线性路径跟踪控制器,保证了船舶纵向速度和艏向角跟踪控制的指数收敛。

王晓飞基于状态空间模型和解析模型预测控制技术,提出了无人船的解析模型预测路径跟踪控制方法,他将模型预测控制方法和非线性干扰观测器、模型自适应辨识技术相结合,针对存在外界环境干扰和模型参数不确定性等情况,设计了一种解析模型预测控制方法,为欠驱动船舶路径跟踪控制的研究打开了新的思路。

潘永平研究了模糊自适应直线航迹跟踪控制方法,所设计的控制器对参数不确定和未知环境干扰具有抑制的效果,实现了良好的鲁棒控制。Zhang J 通过对干扰进行补偿以及 Kalman 滤波器技术,设计了模型预测方法,保证了无人船在艏向角速率受限条件下的鲁棒路径跟踪控制。Jun Z 探讨了在模型参数不确定和存在未知环境扰动的情况下,将跟踪问题转化成一般非线性系统的镇定问题进行研究,设计了非线性有限时间控制方法。Qiu D H 考虑由风、浪、流等外界环境干扰引起的参数摄动,结合动态平衡状态理论,设计了欠驱动船舶路径跟踪自适应模糊反步控制器。李湘平利用 Serret-Frenet 坐标,设计了一种基于输入输出线性化的神经滑模控制方法,解决了船舶在恒定速度航行下的路径跟踪控制问题。

值得指出的是,导引是路径跟踪控制中一个至关重要的步骤,用于获得路径信息的参考信号。无人船在进行路径跟踪控制时，要想实现良好的动态跟踪性能，必须使跟踪误差很快收敛于平衡点，导引方法能够提供实现这一要求的前提。典型的导引方法包括视线(Line-of-Sight，LOS)导引、纯跟踪(Pure Pursuit，PP)导引和方位不变(Constant Bearing，CB)导引。LOS导引方法具有简单高效、易于实现的特点，被广泛应用于无人船路径跟踪控制中。Moreia L提出基于LOS映射算法的航迹点导引策略和状态反馈线性化技术，设计了欠驱动自主无人船二维路径跟踪控制系统。董早鹏研究了非对称模型的无人水面艇的路径跟踪控制问题，结合反步法和改进视线法，保证了其全局稳定跟踪控制。Fossen T I提出了比例LOS(Proportional LOS，PLOS)导引方法，用于欠驱动船舶直线路径跟踪，并证明了其一致半全局指数的稳定性。Borhaug E在改进LOS导引方法中加入积分项并结合自适应反馈控制技术，克服了传统的LOS导引方法易受环境干扰的缺点，对常数无旋海流进行了补偿。Caharija W针对欠驱动水下航行器，同样采用积分LOS(Integral LOS，ILOS)导引方法并结合坐标变换技术，对常数无旋海流进行补偿，分别设计了全局渐近收敛的水平面自适应反馈路径跟踪控制器和3D直线路径跟踪控制器。Caharija W结合ILOS导引方法，采用相对速度控制，设计了常数无旋海流条件下的欠驱动船舶全局K指数直线路径跟踪控制器，但是没有研究更为一般的曲线路径跟踪控制问题。Moe S考虑船舶跟随一般参考路径的情况，应用经典的ILOS导引方法获得期望的艏向角，并设计了海流扰动观测器用于估计未知常数无旋海流，保证了系统的一致全局渐近稳定性。Fossen T I结合滑模控制方法和自适应反馈线性化技术，提出了未知海流影响下的LOS曲线路径跟踪控制方法，通过稳定性定理证明了横向路径跟踪误差是一致全局渐近稳定和一致半全局指数稳定的。Thor I F进一步考虑海流等外界扰动对船舶运动学模型的影响，提出了直接和间接自适应积分LOS导引律和反馈线性化的路径跟踪控制方法，并证明了间接自适应控制方法的全局K指数稳定性和直接自适应控制方法的全局收敛性。

无人船没有安装横向驱动装置，当船舶在路径跟踪过程中遭受风、浪、流所引起的漂流力时，会产生一个横向速度，导致航向角和航迹角之间存在一个小的夹角，即侧滑角。针对风、浪、流外界干扰环境下无人船由于漂移力作用产生侧滑的问题，Fossen T I将自适应技术引入LOS导引方法中，将侧滑角视为一个未知常数，设计自适应律对其进行补偿，然后设计了非线性路径跟踪控制器，用于跟踪Dubins路径。然而，在实际复杂的海洋环境中，由风、浪、流引起的时变环境干扰会造成无人船在路径跟踪控制中的侧滑角是时变的。针对船舶遭受时变侧滑的问题，Liu L设计了一种降阶的扩张状态观测器(Extended State Observer，ESO)用于辨识时变的侧滑角，并证明了整个级联系统是输入状态稳定(Input State Stability，ISS)的。Wang N设计了有限时间侧滑观测器，对外界环境干扰引起的时变大的侧滑角进行估计补偿。Miao J M设计了在风、浪、流干扰环境下的复合视线非线性路径跟踪控制器，并通过时间延迟控制技术对侧滑角进行了补偿，稳定性分析证明了跟踪误差的渐近收敛性。Xiang X解决了自主水下潜器从全驱动低速运动到欠驱动高速配置的平滑转换问题，通过李雅普诺夫直接法和反步法，设计非线性控制器。在全驱动状态下，侧滑角采用横向控制器控制；在欠驱动状态下，侧滑角无法直接控制。

无人船执行器的物理限制会导致系统输入有界,在简化控制系统设计时,如果忽略输入执行器输入饱和问题,会导致系统性能降低、滞后、超调甚至不稳定。同时,由于环境的复杂性和作业精度的要求,在无人船路径跟踪控制中不仅要考虑对期望路径的跟踪性能,还需要保证船舶的跟踪误差不能有较大的抖动。换言之,进行路径跟踪控制时要考虑跟踪误差约束问题。在目前大部分文献中,船舶路径跟踪控制在模型不确定和外部扰动情况下,仅实现了控制系统的局部指数稳定或是闭环信号有界,没有考虑跟踪误差约束问题。理论上,P 次可微函数方法和障碍李雅普诺夫函数(Barrier Lyapunov Function, BLF)方法可以用于处理跟踪误差约束问题。这些处理误差约束的方法在实际中用于飞行器控制、独立驱动车辆、无人船控制等。He W 考虑无人船轨迹跟踪控制中存在输出受限和系统不确定的情况,采用障碍李雅普诺夫函数处理输出约束问题,并对系统的不确定性进行了神经网络逼近,最终保证了闭环系统的所有信号是半全局一致最终有界的。Zheng Z 同时解决了执行机构输入受限以及位置跟踪误差受限的问题,采用障碍李雅普诺夫函数设计了误差受限 LOS(Error-Constrained LOS, ELOS)导引律,进而提出跟踪控制方法,并对合成干扰进行了补偿,然而没有考虑时变侧滑对船舶路径跟踪控制的影响。Zheng Z 在研究无人船的路径跟踪控制中考虑执行器输入受限问题,采用辅助系统处理执行器输入饱和的问题。Siramdasu Y 研究了无人船执行器输入饱和条件下的轨迹跟踪控制问题,设计了非线性模型预测控制器,基于当前的状态变量,通过优化能量函数来确定将来的控制输入,仿真结果表明了可输入控制在饱和限制范围以内。Oh S R 针对执行器饱和限制条件下的无人船路径跟踪控制,设计了模型预测控制器,并将 LOS 导引参数嵌入该控制器中作为附加决策变量,提高了路径跟踪性能。

无人船状态不完全可测条件下的路径跟踪控制也是当前无人船控制研究的一个热点,因为在实际海洋应用中,由于成本限制和船舶空间限制,并不会安装测量速度和角速度的装置,因此船舶的速度信息和加速度信息无法获得;另外,即使安装了测量速度和角速度的传感器,测量值也会遭受传感器的噪声污染,导致测量值不准确。针对船舶速度状态不可知的问题,也有学者进行了相关研究。He W 针对无人船轨迹跟踪中速度测量值未知的问题,设计了高增益观测器用于估计无人船的速度,进行了无人船轨迹跟踪输出反馈控制。在速度测量值不可用和环境干扰条件下,Do K D 进行非线性无源观测器设计,用于估计未测量的速度,进而设计了输出反馈鲁棒路径跟踪控制器。Liu L 针对无人船自动驾驶仪存在动态不确定和不可测的艏摇角速度的情况,基于状态观测器和神经网络设计了输出反馈自适应控制律,证明了误差信号是一致最终有界的。Park B S 采用预设性能函数设计观测器,保证了观测器的观测误差是半全局有界的,并基于观测器设计了无人船轨迹跟踪输出反馈控制器。

此外,无人船路径跟踪控制中的有限时间收敛问题也获得了一些关注。Wang N 设计了基于有限时间侧滑观测器的无人船路径跟踪控制,外界干扰引起的时变大侧滑角采用有限时间侧滑观测器进行估计并补偿,通过有限时间稳定理论证明了时变大的侧滑角在有限时间内能够收敛于零,实现了时变大侧滑角的快速估计。Wang N 同时设计有限时间干扰观测器,使系统中的未知外界环境干扰能在有限时间内得到辨识并对其进行补偿。但上述文献都没有考虑无人船整个闭环系统的有限时间收敛问题。

1.6 本书的主要研究内容与组织结构

为了保证无人船的安全、稳定、高精度运行，首先需要解决的问题就是干扰存在时如何获得高精度的状态估计值。由以上分析可知，实际海况下无人船系统存在加性相关噪声、参数不确定性及乘性噪声干扰，因而此时一般性滤波算法的状态估计误差较大，甚至发散。因此本书的研究内容之一是在加性相关噪声、参数不确定及乘性噪声干扰下的无人船非线性状态估计及融合算法研究。首先，针对加性相关噪声下无人船艏向单自由度估计以及加性相关噪声下三自由度非线性状态估计问题，研究了加性相关噪声下的线性和非线性状态估计算法。其次，针对模型参数不确定下无人船非线性状态估计问题，研究了模型参数不确定下的容积平滑变结构滤波算法；针对加性测量噪声统计特性未知下无人船状态估计问题，研究了具有噪声估计器的变分贝叶斯变结构滤波算法；针对测量值丢失下无人船状态估计问题，研究了测量值丢失下的容积混合 Kalman 滤波。最后，针对乘性噪声干扰下无人船状态估计问题，研究了乘性噪声干扰下的变结构滤波以及基于多支持向量机回归模型的多传感器融合算法。

本书的第二个研究内容是以非线性无人船为研究对象，对路径跟踪控制中存在的问题及难点进行深入研究，实现了复杂海洋环境下的无人船路径跟踪控制。首先，考虑时变侧滑和时变海流对路径跟踪精度的影响，提出了改进 LOS 导引律的自适应模糊控制方法，通过对时变侧滑和时变海流进行补偿，有效提高了路径跟踪的精确性，采用模糊系统和自适应技术对模型不确定性和未知外界环境干扰进行逼近，实现了时变侧滑和时变海流条件下无人船的高精度跟踪控制；然后，针对存在时变侧滑、执行器输入饱和以及跟踪误差受限条件下的无人船路径跟踪控制问题，提出了基于误差受限侧滑补偿 LOS(Error Constraint and Sideslip Compensation Los，ECS-LOS)导引律的路径跟踪抗饱和鲁棒控制方法，解决了在模型不确定和外界环境干扰条件下的无人船路径跟踪控制的多重约束问题，进一步设计了有限时间 LOS 导引律和有限时间抗饱和鲁棒控制器，缩短了无人船路径跟踪的时间，提高了路径跟踪的收敛精度；最后，针对速度测量值未知，以及执行器输入饱和条件下的无人船路径跟踪控制问题，提出了基于扩张状态观测器的抗饱和输出反馈控制方法，进一步设计了有限时间扩张状态观测器和有限时间路径跟踪抗饱和输出反馈控制器，缩短了路径跟踪的时间，提高了路径跟踪的收敛精度。

本书共分为 8 章，组织结构如下。

第 1 章，绪论。本章阐述了无人船状态估计及数据融合方法，路径跟踪控制的研究背景和意义，分析了国内外现有的状态估计理论及在无人船上的应用现状，综述了路径跟踪控制的国内外研究现状，最后概括出了本书的主要内容及结构安排。

第 2 章，无人船运动学模型和测量模型。首先，本章建立了无人船的数学模型，通过分析运动学和动力学的特性，介绍船舶的运动特性；然后，分别建立了无人船水平面三自由度运动学模型和动力学模型，特别地，针对海流对无人船操纵运动学上的扰动影响，建立了海流扰动下无人船的运动学模型；最后，对所建立的无人船数学模型进行了直航实验和回转实验的开环仿真验证。

在无干扰无人船三自由度连续时间状态模型和测量模型的基础上，分别建立了具有加性相关噪声、乘性噪声及测量值随机丢失条件下的无人船离散时间状态模型和测量模型。为了状态估计及融合方法推导的方便，基于连续时间状态空间模型，分别建立了加性互相关噪声下离散时间三自由度非线性模型，加性互相关噪声下离散时间单自由度线性模型，乘性互相关噪声下离散时间三自由度非线性模型以及测量值随机丢失下离散时间传感器测量模型。仿真验证了模型的合理性。本章离散时间状态空间模型的建立，为接下来章节的状态估计及融合方法的研究提供了模型基础。

第 3 章，加性互相关噪声下非线性状态估计方法研究。本章内容主要分为两部分：①研究了具有一步自相关和两步互相关加性噪声的无人船单自由度直航状态估计问题，由无人船模型特点根据第 2 章构造的线性艏向运动学模型和测量模型，基于信息分析的方法，使用投影定理，分别计算出滤波增益矩阵和预测增益矩阵，建立状态预测更新方程和估计误差协方差预测更新方程；然后通过状态预测值，得到对应的状态估计值，进而得到了一种具有互相关噪声的线性 Kalman 滤波（Kalman Filter with Cross Correlation Noise，KF-CCN）算法，通过无人船艏向位置和速度的状态估计仿真实验，验证了所提出方法的有效性；②研究了具有互相关噪声的无人船位置和速度估计问题，首先基于贝叶斯理论推导出互相关噪声下的贝叶斯估计算法；然后使用三阶球面径向容积规则计算贝叶斯估计中的非线性积分，并基于扩展 Kalman 滤波思想计算状态矩阵和测量矩阵的 Jacobi 矩阵，得到具有一步自相关和两步互相关加性噪声干扰下的容积 Kalman 滤波（Cubature Kalman Filter with Cross Correlation Noise，CKF-CCN）算法；最后通过无人船位置和速度变量的状态估计仿真实验，验证了所提出方法的有效性。

第 4 章，参数不确定下无人船非线性状态估计方法研究。本章内容主要分为三部分：①研究了具有系统模型参数不确定性的非线性系统状态估计问题，为了克服平滑变结构滤波（SVSF）算法的不足，提出了基于容积规则的容积平滑变结构滤波（Cubature-SVSF，C-SVSF）算法，利用容积规则计算状态预测值、状态协方差预测值、测量预测值和测量协方差预测值，既提高了 SVSF 的估计精度，又扩展了 SVSF 的应用范围，然后在状态传递过程中使用协方差的平方根因子，来保证协方差的正定性和对称性，得到平方根容积平滑变结构滤波（Square Root Cubature-SVSF，SRC-SVSF）算法，SRC-SVSF 算法是具有数值稳定性的滤波算法，通过动力定位（Dynamic Positioning，DP）船位置和艏向估计仿真实验，说明了算法的可行性；②研究了系统加性测量噪声协方差未知的状态估计问题，为充分利用变分贝叶斯自适应 Kalman 滤波（Variational Bayesian-Adaptive Kalman Filter，VB-AKF）的噪声估计特性和变结构滤波（VSF）的鲁棒性，提出了一种基于变分学习的变分贝叶斯变结构滤波（Variational Bayesian-Variable Structure Filter，VB-VSF）算法，分别通过数值仿真和无人船位置及速度变量的状态估计实例说明了算法的有效性；③对于测量值丢失和具有相关有色噪声的非线性系统展开研究，首先提出了一种基于贝叶斯理论的递推高斯滤波（Gaussian Filter，GF）框架，然后基于球面径向容积方法，得到一种具有互相关有色噪声和测量值随机丢失的容积混合 Kalman 滤波（Cubature Mix Kalman Filter，CMKF）算法，最后通过 DP 船位置和速度变量的状态估计仿真实验，验证了算法的有效性。

第5章，乘性噪声下无人船非线性状态估计及融合方法研究。本章主要内容分为两个部分：①研究了单一传感器测量下，具有乘性噪声干扰的无人船状态估计问题，研究了乘性噪声和加性互相关噪声干扰下的SVSF最优边界层计算方法，最后提出了具有互相关噪声的平滑变结构滤波(SVSF with Correlation Noise,SVSF-CN)算法，并分析了改进算法的稳定性；②研究了乘性噪声下多传感器融合方法，在SVSF-CN算法的基础上，结合支持向量机(Support Vector Machine,SVM)原理，利用回归型支持向量机(Support Vector Machine for Regression,SVR)，对每一个状态变量，设计和训练出对应的子支持向量机回归模型；然后通过多个支持向量机回归模型，实现多传感器多维状态融合，得到了基于多回归型支持向量机(Multi Support Vector Machine for Regression,MSVR)模型的多传感器数据融合算法；最后通过DP船多传感器仿真实验，验证了算法的有效性。

第6章，无人船路径跟踪自适应模糊控制。本章研究了模型不确定、未知外界环境干扰、时变侧滑和时变海流下的无人船路径跟踪控制。首先研究了船舶在模型不确定、外界环境干扰和时变侧滑下的路径跟踪控制问题。设计了改进自适应LOS(IALOS)导引律，用于获得期望的艏向角、路径参数更新律、自适应律估计时变的侧滑角；基于IALOS导引律设计了自适应模糊路径跟踪控制器，解决了无人船在模型不确定和外界环境干扰条件下的路径跟踪控制问题。其次，考虑时变海流干扰对无人船的扰动影响，提出了改进自适应积分LOS(IAILOS)导引律，可以同时估计时变侧滑和时变海流，补偿时变侧滑和时变海流对船舶模型的干扰；为了提高模糊系统的暂态性能，设计了基于估计器的自适应控制器。最后，通过仿真实验验证所提出的无人船路径跟踪自适应模糊控制器的有效性。

第7章，无人船输入输出受限的路径跟踪鲁棒控制。本章研究了模型不确定、未知外界环境干扰、执行器饱和、位置误差受限的无人船路径跟踪控制问题。首先，考虑输出受限条件，基于时变障碍李雅普诺夫函数设计了误差受限侧滑补偿LOS(ECS-LOS)导引律，采用侧滑估计器补偿导引律中的时变侧滑；其次，基于ECS-LOS导引律，利用反步法设计路径跟踪鲁棒控制器，系统中的未知合成干扰采用干扰观测器进行观测；再次，针对物理限制导致的船舶执行器输入饱和问题，设计饱和补偿器并嵌入所设计的控制律中以实现路径跟踪的抗饱和鲁棒控制；最后，仿真结果对比分析验证了无人船在模型不确定、未知外界环境干扰、时变侧滑、执行器输入饱和以及位置跟踪误差受限多重约束条件下能够实现精确的路径跟踪控制，为工程应用奠定了理论基础。进一步地，研究了无人船执行器输入饱和以及跟踪误差受限条件下的有限时间路径跟踪控制问题。首先，基于正切类障碍李雅普诺夫函数设计了有限时间LOS导引律，采用有限时间侧滑估计器对导引律中时变侧滑进行补偿；其次，基于有限时间LOS导引律，利用反步法设计了有限时间鲁棒控制器，系统中的未知合成干扰采用有限时间干扰观测器进行观测，为避免控制律的计算复杂性以及满足有限时间收敛的要求，设计有限时间跟踪微分器计算艏向角速度的虚拟控制律的微分项；再次，设计了有限时间饱和补偿器以避免执行器输入饱和现象的发生，实现了对期望路径的有限时间跟踪控制；然后，通过李雅普诺夫稳定性理论证明了路径跟踪误差能在有限时间内收敛于零附近任意小的邻域内；最后，通过仿真对比分析，验证了执行器输入受限以及位置跟踪误差受限条件下的无人船有限时间路径跟踪控制方法的有效性，使路径跟踪误差在有限时间内得到收敛。

第 8 章,无人船路径跟踪输出反馈控制。本章研究了无人船在模型不确定、未知外界环境干扰、执行器饱和、速度不可测条件下的路径跟踪控制。首先,针对速度测量值不可用的无人船设计扩张状态观测器,同时观测出系统的状态以及受到的总扰动。其次,设计了基于速度观测值的 LOS 导引律和基于速度观测值的鲁棒控制器,采用饱和补偿器处理执行器饱和现象,实现了无人船在模型不确定、未知外界环境干扰、执行器饱和、速度不可测条件下的路径跟踪控制。为进一步提高扰动环境下的路径跟踪控制性能,沿用扩张状态观测器的设计思想,提出了有限时间扩张状态观测器,能够同时观测出系统的状态以及受到的总扰动,并且理论证明了观测误差能在有限时间内收敛到零。然后,基于有限时间扩张状态观测器的输出,设计了基于速度观测值的有限时间 LOS 导引律和基于速度观测值的有限时间鲁棒输出反馈控制器,采用有限时间饱和补偿器处理执行器饱和问题,通过李雅普诺夫稳定性判据证明了所提有限时间输出反馈路径跟踪控制律作用下的误差信号都能在有限时间内收敛到零。最后,仿真实验验证了所提出的无人船路径跟踪输出反馈控制方法的有效性。

第 2 章　无人船运动学模型和测量模型

本章要点：要设计和分析一个控制系统，首先要建立相应的运动学模型。运动学模型是利用数学语言描述实际系统的模型。本章首先介绍了运动参考坐标系，分析研究了无人船的运动学特性和动力学特性；然后，分别建立了无人船在纵荡、横荡和艏摇三个自由度上的运动学模型和动力学模型。特别地，针对海流干扰对无人船运动学模型的干扰影响，建立了海流干扰环境下无人船的三自由度运动学模型和动力学模型。最后，针对直航和回转的情况进行仿真实验，证明所建模型的可靠性。

2.1　参考坐标系

无人船的运动特性可用运动学模型和动力学模型描述，为了描述无人船运动的位置、姿态、速度和角速度等状态信息，通常需要建立两个坐标系，即北东地坐标系（North-East-Down Reference Frame，NED）和船体坐标系（Body-Fixed Reference Frame，BF）。接下来分别介绍北东地坐标系和船体坐标系。

2.1.1　北东地坐标系

北东地坐标系是以大地作为参考的坐标系，因而也称为地面坐标系或静坐标系，也可称为导航坐标系。

为了描述无人船的运动形式，在北东地坐标系中，坐标原点位于船舶质心，N 轴指向地球正北，E 轴指向地球正东，D 轴垂直于 NE 平面。图 2.1 所示为北东地坐标系与地心坐标系（Geocentric Coordinate System，GCS）的关系。地心坐标系的坐标原点 O 位于地球的质心，x_e 轴位于赤道面并指向子午线方向，z_e 轴与地球旋转轴重合，y_e 轴与 x_e 轴、z_e 轴满足右手关系。通常情况下，可以将船舶运动看成是地球表面的一个目标做局部区域性运动，其位置的经度和纬度可以认为是保持不变的。因此，针对无人船在较小区域内的动力学过程，北东地坐标系可以看作惯性坐标系，牛顿第二定律仍然适用。

2.1.2　船体坐标系

船体坐标系随船舶一起运动，船体坐标系的原点一般固定于船舶的重心处，x_b 轴位于船身纵向剖面且指向船艏方向，y_b 轴指向船舶右舷方向且与 x_b 轴垂直，z_b 轴指向船底，并且与船舶的水平面相互垂直。船舶在空间中的运动是六自由度复合运动，包括沿 x_b 轴方向的直线运动 —— 纵荡以及绕 x_b 轴的旋转运动 —— 横摇，沿 y_b 轴的直线运动 —— 横荡以及绕 y_b 轴的旋转运动 —— 纵摇，沿 z_b 轴的直线运动 —— 垂荡以及绕 z_b 轴的旋转运动 —— 艏摇。图 2.2 所示为船体坐标系。

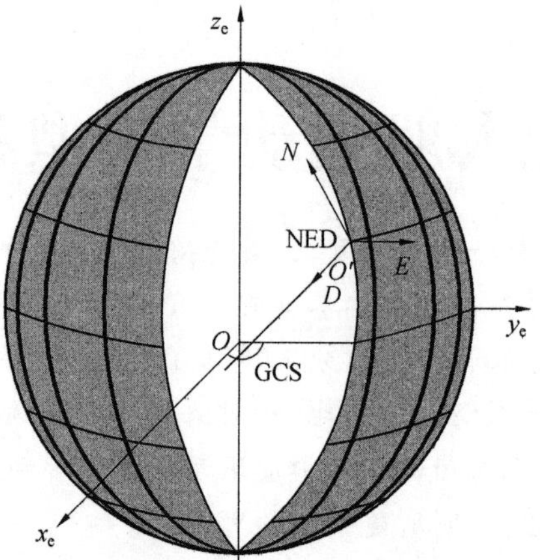

图 2.1　北东地坐标系与地心坐标系的关系

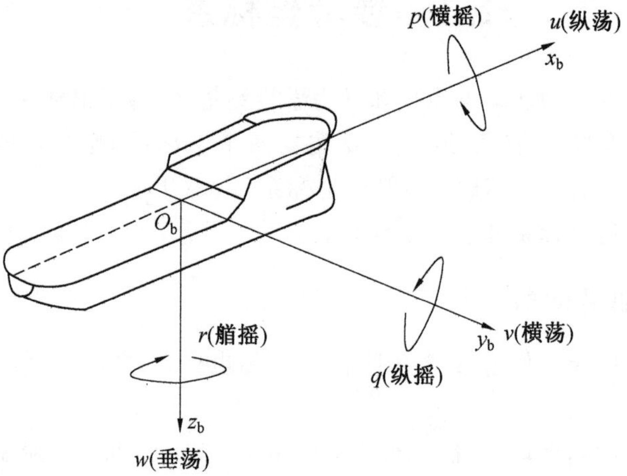

图 2.2　船体坐标系

此外，图 2.2 所示为船体坐标系示意图中所涉及的各种变量，均根据造船与轮机工程师学会(Society of Naval Architects and Marine Engineers，SNAME) 和国际拖曳水池会议(International Towing Tank Conference，ITTC) 推荐的符号体系进行定义，具体见表 2.1。

表 2.1　船舶六自由度运动符号及定义

自由度	描述	力 / 力矩	线速度 / 角速度	位置 / 姿态角
1	纵荡	X	u	x
2	横荡	Y	v	y
3	垂荡	Z	w	z
4	横摇	K	p	φ
5	纵摇	M	q	θ
6	艏摇	N	r	ψ

船舶的位置和姿态角一般在北东地坐标系中描述，而船舶的线速度和角速度一般通过船体坐标系来描述。表 2.1 中的符号可用如下向量形式描述。

向量 $\boldsymbol{P}^n=[x\ \ y\ \ z]^{\mathrm{T}}\in\mathbf{R}^3$ 表示船舶在北东地坐标系下的位置，x、y、z 分别代表纵荡、横荡、垂荡；向量 $\boldsymbol{\Theta}=[\varphi\ \ \theta\ \ \psi]^{\mathrm{T}}\in\mathbf{S}^3$ 表示船舶在北东地坐标系下的姿态角，φ、θ、ψ 分别代表横摇、纵摇、艏摇；向量 $\boldsymbol{U}_{\mathrm{o}}^{\mathrm{b}}=[u\ \ v\ \ w]^{\mathrm{T}}\in\mathbf{R}^3$ 表示船舶在船体坐标系下的线速度，u、v、w 分别代表纵荡速度、横荡速度、垂荡速度；向量 $\boldsymbol{\Omega}_{nb}^{\mathrm{b}}=[p\ \ q\ \ r]^{\mathrm{T}}\in\mathbf{R}^3$ 表示船舶在船体坐标系下的角速度，p、q、r 分别代表横摇角速度、纵摇角速度、艏摇角速度；向量 $\boldsymbol{F}_{\mathrm{o}}^{\mathrm{b}}=[X\ \ Y\ \ Z]^{\mathrm{T}}\in\mathbf{R}^3$ 表示船舶在船体坐标系下的作用力；向量 $\boldsymbol{M}_{\mathrm{o}}^{\mathrm{b}}=[K\ \ M\ \ N]^{\mathrm{T}}\in\mathbf{R}^3$ 表示船舶在船体坐标系下的力矩。$\mathbf{R}^3$ 和 $\mathbf{S}^3$ 分别代表三维欧几里得空间和三维环面。

本书主要研究无人船的路径跟踪控制问题，只考虑无人船沿 x_{b} 轴的纵荡、沿 y_{b} 轴的横荡以及绕 z_{b} 轴旋转的艏摇三个自由度的运动形式，也就是忽略无人船在垂荡、横摇以及纵摇三个自由度上的运动形式，即令 $w=p=q=0$。

2.2　无人船运动学模型

基于以上建立的 NED 坐标系和 BF 坐标系，可建立无人船三自由度运动学模型和动力学模型。

2.2.1　无人船运动学模型

无人船的位置、姿态角与速度、角速度之间的关系采用运动学模型描述。定义无人船在北东地坐标系下的位置状态向量为 $\boldsymbol{\eta}=[x\ \ y\ \ \psi]^{\mathrm{T}}\in\mathbf{R}^3$，其中，$(x,y)\in\mathbf{R}^2$ 分别表示无人船在北东地坐标系下的北向位置和东向位置；$\psi\in[-\pi,\pi]$ 表示无人船的艏向角，它是北东地坐标系下船艏方向和正北方向构成的夹角。定义船体坐标系下无人船的速度状态向量为 $\boldsymbol{\upsilon}=[u\ \ v\ \ r]^{\mathrm{T}}\in\mathbf{R}^3$，其中，$u$、$v$、$r$ 分别表示纵荡速度、横荡速度以及艏摇角速度。利用欧拉变换，能够得到船舶在两坐标系之间的转换关系，即三自由度无人船运动学模型如下所示：

$$\dot{\boldsymbol{\eta}}=\boldsymbol{R}(\psi)\boldsymbol{\upsilon}\tag{2.1}$$

其中，

$$\boldsymbol{R}(\psi)=\begin{bmatrix}\cos\psi & -\sin\psi & 0\\ \sin\psi & \cos\psi & 0\\ 0 & 0 & 1\end{bmatrix}\tag{2.2}$$

表示从船体坐标系到北东地坐标系的转换矩阵，并且满足 $\boldsymbol{R}^{\mathrm{T}}(\psi)=\boldsymbol{R}^{-1}(\psi)$。

2.2.2　无人船动力学模型

当力和力矩作用在无人船上时，其位置和姿态角的变化情况用动力学模型来描述。为方便后续章节进行无人船鲁棒控制器的设计，在对其运动控制进行研究分析时，做出以下合理假设。

(1) 只考虑无人船的水平面运动，即忽略横摇、纵摇和垂荡，则有 $z=0$，$w=0$，$\varphi=0$，$p=0$，$\theta=0$，$q=0$，$g(\boldsymbol{\eta})=0$。

(2) 船体质量均匀分布并且关于 xOz 面对称，即 $I_{xy}=I_{yz}=0$。

(3) 将船体坐标系的原点 O_b 与重心重合，即 $x_g=y_g=z_g=0$。

(4) 由模型不确定项和外界环境干扰力等构成的总的不确定项是有界的。

基于以上假设，无人船三自由度动力学模型表示如下：

$$\boldsymbol{M}\dot{\boldsymbol{v}}+\boldsymbol{C}(\boldsymbol{v})\boldsymbol{v}+\boldsymbol{D}(\boldsymbol{v})\boldsymbol{v}=\boldsymbol{\tau}+\boldsymbol{\tau}_w \tag{2.3}$$

其中，$\boldsymbol{M}$ 表示系统惯性矩阵，$\boldsymbol{M}\in\mathbf{R}^{3\times3}$；$\boldsymbol{C}(\boldsymbol{v})$ 表示科里奥利向心力矩阵，$\boldsymbol{C}(\boldsymbol{v})\in\mathbf{R}^{3\times3}$；$\boldsymbol{D}(\boldsymbol{v})$ 表示船舶水动力阻尼系数矩阵，$\boldsymbol{D}(\boldsymbol{v})=\boldsymbol{D}+\boldsymbol{D}_n(\boldsymbol{v})$；$\boldsymbol{\tau}$ 表示执行机构的输入量，$\boldsymbol{\tau}=[\tau_u\ \ 0\ \ \tau_r]^T$；$\tau_u$、$\tau_r$ 分别代表纵向推力和转艏力矩，横向推力为零；$\boldsymbol{\tau}_w$ 表示风、浪、流等外界环境干扰，$\boldsymbol{\tau}_w=[\tau_{wu}\ \ \tau_{wv}\ \ \tau_{wr}]^T$。

上述变量的具体介绍如下。

(1) 系统惯性矩阵。

$\boldsymbol{M}=\boldsymbol{M}_{Rb}+\boldsymbol{M}_A$ 是由船舶刚体惯量和水动力附加质量共同组成的系统惯性矩阵，船舶作业过程中，由水动力附加质量导致的惯性矩阵是不可忽略的。

$\boldsymbol{M}_{Rb}$ 为刚体的惯性矩阵，$\boldsymbol{M}_A$ 为附加惯性矩阵，分别表示为

$$\boldsymbol{M}_{Rb}=\begin{bmatrix} m & 0 & 0\\ 0 & m & 0\\ 0 & 0 & I_z\end{bmatrix},\quad \boldsymbol{M}_A=\begin{bmatrix} -X_{\dot{u}} & 0 & 0\\ 0 & -Y_{\dot{v}} & -Y_{\dot{r}}\\ 0 & -Y_{\dot{r}} & -N_{\dot{r}}\end{bmatrix} \tag{2.4}$$

其中，m 表示船舶质量。

x_g 表示船舶重心沿 x_b 轴的坐标，通过将船体坐标系的坐标原点 O_b 置于船舶重心处，能够使得 $x_g=0$；I_z 表示船舶绕 z_b 轴的转动惯量。

由式(2.4)可知，矩阵 $\boldsymbol{M}_{Rb}$ 和矩阵 $\boldsymbol{M}_A$ 是正定对称的，即 $\boldsymbol{M}_{Rb}=\boldsymbol{M}_{Rb}^T>0$，$\boldsymbol{M}_A=\boldsymbol{M}_A^T>0$，因此矩阵 $\boldsymbol{M}$ 也是正定对称的，即 $\boldsymbol{M}=\boldsymbol{M}^T>0$。系统惯性矩阵 $\boldsymbol{M}$ 的表达式为

$$\boldsymbol{M}=\begin{bmatrix} m-X_{\dot{u}} & 0 & 0\\ 0 & m-Y_{\dot{v}} & -Y_{\dot{r}}\\ 0 & -Y_{\dot{r}} & I_z-N_{\dot{r}}\end{bmatrix}=\begin{bmatrix} m_{11} & 0 & 0\\ 0 & m_{22} & m_{23}\\ 0 & m_{23} & m_{33}\end{bmatrix} \tag{2.5}$$

其中，$m_{11}=m-X_{\dot{u}}$，$m_{22}=m-Y_{\dot{v}}$，$m_{23}=-Y_{\dot{r}}$，$m_{33}=I_z-N_{\dot{r}}$。

(2) 科里奥利向心力矩阵。

$\boldsymbol{C}(\boldsymbol{v})=\boldsymbol{C}_{Rb}(\boldsymbol{v})+\boldsymbol{C}_A(\boldsymbol{v})$ 用于描述船舶在海上作业过程中，完成某些旋转运动时，作用于船舶的科里奥利向心力矩阵，包含附加质量。该矩阵并非描述真实作用于船舶的力和力矩，但在研究非惯性船体坐标系下船舶运动时，该项是不可忽略的。

$\boldsymbol{C}_{Rb}(\boldsymbol{v})$ 表示刚体科里奥利向心力矩阵，$\boldsymbol{C}_A(\boldsymbol{v})$ 表示附加科里奥利向心力矩阵，分别表示为

$$\boldsymbol{C}_{Rb}(\boldsymbol{v})=\begin{bmatrix} 0 & 0 & -mv\\ 0 & 0 & mu\\ mv & -mu & 0\end{bmatrix},\quad \boldsymbol{C}_A(\boldsymbol{v})=\begin{bmatrix} 0 & 0 & Y_{\dot{v}}v+Y_{\dot{r}}r\\ 0 & 0 & -X_{\dot{u}}u\\ -Y_{\dot{v}}v-Y_{\dot{r}}r & X_{\dot{u}}u & 0\end{bmatrix} \tag{2.6}$$

由式(2.6)可知，矩阵 $\boldsymbol{C}_{\mathrm{Rb}}(\boldsymbol{\upsilon})$ 和矩阵 $\boldsymbol{C}_{\mathrm{A}}(\boldsymbol{\upsilon})$ 是斜对称的，即 $\boldsymbol{C}_{\mathrm{Rb}}(\boldsymbol{\upsilon})=-\boldsymbol{C}_{\mathrm{Rb}}^{\mathrm{T}}(\boldsymbol{\upsilon})$，$\boldsymbol{C}_{\mathrm{A}}(\boldsymbol{\upsilon})=-\boldsymbol{C}_{\mathrm{A}}^{\mathrm{T}}(\boldsymbol{\upsilon})$，因此，矩阵 $\boldsymbol{C}(\boldsymbol{\upsilon})$ 也是斜对称的，即 $\boldsymbol{C}(\boldsymbol{\upsilon})=-\boldsymbol{C}^{\mathrm{T}}(\boldsymbol{\upsilon})$。科里奥利向心力矩阵的表达式如下：

$$\boldsymbol{C}(\boldsymbol{\upsilon})=\begin{bmatrix}0 & 0 & -mv+Y_{\dot{v}}v+Y_{\dot{r}}r\\ 0 & 0 & mu-X_{\dot{u}}u\\ mv-Y_{\dot{v}}v-Y_{\dot{r}}r & -mu+X_{\dot{u}}u & 0\end{bmatrix}=\begin{bmatrix}0 & 0 & -m_{22}v-m_{23}r\\ 0 & 0 & m_{11}u\\ m_{22}v+m_{23}r & -m_{11}u & 0\end{bmatrix}\tag{2.7}$$

当且仅当无人船做低速直线运动时，横向速度和艏摇角速度可视为零，即 $v=r=0$，科里奥利项 $\boldsymbol{C}(\boldsymbol{\upsilon})$ 可以被忽略。

(3) 水动力阻尼系数矩阵。

$\boldsymbol{D}(\boldsymbol{\upsilon})=\boldsymbol{D}+\boldsymbol{D}_n(\boldsymbol{\upsilon})$ 表示船舶水动力阻尼系数矩阵。流体的辐射运动会引发势流阻尼，致使船舶的运动遭遇波浪阻力，从而产生阻尼力和力矩。阻尼会导致船舶耗能，保证在有界的输入下，船舶的状态始终是有界的。

$\boldsymbol{D}\in\mathbf{R}^{3\times3}$ 代表线性水动力阻尼系数矩阵：

$$\boldsymbol{D}=\begin{bmatrix}-X_{\mathrm{u}} & 0 & 0\\ 0 & -Y_{\mathrm{v}} & -Y_{\mathrm{r}}\\ 0 & -N_{\mathrm{v}} & -N_{\mathrm{r}}\end{bmatrix}\tag{2.8}$$

其中，X_{u}、Y_{v}、Y_{r}、N_{v} 和 N_{r} 分别为船舶在三个自由度上的线性水动力阻尼系数。水动力阻尼系数含义见表 2.2。

表 2.2　水动力阻尼系数含义

水动力阻尼系数	具体含义
$X_{\dot{\mathrm{u}}}$	船舶纵向加速度产生的纵向附加质量系数
$Y_{\dot{\mathrm{v}}}$	船舶横向加速度产生的横向附加质量系数
$Y_{\dot{\mathrm{r}}}$	船舶艏向角加速度产生的横向附加质量系数
$N_{\dot{\mathrm{r}}}$	船舶艏向角加速度产生的艏向附加转动惯量系数
X_{u}	船舶纵向速度产生的纵向线性阻尼系数
Y_{v}	船舶横向速度产生的横向线性阻尼系数
Y_{r}	船舶艏向角速度产生的横向线性阻尼系数
N_{v}	船舶横向速度产生的艏向线性阻尼系数
N_{r}	船舶艏向角速度产生的艏向线性阻尼系数
$X_{\lvert\mathrm{u}\rvert\mathrm{u}}$	船舶纵向速度产生的二阶纵向非线性阻尼系数
$Y_{\lvert\mathrm{v}\rvert\mathrm{v}}$	船舶横向速度产生的二阶横向非线性阻尼系数
$Y_{\lvert\mathrm{r}\rvert\mathrm{v}}$	船舶横向和艏向速度产生的二阶耦合横向非线性阻尼系数

续表2.2

水动力阻尼系数	具体含义
$Y_{\|v\|r}$	船舶艏向和横向速度产生的二阶耦合横向非线性阻尼系数
$Y_{\|r\|r}$	船舶艏向速度产生的二阶横向非线性阻尼系数
$N_{\|v\|v}$	船舶横向速度产生的二阶艏向非线性阻尼系数
$N_{\|r\|v}$	船舶艏向和横向速度产生的二阶耦合艏向非线性阻尼系数
$N_{\|v\|r}$	船舶横向和艏向速度产生的二阶耦合艏向非线性阻尼系数
$N_{\|r\|r}$	船舶艏向速度产生的二阶艏向非线性阻尼系数

$\boldsymbol{D}_n(\boldsymbol{v}) \in \mathbf{R}^{3\times 3}$ 表示非线性水动力阻尼系数矩阵(船舶做低速运动时,可假设阻尼是线性的,即忽略此项):

$$\boldsymbol{D}_n(\boldsymbol{v}) = \begin{bmatrix} -X_{|u|u}\,|u| & 0 & 0 \\ 0 & -Y_{|v|v}\,|v| - Y_{|r|v}\,|r| & -Y_{|v|r}\,|v| - Y_{|r|r}\,|r| \\ 0 & -N_{|v|v}\,|v| - N_{|r|v}\,|r| & -N_{|v|r}\,|v| - N_{|r|r}\,|r| \end{bmatrix} \tag{2.9}$$

其中,$X_{|u|u}$、$Y_{|v|v}$、$Y_{|r|v}$、$Y_{|v|r}$、$Y_{|r|r}$、$N_{|v|v}$、$N_{|r|v}$、$N_{|v|r}$ 和 $N_{|r|r}$ 均为非线性水动力阻尼系数,详见表 2.2。

综合式(2.8)和式(2.9),能够得到矩阵 $\boldsymbol{D}(\boldsymbol{v})$:

$$\boldsymbol{D}(\boldsymbol{v}) = \begin{bmatrix} -X_u - X_{|u|u}\,|u| & 0 & 0 \\ 0 & -Y_v - Y_{|v|v}\,|v| - Y_{|r|v}\,|r| & -Y_r - Y_{|v|r}\,|v| - Y_{|r|r}\,|r| \\ 0 & -N_v - N_{|v|v}\,|v| - N_{|r|v}\,|r| & -N_r - N_{|v|r}\,|v| - N_{|r|r}\,|r| \end{bmatrix}$$
$$= \begin{bmatrix} d_{11} & 0 & 0 \\ 0 & d_{22} & d_{23} \\ 0 & d_{32} & d_{33} \end{bmatrix} \tag{2.10}$$

其中,$d_{11} = -X_u - X_{|u|u}\,|u|$,$d_{22} = -Y_v - Y_{|v|v}\,|v| - Y_{|r|v}\,|r|$,$d_{23} = -Y_r - Y_{|v|r}\,|v| - Y_{|r|r}\,|r|$,$d_{32} = -N_v - N_{|v|v}\,|v| - N_{|r|v}\,|r|$,$d_{33} = -N_r - N_{|v|r}\,|v| - N_{|r|r}\,|r|$。

根据式(2.10)可知,当船舶作业于理想流体环境时,矩阵 $\boldsymbol{D}(\boldsymbol{v})$ 是非对称且严格正定的实数矩阵,即 $\boldsymbol{D}(\boldsymbol{v}) > 0$。

(4) 力和力矩。

$$\boldsymbol{\tau} = [\tau_u \quad 0 \quad \tau_r]^{\mathrm{T}} \tag{2.11}$$

其中,τ_u、τ_r 分别表示船舶的执行器提供的纵向推力和转艏力矩。由于无人船没有横向驱动,所以横向力为零。

(5) 外界环境干扰。

$$\boldsymbol{\tau}_w = [\tau_{wu} \quad \tau_{wv} \quad \tau_{wr}]^{\mathrm{T}} \tag{2.12}$$

其中,τ_{wu}、τ_{wv}、τ_{wr} 表示船舶在水平面三自由度上受到的外界环境干扰,具有上界 $|\tau_{wu}| \leqslant \bar{\tau}_{wu}$、$|\tau_{wv}| \leqslant \bar{\tau}_{wv}$、$|\tau_{wr}| \leqslant \bar{\tau}_{wr}$,且 τ_{wu}、τ_{wv}、τ_{wr} 为慢变过程,即满足 $\dot{\tau}_{wu} = \dot{\tau}_{wv} = \dot{\tau}_{wr} = 0$。

矩阵 $\boldsymbol{M}$、$\boldsymbol{C}(\boldsymbol{v})$、$\boldsymbol{D}(\boldsymbol{v})$ 可以进一步简化成如下形式:

$$
\boldsymbol{M}=\begin{bmatrix} m-X_{\dot{u}} & 0 & 0 \\ 0 & m-Y_{\dot{v}} & 0 \\ 0 & 0 & I_z-N_{\dot{r}} \end{bmatrix}=\begin{bmatrix} m_{11} & 0 & 0 \\ 0 & m_{22} & 0 \\ 0 & 0 & m_{33} \end{bmatrix}
$$

$$
\begin{aligned}
\boldsymbol{D}(\boldsymbol{v}) &= \begin{bmatrix} -X_{u}-X_{|u|u}\,|u| & 0 & 0 \\ 0 & -Y_{v}-Y_{|v|v}\,|v| & 0 \\ 0 & 0 & -N_{r}-N_{|r|r}\,|r| \end{bmatrix} \\
&= \begin{bmatrix} -d_{11} & 0 & 0 \\ 0 & -d_{22} & 0 \\ 0 & 0 & -d_{33} \end{bmatrix}
\end{aligned}
$$

$$
\boldsymbol{C}=\begin{bmatrix} 0 & 0 & -mv+Y_{\dot{v}}v \\ 0 & 0 & mu-X_{\dot{u}}u \\ mv-Y_{\dot{v}}v & -mu+X_{\dot{u}}u & 0 \end{bmatrix}=\begin{bmatrix} 0 & 0 & -m_{22}v \\ 0 & 0 & m_{11}u \\ m_{22}v & -m_{11}u & 0 \end{bmatrix}
$$

其中，m_{11}、m_{22}、m_{33} 分别表示船舶的惯性矩阵在船体坐标系三个坐标轴上的分量。

通过以上分析描述，并对式(2.3)进行展开，整理可得无人船的标准运动学模型，如下所示：

$$
\begin{cases}
\dot{x}=u\cos\psi-v\sin\psi \\
\dot{y}=u\sin\psi+v\cos\psi \\
\dot{\psi}=r \\
\dot{u}=\dfrac{m_{22}}{m_{11}}vr-\dfrac{d_{11}}{m_{11}}u+\dfrac{1}{m_{11}}(\tau_{u}+\tau_{wu}) \\
\dot{v}=-\dfrac{m_{11}}{m_{22}}ur-\dfrac{d_{22}}{m_{22}}v+\dfrac{1}{m_{22}}\tau_{wv} \\
\dot{r}=\dfrac{m_{11}-m_{22}}{m_{33}}uv-\dfrac{d_{33}}{m_{33}}r+\dfrac{1}{m_{33}}(\tau_{r}+\tau_{wr})
\end{cases} \tag{2.13}
$$

2.2.3　船舶三自由度波频运动模型

波频运动又称为高频运动，为了得到与实际海浪波谱更加接近的海浪模型，在一阶海浪运动模型的基础上，可增加高阶海浪转移函数。本书分别增加了四阶海浪运动和六阶海浪运动形式。

为方便描述，这里采用了包含二阶海浪运动的海浪近似模型，即海浪在纵荡、横荡、艏摇三个自由度上的波频近似模型可表示为

$$
h_{w}^{i}(w)=\frac{\sigma_i s}{s^2+2\zeta_i\omega_{0i}s+\omega_{0i}^2} \tag{2.14}
$$

其中，$\sigma_i(i=1\sim3)$ 与海浪强度有关；$\zeta_i(i=1\sim3)$ 是相对阻尼系数，取值为 0.05 ~ 0.2；$\omega_{0i}(i=1\sim3)$ 是海浪谱主导频率，反映了海浪的有义波高。

则海浪在每个坐标轴方向的连续时间状态空间描述为

$$\begin{bmatrix}\dot{\boldsymbol{\xi}}_1\\ \dot{\boldsymbol{\xi}}_2\end{bmatrix}=\begin{bmatrix}0 & \boldsymbol{I}\\ \boldsymbol{\Omega}_{21} & \boldsymbol{\Omega}_{22}\end{bmatrix}\begin{bmatrix}\boldsymbol{\xi}_1\\ \boldsymbol{\xi}_2\end{bmatrix}+\begin{bmatrix}0\\ \boldsymbol{E}_{h2}\end{bmatrix}\boldsymbol{\omega}_h \tag{2.15}$$

其中，$\boldsymbol{\xi}_2$ 表示北向位置、东向位置和艏向角的波频运动分量，$\boldsymbol{\xi}_2\in\mathbf{R}^3$；$\boldsymbol{\omega}_h$ 表示波频运动干扰，$\boldsymbol{\omega}_h\in\mathbf{R}^3$。状态转移矩阵分量分别为

$$\boldsymbol{\Omega}_{21}=-\begin{bmatrix}\omega_{01}^2 & & \\ & \omega_{02}^2 & \\ & & \omega_{03}^2\end{bmatrix} \tag{2.16}$$

$$\boldsymbol{\Omega}_{22}=-\begin{bmatrix}2\zeta_1\omega_{01} & & \\ & 2\zeta_2\omega_{02} & \\ & & 2\zeta_3\omega_{03}\end{bmatrix} \tag{2.17}$$

幅值矩阵 $\boldsymbol{E}_{h2}$ 为

$$\boldsymbol{E}_{h2}=\begin{bmatrix}\sigma_1 & & \\ & \sigma_2 & \\ & & \sigma_3\end{bmatrix} \tag{2.18}$$

令 $\boldsymbol{\xi}_{12}=\begin{bmatrix}\boldsymbol{\xi}_1\\ \boldsymbol{\xi}_2\end{bmatrix}$，$\boldsymbol{\Omega}=\begin{bmatrix}0 & \boldsymbol{I}\\ \boldsymbol{\Omega}_{21} & \boldsymbol{\Omega}_{22}\end{bmatrix}$，$\boldsymbol{E}_h=\begin{bmatrix}0\\ \boldsymbol{E}_{h2}\end{bmatrix}$，则无人船连续时间三自由度波频运动模型可重写为以下形式：

$$\dot{\boldsymbol{\xi}}_{12}=\boldsymbol{\Omega}\boldsymbol{\xi}_{12}+\boldsymbol{E}_h\boldsymbol{\omega}_h \tag{2.19}$$

2.2.4　船舶测量模型

无人船的北向位置、东向位置、艏向角、纵荡速度、横荡速度以及回转率信息分别由差分 GPS(DGPS)、电罗经或 IMU 等传感器单元获得。

传感器测量值可以看作由波频运动分量 $\boldsymbol{\eta}_h$ 与低频运动分量 $\boldsymbol{\eta}_l$ 叠加而成，因而当不考虑加性测量噪声干扰时，传感器测量模型可表示为以下统一形式：

$$\boldsymbol{y}=\boldsymbol{h}_l(\boldsymbol{\eta}_l)+\boldsymbol{h}_h(\boldsymbol{\eta}_h) \tag{2.20}$$

$$\boldsymbol{\eta}_h=\boldsymbol{\Lambda}_h\boldsymbol{\xi}_{12} \tag{2.21}$$

其中，$\boldsymbol{y}$ 表示测量值；$\boldsymbol{h}_h(\cdot)$ 和 $\boldsymbol{h}_l(\cdot)$ 分别表示波频测量矩阵和低频测量矩阵；$\boldsymbol{\Lambda}_h$ 表示具有合适维数的波频运动矩阵。

对于实际无人船，当考虑系统加性互相关噪声干扰、参数不确定性干扰以及乘性噪声干扰时，基于上述连续时间三自由度非线性模型，本书分别对加性相关噪声、乘性噪声以及测量值丢失现象进行建模，并采用欧拉法建立了具有干扰的无人船离散时间状态模型和测量模型。

2.3　具有干扰的无人船离散时间状态模型和测量模型

2.3.1　问题描述

无人船既具有一般非线性系统的特征，又具有船舶运动的特殊性，运动特点主要表现在以下几个方面。

(1) 无人船工作过程中，传感器系统的人为干扰、电气干扰、电力线感应干扰、热噪声以及宇宙噪声干扰都是普遍存在的，且与信号呈加性关系，即无人船传感器信号存在加性噪声干扰。

(2) 对于无人船离散系统状态估计而言，由于状态之间存在递推关系，因而不同时刻的加性状态噪声之间具有自相关性；在传感器离散测量系统中，测量值是根据系统状态值得到，因而加性测量噪声之间也具有自相关性；同时，传感器单元与船舶系统处于同一工作环境下，因而传感器加性测量噪声和系统加性状态噪声之间也存在互相关性。

(3) 实际海洋环境下，由于精确的无人船模型和传感器模型无法直接获得，因而系统模型和测量模型存在参数不确定性。

(4) 实际海洋环境下，无人船受到风、浪、流等干扰因素的影响，这一部分干扰或未建模成分可统一归类为噪声干扰，并且由于系统的时变性及非线性会使这类噪声干扰伴随着无人船运动形态出现与消失，这类噪声干扰称为乘性噪声干扰。

(5) 传感器工作过程中，由于传感器通信故障、电磁干扰等原因，测量值可能会出现随机丢失现象。

因而，本书研究的参数不确定性包括模型中某一参数不确定性、噪声统计特性不确定性以及测量值丢失造成的不确定性等，同时又分别对加性相关噪声、乘性噪声以及测量值丢失现象进行建模。最后，在 2.2 节无干扰三自由度连续时间三自由度非线性模型基础上，采用欧拉法分别建立了加性互相关噪声下船舶三自由度非线性运动学模型及测量模型；加性互相关噪声下船舶单自由度直航离散时间线性运动学模型及测量模型；乘性噪声下船舶三自由度离散时间动力学模型及测量模型；测量值随机丢失下传感器离散时间状态空间测量模型。

2.3.2　加性互相关噪声下船舶三自由度非线性运动学模型及测量模型

对于通常的无人船状态参数估计问题，只需考虑船舶的运动学形态和对应测量方程，即可以忽略船舶的高频运动。

因而为了状态估计的方便，这里在 2.2.1 节无人船运动学模型和 2.2.4 节船舶测量模型的基础上，分别给出了加性互相关噪声下无人船三自由度离散时间运动学模型和测量模型的离散化形式，并分析了加性互相关噪声的统计学特性。

1. 加性互相关噪声下无人船三自由度离散时间运动学模型

当考虑系统状态加性噪声干扰时，无人船三自由度连续时间运动学模型可以表示为

$$\dot{\boldsymbol{\eta}}=\boldsymbol{R}(\psi)\boldsymbol{v}+\boldsymbol{E}_{\eta}\boldsymbol{\omega}_{\eta} \tag{2.22}$$

其中，$\boldsymbol{\omega}_{\eta}$ 表示状态加性噪声；$\boldsymbol{E}_{\eta}$ 表示噪声幅值矩阵；其他参数和2.2节的描述具有同样的意义。

为了方便描述，用下标 k 表示离散时间采样点，Δt 表示采样时间。由运动学模型，这里重新定义状态空间离散向量 $\boldsymbol{x}'_k=[x_{\mathrm{N},k}\ \ y_{\mathrm{E},k}\ \ \psi_k\ \ u_{\mathrm{N},k}\ \ v_{\mathrm{E},k}\ \ r_k]$。若三阶单位矩阵和三阶零矩阵分别记为 $\boldsymbol{I}_{3\times3}$ 和 $\boldsymbol{0}_{3\times3}$，离散噪声幅值矩阵记为 $\boldsymbol{\Xi}_k$，离散系统状态噪声向量记为 $\boldsymbol{\theta}_k$。则无人船离散时间三自由度运动学模型可写成如下形式：

$$\boldsymbol{x}'_{k+1}=\begin{bmatrix}\boldsymbol{I}_{3\times3} & \boldsymbol{B}'_{3\times3}\\ \boldsymbol{0}_{3\times3} & \boldsymbol{I}_{3\times3}\end{bmatrix}\boldsymbol{x}'_k+\boldsymbol{\Xi}_k\boldsymbol{\theta}_k \tag{2.23}$$

转换矩阵 $\boldsymbol{B}'_{3\times3}$ 为

$$\boldsymbol{B}'_{3\times3}=\begin{bmatrix}\Delta t\cos\psi_k & -\Delta t\sin\psi_k & 0\\ \Delta t\sin\psi_k & \Delta t\cos\psi_k & 0\\ 0 & 0 & \Delta t\end{bmatrix}$$

进一步化简，可得无人船离散时间三自由度非线性运动学状态空间模型为

$$\boldsymbol{x}'_k=\boldsymbol{f}_{k-1}(\boldsymbol{x}'_{k-1})+\boldsymbol{\Xi}_{k-1}\boldsymbol{\theta}_{k-1} \tag{2.24}$$

其中，非线性状态转移矩阵可以写为

$$\boldsymbol{f}_{k-1}(\boldsymbol{x}'_{k-1})=\begin{bmatrix}x_{\mathrm{N},k-1} & 0 & 0 & \Delta tu_{\mathrm{N},k-1}\cos\psi_{k-1} & -\Delta tv_{\mathrm{N},k-1}\sin\psi_{k-1} & 0\\ 0 & y_{\mathrm{E},k-1} & 0 & \Delta tu_{\mathrm{N},k-1}\sin\psi_{k-1} & \Delta tv_{\mathrm{N},k-1}\cos\psi_{k-1} & 0\\ 0 & 0 & \psi_{k-1} & 0 & 0 & \Delta tr_{k-1}\\ 0 & 0 & 0 & u_{\mathrm{N},k-1} & 0 & 0\\ 0 & 0 & 0 & 0 & v_{\mathrm{N},k-1} & 0\\ 0 & 0 & 0 & 0 & 0 & r_{k-1}\end{bmatrix} \tag{2.25}$$

2. 加性互相关噪声下无人船三自由度离散时间测量模型

无人船北向位置、东向位置、艏向角以及纵荡速度、横荡速度、回转率可分别基于DGPS、电罗经或IMU等传感器单元的测量值得到。

由统一形式的测量方程式(2.20)可知，在低海况下，当忽略船舶高频运动时，可得具有加性测量噪声干扰的传感器连续时间测量模型为

$$\boldsymbol{y}=\boldsymbol{h}_1(\boldsymbol{\eta}_1)+\boldsymbol{\Gamma}\boldsymbol{V} \tag{2.26}$$

其中，$\boldsymbol{V}$ 表示测量噪声；$\boldsymbol{\Gamma}$ 表示对应的噪声幅值矩阵。

由三自由度离散时间状态空间模型式(2.24)和测量方程式(2.26)可知，无人船三自由度上的离散时间测量方程可统一表示为

$$\boldsymbol{y}_k=\boldsymbol{h}_k(\boldsymbol{x}'_k)+\boldsymbol{\Gamma}_k\boldsymbol{V}_k \tag{2.27}$$

其中，$\boldsymbol{y}_k$ 表示测量值；$\boldsymbol{h}_k(\cdot)$ 表示测量矩阵；$\boldsymbol{\Gamma}_k$ 表示具有合适维数的噪声幅值矩阵；$\boldsymbol{V}_k$ 表示测量噪声。

3. 加性互相关噪声统计特性分析

实际无人船离散时间状态模型中，系统加性状态噪声和传感器单元加性测量噪声通

常不易满足高斯白噪声的假设，即二者之间具有互相关性。因而这里采用加性互相关噪声来对系统噪声进行描述，即假设系统加性状态噪声和加性测量噪声之间具有一步自相关和两步互相关性。下面从统计学定义 2.1 入手，对加性互相关噪声的统计学特性进行解释说明，同时建立了加性互相关噪声的统计学数值特征描述。

定义 2.1　对于二维随机变量 $\boldsymbol{X}$ 和 $\boldsymbol{Y}$，用符号 $E[\cdot]$ 表示参数"·"的数学期望。期望 $E[\boldsymbol{X}]$ 和 $E[\boldsymbol{Y}]$ 分别表示参数 $\boldsymbol{X}$ 和 $\boldsymbol{Y}$ 的平均值，并且当它们相互独立时可得

$$E[(\boldsymbol{X}-E[\boldsymbol{X}])(\boldsymbol{Y}-E[\boldsymbol{Y}])^{\mathrm{T}}]=0 \tag{2.28}$$

即 $E[(\boldsymbol{X}-E[\boldsymbol{X}])(\boldsymbol{Y}-E[\boldsymbol{Y}])^{\mathrm{T}}]$ 反映了变量 $\boldsymbol{X}$ 和 $\boldsymbol{Y}$ 之间的关联性，也就是说，当 $E[(\boldsymbol{X}-E[\boldsymbol{X}])(\boldsymbol{Y}-E[\boldsymbol{Y}])^{\mathrm{T}}]\neq 0$ 成立时，参数 $\boldsymbol{X}$ 和 $\boldsymbol{Y}$ 不独立。

对于参数 $\boldsymbol{X}$ 和 $\boldsymbol{Y}$，期望 $E[(\boldsymbol{X}-E[\boldsymbol{X}])(\boldsymbol{Y}-E[\boldsymbol{Y}])^{\mathrm{T}}]$ 称为参数 $\boldsymbol{X}$ 和 $\boldsymbol{Y}$ 的互相关协方差，可以记作 $\mathrm{Cov}(\boldsymbol{X},\boldsymbol{Y})=E[(\boldsymbol{X}-E[\boldsymbol{X}])(\boldsymbol{Y}-E[\boldsymbol{Y}])^{\mathrm{T}}]$。若参数 $\boldsymbol{X}$ 和 $\boldsymbol{Y}$ 相同时，二者的期望称为参数的自相关协方差，可以记作 $\mathrm{Cov}(\boldsymbol{X},\boldsymbol{X})=E[(\boldsymbol{X}-E[\boldsymbol{X}])(\boldsymbol{X}-E[\boldsymbol{X}])^{\mathrm{T}}]$。

对于一平稳随机过程，若随机过程 $\boldsymbol{X}$ 满足下式，则称为白噪声过程：

$$E[\boldsymbol{X}_k]=0,\quad E[\boldsymbol{X}_k\boldsymbol{X}_k^{\mathrm{T}}]=\boldsymbol{Q}_k\delta_{k,m} \tag{2.29}$$

白噪声对应的功率谱为

$$S(\boldsymbol{X})=\int_{-\infty}^{+\infty}\boldsymbol{Q}_k\delta_{\gamma,0}\mathrm{e}^{-\mathrm{j}\boldsymbol{X}}\mathrm{d}\gamma=\boldsymbol{Q}_k,\quad \gamma=k-m \tag{2.30}$$

可知，在无穷取值区间随机白噪声的功率谱为常值，功率谱与方差强度相等，其自相关函数为克罗内克 δ(Kronecker delta) 函数，高斯白噪声是指概率密度函数满足高斯分布的白噪声。

不满足式(2.29) 的噪声均称为有色噪声或相关噪声，理想白噪声很难得到，工程中更多存在的是有色噪声，有色噪声可以看作是由白噪声驱动的线性环节的输出。

针对本书的加性状态噪声 $\boldsymbol{\theta}_k$ 和加性测量噪声 $\boldsymbol{V}_k$ 具有一步自相关和两步互相关性，为了描述方便，可以做以下解释说明，若 k 时刻加性状态噪声 $\boldsymbol{\theta}_k$ 与 $k-1$ 时刻噪声 $\boldsymbol{\theta}_{k-1}$、$k+1$ 时刻噪声 $\boldsymbol{\theta}_{k+1}$ 之间满足以下方程：

$$E[\boldsymbol{\theta}_k\boldsymbol{\theta}_k^{\mathrm{T}}]=\boldsymbol{Q}_k\neq 0 \tag{2.31}$$

$$E[\boldsymbol{\theta}_k\boldsymbol{\theta}_{k-1}^{\mathrm{T}}]=\boldsymbol{Q}_{k,k-1}\neq 0 \tag{2.32}$$

$$E[\boldsymbol{\theta}_k\boldsymbol{\theta}_{k+1}^{\mathrm{T}}]=\boldsymbol{Q}_{k,k+1}\neq 0 \tag{2.33}$$

则称系统加性状态噪声 $\boldsymbol{\theta}_k$ 具有一步自相关性，加性状态噪声自协方差记为 $\boldsymbol{Q}_k$，一步自协方差记为 $\boldsymbol{Q}_{k,k-1}$ 和 $\boldsymbol{Q}_{k,k+1}$，且 $\boldsymbol{Q}_{k,k-1}=\boldsymbol{Q}_{k,k+1}$。

若 k 时刻传感器加性测量噪声 $\boldsymbol{V}_k$ 与 $k-1$ 时刻噪声 $\boldsymbol{V}_{k-1}$、$k+1$ 时刻噪声 $\boldsymbol{V}_{k+1}$ 之间分别满足以下方程：

$$E[\boldsymbol{V}_k\boldsymbol{V}_k^{\mathrm{T}}]=\boldsymbol{R}_k\neq 0 \tag{2.34}$$

$$E[\boldsymbol{V}_k\boldsymbol{V}_{k-1}^{\mathrm{T}}]=\boldsymbol{R}_{k,k-1}\neq 0 \tag{2.35}$$

$$E[\boldsymbol{V}_k\boldsymbol{V}_{k+1}^{\mathrm{T}}]=\boldsymbol{R}_{k,k+1}\neq 0 \tag{2.36}$$

则称系统加性测量噪声 $\boldsymbol{V}_k$ 具有一步自相关性，记 $\boldsymbol{R}_k$ 为加性测量噪声自协方差，$\boldsymbol{R}_{k,k-1}$ 和 $\boldsymbol{R}_{k,k+1}$ 为加性测量噪声一步自协方差，且 $\boldsymbol{R}_{k,k-1}=\boldsymbol{R}_{k,k+1}$。

若 k 时刻系统加性测量噪声 $\boldsymbol{V}_k$ 与一步相邻和两步相邻时刻传感器单元加性测量噪

声 $\boldsymbol{V}_{k-1}$、$\boldsymbol{V}_{k+1}$、$\boldsymbol{V}_{k-2}$ 和 $\boldsymbol{V}_{k+2}$ 之间分别满足以下方程：

$$E[\boldsymbol{\theta}_k\boldsymbol{V}_k^{\mathrm{T}}]=\boldsymbol{S}_k\neq 0 \tag{2.37}$$

$$E[\boldsymbol{\theta}_k\boldsymbol{V}_{k-1}^{\mathrm{T}}]=\boldsymbol{S}_{k,k-1}\neq 0,\quad E[\boldsymbol{\theta}_k\boldsymbol{V}_{k+1}^{\mathrm{T}}]=\boldsymbol{S}_{k,k+1}\neq 0 \tag{2.38}$$

$$E[\boldsymbol{\theta}_k\boldsymbol{V}_{k-2}^{\mathrm{T}}]=\boldsymbol{S}_{k,k-2}\neq 0,\quad E[\boldsymbol{\theta}_k\boldsymbol{V}_{k+2}^{\mathrm{T}}]=\boldsymbol{S}_{k,k+2}\neq 0 \tag{2.39}$$

则称系统加性状态噪声 $\boldsymbol{\theta}_k$ 与加性测量噪声 $\boldsymbol{V}_k$ 之间具有两步互相关性，记 $\boldsymbol{S}_k$ 为噪声互协方差；$\boldsymbol{S}_{k,k-1}$ 和 $\boldsymbol{S}_{k,k+1}$ 为噪声一步互协方差，且 $\boldsymbol{S}_{k,k-1}=\boldsymbol{S}_{k,k+1}$；$\boldsymbol{S}_{k,k-2}$ 和 $\boldsymbol{S}_{k,k+2}$ 为噪声两步互协方差，且 $\boldsymbol{S}_{k,k-2}=\boldsymbol{S}_{k,k+2}$，为了描述方便，结合以上噪声统计学特性，可得具有一步自相关和两步互相关的系统加性状态噪声 $\boldsymbol{\theta}_k$ 和加性测量噪声 $\boldsymbol{V}_k$ 应满足以下统计特性：

$$\begin{cases}E[\boldsymbol{\theta}_k\boldsymbol{V}_m^{\mathrm{T}}]=\boldsymbol{Q}_k\delta_{k,m}+\boldsymbol{Q}_{k,m}\delta_{k,m-1}+\boldsymbol{Q}_{k,m}\delta_{k,m+1}\\E[\boldsymbol{V}_k\boldsymbol{V}_m^{\mathrm{T}}]=\boldsymbol{R}_k\delta_{k,m}+\boldsymbol{R}_{k,m}\delta_{k,m-1}+\boldsymbol{R}_{k,m}\delta_{k,m+1}\\E[\boldsymbol{\theta}_k\boldsymbol{V}_m^{\mathrm{T}}]=\boldsymbol{S}_k\delta_{k,m}+\boldsymbol{S}_{k,m}\delta_{k,m-1}+\boldsymbol{S}_{k,m}\delta_{k,m-2}\end{cases} \tag{2.40}$$

其中，$\delta_{k,m}$ 为克罗内克 δ 函数，该函数是一个二元输入函数且输入值为整数。当两个输入值相等时，输出为 1；当两个输入值不相等时，输出为 0，即

$$\delta_{k,m}=\begin{cases}1, & k=m\\0, & k\neq m\end{cases} \tag{2.41}$$

那么，当上述离散方程式(2.24)和式(2.27)的系统加性噪声 $\boldsymbol{\theta}_k$ 与 $\boldsymbol{V}_k$ 满足方程式(2.40)所示的统计学特性时，离散方程式(2.24)和式(2.27)即为具有一步自相关和两步互相关噪声的无人船三自由度离散时间状态空间模型。

2.3.3 加性互相关噪声下船舶单自由度直航离散时间线性运动学模型及测量模型

在低海况和低速运行模式下，由无人船三自由度非线性运动学模型可知，船舶的艏摇运动可以从纵荡和横荡中解耦出来。因而针对具有加性相关噪声的无人船艏向估计，本节建立了加性互相关噪声下船舶单自由度直航离散时间运动学模型和测量模型。

1. 加性互相关噪声下船舶单自由度直航运动学模型

由于艏向状态是可以解耦于船舶北东位置信息的变量，因而可以单独建立船舶艏向运动方程。此时只需通过合适的线性状态估计方法就可以实现对船舶艏向和回转率的估计。本章基于以上无人船三自由度运动学模型，首先得到连续时间单自由度直航运动学模型，然后基于欧拉法，得到具有一步自相关和两步互相关加性噪声干扰的无人船离散时间单自由度直航运动学模型。

无人船在低速运行时，回转率与实际艏向角相比变化较小，则可建立回转率一阶加速度模型为

$$\dot{r}=\boldsymbol{\zeta} \tag{2.42}$$

其中，$\boldsymbol{\zeta}$ 表示随机噪声向量。

由三自由度运动学模型式(2.22)可得，加性噪声干扰下系统艏向连续时间状态空间模型为

$$\dot{\psi}=r+\boldsymbol{\theta}_{\mathrm{r}} \tag{2.43}$$

其中，$\boldsymbol{\theta}_{\mathrm{r}}$ 表示艏向的加性噪声干扰。

为描述方便，重新定义状态变量 $\boldsymbol{x}''=[\psi \quad r]^{\mathrm{T}}$，则加性噪声下单自由度直航运动学模型为

$$\dot{\boldsymbol{x}}=\begin{bmatrix}0 & 1\\ 0 & 0\end{bmatrix}\boldsymbol{x}''+\boldsymbol{\theta}_{\mathrm{r}} \tag{2.44}$$

然后采用欧拉法对式(2.44)离散化处理，则具有加性噪声的无人船艏向离散时间状态空间模型可表示为

$$\boldsymbol{x}''_{k+1}=\boldsymbol{A}_k\boldsymbol{x}''_k+\boldsymbol{B}_k\boldsymbol{\theta}_{\mathrm{r},k} \tag{2.45}$$

其中，$\boldsymbol{A}_k$ 表示状态转移矩阵，$\boldsymbol{A}_k=\begin{bmatrix}1 & \Delta t\\ 0 & 1\end{bmatrix}$；$\boldsymbol{B}_k$ 表示对应的噪声幅值矩阵，$\boldsymbol{B}_k=\begin{bmatrix}\Delta t\\ \Delta t\end{bmatrix}$；$\Delta t$ 表示采样周期。

2. 加性互相关噪声下船舶单自由度直航测量模型

对于艏向单自由度直航运动学模型而言，对应的传感器离散状态测量模型仍可以用式(2.46)的统一测量模型表示，其中，$\boldsymbol{x}''_k$ 是满足式(2.45)的状态变量。

$$\boldsymbol{y}_k=\boldsymbol{h}_k(\boldsymbol{x}''_k)+\boldsymbol{\Gamma}_k\boldsymbol{V}_k \tag{2.46}$$

若系统加性噪声 $\boldsymbol{\theta}_{\mathrm{r},k}$ 和 $\boldsymbol{V}_k$ 满足统计特性式(2.40)，则式(2.45)和式(2.46)即为具有一步自相关和两步互相关性噪声的无人船艏向单自由度离散时间直航测量模型。

2.3.4　乘性噪声下船舶三自由度离散时间动力学模型及测量模型

当高海况时，无人船的运动是低频运动与波频运动的叠加。同时由 2.3.1 节问题描述可知，系统风、浪、流及未建模干扰可以用乘性噪声来描述。

因而当在状态估计过程中同时考虑高频运动、乘性噪声和相关加性噪声时，分别建立乘性噪声下的三自由度非线性模型以及对应的测量模型。

1. 乘性噪声下船舶三自由度离散时间动力学模型

具有加性噪声干扰的无人船连续时间低频运动模型可以表示为

$$\dot{\boldsymbol{\upsilon}}=-\boldsymbol{M}^{-1}\boldsymbol{D}\boldsymbol{\upsilon}+\boldsymbol{M}^{-1}\boldsymbol{B}_{\mathrm{u}}\boldsymbol{u}+\boldsymbol{M}^{-1}\boldsymbol{R}^{\mathrm{T}}(\psi)\boldsymbol{b}+\boldsymbol{E}_{\mathrm{s}}\boldsymbol{\omega}_{\mathrm{s}} \tag{2.47}$$

$$\dot{\boldsymbol{b}}=-\boldsymbol{T}_{\mathrm{b}}^{-1}\boldsymbol{b}+\boldsymbol{E}_{\mathrm{b}}\boldsymbol{\omega}_{\mathrm{b}} \tag{2.48}$$

其中，$\boldsymbol{\omega}_{\mathrm{s}}$ 表示状态加性噪声；$\boldsymbol{E}_{\mathrm{s}}$ 表示噪声幅值矩阵；$\boldsymbol{E}_{\mathrm{b}}$ 表示环境慢变干扰的噪声幅值矩阵；$\boldsymbol{\omega}_{\mathrm{b}}$ 表示环境慢变干扰的噪声向量矩阵。其他参数同 2.2 节。

由于实际运动中船舶刚体惯性矩阵 $\boldsymbol{M}$ 和线性阻尼矩阵 $\boldsymbol{D}$ 与实际系统模型有一定的偏差，且可用乘性噪声 ε_k 来描述这种偏差。因而，令 $\boldsymbol{M}_{\mathrm{b}}$ 和 $\boldsymbol{D}_{\mathrm{b}}$ 表示模型实验的理想值，$\Delta\boldsymbol{M}_{\mathrm{b}}$ 和 $\Delta\boldsymbol{D}_{\mathrm{b}}$ 表示对应的偏差，记 $\boldsymbol{M}=\boldsymbol{M}_{\mathrm{b}}+\Delta\boldsymbol{M}_{\mathrm{b}}$，$\boldsymbol{D}=\boldsymbol{D}_{\mathrm{b}}+\Delta\boldsymbol{D}_{\mathrm{b}}$，同时由于海洋环境复杂多变，因此海浪主导频率 $\omega_{0i}(i=1\sim3)$ 具有不确定性，记高频状态矩阵偏差为 $\Delta\boldsymbol{\Omega}_{21}$ 和 $\Delta\boldsymbol{\Omega}_{22}$。

然后由状态重构法，记状态向量 $\boldsymbol{x}'''=[\boldsymbol{\eta}^{\mathrm{T}} \quad \boldsymbol{\upsilon}^{\mathrm{T}} \quad \boldsymbol{\xi}_{12}^{\mathrm{T}} \quad \boldsymbol{b}^{\mathrm{T}}]^{\mathrm{T}}\in\mathbf{R}^{15}$；状态加性噪声 $\aleph=[\boldsymbol{\omega}_{\eta}^{\mathrm{T}} \quad \boldsymbol{\omega}_{\mathrm{s}}^{\mathrm{T}} \quad \boldsymbol{\omega}_{\mathrm{h}}^{\mathrm{T}} \quad \boldsymbol{\omega}_{\mathrm{b}}^{\mathrm{T}}]^{\mathrm{T}}\in\mathbf{R}^{15}$；则由式(2.19)、式(2.22)和式(2.47)可得乘性噪声下无人船

三自由度连续时间状态空间模型为

$$\dot{\boldsymbol{x}}''' = \boldsymbol{f}(\boldsymbol{x}''') + \Delta \boldsymbol{f}(\boldsymbol{x}''')\varepsilon_k + \boldsymbol{B}_{\mathrm{u}} + \boldsymbol{E}_0 \aleph \tag{2.49}$$

其中，$\boldsymbol{f}(\boldsymbol{x}''') = \begin{bmatrix} \boldsymbol{R}(\psi + \psi_{\mathrm{h}})\boldsymbol{v} \\ -\boldsymbol{M}^{-1}\boldsymbol{D}\boldsymbol{v} + \boldsymbol{M}^{-1}\boldsymbol{R}^{\mathrm{T}}(\psi + \psi_{\mathrm{h}})\boldsymbol{b} \\ \boldsymbol{\Omega}\boldsymbol{\xi} \\ \boldsymbol{0} \end{bmatrix}$，$\boldsymbol{B}_{\mathrm{u}} = \begin{bmatrix} \boldsymbol{0}_{6\times p} \\ \boldsymbol{M}^{-1}\tau \\ \boldsymbol{0}_{3\times p} \\ \boldsymbol{0}_{3\times p} \end{bmatrix}$，$\boldsymbol{E}_0 = \begin{bmatrix} \boldsymbol{E}_\eta \\ \boldsymbol{E}_{\mathrm{s}} \\ \boldsymbol{E}_{\mathrm{h}} \\ \boldsymbol{E}_{\mathrm{b}} \end{bmatrix}$。

采用欧拉法对上述模型离散化，可得乘性噪声下无人船离散时间三自由度模型为

$$\boldsymbol{x}'''_{k+1} = \boldsymbol{f}_k(\boldsymbol{x}'''_k) + \Delta \boldsymbol{f}_k(\boldsymbol{x}'''_k)\varepsilon_k + \Delta t \boldsymbol{B}_{\mathrm{u},k} + \boldsymbol{E}_{0,k} \aleph_k \tag{2.50}$$

其中，

$$\boldsymbol{x}'''_k = [\boldsymbol{\eta}_k^{\mathrm{T}}\ \boldsymbol{v}_k^{\mathrm{T}}\ \boldsymbol{\xi}_{12,k}^{\mathrm{T}}\ \boldsymbol{b}_k^{\mathrm{T}}]^{\mathrm{T}} \tag{2.51}$$

$$\boldsymbol{f}_k(\boldsymbol{x}'''_k) = \begin{bmatrix} \boldsymbol{I}_{3\times 3}\boldsymbol{\eta}_k + \Delta t \boldsymbol{R}(\psi_{\mathrm{l}_k} + \psi_{\mathrm{h}_k})\boldsymbol{v}_k \\ (\boldsymbol{I}_{3\times 3} - \Delta t \boldsymbol{M}^{-1}\boldsymbol{D})\boldsymbol{v}_k + (\Delta t \boldsymbol{M}^{-1}\boldsymbol{R}^{\mathrm{T}}(\psi_k))\boldsymbol{b}_k \\ \boldsymbol{L}_{6\times 6}\boldsymbol{\xi}_{12,k} \\ \boldsymbol{I}_{3\times 3}\boldsymbol{b}_k \end{bmatrix} \tag{2.52}$$

$$\boldsymbol{L}_{6\times 6} = \begin{bmatrix} \boldsymbol{I}_{3\times 3} & \Delta t \boldsymbol{I}_{3\times 3} \\ \Delta t \boldsymbol{\Omega}_{21} & \boldsymbol{I}_{3\times 3} + \Delta t \boldsymbol{\Omega}_{22} \end{bmatrix} \tag{2.53}$$

$$\Delta \boldsymbol{f}_k(\cdot) = c \boldsymbol{f}_k(\cdot) \tag{2.54}$$

其中，$\boldsymbol{f}_k(\cdot)$ 表示状态转移矩阵；$\Delta \boldsymbol{f}_k(\cdot)$ 表示模型偏差；c 表示偏差参数；ε_k 表示乘性噪声干扰；$\aleph_k$ 表示离散状态噪声；$\boldsymbol{E}_{0,k}$ 表示离散状态噪声幅值矩阵。

2. 乘性噪声下船舶三自由度离散时间测量模型

同样，考虑高频运动、乘性噪声和加性相关噪声时，传感器测量值同时包含无人船的低频运动分量和高频运动分量。因而，对应的具有加性噪声的传感器测量模型可以重新写为以下一般性形式，即

$$\boldsymbol{y}_{\mathrm{b}} = \boldsymbol{h}_{\mathrm{b}}(\boldsymbol{x}''') + \boldsymbol{\Gamma}\boldsymbol{V} \tag{2.55}$$

其中，$\boldsymbol{h}_{\mathrm{b}}(\cdot)$ 表示传感器测量矩阵。

传感器单元未建模部分也可用乘性噪声来描述，那么具有乘性噪声的传感器测量模型可重新写为如下形式：

$$z_{\mathrm{b}} = \boldsymbol{h}_{\mathrm{b}}(\boldsymbol{x}''') + \Delta \boldsymbol{h}_{\mathrm{b}}(\boldsymbol{x}''')\xi + \boldsymbol{\Gamma}\boldsymbol{V} \tag{2.56}$$

其中，$\Delta \boldsymbol{h}_{\mathrm{b}}(\cdot)\xi$ 表示测量方程不确定性；ξ 表示随机乘性噪声；$\Delta \boldsymbol{h}_{\mathrm{b}}(\cdot) = d\boldsymbol{h}_{\mathrm{b}}(\cdot)$ 是偏差矩阵，d 表示不确定性参数。

进一步进行离散化建模，可得具有乘性噪声的无人船离散时间三自由度模型为

$$z_{\mathrm{b},k+1} = \boldsymbol{h}_{\mathrm{b},k+1}(\boldsymbol{x}'''_{k+1}) + \Delta \boldsymbol{h}_{\mathrm{b},k+1}(\boldsymbol{x}'''_{k+1})\xi_{k+1} + \boldsymbol{\Gamma}_k \boldsymbol{V}_{k+1} \tag{2.57}$$

其中，$\boldsymbol{V}_{k+1}$ 表示系统加性测量噪声；ξ_{k+1} 表示乘性噪声。则式(2.50)和式(2.57)是具有乘性噪声的无人船离散时间三自由度模型。

3. 乘性噪声下船舶多传感器测量模型

若使用 N_{s} 个传感器单元对无人船状态信息进行测量，则乘性噪声下多传感器离散时间测量模型为

$$z_{\mathrm{b},k+1}^{i}=\boldsymbol{h}_{\mathrm{b},k+1}^{i}(\boldsymbol{x}'''_{k+1})+\Delta\boldsymbol{h}_{\mathrm{b},k+1}^{i}(\boldsymbol{x}'''_{k+1})\xi_{k+1}^{i}+\boldsymbol{\Gamma}_{k}\boldsymbol{V}_{k+1}^{i},\quad i=1,2,\cdots,N_{\mathrm{s}} \tag{2.58}$$

其中，i 表示第 i 个传感器组，$i=1,2,\cdots,N_{\mathrm{s}}$；$\boldsymbol{x}'''_{k+1}$ 表示系统状态变量；$z_{\mathrm{b},k+1}^{i}$ 表示由第 i 个传感器单元获得的测量值；$\boldsymbol{V}_{k+1}^{i}$ 表示对应的传感器单元测量噪声。同样对第 i 个测量方程，$\Delta\boldsymbol{h}_{\mathrm{b},k+1}^{i}(\cdot)\xi_{k+1}^{i}$ 表示测量方程不确定性；ξ_{k+1}^{i} 表示乘性测量噪声；$\Delta\boldsymbol{h}_{\mathrm{b},k+1}^{i}(\cdot)=d^{i}\boldsymbol{h}_{\mathrm{b},k+1}^{i}(\cdot)$ 表示偏差矩阵，d^{i} 表示不确定性参数。

则式(2.50)、式(2.57) 和式(2.58) 是乘性噪声下无人船三自由度状态模型和测量模型。

2.3.5　测量值随机丢失下传感器离散时间状态空间测量模型

由 2.3.1 节问题描述可知，由于传感器通信故障、电磁干扰等影响，传感器测量值可能会出现随机丢失现象。本节通过定义 2.2 的伯努利分布来描述系统的测量值随机丢失现象，并建立测量值随机丢失下传感器离散时间三自由度测量模型。

定义 2.2　如果随机参数 X 只会有 0 和 1 两种情况发生(非 0 即 1)，同时不同取值时所对应的概率分别为

$$Pr(X=1)=p_1,\quad 0<p_1\leqslant 1 \tag{2.59}$$

$$Pr(X=0)=1-p_1 \tag{2.60}$$

那么，可以说随机参数 X 是服从参数 p_1 的伯努利分布，伯努利分布可以理解为一种特殊形式的二项分布。

若测量值只有丢失与不丢失两种情况发生，那么可用伯努利分布来描述这种随机丢失现象。为了从数学上描述测量值丢失现象，用参数 $\boldsymbol{\gamma}_k$ 来表示测量值丢失与否，且该参数满足伯努利分布，即参数 $\boldsymbol{\gamma}_k$ 具有以下统计特性：

$$\boldsymbol{\gamma}_k=\begin{cases}1, & \bar{\gamma}_k\\ 0, & 1-\bar{\gamma}_k\end{cases} \tag{2.61}$$

其中，$\bar{\gamma}_k$ 表示参数 $\boldsymbol{\gamma}_k=1$ 的概率，$0<\bar{\gamma}_k\leqslant 1$；$1-\bar{\gamma}_k$ 表示参数 $\boldsymbol{\gamma}_k=0$ 的概率。当 $\boldsymbol{\gamma}_k=1$ 时，表示测量值能及时到达估计器；当 $\boldsymbol{\gamma}_k=0$ 时，表示发生测量值丢失。

无人船的北向位置、东向位置、纵荡速度和横荡速度可以记为以下向量形式，即 $\boldsymbol{x}_{1,k}=[x_{\mathrm{N},k}\ \ y_{\mathrm{E},k}\ \ u_{\mathrm{N},k}\ \ v_{\mathrm{E},k}]^{\mathrm{T}}$，则由 DGPS 或 IMU 得到的对应测量值记为 $\boldsymbol{z}_{1,k}$。同理，无人船的艏向角和回转率可以记为以下向量形式，即 $\boldsymbol{x}_{2,k}=[\psi_k\ \ r_k]^{\mathrm{T}}$，且由电罗经得到的对应测量值为 $\boldsymbol{z}_{2,k}$。那么可建立以下离散测量方程，其中 $\boldsymbol{e}_{1,k}$ 和 $\boldsymbol{e}_{2,k}$ 分别表示测量噪声。

$$\boldsymbol{z}_{1,k}=\boldsymbol{h}_{1,k}(\boldsymbol{x}_{1,k})+\boldsymbol{e}_{1,k} \tag{2.62}$$

$$\boldsymbol{z}_{2,k}=\boldsymbol{h}_{2,k}(\boldsymbol{x}_{2,k})+\boldsymbol{e}_{2,k} \tag{2.63}$$

同时，为了方便描述，测量模型可以统一表示为以下离散形式：

$$\boldsymbol{z}'_k=\boldsymbol{h}_k(\boldsymbol{x}_k)+\boldsymbol{e}_k \tag{2.64}$$

其中，向量 $\boldsymbol{z}'_k=[\boldsymbol{z}_{1,k}\ \ \boldsymbol{z}_{2,k}]^{\mathrm{T}}$，$\boldsymbol{h}_k(\boldsymbol{x}_k)=[\boldsymbol{h}_{1,k}(\boldsymbol{x}_{1,k})\ \ \boldsymbol{h}_{2,k}(\boldsymbol{x}_{2,k})]^{\mathrm{T}}$，$\boldsymbol{e}_k=[\boldsymbol{e}_{1,k}\ \ \boldsymbol{e}_{2,k}]^{\mathrm{T}}$。

那么具有测量值随机丢失的测量方程可重新书写为以下形式：

$$\boldsymbol{z}_{\mathrm{k}}=\boldsymbol{\gamma}_k\boldsymbol{h}_k(\boldsymbol{x}_k)+\boldsymbol{e}_k \tag{2.65}$$

其中，$\boldsymbol{z}_k$ 是估计器实际接收的测量值。

如果 $\boldsymbol{\gamma}_k\equiv 1$，则意味着所有测量可以及时到达估计器，即在传输过程中没有测量损

失。此时测量方程式(2.65)可简化为式(2.64)。

如果 $\boldsymbol{\gamma}_k \equiv 0$,则意味着发生测量值丢失,即估计的信息只包含噪声项,测量方程变为

$$z_k = e_k \tag{2.66}$$

则式(2.65)即是具有测量值随机丢失的传感器离散时间三自由度测量模型。当系统存在测量值随机丢失时,可用式(2.65)来表示这种丢失现象下的测量模型。

2.4　海流影响下的无人船运动学模型

无人船在运动过程中会受到外界环境的干扰,而大多数文献会忽略海流对无人船运动学模型的干扰影响,而将其与风、浪以及未建模动态一同视为无人船动力学模型上的扰动。但在实际中,海流对无人船操纵运动的扰动只有运动学上的影响,会导致无人船发生漂移而改变其速度和位置,使其偏离计划航线和航向。本书考虑海流对无人船运动学模型的扰动影响,建立海流扰动影响下的无人船运动学模型。

海流影响下的无人船运动学模型表述如下:

$$\begin{cases} \dot{\boldsymbol{\eta}} = \boldsymbol{R}(\psi)\boldsymbol{v}_{\mathrm{r}} + \boldsymbol{V}_{\mathrm{c}} \\ \boldsymbol{M}\dot{\boldsymbol{v}}_{\mathrm{r}} + \boldsymbol{C}(\boldsymbol{v}_{\mathrm{r}}) + \boldsymbol{D}(\boldsymbol{v}_{\mathrm{r}}) = \boldsymbol{B}\boldsymbol{f} \end{cases} \tag{2.67}$$

其中,$\boldsymbol{\eta}$ 表示北东地坐标系下无人船在水平面的纵向位置、横向位置和艏向角,$\boldsymbol{\eta} = [x \quad y \quad \psi]^{\mathrm{T}}$;$\boldsymbol{R}(\psi)$ 表示从船体坐标系到北东地坐标系的转换矩阵,并且满足 $\boldsymbol{R}^{\mathrm{T}}(\psi) = \boldsymbol{R}^{-1}(\psi)$;$\boldsymbol{V}_{\mathrm{c}}$ 表示北东地坐标系下的海流速度,$\boldsymbol{V}_{\mathrm{c}} = [V_x \quad V_y \quad 0]^{\mathrm{T}}$,$[u_{\mathrm{c}} \quad v_{\mathrm{c}}]^{\mathrm{T}}$ 表示船体坐标系下的海流速度,并且两种坐标系下的海流速度满足$[u_{\mathrm{c}} \quad v_{\mathrm{c}}]^{\mathrm{T}} = \boldsymbol{R}^{\mathrm{T}}(\psi)\,[V_x \quad V_y]^{\mathrm{T}}$;$\boldsymbol{v}_{\mathrm{r}}$ 表示无人船在船体坐标系下相对海流的前进速度、横向速度和艏向角速度,$\boldsymbol{v}_{\mathrm{r}} = [u_{\mathrm{r}} \quad v_{\mathrm{r}} \quad r]^{\mathrm{T}}$;$\boldsymbol{f}$ 表示控制输入矩阵,$\boldsymbol{f} = [T_{\mathrm{u}} \quad T_{\mathrm{r}}]^{\mathrm{T}}$,$T_{\mathrm{u}}$、$T_{\mathrm{r}}$ 分别表示前进推力和偏航力矩;$\boldsymbol{B}$ 表示控制输入配置矩阵;$\boldsymbol{M}$ 表示系统惯性参数矩阵;$\boldsymbol{C}(\boldsymbol{v}_{\mathrm{r}})$ 表示科里奥利向心力矩阵,$\boldsymbol{C}(\boldsymbol{v}_{\mathrm{r}}) = \boldsymbol{C}_{\mathrm{Rb}}(\boldsymbol{v}_{\mathrm{r}}) + \boldsymbol{C}_{\mathrm{A}}(\boldsymbol{v}_{\mathrm{r}})$,包含刚体科里奥利向心力矩阵和附加科里奥利向心力矩阵;$\boldsymbol{D}(\boldsymbol{v}_{\mathrm{r}})$ 表示水动力阻尼矩阵。

上述变量分别表述如下:

$$\boldsymbol{R}(\psi) = \begin{bmatrix} \cos\psi & -\sin\psi & 0 \\ \sin\psi & \cos\psi & 0 \\ 0 & 0 & 1 \end{bmatrix}, \quad \boldsymbol{M} = \begin{bmatrix} m_{11} & 0 & 0 \\ 0 & m_{22} & 0 \\ 0 & 0 & m_{33} \end{bmatrix}$$

$$\boldsymbol{C}(\boldsymbol{v}_{\mathrm{r}}) = \begin{bmatrix} 0 & 0 & -m_{22}v \\ 0 & 0 & m_{11}u_{\mathrm{r}} \\ m_{22}v & -m_{11}u_{\mathrm{r}} & 0 \end{bmatrix}$$

$$\boldsymbol{D}(\boldsymbol{v}_{\mathrm{r}}) = \begin{bmatrix} d_{11} & 0 & 0 \\ 0 & d_{22} & 0 \\ 0 & 0 & d_{33} \end{bmatrix}, \quad \boldsymbol{B} = \begin{bmatrix} b_{11} & 0 \\ 0 & b_{22} \\ 0 & b_{32} \end{bmatrix}$$

其中,$m_{ii}(i=1,2,3)$、$d_{jj}(j=1,2,3)$ 的表达式同 2.3.2 节的式(2.5)和式(2.10)中 m 和 d 的定义。

注　上述模型不仅可以克服同时采用绝对纵向速度 u 以及相对纵向速度 u_r 给控制器设计带来的复杂公式推导的困难，并且因为纵向推力作用在船体上产生的速度为相对纵向速度 u_r，而非绝对纵向速度 u，所以可以通过控制总能量的消耗直接对无人船的相对纵向速度 u_r 进行控制。

将模型式(2.67)展开，同时考虑其他外界环境干扰，则海流扰动下的无人船运动学模型如下：

$$\begin{cases}\dot{x}=u_r\cos\psi-v_r\sin\psi+V_x\\ \dot{y}=u_r\sin\psi+v_r\cos\psi+V_y\\ \dot{\psi}=r\\ \dot{u}_r=\dfrac{m_{22}}{m_{11}}v_r r-\dfrac{d_{11}}{m_{11}}u_r+\dfrac{1}{m_{11}}(\tau_u+\tau_{wu})\\ \dot{v}_r=-\dfrac{m_{11}}{m_{22}}u_r r-\dfrac{d_{22}}{m_{22}}v_r+\dfrac{1}{m_{22}}\tau_{wv}\\ \dot{r}=\dfrac{m_{11}-m_{22}}{m_{33}}u_r v_r-\dfrac{d_{33}}{m_{33}}r+\dfrac{1}{m_{33}}(\tau_r+\tau_{wr})\end{cases}\tag{2.68}$$

2.5　无人船模型仿真验证

无人船运动学模型是后续进行状态估计和鲁棒路径跟踪控制研究的基础，因此建立一个准确的运动学模型并且能反映出正确的船舶运动特性就显得尤其重要。船舶运动学模型的正确性通常通过定常直航运动实验和定常回转运动实验来验证。定常直航运动实验，是指在不考虑外界环境干扰的情况下，仅通过纵向推力来实验所建立的无人船运动学模型能否进行直线运动，能够反映出船舶的航速和稳定性能；定常回转运动实验是指在不考虑外界环境干扰的情况下，通过纵向推力和转艏力矩来实验所建立的无人船运动学模型能否进行回转运动，能够反映出船舶的回转操纵特性。

2.5.1　无干扰下的无人船模型验证

本书采用欠驱动模型船“Cybership Ⅱ”作为研究对象，该船舶模型长 1.3 m，重 24 kg，其具体模型参数为

$$m_{11}=25.8\ \text{kg},\quad m_{22}=33.8\ \text{kg},\quad m_{33}=2.76\ \text{kg}\cdot\text{m}^2$$

$$X_u=0.72\ \text{kg/s},\quad Y_v=0.86\ \text{kg/s},\quad N_r=0.5\ \text{kg}\cdot\text{m}^2/\text{s}$$

$$X_{|u|u}=1.33\ \text{kg/m},\quad Y_{|v|v}=36.28\ \text{kg/m}$$

$$\boldsymbol{M}=\begin{bmatrix}25.8&0&0\\0&33.8&0\\0&0&2.76\end{bmatrix},\quad \boldsymbol{D}(\boldsymbol{v})=\begin{bmatrix}0.72+1.33\,|u|&0&0\\0&0.86+36.28\,|v|&0\\0&0&0.5\end{bmatrix}$$

$$\boldsymbol{C}(\boldsymbol{v})=\begin{bmatrix}0&0&-33.8v\\0&0&25.8u\\33.8v&-25.8u&0\end{bmatrix}$$

(1) 定常直航运动仿真。

设无人船初始航速为零,初始艏向角为0°,无外界环境干扰,分别给船舶1 N和1.5 N的纵向推力,不施加任何转艏力矩,仿真结果如图2.3～2.6所示。

从图2.3～2.6可以看出,无人船在纵向推力作用下均沿正北方向直线航行,在1 N纵向推力作用下纵向速度最终维持在0.09 m/s左右,在1.5 N纵向推力作用下最终速度维持在0.13 m/s左右,表明纵向推力越大,稳态速度越大;同时横向速度和艏向回转速度均为零,符合实际情况。仿真图2.3～2.6表明所建无人船运动学模型的运动状态符合直航运动的实际情况。

(2) 定常回转运动仿真。

设初始航速为0 m/s,初始艏向角为0°,给定纵向推力为1 N,并分别给船舶0.2 N·m和－0.2 N·m的转艏力矩,在无外界环境干扰条件下做仿真实验,无人船的运动曲线如图2.7～2.10所示。

从图2.7～2.10可以看出,无人船在纵向推力和回转力矩的共同作用下,最开始做直线航行运动,然后进行转向,逐渐过渡到定常回转运动,无人船的纵向速度经过先增大后减小的变化,最后才趋于稳定。无人船的横向速度和艏向角速度最终也趋于稳定,并且艏向角在－180°～180°范围内均匀变化。因此,从仿真结果可以看出,本章建立的无人船运动学模型符合实际船舶运动特性,满足定常回转运动条件,为下一步研究无人船的状态估计和路径跟踪鲁棒控制打下了基础。

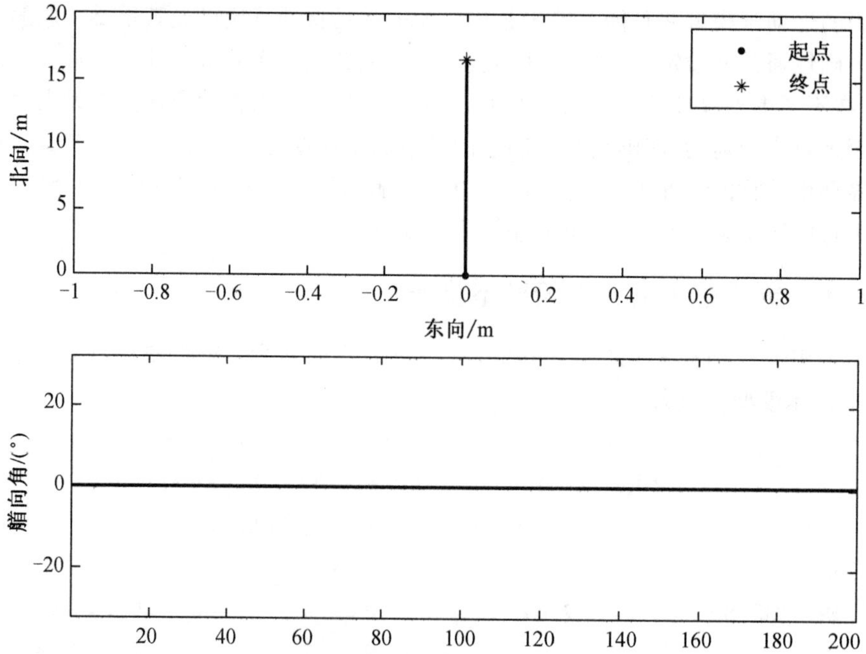

图2.3　无人船直航实验运动轨迹和艏向角曲线(纵向推力:1 N)

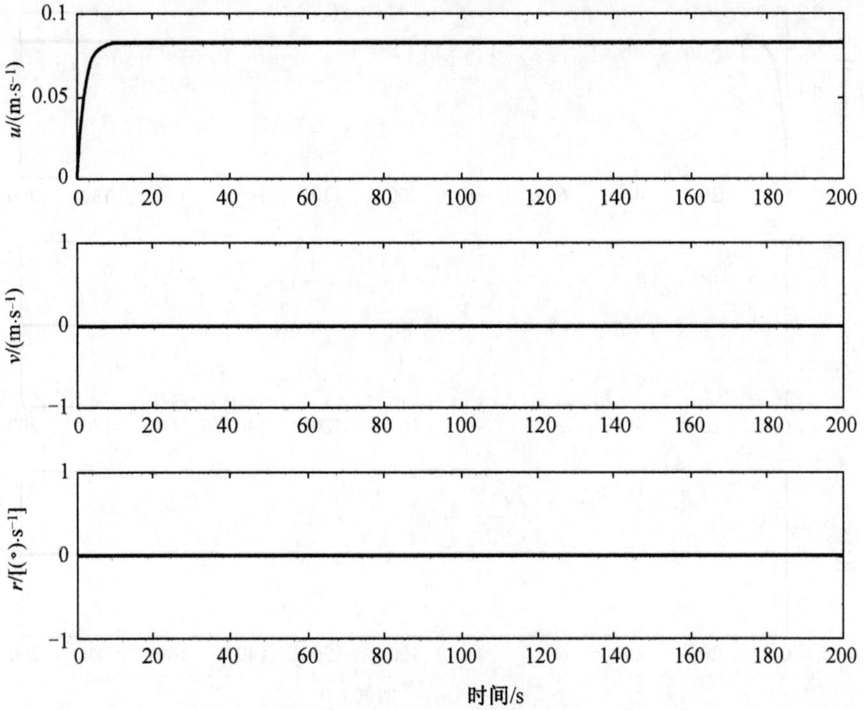

图 2.4　无人船直航实验运动速度曲线(纵向推力:1 N)

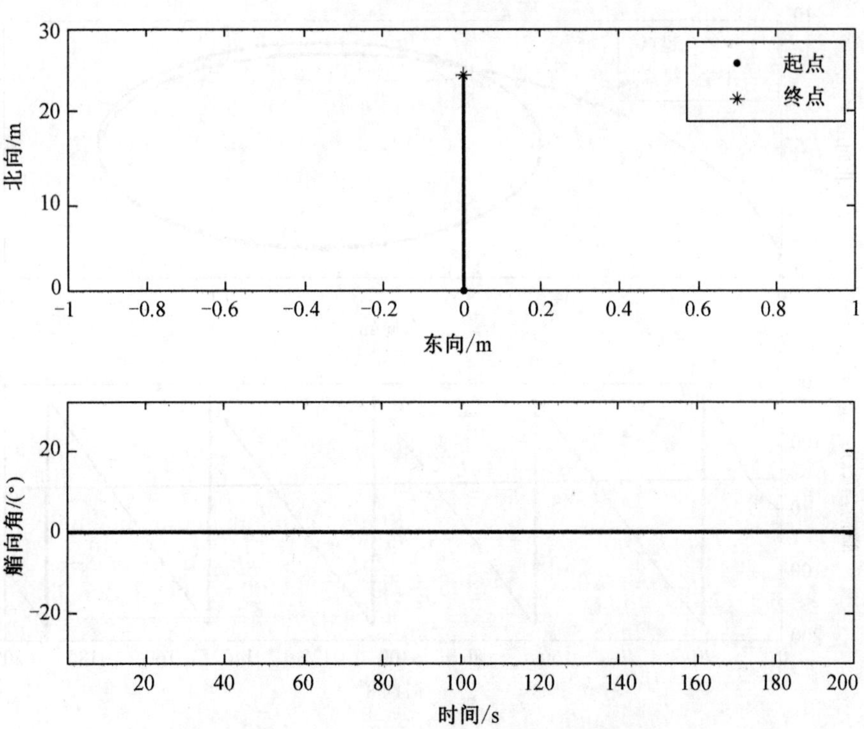

图 2.5　无人船直航实验运动轨迹和艏向角曲线(纵向推力:1.5 N)

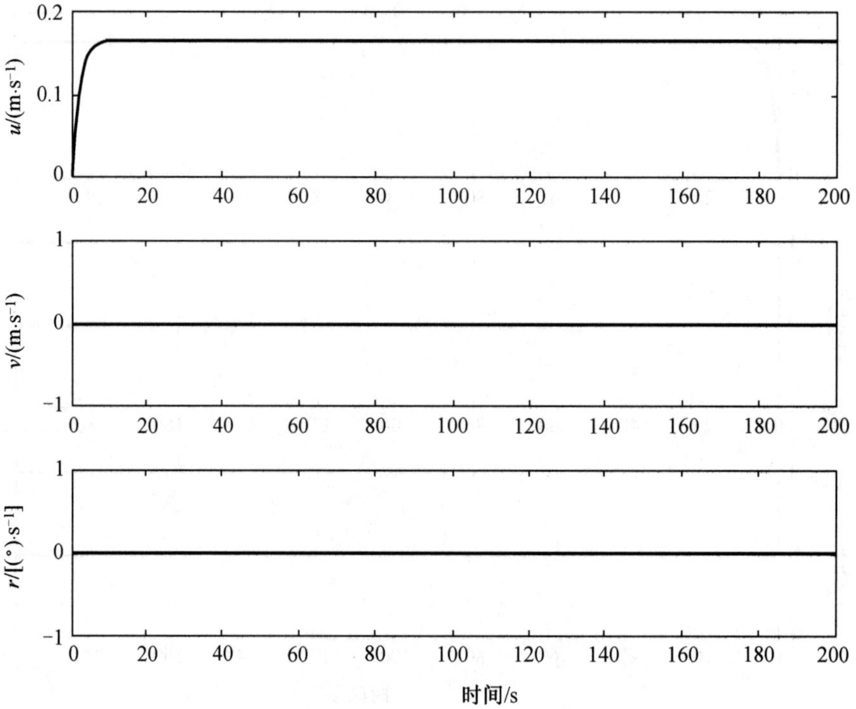

图 2.6　无人船直航实验运动速度曲线(纵向推力:1.5 N)

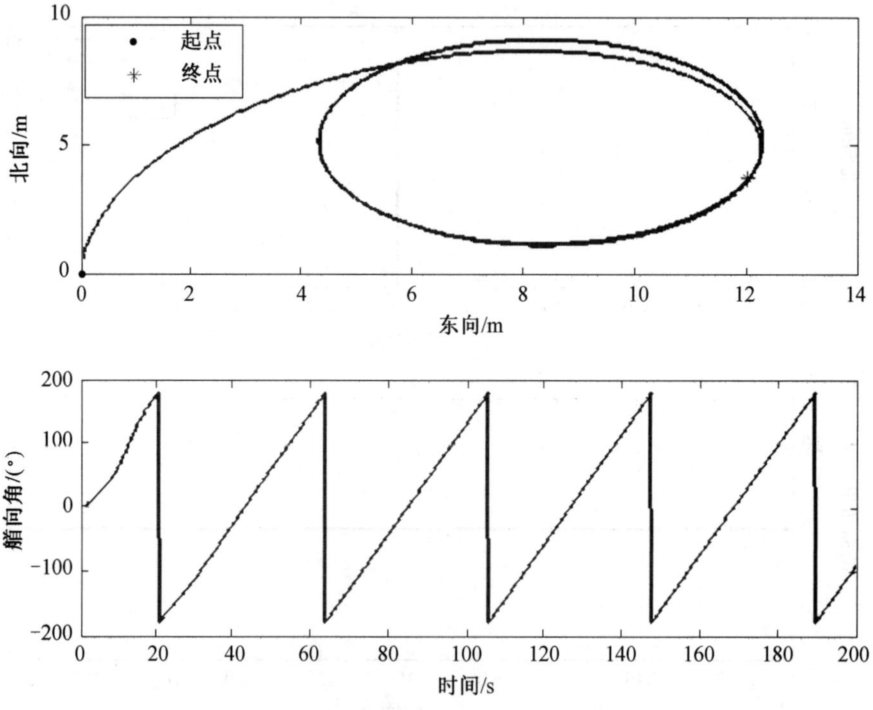

图 2.7　无人船回转实验运动轨迹和艏向角曲线(回转力矩:0.2 N · m)

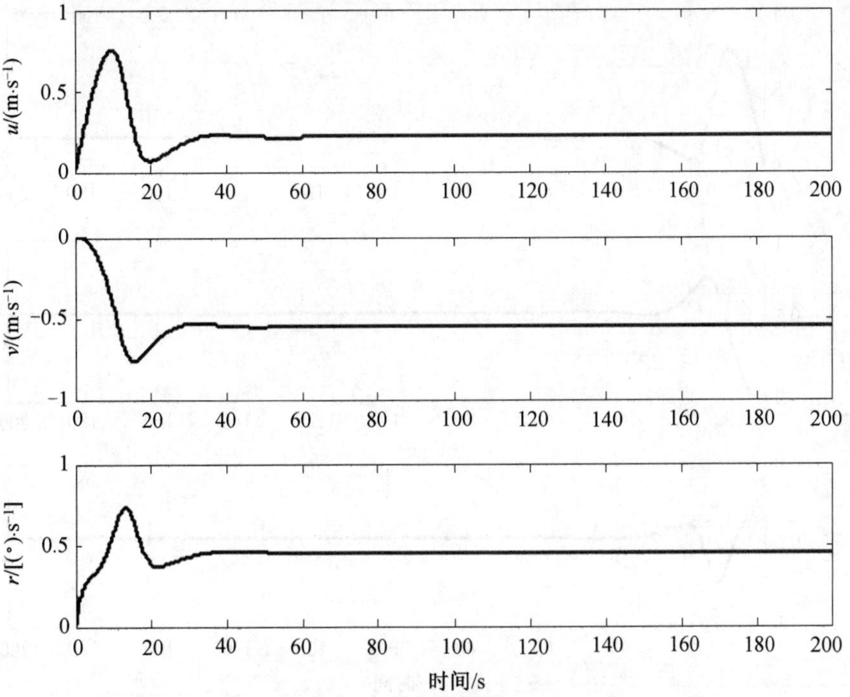

图 2.8　无人船回转实验运动速度曲线(回转力矩:0.2 N·m)

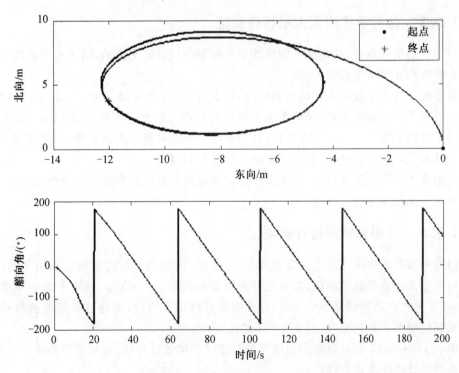

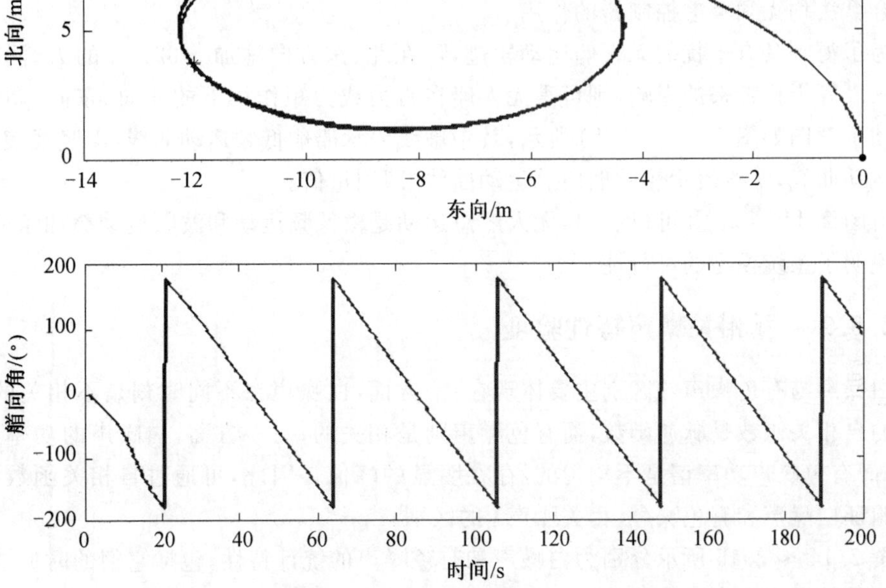

图 2.9　无人船回转实验运动轨迹和艏向角曲线(回转力矩:－0.2 N·m)

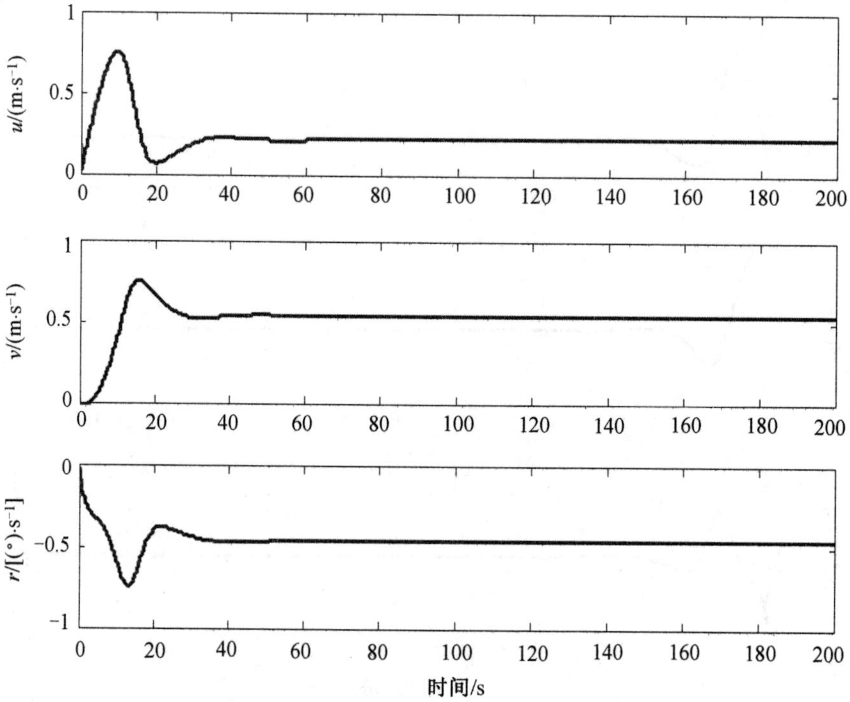

图 2.10　无人船回转实验运动速度变化曲线(回转力矩：−0.2 N·m)

2.5.2　具有干扰的无人船特性验证

对于状态估计而言，状态估计的性能与控制器的设计是无关的，因而本书的状态估计及融合算法均无须考虑控制器的作用。

为了得到具有干扰的无人船运动轨迹，可在北、东方向施加 5 321 N 的力，同时考虑系统噪声等干扰带来的影响，则可得无人船在常力或力矩作用下的北向、东向、艏向角的总运动示意图如图 2.11 ～ 2.13 所示，其中虚线表示船舶低频运动曲线，点竖线表示船舶波频运动曲线，实线表示船舶艏向总运动曲线，即测量值。

由图 2.11 ～ 2.13 可以看出，无人船总运动是由低频运动和波频运动叠加组成的，进一步说明了系统模型的可行性。

2.5.3　互相关噪声特性验证

白噪声与有色噪声的区别主要体现在：一方面，白噪声在不同时刻是不相关的，即白噪声的自相关函数是脉冲函数，而有色噪声则是相关的；另一方面，白噪声的功率谱比较均匀，而有色噪声功率谱是不均匀的，存在明显的峰值。因此，可通过自相关函数和功率谱来验证白噪声和有色噪声(相关噪声)的区别。

图 2.14 ～ 2.15 所示分别为白噪声和有色噪声的统计特性，包括它们的时域波形、自相关函数估计和功率谱估计。

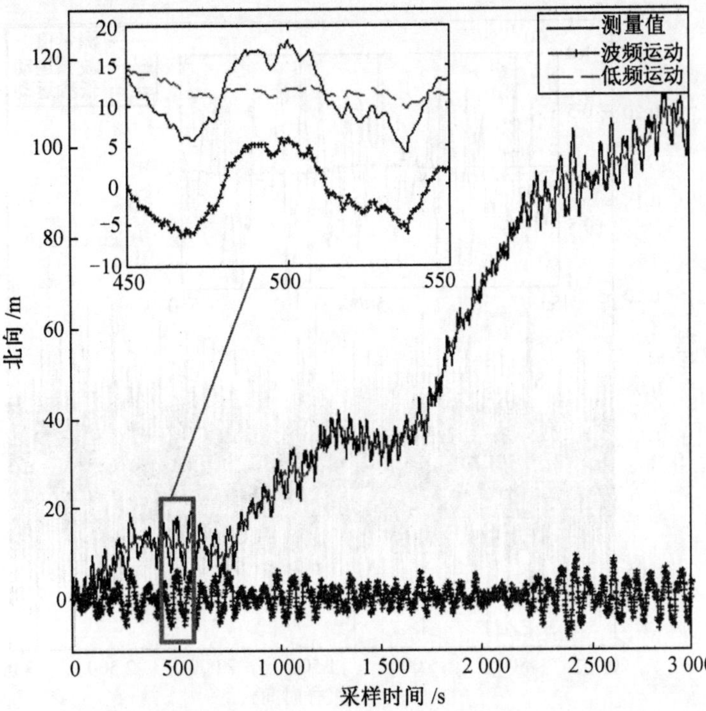

图 2.11　无人船北向总运动示意图

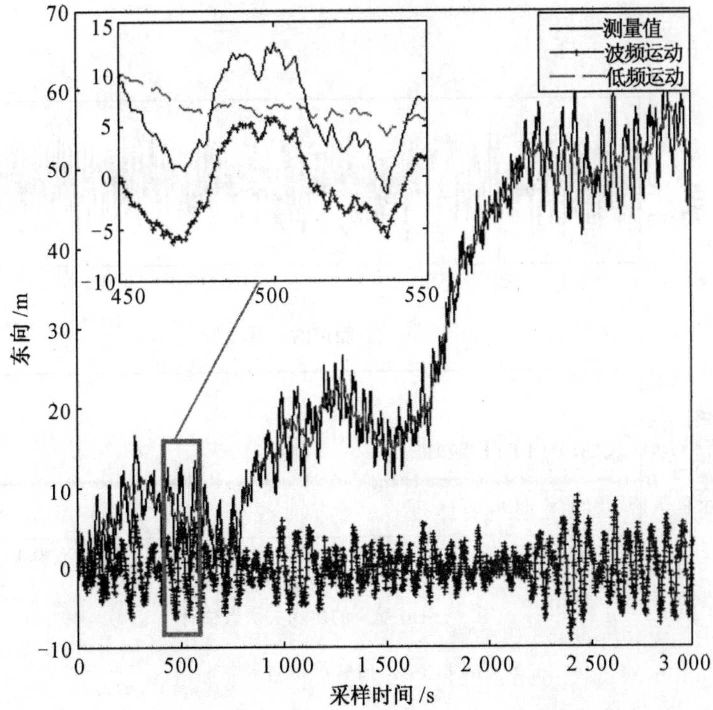

图 2.12　无人船东向总运动示意图

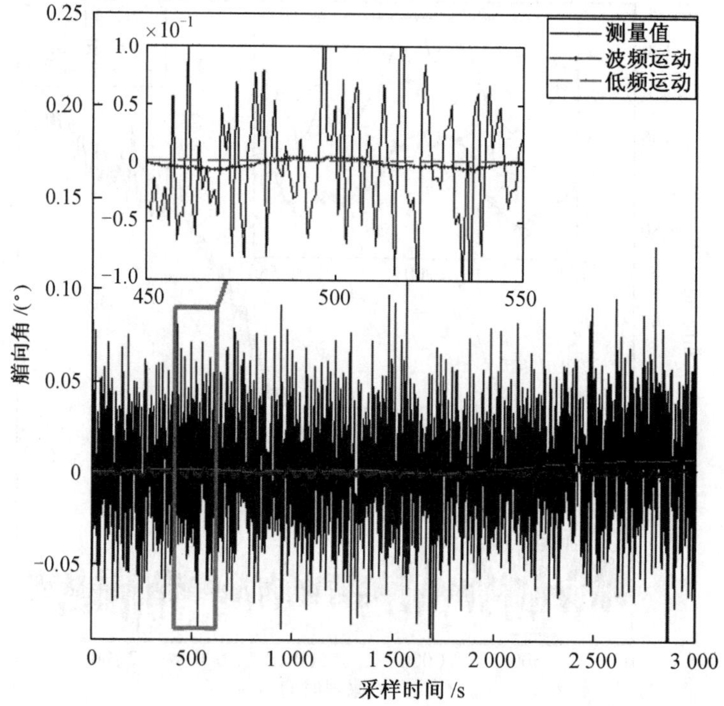

图 2.13　无人船艏向角总运动示意图

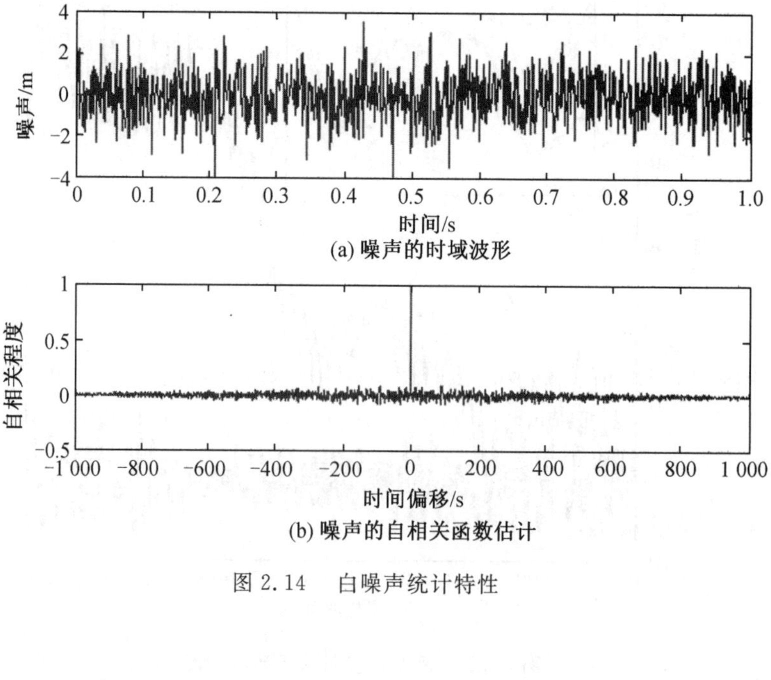

图 2.14　白噪声统计特性

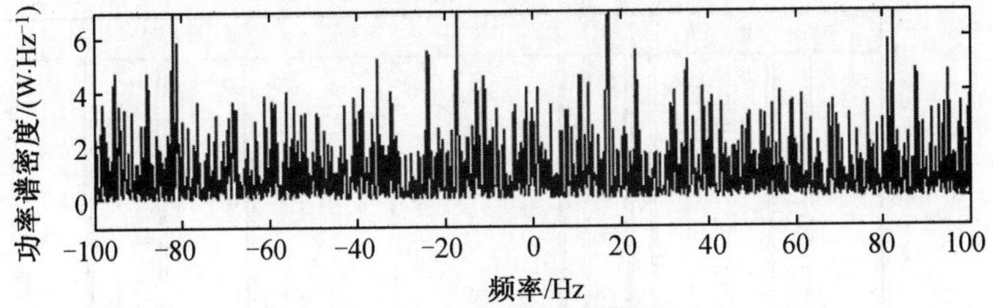

(c) 噪声的功率谱估计

续图 2.14

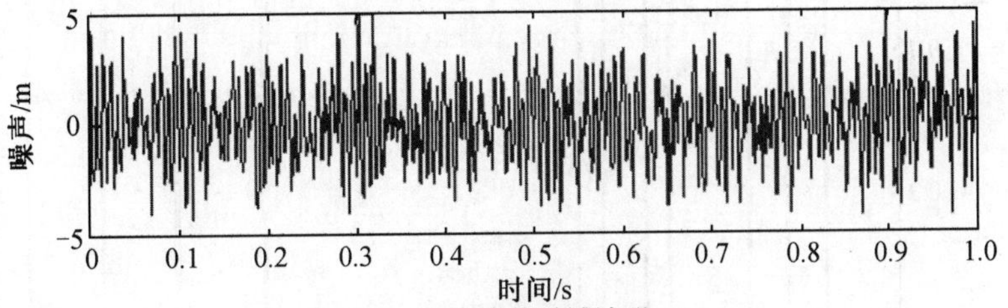

(a) 噪声的时域波形

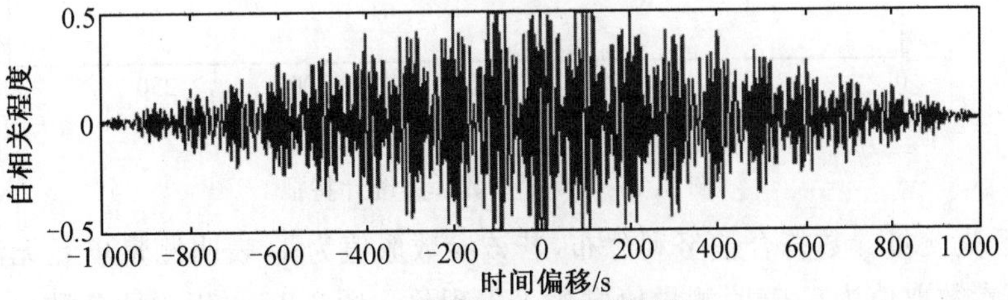

(b) 噪声的自相关函数估计

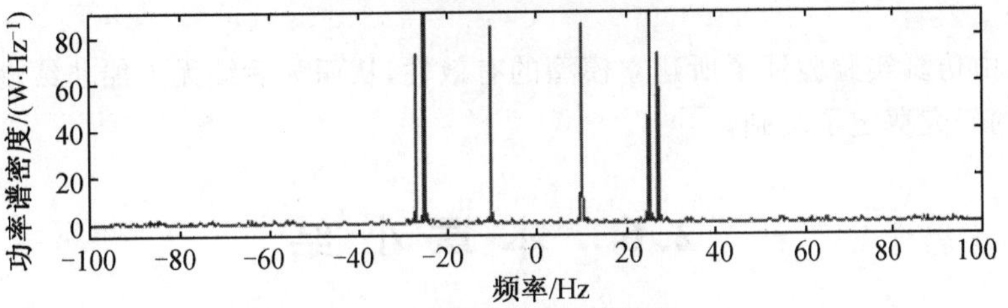

(c) 噪声的功率谱估计

图 2.15　有色噪声统计特性

由仿真可以看出，由于所取白噪声是一段时间内的采样点，因而白噪声自相关函数为近似脉冲函数，当取值无穷多时可得理想脉冲函数，而有色噪声自相关函数则是相关的；同时可以看出，白噪声具有均匀功率谱，有色噪声功率谱存在明显峰值。由此验证了噪声符合相关有色噪声的特性。

2.5.4　测量参数丢失特性的验证

对于服从伯努利分布的丢包参数，为验证所建立丢包模型的合理性，设定传感器接收到数值的概率是 0.95，则以 300 个采样点为例，在该概率下，测量参数丢失统计特征如图 2.16 所示。

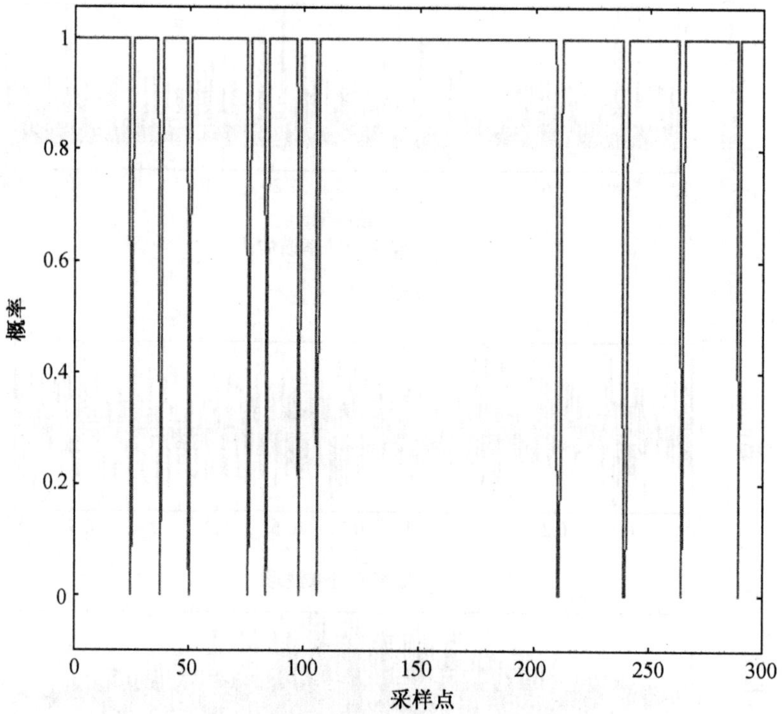

图 2.16 测量参数丢失统计特征

随机丢失测量参数符合伯努利分布，若该参数取值为 1，表明测量单元无测量值丢失现象；若该参数取值为 0，表明测量值发生丢失现象。图 2.16 可以说明参数符合随机丢失的特性。

综上，由仿真实验验证了所建立模型的有效性，从而为后续无人船非线性状态估计及融合算法的研究奠定了基础。

2.6 本章小结

本章首先介绍了北东地坐标系和船体坐标系，用于描述无人船运动学模型。然后分析了船舶的运动学和动力学特性，进而建立了无人船三自由度的运动学模型、动力学模型和测量模型。接着分别采用协方差、自协方差和互协方差来描述系统加性状态噪声和加性测量噪声之间的自相关和互相关性；通过乘性噪声来描述风、浪、流及未建模干扰；采用伯努利分布来描述测量值丢失现象；采用欧拉法建立了具有干扰的无人船离散时间状态模型和测量模型。最后针对所建立的无人船三自由度运动学模型，应用 Matlab 仿真软件对“Cybership Ⅱ”模型进行定常直航与定常回转仿真实验，仿真结果表明了所建立数学模型的合理性，为后续章节进行无人船状态估计及融合算法和路径跟踪控制方法的设计研究奠定了基础。

第3章　加性互相关噪声下非线性状态估计方法研究

本章要点：本章结合低海况下具有加性互相关噪声的无人船运动学模型和测量模型，研究了具有一步自相关和两步互相关加性状态噪声和加性测量噪声无人船状态估计方法。主要内容包括以下两个方面：① 研究了具有一步自相关和两步互相关加性噪声的无人船单自由度直航模式下的状态估计方法；② 研究了具有一步自相关和两步互相关加性噪声的无人船北向、东向、艏向三自由度状态估计方法。

3.1　高斯白噪声下无人船艏向状态估计方法

由无人船三自由度运动学模型可知，艏向可从纵荡和横荡中解耦出来，即艏向单自由度直航离散运动学模型是线性的。因而为了得到具有一步自相关和两步互相关加性噪声干扰的无人船艏向估计，首先构造艏向单自由度通用模型，且系统加性噪声具有一步自相关和两步互相关性；然后基于新息分析法，通过投影定理，进而得到了具有互相关噪声的线性 Kalman 滤波(KF-CCN) 算法。

由于船舶的纵荡、横荡和艏摇是耦合的，因而本章针对具有一步自相关和两步互相关加性噪声干扰的无人船北向、东向、艏向三自由度非线性离散状态空间模型，首先基于贝叶斯理论推导出一步自相关和两步互相关加性噪声下的贝叶斯估计算法；然后采用三阶球面径向容积规则代替非线性积分中 Jacobi 矩阵的计算，并采用扩展 Kalman 滤波理论获得噪声引起的非线性积分项；最后提出了具有互相关噪声干扰下的容积 Kalman 滤波(CKF-CCN) 算法。且当加性噪声之间不相关时，由 CKF-CCN 算法可化简得 CKF 算法。

3.1.1　问题描述

为了研究具有一步自相关和两步互相关加性噪声干扰的无人船艏向状态估计问题，这里首先考虑以下具有独立高斯白噪声干扰的标准线性离散模型：

$$\boldsymbol{x}_{k+1}=\boldsymbol{A}_k\boldsymbol{x}_k+\boldsymbol{B}_k\boldsymbol{\omega}_k \tag{3.1}$$

$$\boldsymbol{y}_k=\boldsymbol{H}_k\boldsymbol{x}_k+\boldsymbol{\upsilon}_k \tag{3.2}$$

其中，$\boldsymbol{x}_k$ 是系统状态变量，$\boldsymbol{x}_k\in\mathbf{R}^n$；$\boldsymbol{\omega}_k$ 是均值为 0、方差为 $\boldsymbol{Q}$ 的状态加性高斯白噪声，即 $\boldsymbol{\omega}_k\sim\mathcal{N}(0,\boldsymbol{Q})$；$\boldsymbol{\upsilon}_k$ 是均值为 0、方差为 $\boldsymbol{R}$ 的测量加性高斯白噪声，即 $\boldsymbol{\upsilon}_k\sim\mathcal{N}(0,\boldsymbol{R})$，且二者之间相互独立；$\boldsymbol{y}_k$ 是向量测量值，$\boldsymbol{y}_k\in\mathbf{R}^m$；$\boldsymbol{A}_k$ 是状态矩阵；$\boldsymbol{H}_k$ 是测量矩阵；$\boldsymbol{B}_k$ 是噪声幅值矩阵。

初始值 $\boldsymbol{x}_0$ 满足均值为 $\hat{\boldsymbol{x}}_0$、协方差为 $\boldsymbol{P}_0$ 的高斯分布，且与其他信号无关。则系统加性

状态噪声 $\boldsymbol{\omega}_k$ 和加性测量噪声 $\boldsymbol{\upsilon}_k$ 是独立高斯白噪声的标准 Kalman 滤波算法如 3.1.2 节所示。

3.1.2　高斯白噪声下线性 Kalman 滤波算法

对于以上具有高斯白噪声的离散动态系统式(3.1) 和式(3.2)，若系统初始状态估计值为 $\hat{\boldsymbol{x}}_0$，初始估计误差协方差为 $\boldsymbol{P}_0$，那么可得到对应的线性 Kalman 滤波算法流程如下。

(1) 计算一步状态预测 $\hat{\boldsymbol{x}}_{k|k-1}$：

$$\hat{\boldsymbol{x}}_{k|k-1} = \boldsymbol{A}_k \hat{\boldsymbol{x}}_{k-1} \tag{3.3}$$

(2) 计算预测误差协方差 $\boldsymbol{P}_{k|k-1}$：

$$\boldsymbol{P}_{k|k-1} = \boldsymbol{A}_k \boldsymbol{P}_{k-1} \boldsymbol{A}_k^{\mathrm{T}} + \boldsymbol{B}_k \boldsymbol{Q} \boldsymbol{B}_{k-1}^{\mathrm{T}} \tag{3.4}$$

(3) 计算 Kalman 滤波增益矩阵 $\boldsymbol{K}_k$：

$$\boldsymbol{K}_k = \boldsymbol{P}_{k|k-1} \boldsymbol{H}_k^{\mathrm{T}} [\boldsymbol{H}_k \boldsymbol{P}_{k|k-1} \boldsymbol{H}_k^{\mathrm{T}} + \boldsymbol{R}]^{-1} \tag{3.5}$$

(4) 计算状态估计更新值 $\hat{\boldsymbol{x}}_k$：

$$\hat{\boldsymbol{x}}_k = \hat{\boldsymbol{x}}_{k|k-1} + \boldsymbol{K}_k [\boldsymbol{y}_k - \boldsymbol{H}_k \hat{\boldsymbol{x}}_{k|k-1}] \tag{3.6}$$

(5) 计算估计误差协方差更新值 $\boldsymbol{P}_k$：

$$\boldsymbol{P}_k = [\boldsymbol{I} - \boldsymbol{K}_k \boldsymbol{H}_k] \boldsymbol{P}_{k|k-1} \tag{3.7}$$

式(3.3) ～(3.7) 即噪声符合独立高斯白噪声特性的线性 Kalman 滤波算法。

对无人船状态估计而言，系统不可避免地受到加性互相关噪声的干扰，即系统加性噪声不满足高斯白噪声的统计特性，因而本书 3.2 节研究了系统加性状态噪声和加性测量噪声之间具有一步自相关和两步互相关干扰的无人船艏向和回转率状态估计方法。

3.2　加性互相关噪声下无人船艏向状态估计方法

3.2.1　问题描述

无人船控制的目标之一就是能够实现艏向控制，故需要知道无人船当前精确的艏向和回转率信息。因而有必要研究仅考虑艏向的单自由度直航模式下状态估计问题。

由无人船三自由度运动学模型可知，船舶艏向可从纵荡和横荡中解耦出来，即可得线性艏向单自由度直航离散模型，同时由于实际系统中的噪声并不满足独立高斯白噪声的特性，即系统加性噪声具有一步自相关和两步互相关性。

针对具有加性互相关噪声的无人船离散时间单自由度直航模型式(2.45) 和式(2.46)。为了算法描述方便，将模型重写为如下通用形式：

$$\boldsymbol{x}_{k+1} = \boldsymbol{A}_k \boldsymbol{x}_k + \boldsymbol{B}_k \boldsymbol{\omega}_k \tag{3.8}$$

$$\boldsymbol{y}_k = \boldsymbol{H}_k \boldsymbol{x}_k + \boldsymbol{\upsilon}_k \tag{3.9}$$

其中，系统加性状态噪声 $\boldsymbol{\omega}_k$ 和加性测量噪声 $\boldsymbol{\upsilon}_k$ 具有一步自相关和两步互相关性，即噪声统计特性具有以下形式：

$$\begin{cases} E[\boldsymbol{\omega}_k]=0, \quad E[\boldsymbol{\upsilon}_k]=0 \\ E[\boldsymbol{\omega}_k\boldsymbol{\omega}_m^{\mathrm{T}}]=\boldsymbol{Q}_k\delta_{k,m}+\boldsymbol{Q}_{k,m}\delta_{k,m-1}+\boldsymbol{Q}_{k,m}\delta_{k,m+1} \\ E[\boldsymbol{\upsilon}_k\boldsymbol{\upsilon}_m^{\mathrm{T}}]=\boldsymbol{R}_k\delta_{k,m}+\boldsymbol{R}_{k,m}\delta_{k,m-1}+\boldsymbol{R}_{k,m}\delta_{k,m+1} \\ E[\boldsymbol{\omega}_k\boldsymbol{\upsilon}_m^{\mathrm{T}}]=\boldsymbol{S}_k\delta_{k,m}+\boldsymbol{S}_{k,m}\delta_{k,m-1}+\boldsymbol{S}_{k,m}\delta_{k,m+2} \end{cases} \tag{3.10}$$

其中，$\delta_{k,m}$ 表示克罗内克 δ 函数。状态加性噪声的自协方差 $\boldsymbol{Q}_{k,k-1}=\boldsymbol{Q}_{k,k+1}$，测量加性噪声的自协方差 $\boldsymbol{R}_{k,k-1}=\boldsymbol{R}_{k,k+1}$，状态加性噪声与测量加性噪声之间的互协方差为 $\boldsymbol{S}_k$，一步互协方差为 $\boldsymbol{S}_{k,k-1}=\boldsymbol{S}_{k,k+1}$，两步互协方差为 $\boldsymbol{S}_{k,k-2}=\boldsymbol{S}_{k,k+2}$。

本节基于上述动态模型式(3.8) 和式(3.9)，研究加性互相关噪声下的 KF-CCN 算法，解决了加性互相关噪声下的无人船艏向估计问题，并由仿真实验验证了算法的有效性。

3.2.2　加性互相关噪声下线性 Kalman 滤波算法

对于具有一步自相关和两步互相关加性噪声干扰的系统模型式(3.8) 和式(3.9)，首先给出状态协方差的递推方程，然后在此基础上得到加性互相关噪声下 KF-CCN 算法。

定义状态协方差 $\boldsymbol{q}_{k+1}=E[\boldsymbol{x}_{k+1}\boldsymbol{x}_{k+1}^{\mathrm{T}}]$，$k$ 时刻的状态 $\boldsymbol{x}_k$ 与状态噪声 $\boldsymbol{\omega}_k$ 的互协方差为 $\boldsymbol{E}_{x\omega,k}$。若系统加性噪声满足统计特性式(3.10)，则可得如下状态协方差递归关系：

$$\boldsymbol{q}_{k+1}=\boldsymbol{A}_k\boldsymbol{q}_k\boldsymbol{A}_k^{\mathrm{T}}+\boldsymbol{B}_k\boldsymbol{Q}_k\boldsymbol{B}_k^{\mathrm{T}}+\boldsymbol{A}_k\boldsymbol{B}_{k-1}\boldsymbol{Q}_{k-1,k}\boldsymbol{B}_k^{\mathrm{T}}+\boldsymbol{B}_k(\boldsymbol{B}_{k-1}\boldsymbol{Q}_{k-1,k})^{\mathrm{T}}\boldsymbol{A}_k^{\mathrm{T}} \tag{3.11}$$

其中，初始值为 $\boldsymbol{q}_0=E[\boldsymbol{x}_0\boldsymbol{x}_0^{\mathrm{T}}]+\boldsymbol{P}_0$，证明过程如下。

证明　由状态协方差定义并结合系统状态方程式(3.8)，状态协方差可重写为

$$\boldsymbol{q}_{k+1}=\boldsymbol{A}_k\boldsymbol{q}_k\boldsymbol{A}_k^{\mathrm{T}}+\boldsymbol{B}_k\boldsymbol{Q}_k\boldsymbol{B}_k^{\mathrm{T}}+\boldsymbol{A}_kE[\boldsymbol{x}_k\boldsymbol{\omega}_k^{\mathrm{T}}]\boldsymbol{B}_k^{\mathrm{T}}+\boldsymbol{B}_kE[\boldsymbol{\omega}_k\boldsymbol{x}_k^{\mathrm{T}}]\boldsymbol{A}_k^{\mathrm{T}} \tag{3.12}$$

其中，

$$\boldsymbol{E}_{x\omega,k}=E[\boldsymbol{x}_k\boldsymbol{\omega}_k^{\mathrm{T}}]=\boldsymbol{B}_{k-1}\boldsymbol{Q}_{k-1,k} \tag{3.13}$$

将式(3.13) 代入式(3.12) 可得状态协方差更新方程式(3.11) 成立。证毕。

则对于系统模型式(3.8) 和式(3.9)，当状态噪声 $\boldsymbol{\omega}_k$ 与测量噪声 $\boldsymbol{\upsilon}_k$ 满足统计特性式(3.10) 时，基于式(3.11) 可得加性互相关噪声下 KF-CCN 算法如下所示。

(1) 计算状态估计更新 $\hat{\boldsymbol{x}}_{k|k}$：

$$\hat{\boldsymbol{x}}_{k|k}=\hat{\boldsymbol{x}}_{k|k-1}+\boldsymbol{K}_k\boldsymbol{\varepsilon}_k \tag{3.14}$$

(2) 预测值更新 $\hat{\boldsymbol{x}}_{k+1|k}$：

$$\hat{\boldsymbol{x}}_{k+1|k}=\boldsymbol{A}_k\hat{\boldsymbol{x}}_{k|k-1}+\boldsymbol{L}_k\boldsymbol{\varepsilon}_k \tag{3.15}$$

(3) 新息更新 $\boldsymbol{\varepsilon}_k$：

$$\boldsymbol{\varepsilon}_k=\boldsymbol{y}_k-\boldsymbol{H}_k\hat{\boldsymbol{x}}_{k|k-1} \tag{3.16}$$

(4) 新息协方差矩阵更新 $\boldsymbol{Q}_{\varepsilon,k}$：

$$\boldsymbol{Q}_{\varepsilon,k}=\boldsymbol{H}_k\boldsymbol{P}_{k|k-1}\boldsymbol{H}_k^{\mathrm{T}}+\boldsymbol{R}_k+\boldsymbol{H}_k(\boldsymbol{E}_{x\upsilon,k}-\boldsymbol{E}_{xx\upsilon\upsilon,k})+(\boldsymbol{E}_{x\upsilon,k}-\boldsymbol{E}_{xx\upsilon\upsilon,k})^{\mathrm{T}}\boldsymbol{H}_k^{\mathrm{T}} \tag{3.17}$$

(5) 滤波增益矩阵 $\boldsymbol{K}_k$ 更新方程：

$$\boldsymbol{K}_k=[\boldsymbol{P}_{k|k-1}\boldsymbol{H}_k^{\mathrm{T}}+\boldsymbol{E}_{x\upsilon,k}]\boldsymbol{Q}_{\varepsilon,k}^{-1} \tag{3.18}$$

(6) 预测增益矩阵 $\boldsymbol{L}_k$ 更新方程：

$$\boldsymbol{L}_k=[\boldsymbol{A}_k\boldsymbol{P}_{k|k-1}\boldsymbol{H}_k^{\mathrm{T}}+\boldsymbol{A}_k\boldsymbol{E}_{x\upsilon,k}+\boldsymbol{B}_k\boldsymbol{S}_k+\boldsymbol{B}_k(\boldsymbol{E}_{x\omega,k}^{\mathrm{T}}-\boldsymbol{E}_{xx\omega\omega,k}^{\mathrm{T}})\boldsymbol{H}_k^{\mathrm{T}}]\boldsymbol{Q}_{\varepsilon,k}^{-1} \tag{3.19}$$

(7) 估计误差协方差 $\boldsymbol{P}_{k+1|k}$ 更新方程：

$$\begin{aligned}\boldsymbol{P}_{k+1|k}=&\boldsymbol{A}_k'\boldsymbol{P}_{k|k-1}\boldsymbol{A}_k'^{\mathrm{T}}+\boldsymbol{L}_k\boldsymbol{R}_k\boldsymbol{L}_k^{\mathrm{T}}+\boldsymbol{B}_k\boldsymbol{Q}_k\boldsymbol{B}_k^{\mathrm{T}}-\boldsymbol{A}_k'(\boldsymbol{E}_{x\upsilon,k}-\boldsymbol{E}_{xx\upsilon\upsilon,k})\boldsymbol{L}_k^{\mathrm{T}}-\\&\boldsymbol{L}_k(\boldsymbol{E}_{x\upsilon,k}-\boldsymbol{E}_{xx\upsilon\upsilon,k})^{\mathrm{T}}\boldsymbol{A}_k'^{\mathrm{T}}-\boldsymbol{L}_k\boldsymbol{S}_k\boldsymbol{B}_k^{\mathrm{T}}-\boldsymbol{B}_k\boldsymbol{S}_k^{\mathrm{T}}\boldsymbol{L}_k^{\mathrm{T}}+\\&\boldsymbol{A}_k'(\boldsymbol{E}_{x\omega,k}-\boldsymbol{E}_{xx\omega\omega,k})\boldsymbol{B}_k^{\mathrm{T}}+\boldsymbol{B}_k(\boldsymbol{E}_{x\omega,k}-\boldsymbol{E}_{xx\omega\omega,k})^{\mathrm{T}}\boldsymbol{A}_k'^{\mathrm{T}}\end{aligned} \tag{3.20}$$

其中，$\boldsymbol{E}_{x\upsilon,k}$ 是 k 时刻状态值与测量噪声的协方差：

$$\boldsymbol{E}_{x\upsilon,k}=\boldsymbol{A}_{k-1}\boldsymbol{B}_{k-2}\boldsymbol{S}_{k-2,k}+\boldsymbol{B}_{k-1}\boldsymbol{S}_{k-1,k} \tag{3.21}$$

$\boldsymbol{E}_{xx\upsilon\upsilon,k}$ 是 k 时刻状态预测值与测量噪声的协方差：

$$\boldsymbol{E}_{xx\upsilon\upsilon,k}=\boldsymbol{L}_{k-1}\boldsymbol{H}_{k-1}\boldsymbol{B}_{k-2}\boldsymbol{S}_{k-2,k}+\boldsymbol{L}_{k-1}\boldsymbol{R}_k \tag{3.22}$$

$\boldsymbol{E}_{xx\omega\omega,k}$ 是 k 时刻状态预测值与状态噪声的协方差：

$$\boldsymbol{E}_{xx\omega\omega,k}=\boldsymbol{L}_{k-1}\boldsymbol{S}_{k-1,k}+\boldsymbol{A}_{k-1}'\boldsymbol{L}_{k-2}\boldsymbol{S}_{k-2,k} \tag{3.23}$$

其中，$\boldsymbol{A}_k'=\boldsymbol{A}_k-\boldsymbol{L}_k\boldsymbol{H}_k$；$\boldsymbol{\varepsilon}_k$ 是新息序列，且新息协方差矩阵为 $\boldsymbol{Q}\boldsymbol{\varepsilon}_k$；$\boldsymbol{y}_k$ 是测量值；$\boldsymbol{P}_{k|k-1}$ 是预测误差协方差矩阵；$\boldsymbol{K}_k$ 和 $\boldsymbol{L}_k$ 分别是滤波增益矩阵和预测增益矩阵。分别定义滤波和预测值为 $\hat{\boldsymbol{x}}_{k|k}$ 和 $\hat{\boldsymbol{x}}_{k|k-1}$，给定预测初始值 $\hat{\boldsymbol{x}}_{k|k-1}=\boldsymbol{\mu}_0$，状态协方差的初始值 $\boldsymbol{q}_0=E[\boldsymbol{x}_0\boldsymbol{x}_0^{\mathrm{T}}]+\boldsymbol{P}_0$。证明过程如下。

证明 由于 k 时刻的状态与过程噪声是相关的，由式(3.13)得 $\boldsymbol{E}_{x\omega,k}=\boldsymbol{E}[\boldsymbol{x}_k\boldsymbol{\omega}_k^{\mathrm{T}}]$。相似地，定义 k 时刻状态值 $\boldsymbol{x}_k$ 和测量噪声 $\boldsymbol{\upsilon}_k$，k 时刻的预测值 $\hat{\boldsymbol{x}}_{k|k-1}$ 和测量噪声 $\boldsymbol{\upsilon}_k$ 以及 k 时刻的预测值 $\hat{\boldsymbol{x}}_{k|k-1}$ 和状态噪声 $\boldsymbol{\omega}_k$ 的协方差分别定义为 $\boldsymbol{E}_{x\upsilon,k}=E[\boldsymbol{x}_k\boldsymbol{\upsilon}_k^{\mathrm{T}}]$，$\boldsymbol{E}_{xx\upsilon\upsilon,k}=E[\hat{\boldsymbol{x}}_{k|k-1}\boldsymbol{\upsilon}_k^{\mathrm{T}}]$ 和 $\boldsymbol{E}_{xx\omega\omega,k}=E[\hat{\boldsymbol{x}}_{k|k-1}\boldsymbol{\omega}_k^{\mathrm{T}}]$。然后由投影定理，可得到式(3.14)和式(3.16)，且滤波增益矩阵定义如下：

$$\boldsymbol{K}_k=E[\boldsymbol{x}_k\boldsymbol{\varepsilon}_k^{\mathrm{T}}]\boldsymbol{Q}_{\varepsilon,k}^{-1} \tag{3.24}$$

将式(3.2)代入式(3.16)，可得到新息 $\boldsymbol{\varepsilon}_k$ 为

$$\boldsymbol{\varepsilon}_k=\boldsymbol{H}_k\tilde{\boldsymbol{x}}_{k|k-1}+\boldsymbol{\upsilon}_k \tag{3.25}$$

其中，预测误差 $\tilde{\boldsymbol{x}}_{k|k-1}=\boldsymbol{x}_k-\hat{\boldsymbol{x}}_{k|k-1}$。由式(3.25)可知，且由于 $\tilde{\boldsymbol{x}}_{k|k-1}\perp\hat{\boldsymbol{x}}_{k|k-1}$，即一步预测值与一步预测误差正交，则可得状态值与新息的协方差为

$$E[\boldsymbol{x}_k\boldsymbol{\varepsilon}_k^{\mathrm{T}}]=E[\boldsymbol{x}_k\tilde{\boldsymbol{x}}_{k|k-1}^{\mathrm{T}}\boldsymbol{H}_k^{\mathrm{T}}+\boldsymbol{x}_k\boldsymbol{\upsilon}_k^{\mathrm{T}}]=\boldsymbol{P}_{k|k-1}\boldsymbol{H}_k^{\mathrm{T}}+E[\boldsymbol{x}_k\boldsymbol{\upsilon}_k^{\mathrm{T}}] \tag{3.26}$$

将式(3.26)代入式(3.24)，可以证得式(3.18)成立。

进一步，可得新息协方差矩阵 $\boldsymbol{Q}_{\varepsilon,k}$ 为

$$\boldsymbol{Q}_{\varepsilon,k}=E[\boldsymbol{\varepsilon}_k\boldsymbol{\varepsilon}_k^{\mathrm{T}}]=\boldsymbol{H}_k\boldsymbol{P}_{k|k-1}\boldsymbol{H}_k^{\mathrm{T}}+\boldsymbol{H}_kE[\tilde{\boldsymbol{x}}_{k|k-1}\boldsymbol{\upsilon}_k^{\mathrm{T}}]+E[\boldsymbol{\upsilon}_k\tilde{\boldsymbol{x}}_{k|k-1}^{\mathrm{T}}]\boldsymbol{H}_k^{\mathrm{T}}+\boldsymbol{R}_k \tag{3.27}$$

将式(3.21)、式(3.22)代入式(3.27)可得式(3.17)成立。

又由投影定理，可得

$$\hat{\boldsymbol{x}}_{k+1|k}=\hat{\boldsymbol{x}}_{k+1|k-1}+\boldsymbol{L}_k\boldsymbol{\varepsilon}_k \tag{3.28}$$

对于状态方程式(3.8)，基于 $k-1$ 时刻之前的所有测量值，分别对两边求一步预测值，可得

$$\hat{\boldsymbol{x}}_{k+1|k-1}=\boldsymbol{A}_k\boldsymbol{x}_{k|k-1} \tag{3.29}$$

由式(3.28) 和式(3.29) 可得预测更新式(3.15)，预测增益矩阵 $\boldsymbol{L}_k$ 为

$$\boldsymbol{L}_k=E[\boldsymbol{x}_{k+1}\boldsymbol{\varepsilon}_k^{\mathrm{T}}]Q_{\varepsilon,k}^{-1}=(E[\boldsymbol{A}_k\boldsymbol{x}_k\boldsymbol{\varepsilon}_k^{\mathrm{T}}]+E[\boldsymbol{B}_k\boldsymbol{\omega}_k\boldsymbol{\varepsilon}_k^{\mathrm{T}}])Q_{\varepsilon,k}^{-1} \tag{3.30}$$

将式(3.26) 代入式(3.30)，得

$$E[\boldsymbol{A}_k\boldsymbol{x}_k\boldsymbol{\varepsilon}_k^{\mathrm{T}}]=\boldsymbol{A}_k\boldsymbol{P}_{k|k-1}\boldsymbol{H}_k^{\mathrm{T}}+\boldsymbol{A}_k\boldsymbol{E}_{xv,k} \tag{3.31}$$

另外，由

$$E[\boldsymbol{B}_k\boldsymbol{\omega}_k\boldsymbol{\varepsilon}_k^{\mathrm{T}}]=\boldsymbol{B}_kS_k+\boldsymbol{B}_k(\boldsymbol{E}_{x\omega,k}^{\mathrm{T}}-\boldsymbol{E}_{xx\omega\omega,k}^{\mathrm{T}})\boldsymbol{H}_k^{\mathrm{T}} \tag{3.32}$$

从式(3.30) ～ (3.32) 可得式(3.19) 成立。

然后用式(3.8) 减去式(3.15)，可得一步预测误差为

$$\tilde{\boldsymbol{x}}_{k+1|k}=\boldsymbol{A}'_k\tilde{\boldsymbol{x}}_{k|k-1}-\boldsymbol{L}_k\boldsymbol{v}_k+\boldsymbol{B}_k\boldsymbol{\omega}_k \tag{3.33}$$

定义预测误差协方差 $\boldsymbol{P}_{k+1|k}=E[\tilde{\boldsymbol{x}}_{k+1|k}\tilde{\boldsymbol{x}}_{k+1|k}^{\mathrm{T}}]$。则可得预测误差协方差矩阵的表达式为

$$\begin{aligned}\boldsymbol{P}_{k+1|k}=&\boldsymbol{A}'_k\boldsymbol{P}_{k|k-1}\boldsymbol{A}'^{\mathrm{T}}_k+\boldsymbol{L}_kE[\boldsymbol{\xi}_k\boldsymbol{v}_k\boldsymbol{v}_k^{\mathrm{T}}\boldsymbol{\xi}_k^{\mathrm{T}}]\boldsymbol{L}_k^{\mathrm{T}}+\boldsymbol{B}_kE[\boldsymbol{\omega}_k\boldsymbol{\omega}_k^{\mathrm{T}}]\boldsymbol{B}_k^{\mathrm{T}}-\\&\boldsymbol{A}'_kE[\tilde{\boldsymbol{x}}_{k|k-1}\boldsymbol{v}_k^{\mathrm{T}}]\boldsymbol{L}_k^{\mathrm{T}}-\boldsymbol{L}_kE[\boldsymbol{v}_k\tilde{\boldsymbol{x}}_{k|k-1}^{\mathrm{T}}]\boldsymbol{A}'^{\mathrm{T}}_k-\boldsymbol{L}_k\boldsymbol{S}_k\boldsymbol{B}_k^{\mathrm{T}}-\\&\boldsymbol{B}_k\boldsymbol{S}_k^{\mathrm{T}}\boldsymbol{L}_k^{\mathrm{T}}+\boldsymbol{A}'_kE[\tilde{\boldsymbol{x}}_{k|k-1}\boldsymbol{\omega}_k^{\mathrm{T}}]\boldsymbol{B}_k^{\mathrm{T}}+\boldsymbol{B}_kE[\boldsymbol{\omega}_k\tilde{\boldsymbol{x}}_{k|k-1}^{\mathrm{T}}]\boldsymbol{A}'^{\mathrm{T}}_k\end{aligned} \tag{3.34}$$

由式(3.13)、式(3.21) ～ (3.23) 和式(3.34)，可以证明式(3.20) 成立。

又由于协方差 $\boldsymbol{E}_{xv,k}=E[\boldsymbol{x}_k\boldsymbol{v}_k^{\mathrm{T}}]$，结合式(3.8) 和式(3.10)，并且考虑 $\hat{\boldsymbol{x}}_{k|k-1}\perp\boldsymbol{v}_k$，则式(3.21) 得证。

通过以上的定义，预测协方差 $\boldsymbol{E}_{xxvv,k}$ 和 $\boldsymbol{E}_{xx\omega\omega,k}$ 分别为

$$\boldsymbol{E}_{xxvv,k}=E[\hat{\boldsymbol{x}}_{k|k-1}\boldsymbol{v}_k^{\mathrm{T}}]=\boldsymbol{L}_{k-1}E[(\boldsymbol{y}_{k-1}-\boldsymbol{H}_{k-1}\hat{\boldsymbol{x}}_{k-1|k-2})\boldsymbol{v}_k^{\mathrm{T}}] \tag{3.35}$$

$$\boldsymbol{E}_{xx\omega\omega,k}=E[\hat{\boldsymbol{x}}_{k|k-1}\boldsymbol{\omega}_k^{\mathrm{T}}]=\boldsymbol{L}_{k-1}E[(\boldsymbol{y}_{k-1}-\boldsymbol{H}_{k-1}\hat{\boldsymbol{x}}_{k-1|k-2})\boldsymbol{\omega}_k^{\mathrm{T}}]+\boldsymbol{A}_{k-1}\boldsymbol{L}_{k-2}\boldsymbol{S}_{k-2,k} \tag{3.36}$$

从式(3.9)、式(3.10)、式(3.15)、式(3.16) 和式(3.31) 可得式(3.22)。同时，通过使用式(3.9)、式(3.10) 和式(3.36)，可得式(3.23)。证毕。

本书所推导的 KF-CCN 算法，不仅计算了滤波增益矩阵更新方程式(3.18)，还计算了预测增益矩阵更新方程式(3.19)，然后利用预测增益矩阵推导预测值更新式(3.15)。通过状态预测值进行状态估计值更新(式(3.14))。针对相关噪声，分别计算了 k 时刻的状态值与状态噪声的期望式(3.13)，状态值和测量噪声的协方差式(3.21)，以及 k 时刻的状态预测值与状态噪声的协方差式(3.23)，状态预测值和测量噪声的协方差式(3.22)。通过估计误差协方差的定义直观推导得到协方差更新方程式(3.20)。与传统滤波算法相比，增加了式(3.13)、式(3.19)、式(3.21)、式(3.22) 以及式(3.23) 的计算，使 KF-CCN 算法更加接近真实的状态估计，因而在理论上也能取得较好的估计效果。

3.2.3　加性互相关噪声下无人船艏向状态估计仿真验证

考虑船舶艏向运动模型式(2.45) 和测量模型式(2.46)，为了解决噪声符合一步自相关和两步互相关性的无人船艏向单自由度直航模式状态估计问题，采用本节统一模型式

(3.8) 和式(3.9) 来对系统进行描述。测量矩阵 $\boldsymbol{H}_k=[1\ \ 0]$,状态变量 $\boldsymbol{x}_k=[\psi_k\ \ r_k]^{\mathrm{T}}$,$\psi_k$ 表示艏向角,r_k 表示回转率,采样周期 $\Delta t=0.1$ s,系统状态预测初始值选择为 $\hat{\boldsymbol{x}}_{1|0}=[200\ 1]^{\mathrm{T}}$,状态噪声 $\boldsymbol{\omega}_k$ 是零均值高斯噪声,并且测量噪声满足 $\boldsymbol{v}_k=c\boldsymbol{\omega}_k$,相关系数 $c=0.8$。

状态噪声幅值 $\boldsymbol{B}_k=\begin{bmatrix}1\\1\end{bmatrix}$,测量噪声幅值矩阵 $\boldsymbol{\Xi}=\begin{bmatrix}1\\1\end{bmatrix}$,状态转移矩阵 $\boldsymbol{A}_k=\begin{bmatrix}1 & \Delta t\\0 & 1\end{bmatrix}$。

本书采用均方根误差(Root Mean Square Error,RMSE) 作为算法的性能指标函数,RMSE 计算公式为

$$\mathrm{RMSE}:\tilde{x}_{k|k}^{i}=\sqrt{\frac{1}{M}\sum_{j=1}^{M}[\tilde{x}_{k|k}^{i}(j)]^{2}} \tag{3.37}$$

其中,$\tilde{x}_{k|k}^{i}(j)$ 表示第 j 次实验中,第 i 个状态的估计误差;$\tilde{x}_{k|k}^{i}$ 表示第 i 个状态的 RMSE 值。本书进行 20 次蒙特卡洛仿真实验。

记本书 KF-CCN 为算法 1,标准 Kalman 滤波为算法 2,鲁棒滤波为算法 3,然后通过仿真对比来验证算法的有效性。三种算法在同等初始条件下的状态估计曲线图如图 3.1 ～ 3.4 所示,其中图 3.1、图 3.2 分别表示三种算法下艏向角和回转率的真实值和估计值。其中状态真实值用实线表示,算法 1 用带加号的实线表示,算法 2 用虚线表示,算法 3 用带圈实线表示。

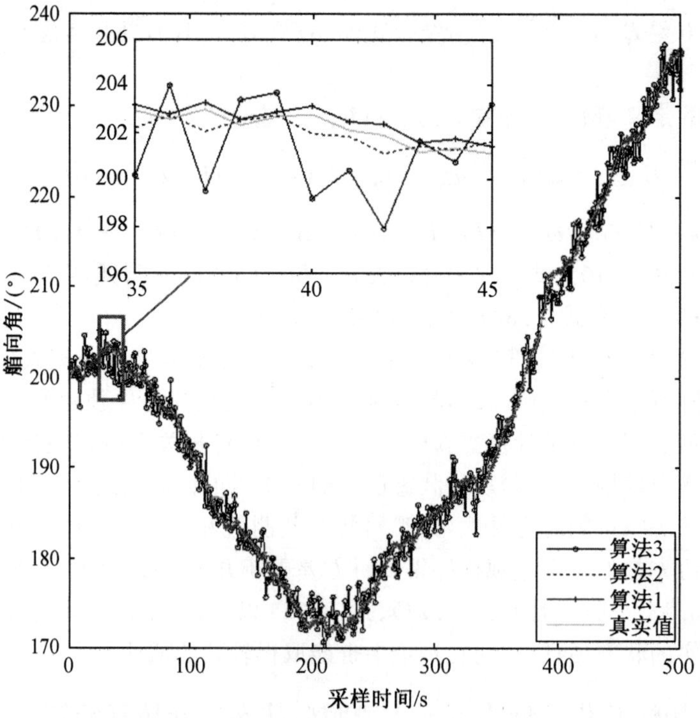

图 3.1 艏向角估计曲线图

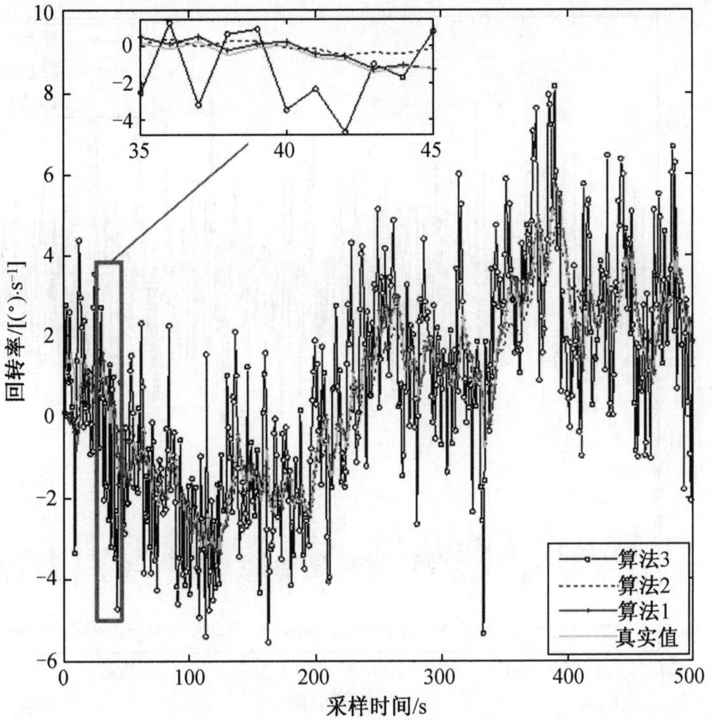

图 3.2　回转率估计曲线图

由图 3.1 和图 3.2 可知，算法 3 的估计值偏离真实状态最多，即估计性能最差；其次是算法 2，其精度得到了一定的提高；而本书提出的估计算法 1 性能最好，即最接近真实状态。主要原因是，算法 3 是一种针对系统模型不确定性的鲁棒滤波算法；算法 2 对高斯白噪声下的系统具有最优性；而本节的系统状态噪声和测量噪声具有互相关性，因而本书的算法可以有效地处理互相关噪声的影响，即算法 1 估计效果最好。

图 3.3 和图 3.4 分别表示艏向角和回转率在三种算法下 20 次蒙特卡洛仿真实验的 RMSE 曲线图，分别用实线、虚线和带圈实线表示三种算法的 RMSE 曲线。由图可知，算法 1 的 RMSE 值最小，即估计精度最高，其次是算法 2，效果最差的是算法 3。

为了进一步从数值上表述三种算法的优劣，表 3.1 给出了三种算法下无人船艏向角和回转率的平均 RMSE 值。由表 3.1 可知，本书提出的算法的平均 RMSE 值最小，算法 3 最大，算法 2 居中，这与理论分析相一致，从数值上说明了算法的有效性。

表 3.1　三种算法下的平均 RMSE

算法	算法 3	算法 2	算法 1
艏向角 /(°)	1.747 5	0.436 0	0.126 3
回转率 /[(°) · s^{-1}]	1.747 3	0.576 1	0.111 7

本节研究了系统加性噪声满足一步自相关和两步互相关性的无人船单自由度艏向状态估计问题。首先基于新息分析法和投影定理设计了具有互相关噪声的线性 Kalman 滤波算法。然后通过建立的无人船艏向线性运动模型，利用线性滤波理论进行艏向状态估

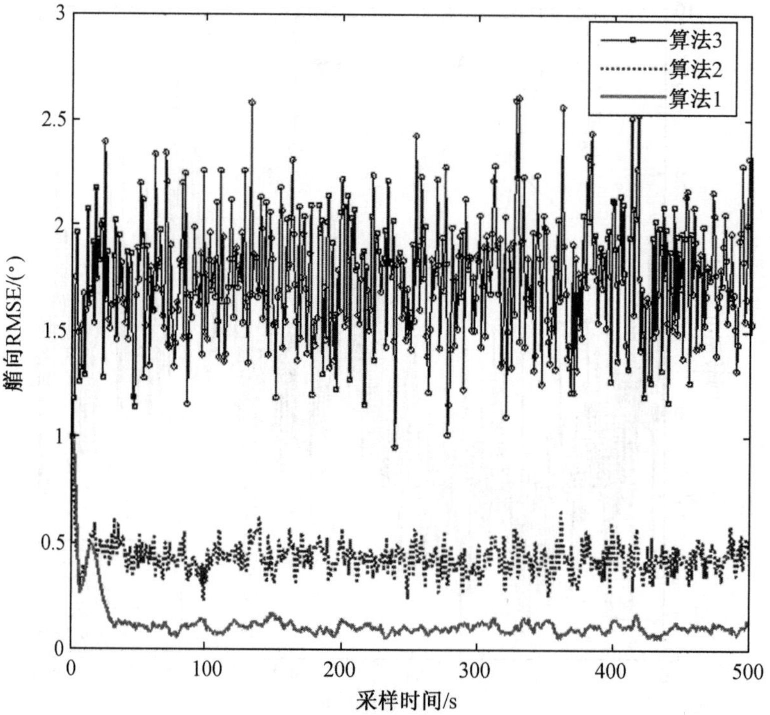

图 3.3 艏向角 RMSE 曲线图

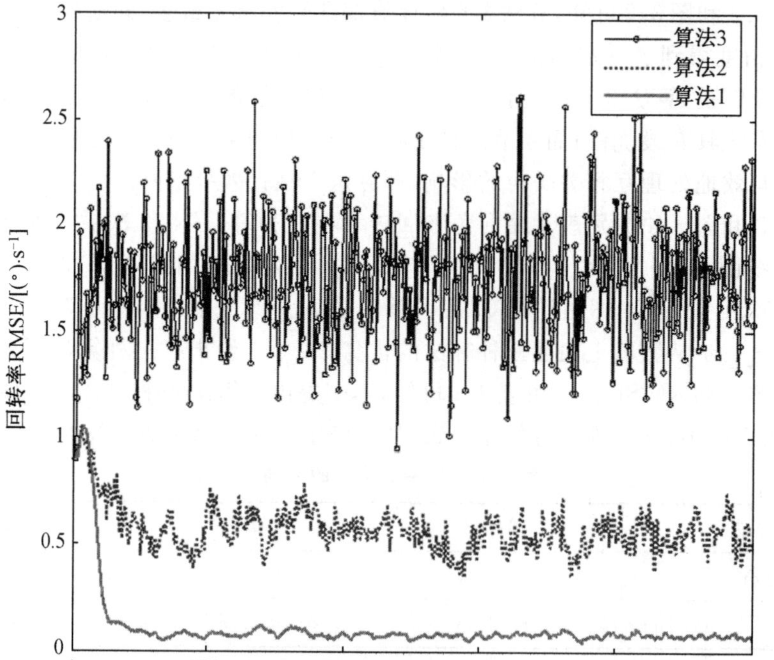

图 3.4 回转率 RMSE 曲线图

计，简化了船舶艏向的状态估计过程，实现了互相关噪声下的船舶艏向状态估计。最后通过仿真实验，验证了本书算法可以用于船舶艏向状态估计且具有较好的估计性能。

3.3　高斯白噪声下非线性状态估计方法

3.3.1　问题描述

为了研究具有一步自相关和两步互相关加性噪声干扰的无人船三自由度状态估计问题，这里首先考虑以下具有独立高斯白噪声干扰的标准非线性离散模型：

$$\boldsymbol{x}_k = \boldsymbol{f}_{k-1}(\boldsymbol{x}_{k-1}) + \boldsymbol{u}_k + \boldsymbol{\omega}_{k-1} \tag{3.38}$$

$$\boldsymbol{z}_k = \boldsymbol{h}_k(\boldsymbol{x}_k) + \boldsymbol{v}_k \tag{3.39}$$

其中，$\boldsymbol{x}_k$ 是 k 时刻系统状态值，$\boldsymbol{x}_k \in \mathbf{R}^n$，初始值 $\boldsymbol{x}_0$ 满足 $E[\boldsymbol{x}_0]=\bar{\boldsymbol{x}}_0$，且与噪声信号无关；$\boldsymbol{P}_0$ 为初始状态协方差矩阵，且 $\boldsymbol{P}_0=E[(\boldsymbol{x}_0-\bar{\boldsymbol{x}}_0)(\boldsymbol{x}_0-\bar{\boldsymbol{x}}_0)^{\mathrm{T}}]$；$\boldsymbol{f}_{k-1}(\cdot)$ 和 $\boldsymbol{h}_k(\cdot)$ 分别是状态转移矩阵和测量矩阵；$\boldsymbol{u}_k$ 是输入量；$\boldsymbol{z}_k$ 是 k 时刻的测量值，$\boldsymbol{z}_k \in \mathbf{R}^m$；$\boldsymbol{\omega}_k$ 是均值为 0，方差为 $\boldsymbol{Q}_k$ 的高斯状态噪声，满足 $\boldsymbol{\omega}_k \sim \mathcal{N}(0,\boldsymbol{Q}_k)$；$\boldsymbol{v}_k$ 是均值为 0，方差为 $\boldsymbol{R}_k$ 的高斯测量噪声，满足 $\boldsymbol{v}_k \sim \mathcal{N}(0,\boldsymbol{R}_k)$，且噪声相互独立，即二者之间无相关性。

那么对于系统噪声 $\boldsymbol{\omega}_k$ 和 $\boldsymbol{v}_k$ 符合独立高斯白噪声特性的非线性模型式(3.38)和式(3.39)，基于贝叶斯理论，可得标准递推贝叶斯估计算法如下所示。

3.3.2　高斯白噪声下贝叶斯估计算法

记当前时刻之前的所有测量值为 $\boldsymbol{z}_{1:k}=\{\boldsymbol{z}_1,\boldsymbol{z}_2,\cdots,\boldsymbol{z}_k\}$。那么由贝叶斯理论可知，基于不包含当前时刻的所有测量值，即 $\boldsymbol{z}_{1:k-1}$，可得当前时刻状态预测值 $\hat{\boldsymbol{x}}_{k|k-1}$ 为

$$\hat{\boldsymbol{x}}_{k|k-1} = E[\boldsymbol{x}_k \mid \boldsymbol{z}_{1:k-1}] = \int_{\mathbf{R}^{n_x}} \boldsymbol{x}_k p(\boldsymbol{x}_k \mid \boldsymbol{z}_{1:k-1})\mathrm{d}\boldsymbol{x}_k \tag{3.40}$$

基于包括当前时刻的所有测量值，即 $\boldsymbol{z}_{1:k}$，可得当前时刻的状态估计值 $\hat{\boldsymbol{x}}_{k|k}$ 为

$$\hat{\boldsymbol{x}}_{k|k} = E[\boldsymbol{x}_k \mid \boldsymbol{z}_{1:k}] = \int_{\mathbf{R}^{n_x}} \boldsymbol{x}_k p(\boldsymbol{x}_k \mid \boldsymbol{z}_{1:k})\mathrm{d}\boldsymbol{x}_k \tag{3.41}$$

同理，基于不包含当前时刻的所有测量值，即 $\boldsymbol{z}_{1:k-1}$，可得状态估计误差协方差预测值 $\boldsymbol{P}_{k|k-1}$ 为

$$\begin{aligned}\boldsymbol{P}_{k|k-1} &= E[(\boldsymbol{x}_k-\hat{\boldsymbol{x}}_{k|k-1})(\boldsymbol{x}_k-\hat{\boldsymbol{x}}_{k|k-1})^{\mathrm{T}} \mid \boldsymbol{z}_{1:k-1}] \\ &= \int_{\mathbf{R}^{n_x}} (\boldsymbol{x}_k-\hat{\boldsymbol{x}}_{k|k-1})(\boldsymbol{x}_k-\hat{\boldsymbol{x}}_{k|k-1})^{\mathrm{T}} p(\boldsymbol{x}_k \mid \boldsymbol{z}_{1:k-1})\mathrm{d}\boldsymbol{x}_k\end{aligned} \tag{3.42}$$

基于包括当前时刻的所有测量值，即 $\boldsymbol{z}_{1:k}$，可得状态估计误差协方差估计值 $\boldsymbol{P}_{k|k}$ 为

$$\begin{aligned}\boldsymbol{P}_{k|k} &= E[(\boldsymbol{x}_k-\hat{\boldsymbol{x}}_{k|k})(\boldsymbol{x}_k-\hat{\boldsymbol{x}}_{k|k})^{\mathrm{T}} \mid \boldsymbol{z}_{1:k}] \\ &= \int_{\mathbf{R}^{n_x}} (\boldsymbol{x}_k-\hat{\boldsymbol{x}}_{k|k})(\boldsymbol{x}_k-\hat{\boldsymbol{x}}_{k|k})^{\mathrm{T}} p(\boldsymbol{x}_k \mid \boldsymbol{z}_{1:k})\mathrm{d}\boldsymbol{x}_k\end{aligned} \tag{3.43}$$

那么由以上计算形式,则可得递推贝叶斯估计算法,其算法流程包括三个部分:状态向量预测、状态向量更新和 Kalman 滤波校正更新,具体步骤如下。

(1) 状态向量预测。

① 计算状态预测 $\hat{\boldsymbol{x}}_{k|k-1}$:

$$\hat{\boldsymbol{x}}_{k|k-1}=\int_{\mathbf{R}^{n_x}}\boldsymbol{f}_{k-1}(\boldsymbol{x}_{k-1})p(\boldsymbol{x}_{k-1}\mid \boldsymbol{z}_{1:k-1})\mathrm{d}\boldsymbol{x}_{k-1}+\boldsymbol{u}_k+\int_{\mathbf{R}^{n_x}}\boldsymbol{\omega}_k p(\boldsymbol{x}_{k-1}\mid \boldsymbol{z}_{1:k-1})\mathrm{d}\boldsymbol{x}_{k-1} \tag{3.44}$$

② 计算状态协方差预测 $\boldsymbol{P}^{xx}_{k|k-1}$:

$$\begin{aligned}\boldsymbol{P}^{xx}_{k|k-1}=&\int_{\mathbf{R}^{n_x}}[\boldsymbol{f}_{k-1}(\boldsymbol{x}_{k-1})+\boldsymbol{u}_k-\hat{\boldsymbol{x}}_{k|k-1}][\boldsymbol{f}_{k-1}(\boldsymbol{x}_{k-1})+\boldsymbol{u}_k-\hat{\boldsymbol{x}}_{k|k-1}]^{\mathrm{T}}\times\\&p(\boldsymbol{x}_{k-1}\mid \boldsymbol{z}_{1:k-1})\mathrm{d}\boldsymbol{x}_{k-1}+\boldsymbol{Q}_k\end{aligned} \tag{3.45}$$

(2) 状态向量更新。

① 计算测量值预测 $\hat{\boldsymbol{z}}_{k|k-1}$:

$$\begin{aligned}\hat{\boldsymbol{z}}_{k|k-1}&=E[\boldsymbol{z}_k\mid \boldsymbol{x}_k,\boldsymbol{z}_{1:k-1}]\\&=\int_{\mathbf{R}^{n_x}}\boldsymbol{h}_k(\boldsymbol{x}_k)p(\boldsymbol{x}_k\mid \boldsymbol{z}_{1:k-1})\mathrm{d}\boldsymbol{x}_k+\int_{\mathbf{R}^{n_x}}\boldsymbol{\upsilon}_k p(\boldsymbol{x}_k\mid \boldsymbol{z}_{1:k-1})\mathrm{d}\boldsymbol{x}_k\end{aligned} \tag{3.46}$$

② 计算新息协方差预测 $\boldsymbol{P}^{zz}_{k|k-1}$:

$$\boldsymbol{P}^{zz}_{k|k-1}=\int_{\mathbf{R}^{n_x}}[\boldsymbol{h}_k(\boldsymbol{x}_k)-\hat{\boldsymbol{z}}_{k|k-1}][\boldsymbol{h}_k(\boldsymbol{x}_k)-\hat{\boldsymbol{z}}_{k|k-1}]^{\mathrm{T}}p(\boldsymbol{x}_k\mid \boldsymbol{z}_{1:k-1})\mathrm{d}\boldsymbol{x}_k+\boldsymbol{R}_k \tag{3.47}$$

③ 计算互协方差预测 $\boldsymbol{P}^{xz}_{k|k-1}$:

$$\boldsymbol{P}^{xz}_{k|k-1}=\int_{\mathbf{R}^{n_x}}[\boldsymbol{f}_{k-1}(\boldsymbol{x}_{k-1})+\boldsymbol{u}_k-\hat{\boldsymbol{x}}_{k|k-1}][\boldsymbol{h}_k(\boldsymbol{x}_k)-\hat{\boldsymbol{z}}_{k|k-1}]^{\mathrm{T}}p(\boldsymbol{x}_k\mid \boldsymbol{z}_{1:k-1})\mathrm{d}\boldsymbol{x}_k \tag{3.48}$$

(3)Kalman 滤波校正更新。

① 计算 Kalman 滤波增益 $\boldsymbol{K}_k$:

$$\boldsymbol{K}_k=\boldsymbol{P}^{xz}_{k|k-1}(\boldsymbol{P}^{zz}_{k|k-1})^{-1} \tag{3.49}$$

② 计算状态估计值 $\hat{\boldsymbol{x}}_{k|k}$:

$$\hat{\boldsymbol{x}}_{k|k}=\hat{\boldsymbol{x}}_{k|k-1}+\boldsymbol{K}_k(\boldsymbol{z}_k-\hat{\boldsymbol{z}}_{k|k-1}) \tag{3.50}$$

③ 计算估计误差协方差 $\boldsymbol{P}^{xx}_{k|k}$:

$$\boldsymbol{P}^{xx}_{k|k}=\boldsymbol{P}^{xx}_{k|k-1}-\boldsymbol{K}_k\boldsymbol{P}^{zz}_{k|k-1}\boldsymbol{K}_k^{\mathrm{T}} \tag{3.51}$$

对于噪声不相关的非线性系统式(3.38)和式(3.39),式(3.44)~(3.51)即为对应的零均值独立高斯白噪声下的贝叶斯估计算法。

同样对于无人船非线性状态估计而言,系统加性状态噪声和加性测量噪声之间具有自相关和互相关性,即加性状态噪声不满足独立高斯白噪声的统计特征,因而 3.4 节研究了系统加性状态噪声和加性测量噪声之间具有一步自相关和两步互相关干扰的无人船非线性状态估计方法。

3.4　加性互相关噪声下无人船非线性状态估计方法

3.4.1　问题描述

为了得到无人船的北向位置、东向位置、艏向角、纵荡速度、横荡速度和回转率的估计值，这里考虑 2.3.2 节的无人船离散时间非线性模型式(2.24) 和式(2.27)，且系统加性噪声符合一步自相关和两步互相关性。

同样，为了公式推导的方便，具有加性互相关噪声的无人船三自由度离散时间状态空间模型和测量模型可以重写为以下通用模型：

$$\boldsymbol{x}_k = \boldsymbol{f}_{k-1}(\boldsymbol{x}_{k-1}) + \boldsymbol{u}_k + \boldsymbol{\omega}_{k-1} \tag{3.52}$$

$$\boldsymbol{z}_k = \boldsymbol{h}_k(\boldsymbol{x}_k) + \boldsymbol{v}_k \tag{3.53}$$

其中，系统加性噪声具有一步自相关和两步互相关性，即满足以下统计特性：

$$\begin{cases} E[\boldsymbol{\omega}_k] = 0, \quad E[\boldsymbol{v}_k] = 0 \\ E[\boldsymbol{\omega}_k \boldsymbol{\omega}_m^{\mathrm{T}}] = \boldsymbol{Q}_k \delta_{k,\mathrm{m}} + \boldsymbol{Q}_{k,m} \delta_{k,\mathrm{m}-1} + \boldsymbol{Q}_{k,m} \delta_{k,\mathrm{m}+1} \\ E[\boldsymbol{v}_k \boldsymbol{v}_m^{\mathrm{T}}] = \boldsymbol{R}_k \delta_{k,\mathrm{m}} + \boldsymbol{R}_{k,m} \delta_{k,\mathrm{m}-1} + \boldsymbol{R}_{k,m} \delta_{k,\mathrm{m}+1} \\ E[\boldsymbol{\omega}_k \boldsymbol{v}_m^{\mathrm{T}}] = \boldsymbol{S}_k \delta_{k,\mathrm{m}} + \boldsymbol{S}_{k,m} \delta_{k,\mathrm{m}-1} + \boldsymbol{S}_{k,m} \delta_{k,\mathrm{m}+2} \end{cases} \tag{3.54}$$

若系统加性噪声 $\boldsymbol{\omega}_k$ 和 $\boldsymbol{v}_k$ 满足式(3.54)，即二者满足一步自相关和两步互相关性，那么为了解决具有加性互相关噪声的无人船非线性状态估计问题，本节针对以上模型式(3.52) 和式(3.53)，提出了加性噪声具有一步自相关和两步互相关的非线性状态估计方法。

本节结构如下：3.4.2 节研究了加性噪声具有一步自相关和两步互相关特性的递推贝叶斯估计算法；3.4.3 节基于球面径向容积规则，提出了具有加性互相关噪声的 CKF-CCN 算法和一步互相关加性噪声下的平方根容积 Kalman 滤波(Square Root Cubature Kalman Filter with Correlation Noise，SRCKF-CN) 算法；3.4.4 节通过无人船三自由度状态估计仿真实验，验证了算法的有效性。

3.4.2　加性互相关噪声下递推贝叶斯估计算法

加性状态噪声和加性测量噪声之间具有一步自相关和两步互相关性的递推贝叶斯估计算法由状态向量预测、状态向量更新和 Kalman 滤波校正更新三部分构成。该算法计算过程如下。

(1) 状态向量预测。

① 计算状态预测 $\hat{\boldsymbol{x}}_{k|k-1}$：

$$\hat{\boldsymbol{x}}_{k|k-1} = \int_{\mathbf{R}^{n_x}} \boldsymbol{f}_{k-1}(\boldsymbol{x}_{k-1}) p(\boldsymbol{x}_{k-1} \mid \boldsymbol{z}_{1:k-1}) \mathrm{d}\boldsymbol{x}_{k-1} + \boldsymbol{u}_k + \int_{\mathbf{R}^{n_x}} \boldsymbol{\omega}_k p(\boldsymbol{x}_{k-1} \mid \boldsymbol{z}_{1:k-1}) \mathrm{d}\boldsymbol{x}_{k-1} \tag{3.55}$$

② 计算状态协方差预测 $\boldsymbol{P}_{k|k-1}^{xx}$：

$$\boldsymbol{P}_{k|k-1}^{xx} = \int_{\mathbf{R}^{n_x}} [\boldsymbol{f}_{k-1}(\boldsymbol{x}_{k-1}) + \boldsymbol{u}_k - \hat{\boldsymbol{x}}_{k|k-1}][\boldsymbol{f}_{k-1}(\boldsymbol{x}_{k-1}) + \boldsymbol{u}_k - \hat{\boldsymbol{x}}_{k|k-1}]^{\mathrm{T}} p(\boldsymbol{x}_{k-1} \mid \boldsymbol{z}_{1:k-1}) \mathrm{d}\boldsymbol{x}_{k-1} +$$

$$\int_{\mathbf{R}^{n_x}}[\boldsymbol{f}_{k-1}(\boldsymbol{x}_{k-1})+\boldsymbol{u}_k-\hat{\boldsymbol{x}}_{k|k-1}]\boldsymbol{\omega}_k^{\mathrm{T}}p(\boldsymbol{x}_{k-1}\mid\boldsymbol{z}_{1:k-1})\mathrm{d}\boldsymbol{x}_{k-1}+\int_{\mathbf{R}^{n_x}}\boldsymbol{\omega}_k[\boldsymbol{f}_{k-1}(\boldsymbol{x}_{k-1})+\boldsymbol{u}_k-\hat{\boldsymbol{x}}_{k|k-1}]^{\mathrm{T}}p(\boldsymbol{x}_{k-1}\mid\boldsymbol{z}_{1:k-1})\mathrm{d}\boldsymbol{x}_{k-1}+\int_{\mathbf{R}^{n_x}}\boldsymbol{\omega}_k\boldsymbol{\omega}_k^{\mathrm{T}}p(\boldsymbol{x}_{k-1}\mid\boldsymbol{z}_{1:k-1})\mathrm{d}\boldsymbol{x}_{k-1} \tag{3.56}$$

(2) 状态向量更新。

① 计算测量值预测$\hat{\boldsymbol{z}}_{k|k-1}$：

$$\begin{aligned}\hat{\boldsymbol{z}}_{k|k-1}&=E[\boldsymbol{z}_k\mid\boldsymbol{x}_k,\boldsymbol{z}_{1:k-1}]\\&=\int_{\mathbf{R}^{n_x}}\boldsymbol{h}_k(\boldsymbol{x}_k)p(\boldsymbol{x}_k\mid\boldsymbol{z}_{1:k-1})\mathrm{d}\boldsymbol{x}_k+\int_{\mathbf{R}^{n_x}}\boldsymbol{\upsilon}_kp(\boldsymbol{x}_k\mid\boldsymbol{z}_{1:k-1})\mathrm{d}\boldsymbol{x}_k\end{aligned} \tag{3.57}$$

② 计算新息协方差预测 $\boldsymbol{P}_{k|k-1}^{zz}$：

$$\begin{aligned}\boldsymbol{P}_{k|k-1}^{zz}=&\int_{\mathbf{R}^{n_x}}[\boldsymbol{h}_k(\boldsymbol{x}_k)-\hat{\boldsymbol{z}}_{k|k-1}][\boldsymbol{h}_k(\boldsymbol{x}_k)-\hat{\boldsymbol{z}}_{k|k-1}]^{\mathrm{T}}p(\boldsymbol{x}_k\mid\boldsymbol{z}_{1:k-1})\mathrm{d}\boldsymbol{x}_k+\\&\int_{\mathbf{R}^{n_x}}[\boldsymbol{h}_k(\boldsymbol{x}_k)-\hat{\boldsymbol{z}}_{k|k-1}]\boldsymbol{\upsilon}_k^{\mathrm{T}}p(\boldsymbol{x}_k\mid\boldsymbol{z}_{1:k-1})\mathrm{d}\boldsymbol{x}_k+\int_{\mathbf{R}^{n_x}}\boldsymbol{\upsilon}_k[\boldsymbol{h}_k(\boldsymbol{x}_k)-\\&\hat{\boldsymbol{z}}_{k|k-1}]^{\mathrm{T}}p(\boldsymbol{x}_k\mid\boldsymbol{z}_{1:k-1})\mathrm{d}\boldsymbol{x}_k+\int_{\mathbf{R}^{n_x}}\boldsymbol{\upsilon}_k\boldsymbol{\upsilon}_k^{\mathrm{T}}p(\boldsymbol{x}_k\mid\boldsymbol{z}_{1:k-1})\mathrm{d}\boldsymbol{x}_k\end{aligned} \tag{3.58}$$

③ 计算互协方差预测 $\boldsymbol{P}_{k|k-1}^{xz}$：

$$\begin{aligned}\boldsymbol{P}_{k|k-1}^{xz}=&\int_{\mathbf{R}^{n_x}}[\boldsymbol{f}_{k-1}(\boldsymbol{x}_{k-1})+\boldsymbol{u}_k-\hat{\boldsymbol{x}}_{k|k-1}][\boldsymbol{h}_k(\boldsymbol{x}_k)-\hat{\boldsymbol{z}}_{k|k-1}]^{\mathrm{T}}p(\boldsymbol{x}_k\mid\boldsymbol{z}_{1:k-1})\mathrm{d}\boldsymbol{x}_k+\\&\int_{\mathbf{R}^{n_x}}[\boldsymbol{f}_{k-1}(\boldsymbol{x}_{k-1})+\boldsymbol{u}_k-\hat{\boldsymbol{x}}_{k|k-1}]\boldsymbol{\upsilon}_k^{\mathrm{T}}p(\boldsymbol{x}_k\mid\boldsymbol{z}_{1:k-1})\mathrm{d}\boldsymbol{x}_k+\\&\int_{\mathbf{R}^{n_x}}\boldsymbol{\omega}_k[\boldsymbol{h}_k(\boldsymbol{x}_k)-\hat{\boldsymbol{z}}_{k|k-1}]^{\mathrm{T}}p(\boldsymbol{x}_k\mid\boldsymbol{z}_{1:k-1})\mathrm{d}\boldsymbol{x}_k+\int_{\mathbf{R}^{n_x}}\boldsymbol{\omega}_k\boldsymbol{\upsilon}_k^{\mathrm{T}}p(\boldsymbol{x}_k\mid\boldsymbol{z}_{1:k-1})\mathrm{d}\boldsymbol{x}_k\end{aligned} \tag{3.59}$$

(3)Kalman 滤波校正更新。

① 计算 Kalman 滤波增益 $\boldsymbol{K}_k$：

$$\boldsymbol{K}_k=\boldsymbol{P}_{k|k-1}^{xz}(\boldsymbol{P}_{k|k-1}^{zz})^{-1} \tag{3.60}$$

② 计算状态估计值 $\hat{\boldsymbol{x}}_{k|k}$：

$$\hat{\boldsymbol{x}}_{k|k}=\hat{\boldsymbol{x}}_{k|k-1}+\boldsymbol{K}_k(\boldsymbol{z}_k-\hat{\boldsymbol{z}}_{k|k-1}) \tag{3.61}$$

③ 计算估计误差协方差 $\boldsymbol{P}_{k|k}^{xx}$：

$$\boldsymbol{P}_{k|k}^{xx}=\boldsymbol{P}_{k|k-1}^{xx}-\boldsymbol{K}_k\boldsymbol{P}_{k|k-1}^{zz}\boldsymbol{K}_k^{\mathrm{T}} \tag{3.62}$$

由式(3.40)和式(3.42)的定义，很容易得到式(3.55)～(3.59)成立，由状态一阶与二阶矩计算更新公式，可得线性最小均方误差意义下的 Kalman 滤波更新式(3.60)～(3.62)成立。并且系统的状态协方差预测式(3.56)，新息协方差预测式(3.58)和互协方差预测式(3.59)受到加性互相关噪声的影响。

式(3.55)～(3.62)即为噪声具有互相关性的贝叶斯估计算法，且当系统噪声为独立高斯白噪声时，状态协方差预测式(3.56)、新息协方差预测式(3.58)和互协方差预测式(3.59)分别退化为式(3.45)、式(3.47)以及式(3.48)，即系统加性噪声具有互相关性的贝叶斯估计算法可退化为独立高斯白噪声下的贝叶斯估计算法。

3.4.3　加性互相关噪声下容积 Kalman 滤波算法

对于上节得到的系统噪声具有互相关性的贝叶斯滤波框架，若系统模型式(3.52)和式(3.53)是线性系统，即满足：

$$\boldsymbol{f}_{k-1}(\boldsymbol{x}_{k-1}) = \boldsymbol{F}_{k-1}\boldsymbol{x}_{k-1} \tag{3.63}$$

$$\boldsymbol{h}_k(\boldsymbol{x}_k) = \boldsymbol{H}_k\boldsymbol{x}_k \tag{3.64}$$

其中，$\boldsymbol{F}_{k-1}$ 和 $\boldsymbol{H}_k$ 分别表示线性状态转移矩阵和测量矩阵，那么由贝叶斯滤波框架可直接得噪声具有互相关性的线性卡尔曼滤波器。

而对于非线性系统状态估计，如何得到精确滤波解的问题转化为计算以上滤波框架中非线性积分的问题。一种求解高斯非线性积分的方法是球面径向容积方法，如下所示是由容积规则计算标准非线性高斯积分的方法：

$$\boldsymbol{I}_{\mathrm{N}}(f) = \int_{\mathbf{R}^n} f(x)\mathcal{N}(x;0,\boldsymbol{I})\,\mathrm{d}x \approx \sum_{i=1}^{M} w_i f(\xi_i) \tag{3.65}$$

其中，$\mathcal{N}(x;0,\boldsymbol{I})$ 表示均值为 0、方差为 $\boldsymbol{I}$ 的高斯分布；$w_i = 1/M(i=1,2,\cdots,M;M=2n)$ 表示权值。

$$\boldsymbol{\xi}_i = \sqrt{\frac{M}{2}}\,[1]_i \tag{3.66}$$

其中，$[1]_i$ 表示向量点发生器，用于产生初始的容积点。

若$[1]_i \in \mathbf{R}^3$，则空间向量点为

$$\left\{\begin{pmatrix}1\\0\\0\end{pmatrix},\begin{pmatrix}0\\1\\0\end{pmatrix},\begin{pmatrix}0\\0\\1\end{pmatrix},\begin{pmatrix}-1\\0\\0\end{pmatrix},\begin{pmatrix}0\\-1\\0\end{pmatrix},\begin{pmatrix}0\\0\\-1\end{pmatrix}\right\} \tag{3.67}$$

本节通过容积规则计算式(3.55)～(3.62)的非线性积分可得到 CKF-CCN 算法。

1. 一步自相关和两步互相关噪声下容积 Kalman 滤波算法

基于以上具有加性噪声的贝叶斯估计算法并结合以上容积准则，可得 CKF-CCN 算法的计算过程如下。

(1) 时间更新。

① 计算状态估计误差协方差 $\boldsymbol{P}_{k-1|k-1}^{xx}$ 的平方根因子 $\boldsymbol{S}_{k-1|k-1}$。

$$\boldsymbol{P}_{k-1|k-1}^{xx} = \boldsymbol{S}_{k-1|k-1}\boldsymbol{S}_{k-1|k-1}^{\mathrm{T}} \tag{3.68}$$

② 产生初始容积点$\boldsymbol{\chi}_{i,k-1|k-1}$：

$$\boldsymbol{\chi}_{i,k-1|k-1} = \boldsymbol{S}_{k-1|k-1}\boldsymbol{\xi}_i + \hat{\boldsymbol{x}}_{k-1|k-1} \tag{3.69}$$

其中，$\boldsymbol{\xi}_i = \sqrt{\frac{M}{2}}[1]_i, i=1,2,\cdots,M=2k$。

③ 计算传播容积点$\boldsymbol{\chi}^*_{i,k|k-1}$：

$$\boldsymbol{\chi}^*_{i,k|k-1}=\boldsymbol{f}_{k-1}(\boldsymbol{\chi}_{i,k-1|k-1},\boldsymbol{u}_k) \tag{3.70}$$

④ 计算状态预测值$\hat{\boldsymbol{x}}_{k|k-1}$：

$$\hat{\boldsymbol{x}}_{k|k-1}=\frac{1}{M}\sum_{i=1}^{M}\boldsymbol{\chi}^*_{i,k|k-1} \tag{3.71}$$

⑤ 计算预测误差协方差$\boldsymbol{P}^{xx}_{k|k-1}$：

$$\begin{aligned}\boldsymbol{P}^{xx}_{k|k-1}=&\frac{1}{M}\sum_{i=1}^{M}\boldsymbol{\chi}^*_{i,k-1|k-1}\boldsymbol{\chi}^{*\mathrm{T}}_{i,k-1|k-1}-\hat{\boldsymbol{x}}_{k|k-1}\hat{\boldsymbol{x}}^{\mathrm{T}}_{k|k-1}+\\&\boldsymbol{F}_{k-1}\boldsymbol{Q}_{k-1,k}+[\boldsymbol{F}_{k-1}\boldsymbol{Q}_{k-1,k}]^{\mathrm{T}}+\boldsymbol{Q}_k\end{aligned} \tag{3.72}$$

(2) 测量更新。

① 计算估计误差协方差的平方根因子$\boldsymbol{P}^{xx}_{k|k-1}$：

$$\boldsymbol{P}^{xx}_{k|k-1}=\boldsymbol{S}_{k|k-1}\boldsymbol{S}^{\mathrm{T}}_{k|k-1} \tag{3.73}$$

② 计算初始容积点$\boldsymbol{\chi}_{i,k|k-1}$：

$$\boldsymbol{\chi}_{i,k|k-1}=\boldsymbol{S}_{k|k-1}\boldsymbol{\xi}_i+\hat{\boldsymbol{x}}_{k-1} \tag{3.74}$$

③ 计算传播容积点$\boldsymbol{Z}_{i,k|k-1}$：

$$\boldsymbol{Z}_{i,k|k-1}=\boldsymbol{h}_k(\boldsymbol{\chi}_{i,k|k-1}) \tag{3.75}$$

④ 计算测量值的预测值$\hat{\boldsymbol{z}}_{k|k-1}$：

$$\hat{\boldsymbol{z}}_{k|k-1}=\frac{1}{M}\sum_{i=1}^{M}\boldsymbol{Z}_{i,k|k-1} \tag{3.76}$$

⑤ 计算新息协方差矩阵$\boldsymbol{P}^{zz}_{k|k-1}$：

$$\begin{aligned}\boldsymbol{P}^{zz}_{k|k-1}=&E[(\boldsymbol{z}_k-\hat{\boldsymbol{z}}_{k|k-1})(\boldsymbol{z}_k-\hat{\boldsymbol{z}}_{k|k-1})^{\mathrm{T}}\mid\boldsymbol{x}_k,\boldsymbol{z}_{1:k-1}]\\=&\frac{1}{M}\sum_{i=1}^{M}\boldsymbol{Z}_{i,k-1|k-1}\boldsymbol{Z}^{\mathrm{T}}_{i,k-1|k-1}-\hat{\boldsymbol{z}}_{k|k-1}\hat{\boldsymbol{z}}^{\mathrm{T}}_{k|k-1}+\boldsymbol{R}_k+\\&\boldsymbol{H}_k[\boldsymbol{F}_{k-1}\boldsymbol{F}_{k-2}\boldsymbol{S}_{k-2,k}+\boldsymbol{F}_{k-1}\boldsymbol{S}_{k-1,k}+\boldsymbol{S}_k]+\\&\{\boldsymbol{H}_k[\boldsymbol{F}_{k-1}\boldsymbol{F}_{k-2}\boldsymbol{S}_{k-2,k}+\boldsymbol{F}_{k-1}\boldsymbol{S}_{k-1,k}+\boldsymbol{S}_k]\}^{\mathrm{T}}\end{aligned} \tag{3.77}$$

⑥ 计算互协方差矩阵$\boldsymbol{P}^{xz}_{k|k-1}$：

$$\begin{aligned}\boldsymbol{P}^{xz}_{k|k-1}=&E[(\boldsymbol{x}_k-\hat{\boldsymbol{x}}_{k|k-1})(\boldsymbol{z}_k-\hat{\boldsymbol{z}}_{k|k-1})^{\mathrm{T}}\mid\boldsymbol{z}_{1:k-1}]\\=&\frac{1}{M}\sum_{i=1}^{M}\boldsymbol{\chi}_{i,k|k-1}\boldsymbol{Z}^{\mathrm{T}}_{i,k|k-1}-\hat{\boldsymbol{x}}_{k|k-1}\hat{\boldsymbol{z}}_{k|k-1}+\\&\boldsymbol{S}_k+\boldsymbol{F}_{k-1}\boldsymbol{S}_{k-1,k}+\boldsymbol{F}_{k-1}\boldsymbol{F}_{k-2}\boldsymbol{S}_{k-2,k}\end{aligned} \tag{3.78}$$

类似于CKF算法的证明过程，很容易得到式(3.68)～(3.71)和式(3.73)～(3.76)成立，因而仅仅给出预测误差协方差式(3.72)，新息协方差式(3.77)和互协方差式(3.78)的证明。证明过程如下。

证明　由加性噪声具有互相关性是贝叶斯滤波框架可知，当噪声是非零均值噪声时，由噪声引起的相关项式(3.80)不等于零，因而此时协方差的计算过程转化为求解式(3.79)和式(3.80)的非线性积分问题，即

$$\begin{cases}\displaystyle\int_{\mathbf{R}^{n_x}} \boldsymbol{h}_k(\boldsymbol{x}_k)\boldsymbol{\omega}_k^{\mathrm{T}} p(\boldsymbol{x}_k \mid \boldsymbol{z}_{1:k-1})\mathrm{d}\boldsymbol{x}_k \\ \displaystyle\int_{\mathbf{R}^{n_x}} [\boldsymbol{h}_k(\boldsymbol{x}_k)]\boldsymbol{v}_k^{\mathrm{T}} p(\boldsymbol{x}_k \mid \boldsymbol{z}_{1:k-1})\mathrm{d}\boldsymbol{x}_k\end{cases} \tag{3.79}$$

$$\begin{cases}\displaystyle\int_{\mathbf{R}^{n_x}} [\boldsymbol{f}_{k-1}(\boldsymbol{x}_{k-1})]\boldsymbol{\omega}_k^{\mathrm{T}} p(\boldsymbol{x}_{k-1} \mid \boldsymbol{z}_{1:k-1})\mathrm{d}\boldsymbol{x}_{k-1} \\ \displaystyle\int_{\mathbf{R}^{n_x}} [\boldsymbol{f}_{k-1}(\boldsymbol{x}_{k-1})]\boldsymbol{v}_k^{\mathrm{T}} p(\boldsymbol{x}_k \mid \boldsymbol{z}_{1:k-1})\mathrm{d}\boldsymbol{x}_k\end{cases} \tag{3.80}$$

由于噪声引起的相关项较小，这里仅考虑非线性部分 $\boldsymbol{h}_k(\boldsymbol{x}_k)$ 和 $\boldsymbol{f}_k(\boldsymbol{x}_k)$ 的线性化过程。本节提出采用 EKF 算法中局部线性化的思想来求解上述相关项，即在求解式(3.80)时，可做如下的近似计算：

$$\boldsymbol{h}_k(\boldsymbol{x}_k) \approx \boldsymbol{H}_k\boldsymbol{x}_k \tag{3.81}$$

$$\boldsymbol{f}_{k-1}(\boldsymbol{x}_{k-1}) \approx \boldsymbol{F}_{k-1}\boldsymbol{x}_{k-1} \tag{3.82}$$

$\boldsymbol{H}_k$、$\boldsymbol{F}_k$ 为非线性系统的 Jacobi 矩阵且

$$\boldsymbol{H}_k = \frac{\delta \boldsymbol{h}_k(\boldsymbol{x}_k)}{\delta \boldsymbol{x}_k}\Big|_{\boldsymbol{x}_k=\hat{\boldsymbol{x}}_{k|k-1}} \tag{3.83}$$

$$\boldsymbol{F}_k = \frac{\delta \boldsymbol{f}_k(\boldsymbol{x}_k)}{\delta \boldsymbol{x}_k}\Big|_{\boldsymbol{x}_k=\hat{\boldsymbol{x}}_{k-1|k-1}} \tag{3.84}$$

由于系统加性状态噪声、加性测量噪声与状态预测值、测量预测值分别正交，那么可得以下各式的期望值等于 0，即

$$\begin{cases}E[\hat{\boldsymbol{x}}_{k|k-1}\boldsymbol{v}_k^{\mathrm{T}}]=0, \quad E[\hat{\boldsymbol{x}}_{k|k-1}\boldsymbol{\omega}_{k-1}^{\mathrm{T}}]=0 \\ E[\hat{\boldsymbol{z}}_{k|k-1}\boldsymbol{v}_k^{\mathrm{T}}]=0, \quad E[\boldsymbol{\omega}_{k-1}\hat{\boldsymbol{z}}_{k|k-1}^{\mathrm{T}}]=0\end{cases} \tag{3.85}$$

则式(3.56)、式(3.58) 和式(3.59) 中由于噪声引起的相关项分别计算如下：

$$\begin{aligned}E[\boldsymbol{h}_k(\boldsymbol{x}_k)\boldsymbol{v}_k^{\mathrm{T}}] &= (E[\boldsymbol{v}_k\boldsymbol{h}_k^{\mathrm{T}}(\boldsymbol{x}_k)])^{\mathrm{T}} \\ &= \boldsymbol{H}_k E[\boldsymbol{x}_k\boldsymbol{v}_k^{\mathrm{T}}] \\ &= \boldsymbol{H}_k[\boldsymbol{F}_{k-1}\boldsymbol{F}_{k-2}\boldsymbol{S}_{k-2,k}+\boldsymbol{F}_{k-1}\boldsymbol{S}_{k-1,k}+\boldsymbol{S}_{k,k}]\end{aligned} \tag{3.86}$$

$$\begin{aligned}E[\boldsymbol{h}_k(\boldsymbol{x}_k)\boldsymbol{\omega}_k^{\mathrm{T}}] &= (E[\boldsymbol{\omega}_k\boldsymbol{h}_k^{\mathrm{T}}(\boldsymbol{x}_k)])^{\mathrm{T}} \\ &= \boldsymbol{H}_k E[\boldsymbol{x}_k\boldsymbol{\omega}_k^{\mathrm{T}}] \\ &= \boldsymbol{H}_k\boldsymbol{F}_{k-1}\boldsymbol{Q}_{k-1,k}+\boldsymbol{H}_k\boldsymbol{Q}_{k,k}\end{aligned} \tag{3.87}$$

$$\begin{aligned}E[\boldsymbol{f}_{k-1}(\boldsymbol{x}_{k-1})\boldsymbol{\omega}_k^{\mathrm{T}}] &= (E[\boldsymbol{\omega}_k\boldsymbol{f}_{k-1}^{\mathrm{T}}(\boldsymbol{x}_{k-1})])^{\mathrm{T}} \\ &= \boldsymbol{F}_{k-1}\boldsymbol{Q}_{k-1,k}\end{aligned} \tag{3.88}$$

$$\begin{aligned}E[\boldsymbol{f}_{k-1}(\boldsymbol{x}_{k-1})\boldsymbol{v}_k^{\mathrm{T}}] &= (E[\boldsymbol{v}_k\boldsymbol{f}_{k-1}^{\mathrm{T}}(\boldsymbol{x}_{k-1})])^{\mathrm{T}} \\ &= \boldsymbol{F}_{k-1}E[\boldsymbol{x}_{k-1}\boldsymbol{v}_k^{\mathrm{T}}] \\ &= \boldsymbol{F}_{k-1}\boldsymbol{F}_{k-2}\boldsymbol{S}_k+\boldsymbol{F}_{k-1}\boldsymbol{S}_{k-1,k}\end{aligned} \tag{3.89}$$

最后将以上各式分别代入式(3.56)、式(3.58) 和式(3.59)。由以上求解高斯非线性积分的容积方法可得式(3.72)、式(3.77) 和式(3.78) 成立。证毕。

因而，式(3.68)～(3.78)结合 Kalman 滤波校正式(3.60)～(3.62)即为 CKF-CCN 算法。该算法的流程说明如下。

① 计算状态预测值 $\hat{\boldsymbol{x}}_{k|k-1}$。

② 计算状态预测误差协方差 $\boldsymbol{P}^{xx}_{k|k-1}$。

③ 计算测量值的预测值 $\hat{\boldsymbol{z}}_{k|k-1}$。

④ 计算新息协方差预测矩阵 $\boldsymbol{P}^{zz}_{k|k-1}$。

⑤ 计算互协方差预测矩阵 $\boldsymbol{P}^{xz}_{k|k-1}$。

⑥ Kalman 校正更新方程。

2. 一步互相关噪声下平方根容积 Kalman 滤波算法

在本节通过提出的 CKF-CCN 算法与已经存在的 CKF 算法、不考虑噪声相关的平方根容积 Kalman 滤波(Square Root Cubature Kalman Filter, SRCKF)算法、噪声一步互相关的 SRCKF-CN 算法对比，来说明提出的算法与这些算法的区别和联系，从而在理论上说明 CKF-CCN 算法用于状态估计优于已有算法。若系统加性噪声是高斯白噪声，则预测误差协方差式(3.72)、新息协方差式(3.77)和互协方差式(3.78)可简化为

$$\begin{aligned}\boldsymbol{P}^{xx}_{k|k-1}&=E[(\boldsymbol{x}_k-\hat{\boldsymbol{x}}_{k|k-1})(\boldsymbol{x}_k-\hat{\boldsymbol{x}}_{k|k-1})^{\mathrm{T}}\mid \boldsymbol{z}_{1:k-1}]\\&=\frac{1}{M}\sum_{i=1}^{M}\boldsymbol{\chi}^{*}_{i,k-1|k-1}\boldsymbol{\chi}^{*\mathrm{T}}_{i,k-1|k-1}-\hat{\boldsymbol{x}}_{k|k-1}\hat{\boldsymbol{x}}^{\mathrm{T}}_{k|k-1}+\boldsymbol{Q}_k\end{aligned}\tag{3.90}$$

$$\begin{aligned}\boldsymbol{P}^{zz}_{k|k-1}&=E[(\boldsymbol{z}_k-\hat{\boldsymbol{z}}_{k|k-1})(\boldsymbol{z}_k-\hat{\boldsymbol{z}}_{k|k-1})^{\mathrm{T}}\mid \boldsymbol{x}_k,\boldsymbol{z}_{1:k-1}]\\&=\frac{1}{M}\sum_{i=1}^{M}\boldsymbol{Z}_{i,k-1|k-1}\boldsymbol{Z}^{\mathrm{T}}_{i,k-1|k-1}-\hat{\boldsymbol{z}}_{k|k-1}\hat{\boldsymbol{z}}^{\mathrm{T}}_{k|k-1}+\boldsymbol{R}_k\end{aligned}\tag{3.91}$$

$$\begin{aligned}\boldsymbol{P}^{xz}_{k|k-1}&=E[(\boldsymbol{x}_k-\hat{\boldsymbol{x}}_{k|k-1})(\boldsymbol{z}_k-\hat{\boldsymbol{z}}_{k|k-1})^{\mathrm{T}}\mid \boldsymbol{z}_{1:k-1}]\\&=\frac{1}{M}\sum_{i=1}^{M}\boldsymbol{\chi}_{i,k|k-1}\boldsymbol{Z}^{\mathrm{T}}_{i,k|k-1}-\hat{\boldsymbol{x}}_{k|k-1}\hat{\boldsymbol{z}}_{k|k-1}\end{aligned}\tag{3.92}$$

当噪声符合零均值高斯白噪声特性时，CKF-CCN 算法可等效转化为 CKF 算法。SRCKF 算法是 CKF 算法的一种平方根形式，通过在状态递推过程中使用协方差的平方根因子，从而保证协方差的对称性和正定性。相较于 CKF 算法，SRCKF 算法是一种更加稳定的滤波算法，SRCKF 算法流程如下。

① 计算状态预测值。

② 计算预测误差协方差的平方根因子。

③ 计算测量值的预测值。

④ 计算新息协方差矩阵的平方根因子。

⑤ 估计互协方差矩阵值。

⑥ 计算 Kalman 增益矩阵。

⑦ 计算状态估计值更新。

⑧ 计算估计误差协方差平方根因子更新。

若系统加性噪声具有一步互相关性，那么 ④ 中的新息协方差矩阵将会变为

$$\begin{aligned}\boldsymbol{P}_{k|k-1}^{zz}&=E[(\boldsymbol{z}_k-\hat{\boldsymbol{z}}_{k|k-1})(\boldsymbol{z}_k-\hat{\boldsymbol{z}}_{k|k-1})^{\mathrm{T}}\mid \boldsymbol{x}_k,\boldsymbol{z}_{1:k-1}]\\&=\frac{1}{M}\sum_{i=1}^{M}\boldsymbol{Z}_{i,k-1|k-1}\boldsymbol{Z}_{i,k-1|k-1}^{\mathrm{T}}-\hat{\boldsymbol{z}}_{k|k-1}\hat{\boldsymbol{z}}_{k|k-1}^{\mathrm{T}}+\boldsymbol{R}_k+\boldsymbol{H}_k\boldsymbol{S}_{k,k}+[\boldsymbol{H}_k\boldsymbol{S}_{k,k}]^{\mathrm{T}}\end{aligned}\tag{3.93}$$

此时对应的平方根因子也将发生相应的变化。因此，可得到噪声具有一步互相关性的 SRCKF-CN 算法。

综上，本节基于加性噪声具有互相关性的贝叶斯滤波框架，采用容积规则计算非线性高斯积分，并基于 Jacobi 矩阵计算噪声相关性引起的相关项，进而得到了 CKF-CCN 算法，且当噪声是独立高斯白噪声时，CKF-CCN 算法退化为标准 CKF 算法。同时基于 SRCKF 算法，可以得到噪声具有互相关性的 SRCKF-CN 算法。

由 CKF-CCN 算法中计算协方差的式(3.72)、式(3.77)、式(3.78) 和 CKF 算法中计算协方差的式(3.90)、式(3.91)、式(3.92) 以及 SRCKF-CN 算法中计算协方差的式(3.93) 可知，相比之下，标准 CKF 算法与 SRCKF 算法没有考虑噪声相关项式(3.80)，SRCKF-CN 算法没有考虑噪声两步互相关性，而由于 CKF-CCN 算法考虑了噪声一步自相关和两步互相关性对协方差的影响，因而在理论上 CKF-CCN 算法的估计效果最好。在下一章节由无人船非线性状态估计说明 CKF-CCN 算法的优越性。

3.4.4　加性互相关噪声下无人船非线性状态估计仿真验证

由无人船三自由度模型式(2.24) 和式(2.27) 可知，系统存在一步自相关和两步互相关噪声，为了验证 CKF-CCN 算法的有效性，本节仿真实验的参数选取按照具有一步自相关和两步互相关噪声非线性模型式(3.52) 和式(3.53) 来验证。

初始条件选取：采样周期为 $\Delta t=1$ s；$\boldsymbol{\omega}_k$ 均值为 0、方差为 1 且具有一步自相关性。而 $\boldsymbol{\Gamma}=\mathrm{diag}[10\ \ 10\ \ 10\ \ 2\ \ 2\ \ 2]$ 是状态噪声幅值矩阵；$\boldsymbol{\upsilon}_k$ 均值为 0、方差为 1，且 $\boldsymbol{\upsilon}_k=c\boldsymbol{\omega}_{k-1}$，$c=0.8$。$\boldsymbol{\Xi}=\mathrm{diag}[2\ \ 2\ \ 2\ \ 2\ \ 2\ \ 2]$ 是测量噪声幅值矩阵，初始状态 $\boldsymbol{x}_0=[10\ \ 20\ \ 10\ \ 1\ \ 1.5\ \ 0.1]$，初始误差协方差 $\boldsymbol{P}_0=[1\ \ 1\ \ 1\ \ 1.5\ \ 1.5\ \ 0.5]$。

记不考虑相关噪声的SRCKF算法为算法1，考虑相关噪声的SRCKF-CN算法为算法2，本书考虑噪声一步自相关和两步互相关性的 CKF-CCN 算法为算法 3。

本书仍用 RMSE 来衡量算法估计性能的优劣，共进行 200 次随机实验，三种算法的 RMSE 值分别记为 RMSE1、RMSE2 和 RMSE3。图 3.5 ～ 3.10 所示分别为船舶北向位置估计、东向位置估计、艏向角估计、纵荡速度估计、横荡速度估计和回转率估计在三种算法下的 RMSE。

由图 3.5 ～ 3.10 知，在无人船北向位置、东向位置、艏向角、纵荡速度、横荡速度以及回转率状态估计中，算法 1 ～ 3 分别具有不同的 RMSE 且逐渐减小。RMSE 越小说明算法的估计效果越好，即算法 3 估计效果最好，算法 2 次之，算法 1 的估计效果较差，说明了本书所提出算法的有效性。

同时，为了从数值角度进一步说明算法的有效性，表 3.2 分别给出了三种算法下的 RMSE 均值，由表可以看出，算法 1 ～ 3 的 RMSE 依次减小，即估计精度依次提高。

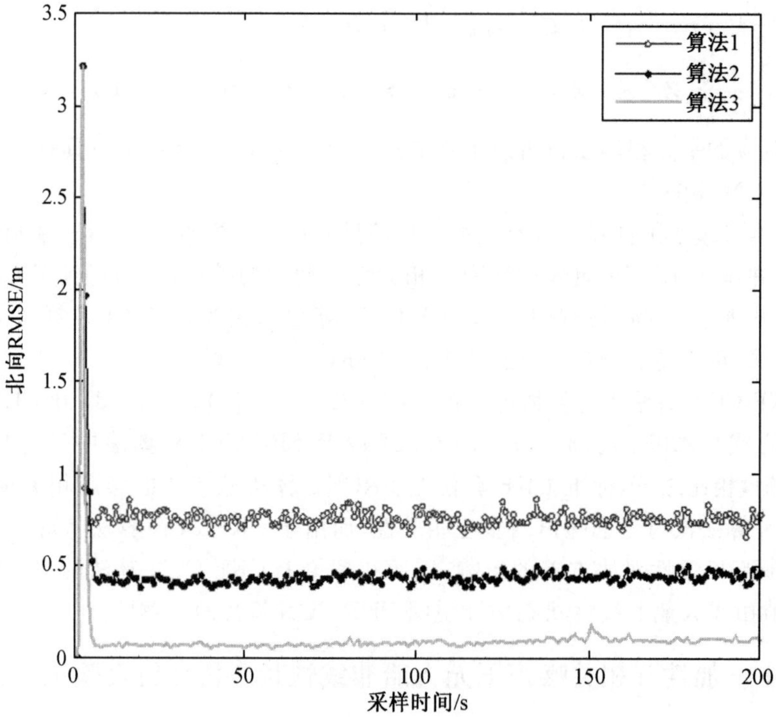

图 3.5　北向位置估计 RMSE

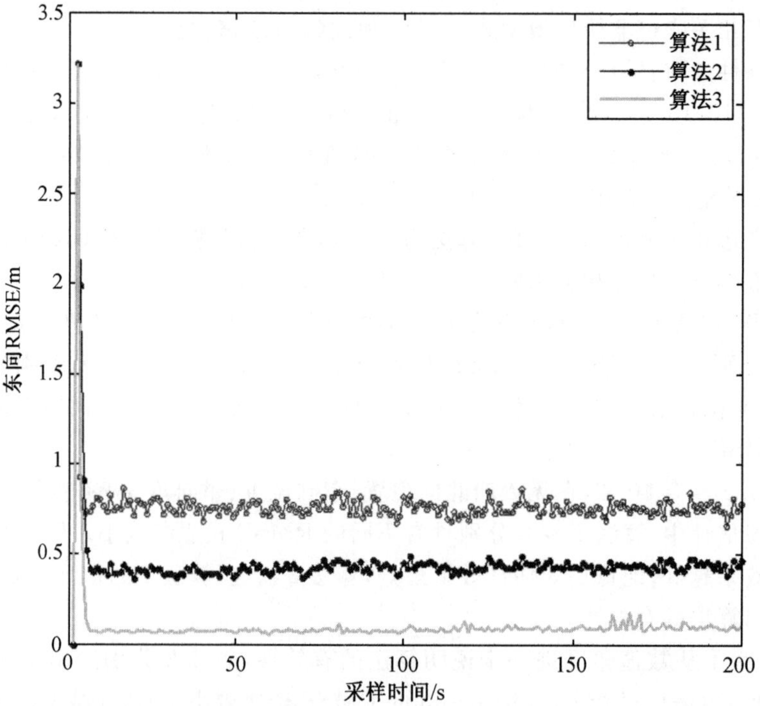

图 3.6　东向位置估计 RMSE

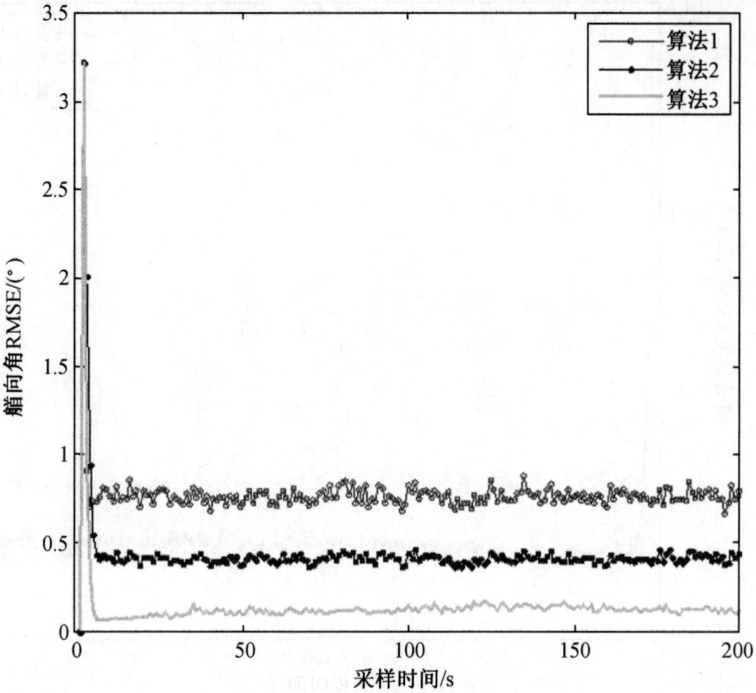

图 3.7　艏向角估计 RMSE

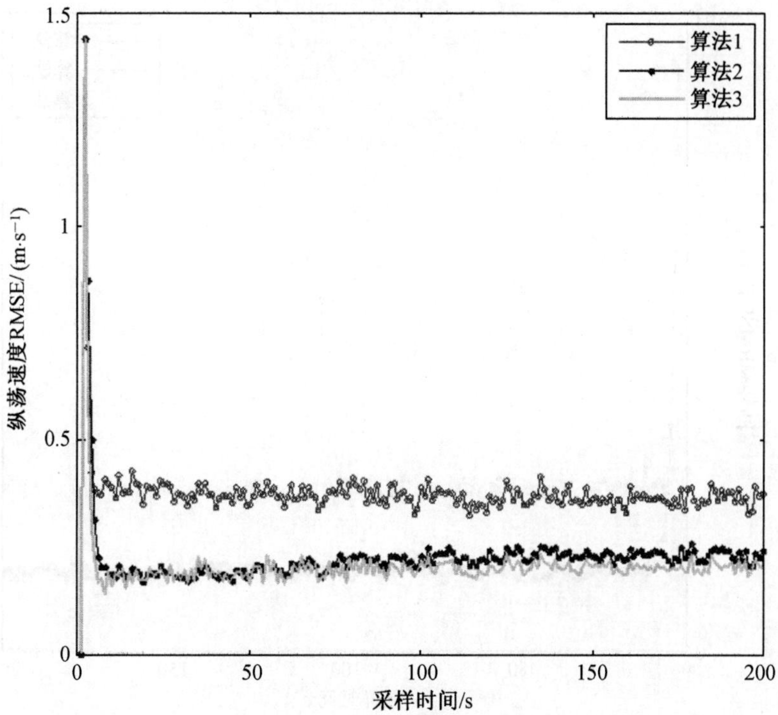

图 3.8　纵荡速度估计 RMSE

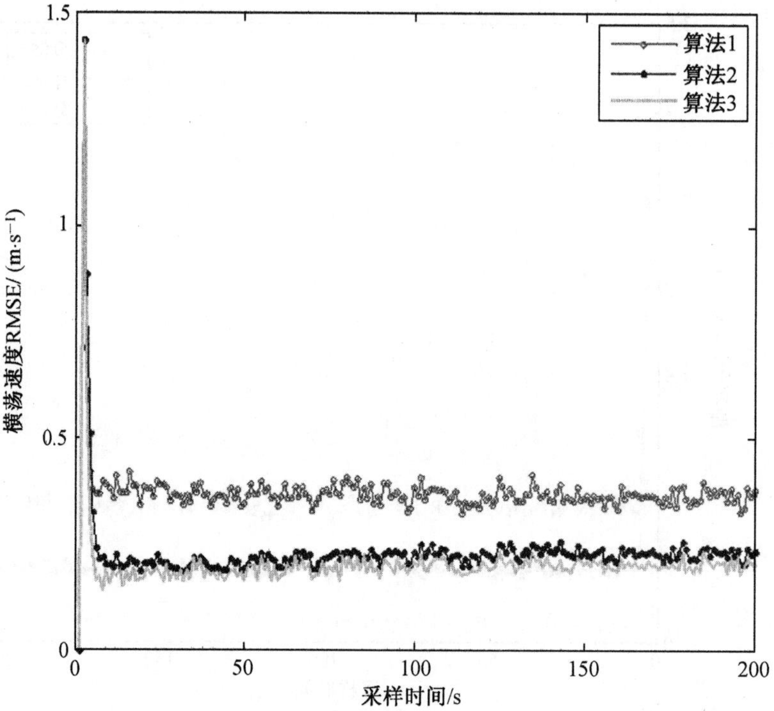

图 3.9　横荡速度估计 RMSE

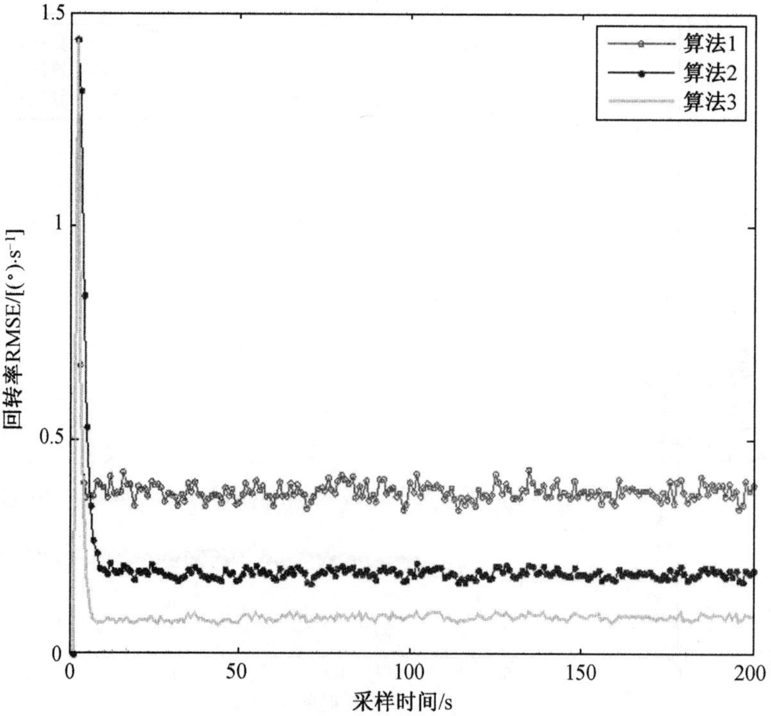

图 3.10　回转率估计 RMSE

表 3.2　三种算法下的 RMSE 均值

参数	RMSE1	RMSE2	RMSE3
x_N/m	0.758 2	0.447 3	0.096 5
y_E/m	0.758 7	0.446 9	0.097 7
ψ/(°)	0.767 6	0.418 5	0.133 5
$u_N/(\mathrm{m}\cdot \mathrm{s}^{-1})$	0.365 2	0.229 1	0.198 4
$v_E/(\mathrm{m}\cdot \mathrm{s}^{-1})$	0.364 4	0.231 2	0.198 0
$r/[(°)\cdot \mathrm{s}^{-1}]$	0.378 7	0.194 6	0.088 9

综上，由于 CKF-CCN 算法考虑了噪声一步自相关和两步互相关性，因而 RMSE3 最小，即估计效果最好；SRCKF 算法没有考虑噪声相关性，因而 RMSE1 最大，即估计效果最差；而 SRCKF-CN 算法仅考虑了噪声一步互相关性，因而 RMSE2 小于 RMSE1 且又大于 RMSE3。

3.5　本章小结

本章由高斯白噪声下的无人船艏向状态估计算法出发，引出了本章的研究重点，即具有一步自相关和两步互相关加性噪声下的线性 Kalman 滤波算法以及具有一步自相关和两步互相关加性噪声下的容积 Kalman 滤波算法，具体的结论如下所述。

(1) 对于具有加性相关噪声的无人船单自由度直航状态估计问题展开研究。首先基于新息分析和投影定理，设计了一种具有互相关噪声干扰的线性 Kalman 滤波算法。同时无人船低速运行时，船舶艏向运动与纵荡和横荡之间没有耦合，因而艏向运动可以直接从非线性运动学模型中解耦出来，进而直接利用提出的具有相关噪声的线性 Kalman 滤波算法进行艏向和回转率的状态估计。该算法一方面简化了船舶单自由度艏向和回转率的状态估计过程，另一方面极大地扩展了已有的 Kalman 滤波算法的应用范围。最后仿真实验验证了本书算法具有较好的状态估计性能，即具有较高的估计精度。

(2) 对于实际中无人船三自由度非线性模型状态估计问题展开研究。首先以贝叶斯估计理论为基础，基于高斯白噪声下的贝叶斯估计框架，提出了一步自相关和两步互相关加性噪声干扰下的贝叶斯估计框架，然后结合容积规则，得到 CKF 算法和 CKF-CCN 算法。仿真结果表明，由于 SRCKF-CN 算法仅考虑一步互相关性，但未考虑一步自相关和两步互相关性，故其估计精度较本书的 CKF-CCN 算法要低一些，又比不考虑任何相关性的 SRCKF 算法精度高一些，而提出的相关噪声下的 CKF-CCN 算法具有较高的估计精度。说明了 CKF-CCN 算法可以有效处理互相关噪声的干扰。

综上，通过本章算法设计以及仿真实验可知，本章研究的加性互相关噪声干扰下的无人船状态估计方法，可以有效解决具有一步自相关和两步互相关加性噪声干扰的无人船单自由度直航艏向估计以及三自由度下北向、东向、艏向的非线性估计问题，使得无人船在加性互相关噪声干扰下仍能保持较好的状态估计性能。

第 4 章　参数不确定下无人船非线性状态估计方法研究

本章要点：本章主要研究参数不确定干扰下无人船非线性状态估计方法。主要内容包括以下三个方面：① 研究了模型参数不确定情况下无人船非线性状态估计方法；② 研究了加性测量噪声统计特性未知情况下无人船非线性状态估计方法；③ 研究了测量值随机丢失及相关有色噪声情况下无人船非线性状态估计方法。

4.1　扩展平滑变结构滤波

由第 2 章模型描述可知，无人船状态估计除受到加性互相关噪声影响之外，还存在以下问题：精确的系统模型和噪声干扰统计特性无法获得；同时传感器单元存在随机丢包现象，即系统存在参数不确定性干扰。

4.1.1　问题描述

标准贝叶斯估计主要面临以下问题：① 需要精确的系统动态模型和测量模型；② 系统状态参数扰动和随机非模型干扰视为不确定性噪声干扰，需要精确的噪声统计模型；③ 需要传感器测量能够及时到达估计器单元。

对于系统参数精确已知且测量值能准确获得的系统，贝叶斯估计是有效的状态估计方法。系统参数不确定性主要表现为系统模型参数不确定性或动态不确定性；噪声的不确定性表现为噪声干扰为有色噪声、乘性噪声或噪声统计特性未知；测量不确定性主要表现为测量值传输过程中存在丢包现象。无人船非线性状态估计中，存在模型参数不确定、噪声统计特性未知，以及测量值随机丢失现象。

因而，为了得到模型参数不确定下的无人船北向、东向、艏向三自由度非线性状态估计方法，本节首先研究了模型参数不确定下基于 Jacobi 矩阵的扩展平滑变结构滤波(Extended-Smooth Variable Structure Filtering，E-SVSF) 算法。

为了公式推导的方便，2.3.2 节的无人船三自由度离散时间状态空间模型可转化为如下所示一般化的连续可微非线性模型：

$$\boldsymbol{x}_k = \boldsymbol{f}_{k-1}(\boldsymbol{x}_{k-1}) + \boldsymbol{\omega}_k \tag{4.1}$$

$$\boldsymbol{z}_k = \boldsymbol{h}_k(\boldsymbol{x}_k) + \boldsymbol{v}_k \tag{4.2}$$

其中，$\boldsymbol{f}_{k-1}(\cdot)$ 和 $\boldsymbol{h}_k(\cdot)$ 分别是状态矩阵和测量矩阵，且具有不确定性；$\boldsymbol{x}_k$ 是状态向量；$\boldsymbol{z}_k$ 是测量值；$\boldsymbol{\omega}_k$ 是状态噪声，满足 $\boldsymbol{\omega}_k \sim \mathcal{N}(\boldsymbol{q}, \boldsymbol{Q})$；$\boldsymbol{v}_k$ 是测量噪声，满足 $\boldsymbol{v}_k \sim \mathcal{N}(\boldsymbol{r}, \boldsymbol{R})$，其中 $\boldsymbol{q}$ 和 $\boldsymbol{r}$ 表示均值，$\boldsymbol{Q}$ 和 $\boldsymbol{R}$ 表示方差。对于以上模型参数不确定动态系统式(4.1) 和式(4.2)，记系统初始状态为 $\hat{\boldsymbol{x}}_0$，初始协方差为 $\boldsymbol{P}_0$，则 E-SVSF 算法过程如下。

4.1.2　模型参数不确定下扩展平滑变结构滤波算法

假设不确定模型式(4.1)和式(4.2)满足以下定义，即不考虑系统状态噪声和测量噪声干扰时，系统方程 $\boldsymbol{x}_k=\boldsymbol{f}_{k-1}(\boldsymbol{x}_{k-1})$ 和 $\boldsymbol{z}_k=\boldsymbol{h}_k(\boldsymbol{x}_k)$ 是一个连续的双射，即通过测量向量 $\boldsymbol{z}_k$ 存在一个逆映射能唯一地得到状态向量 $\boldsymbol{x}_k$，即

$$\boldsymbol{x}_k=\boldsymbol{f}_k^{-1}(\boldsymbol{h}_{k+1}^{+}(\boldsymbol{z}_{k+1}),\boldsymbol{h}_k^{+}(\boldsymbol{z}_k)) \tag{4.3}$$

当系统模型精确已知时，如果系统转移矩阵 $\boldsymbol{f}_{k-1}(\cdot)$ 和 $\boldsymbol{h}_k(\cdot)$ 是常系数矩阵，那么可以直接得到线性 Kalman 滤波器。如果转换矩阵是非线性的，那么可通过计算 Jacobi 矩阵的方法来推导得到 EKF 算法，当模型不精确时，EKF 算法估计误差较大。

对于模型参数不确定线性系统，Habibi 将滑模的概念引入滤波增益的计算中，提出了变结构滤波(VSF)，VSF 是针对不确定系统的滤波算法。同时，为了消除增益的高频切换带来的系统颤动，与 Kalman 滤波相似，通过引入平滑边界层(SBL)的概念，得到了具有最优平滑边界层(OSBL)的扩展平滑变结构滤波(E-SVSF)算法。

在本质上，E-SVSF 算法是基于变结构理论和滑模的概念提出的，通过一个非连续开关增益来使估计值逼近于真实值，因而 E-SVSF 算法是稳定的鲁棒滤波器，可以有效抑制模型参数不确定性导致的发散问题。E-SVSF 算法概念图如图 4.1 所示，其基本过程是随着估计过程的递进，如果状态预测值超出存在的子空间，说明存在不确定干扰，那么可通过一个不连续增益校正值将估计值逼近到真实值附近，保证算法对不确定干扰的鲁棒性。

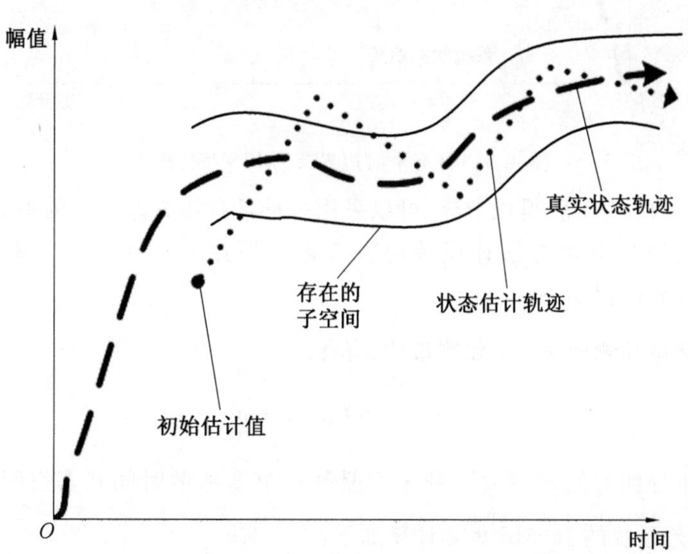

图 4.1　E-SVSF 算法概念图

同时为了消除 VSF 算法中不连续增益的频繁切换造成的系统颤动，具有固定平滑边界层的 E-SVSF 算法通过引入一个饱和函数来消除系统的颤动。具有平滑边界层的 E-SVSF 算法如图 4.2 所示，由于平滑边界层是不确定性的保守上界，因此误差几乎不会超过该边界层，进而消除了增益频繁切换带来的颤动的影响。

假设系统存在有界随机干扰，那么令平滑边界层等于干扰的保守上界，如果用 $\boldsymbol{e}$ 表示误差，$\boldsymbol{\psi}$ 表示一个平滑边界层，那么饱和函数可定义为

$$\text{sat}_i(\boldsymbol{\psi},\boldsymbol{e})=\begin{cases}\dfrac{\boldsymbol{e}_i}{\boldsymbol{\psi}_i}, & \left|\dfrac{\boldsymbol{e}_i}{\boldsymbol{\psi}_i}\right|\leqslant 1\\ \text{sgn}\left(\dfrac{\boldsymbol{e}_i}{\boldsymbol{\psi}_i}\right), & \left|\dfrac{\boldsymbol{e}_i}{\boldsymbol{\psi}_i}\right|>1\end{cases}\tag{4.4}$$

其中，sgn(·) 是符号函数，表示取“·”的取值符号。当估计误差大于边界层时，使用不连续增益来保证算法稳定运行；当估计误差小于边界层时，可以使用计算得到的连续增益进行状态估计更新。

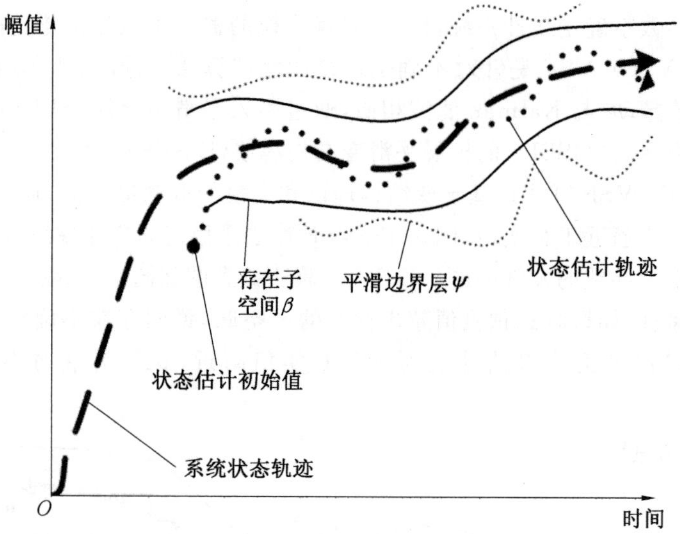

图 4.2　具有平滑边界层的 E-SVSF 算法

在实际系统中，为了获得该上界，可以采用一种具有协方差导引的平滑变结构滤波算法，其基本原理是基于状态估计误差协方差最小原则得到 OSBL。则具有 OSBL 的 E-SVSF 算法计算过程如下。

(1) 计算状态预测值 $\hat{\boldsymbol{x}}_{k+1|k}$ 和测量估计值 $\hat{\boldsymbol{z}}_{k|k}$：

$$\hat{\boldsymbol{x}}_{k+1|k}=\hat{\boldsymbol{F}}_k\hat{\boldsymbol{x}}_{k|k}+\boldsymbol{q}\tag{4.5}$$

$$\hat{\boldsymbol{z}}_{k|k}=\hat{\boldsymbol{H}}\hat{\boldsymbol{x}}_{k|k}+\boldsymbol{r}\tag{4.6}$$

其中，$\hat{\boldsymbol{F}}_k$ 和 $\hat{\boldsymbol{H}}$ 是系统的 Jacobi 矩阵计算如下：

$$\boldsymbol{F}_k=\left.\frac{\partial \boldsymbol{f}(\boldsymbol{x}_k)}{\partial \boldsymbol{x}_k}\right|_{x_k=\hat{x}_{k|k}}\tag{4.7}$$

$$\boldsymbol{H}_k=\left.\frac{\partial \boldsymbol{h}(\boldsymbol{x}_k)}{\partial \boldsymbol{x}_k}\right|_{x_k=\hat{x}_{k|k-1}}\tag{4.8}$$

(2) 计算状态预测误差协方差 $\boldsymbol{P}_{k+1|k}$：

$$\boldsymbol{P}_{k+1|k}=\hat{\boldsymbol{F}}_k\boldsymbol{P}_{k|k}\hat{\boldsymbol{F}}_k^{\mathrm{T}}+\boldsymbol{Q}\tag{4.9}$$

(3) 计算测量预测值$\hat{z}_{k+1|k}$：

$$\hat{z}_{k+1|k}=\hat{H}_{k+1}\hat{x}_{k+1|k}+r \tag{4.10}$$

(4) 计算新息 $e_{z,k+1|k}$ 和测量估计误差 $e_{z,k+1|k+1}$：

$$e_{z,k+1|k}=z_{k+1}-\hat{z}_{k+1|k} \tag{4.11}$$

$$e_{z,k+1|k+1}=z_{k+1}-\hat{z}_{k+1|k+1} \tag{4.12}$$

(5) 基于新息和测量误差，计算增益 K_{k+1}：

$$K_{k+1}=H_{k+1}^{+}\mathrm{diag}[(|e_{z,k+1|k}|+\gamma|e_{z,k|k}|)\otimes \mathrm{sat}(\bar{\psi}_{k+1}^{-1},e_{z,k+1|k})]\mathrm{diag}[e_{z,k+1|k}]^{-1} \tag{4.13}$$

其中，γ 为参数，$0<\gamma<1$；符号"+"表示伪逆；diag[·]是·的对角化形式；"|·|"是·的绝对值；符号"$\otimes$"表示 Schur 乘积(元素对元素相乘)；"$\bar{\psi}$"表示边界层的对角化形式。

(6) 由增益可得状态估计更新值 $\hat{x}_{k+1|k+1}$：

$$\hat{x}_{k+1|k+1}=\hat{x}_{k+1|k}+K_{k+1}e_{z,k+1|k} \tag{4.14}$$

(7) 计算估计误差协方差更新值 $P_{k+1|k+1}$：

$$P_{k+1|k+1}=(I-K_{k+1}H_{k+1})P_{k+1|k}(I-K_{k+1}H_{k+1})^{\mathrm{T}}+K_{k+1}RK_{k+1}^{\mathrm{T}} \tag{4.15}$$

(8) 计算最优边界层 ψ_{k+1}：最优边界层 ψ_{k+1} 可通过对协方差 $P_{k+1|k+1}$ 求偏导数得到，即令

$$\frac{\partial \mathrm{tr}(P_{k+1|k+1})}{\partial \psi_{k+1}}=0 \tag{4.16}$$

可得

$$\psi_{k+1}=[\bar{E}_{k+1}^{-1}H_{k+1}P_{k+1|k}H_{k+1}^{\mathrm{T}}(P_{k+1|k}^{zz})^{-1}]^{-1} \tag{4.17}$$

其中，

$$\bar{E}_{k+1}=\mathrm{diag}[|e_{z,k+1|k}|+\gamma|e_{z,k|k}|] \tag{4.18}$$

$$P_{k+1|k}^{zz}=\hat{H}_{k+1}P_{k+1|k}\hat{H}_{k+1}^{\mathrm{T}}+R \tag{4.19}$$

式(4.5)～(4.19)即为 E-SVSF 算法计算过程。

4.1.3　稳定性分析

下面通过引理 4.1 来证明 E-SVSF 算法的稳定性。

引理 4.1　若估计误差满足

$$|e_k|<|e_{k-1}| \tag{4.20}$$

则状态估计过程是稳定和收敛的。

因此，只需证明状态估计误差满足引理 4.1，就可证明出状态估计过程是稳定和收敛的。

定理 4.1　若系统是连续可微的双射，那么当状态增益满足

$$\begin{cases}|e_{z,k+1|k}|<|H_{k+1}K_{k+1}e_{z,k+1|k}|<|e_{z,k+1|k}|+|e_{z,k|k}|\\ \mathrm{sgn}(H_{k+1}K_{k+1}e_{z,k+1|k})=\mathrm{sgn}(e_{z,k+1|k})\end{cases} \tag{4.21}$$

时，滤波算法是稳定和收敛的。

证明　由上述不等式可知，$|\boldsymbol{H}_{k+1}\boldsymbol{K}_{k+1}\boldsymbol{e}_{z,k+1|k}| - |\boldsymbol{e}_{z,k+1|k}| < |\boldsymbol{e}_{z,k|k}|$成立，又由于$\boldsymbol{H}_{k+1}\boldsymbol{K}_{k+1}\boldsymbol{e}_{z,k+1|k}$与$\boldsymbol{e}_{z,k+1|k}$同号，那么可得

$$|\boldsymbol{e}_{z,k+1|k} - \boldsymbol{H}_{k+1}\boldsymbol{K}_{k+1}\boldsymbol{e}_{z,k+1|k}| < |\boldsymbol{e}_{z,k|k}|$$

结合式(4.6)和式(4.10)～(4.14)，得

$$\boldsymbol{e}_{z,k+1|k} - \boldsymbol{H}_{k+1}\boldsymbol{K}_{k+1}\boldsymbol{e}_{z,k+1|k} = \boldsymbol{e}_{z,k+1|k+1}$$

则不等式$|\boldsymbol{e}_{z,k+1|k+1}| < |\boldsymbol{e}_{z,k|k}|$成立。又由于系统是完全可观和可控的，可知$|\boldsymbol{e}_{x,k+1|k+1}| < |\boldsymbol{e}_{x,k|k}|$成立。满足引理4.1，因而满足以上不等式的估计算法是稳定和收敛的。证毕。

由以上分析可知，对于完全可观和完全可控的系统，状态估计误差具有稳定性和收敛性的充分条件是输出估计误差是稳定和收敛的。因而，若要满足定理4.1，可以令增益表达式如下所示：

$$\boldsymbol{K}_{k+1} = \boldsymbol{H}_{k+1}^{+}[(|\boldsymbol{e}_{z,k+1|k}| + \gamma|\boldsymbol{e}_{z,k|k}|) \otimes \text{sgn}(\boldsymbol{e}_{z,k+1|k})]\text{diag}[\boldsymbol{e}_{z,k+1|k}]^{-1} \tag{4.22}$$

由定义式(4.4)可知，$|\text{sat}(\bar{\boldsymbol{\psi}}_{k+1}^{-1}, \boldsymbol{e}_{z,k+1|k})| < |\text{sgn}(\boldsymbol{e}_{z,k+1|k})|$成立，同样为了避免频繁的增益切换引起估计过程的颤动，使用饱和函数替代符号函数来计算增益值。当误差小于边界层时，计算出一个平滑的增益函数，当误差大于边界层时，使用饱和函数计算的增益来保证算法稳定运行。因而当增益为式(4.13)时，状态估计算法是稳定和收敛的。

4.2　模型参数不确定下无人船非线性状态估计方法

4.2.1　问题描述

对于模型不确定连续可微非线性系统，E-SVSF算法是一种有效的滤波算法，但仍存在一定局限性：① 要求系统方程是适度非线性且可微的，并且需要计算系统的Jacobi矩阵；② 受计算机字长限制，误差积累可能使协方差失去非负定性，导致滤波发散。

为了进一步研究模型参数不确定下的无人船北向、东向、艏向三自由度非线性状态估计方法，本节提出基于容积规则计算状态预测值、状态协方差预测、测量预测值和测量协方差预测值的容积平滑变结构滤波(C-SVSF)算法。新的算法无须计算系统Jacobi矩阵，既提高了E-SVSF算法估计精度，又扩展了E-SVSF算法应用范围；同时，通过在状态传递过程中使用协方差的平方根因子，来保证协方差的正定性和对称性，进而得到平方根容积平滑变结构滤波(SRC-SVSF)算法，SRC-SVSF算法是具有数值稳定性的滤波算法。

为了公式推导的方便，由2.3.1节的无人船三自由度离散时间状态空间模型，可以考虑以下模型参数不确定的非线性系统模型：

$$\boldsymbol{x}_k = \boldsymbol{f}_{k-1}(\boldsymbol{x}_{k-1}) + \boldsymbol{\omega}_k \tag{4.23}$$

$$\boldsymbol{z}_k = \boldsymbol{h}_k(\boldsymbol{x}_k) + \boldsymbol{\upsilon}_k \tag{4.24}$$

其中，$\boldsymbol{f}_{k-1}(\cdot)$和$\boldsymbol{h}_k(\cdot)$表示状态转移矩阵和测量转移矩阵，且具有不确定性；$\boldsymbol{x}_k$表示状态向量；$\boldsymbol{z}_k$表示测量值；$\boldsymbol{\omega}_k$和$\boldsymbol{\upsilon}_k$表示系统噪声，满足$\boldsymbol{\omega}_k \sim \mathcal{N}(\boldsymbol{q}, \boldsymbol{Q})$，$\boldsymbol{\upsilon}_k \sim \mathcal{N}(\boldsymbol{r}, \boldsymbol{R})$，且$\boldsymbol{q}$和$\boldsymbol{r}$表

示均值，$\boldsymbol{Q}$ 和 $\boldsymbol{R}$ 表示方差。

对于以上模型不确定动态系统式(4.23)和式(4.24)，记系统初始状态为 $\hat{\boldsymbol{x}}_{0|0}$，初始估计误差协方差为 $\boldsymbol{P}_{0|0}$，则 C-SVSF 算法和 SRC-SVSF 算法计算过程分别如下。

4.2.2　模型参数不确定下容积平滑变结构滤波算法

由于基于容积规则的预测方程可有效克服 EKF 算法的缺点，因而本节考虑采用容积规则来计算 E-SVSF 算法的状态预测和协方差预测值，从而得到 C-SVSF 算法。C-SVSF 算法不仅保持了 E-SVSF 算法的鲁棒性，而且不需要计算系统的 Jacobi 矩阵，因而，估计精度高于 E-SVSF 算法且计算量较小。

由初始值 $\hat{\boldsymbol{x}}_{0|0}$ 和 $\boldsymbol{P}_{0|0}$，可得初始容积点为

$$\begin{cases}\boldsymbol{\chi}_{i,k-1|k-1}=\boldsymbol{S}_{k-1|k-1}\boldsymbol{\xi}_i+\hat{\boldsymbol{x}}_{k-1|k-1}\\ \boldsymbol{\xi}_i=[1]_i\sqrt{M/2},\quad i=1,2,\cdots,M;M=2n\end{cases}\tag{4.25}$$

其中，$\boldsymbol{S}_{k-1|k-1}=\mathrm{chol}(\boldsymbol{P}_{k-1|k-1})$ 表示由 Cholesky 分解法得到的平方根因子，即 $\boldsymbol{P}_{k-1|k-1}=\boldsymbol{S}_{k-1|k-1}\boldsymbol{S}_{k-1|k-1}^{\mathrm{T}}$。

那么，C-SVSF 算法计算过程如下。

(1) 计算基于容积规则的状态预测 $\hat{\boldsymbol{x}}_{k|k-1}$ 和协方差预测值 $\boldsymbol{P}_{k|k-1}$。

$$\hat{\boldsymbol{x}}_{k|k-1}=\frac{1}{M}\sum_{i=1}^{M}\boldsymbol{\chi}_{i,k|k-1}^{*}+\boldsymbol{q}\tag{4.26}$$

$$\boldsymbol{P}_{k|k-1}=\frac{1}{M}\sum_{i=1}^{M}(\boldsymbol{\chi}_{i,k|k-1}^{*}-\hat{\boldsymbol{x}}_{k|k-1})(\boldsymbol{\chi}_{i,k|k-1}^{*}-\hat{\boldsymbol{x}}_{k|k-1})^{\mathrm{T}}+\boldsymbol{Q}\tag{4.27}$$

其中，$\boldsymbol{\chi}_{i,k|k-1}^{*}=\boldsymbol{f}_k(\boldsymbol{\chi}_{i,k-1|k-1})$ 表示状态传递容积点。

(2) 计算上一时刻的测量估计误差 $\boldsymbol{e}_{z,k-1|k-1}$。

首先计算测量方程的传递容积点为

$$\boldsymbol{Z}_{i,k-1|k-1}^{*}=\boldsymbol{h}_{k-1}(\boldsymbol{\chi}_{i,k-1|k-1})\tag{4.28}$$

那么得到测量估计值 $\hat{\boldsymbol{z}}_{k-1|k-1}$ 为

$$\hat{\boldsymbol{z}}_{k-1|k-1}=\frac{1}{M}\sum_{i=1}^{M}\boldsymbol{Z}_{i,k-1|k-1}^{*}+\boldsymbol{r}\tag{4.29}$$

则测量估计误差为

$$\boldsymbol{e}_{z,k-1|k-1}=\boldsymbol{z}_{k-1}-\hat{\boldsymbol{z}}_{k-1|k-1}\tag{4.30}$$

(3) 计算测量预测 $\hat{\boldsymbol{z}}_{k|k-1}$、新息误差协方差 $\boldsymbol{P}_{k|k-1}^{zz}$ 和测量新息 $\boldsymbol{e}_{z,k|k-1}$。

$$\hat{\boldsymbol{z}}_{k|k-1}=\frac{1}{M}\sum_{i=1}^{M}\boldsymbol{Z}_{i,k|k-1}+\boldsymbol{r}\tag{4.31}$$

$$\boldsymbol{P}_{k|k-1}^{zz}=\frac{1}{M}\sum_{i=1}^{M}(\boldsymbol{Z}_{i,k|k-1}-\hat{\boldsymbol{z}}_{k|k-1})(\boldsymbol{Z}_{i,k|k-1}-\hat{\boldsymbol{z}}_{k|k-1})^{\mathrm{T}}+\boldsymbol{R}\tag{4.32}$$

$$\boldsymbol{e}_{z,k|k-1}=\boldsymbol{z}_k-\hat{\boldsymbol{z}}_{k|k-1}\tag{4.33}$$

(4) 由式(4.13) ~ (4.15) 分别计算滤波增益 $\boldsymbol{K}_k$、估计值更新 $\hat{\boldsymbol{x}}_{k|k}$、协方差更新 $\boldsymbol{P}_{k|k}$，由式(4.17) 计算平滑边界层 $\boldsymbol{\psi}_{k+1}$。

则以上步骤(1) ~ (4) 即为基于 Cubature 规则的 C-SVSF 算法。

由 C-SVSF 算法与 E-SVSF 算法对比可知，C-SVSF 算法克服了非线性系统必须连续可微的条件，且不需要计算系统的 Jacobi 矩阵，即保持了 E-SVSF 算法的鲁棒性，又由于容积规则的引入使得状态预测和协方差预测的精度得到了进一步提高。因而得到的 C-SVSF 算法估计精度理论上要高于 E-SVSF 算法。同时与 E-SVSF 算法具有相同的滤波框架，因而仍是一种稳定的滤波算法。

与 CKF 算法相似，C-SVSF 算法在最优边界层计算中，要求计算协方差的逆矩阵，因而协方差矩阵需要满足非负定性的要求。然而由于计算机字长限制造成的误差累计可能会使协方差变负定或出现奇异，从而使滤波算法发散，因此，为了保证 C-SVSF 算法的稳定性，类似于平方根 CKF 算法，本节由下三角分解的方法给出了基于平方根方法的 SRC-SVSF 算法。

4.2.3　模型参数不确定下平方根容积平滑变结构滤波算法

由于协方差的非负定性，协方差可分解成以下形式 $\boldsymbol{P}_{k|k-1}=\boldsymbol{S}_{k|k-1}\boldsymbol{S}_{k|k-1}^{\mathrm{T}}$，$\boldsymbol{P}_{k|k-1}^{zz}=\boldsymbol{S}_{k|k-1}^{zz}\boldsymbol{S}_{k|k-1}^{zz\ \mathrm{T}}$，$\boldsymbol{P}_{k|k}=\boldsymbol{S}_{k|k}\boldsymbol{S}_{k|k}^{\mathrm{T}}$，在滤波器的迭代过程中，使用状态协方差平方根因子来替代协方差，即可得 SRC-SVSF 算法。

假设初始状态协方差平方根因子 $\boldsymbol{S}_{0|0}$ 和初始估计值 $\hat{\boldsymbol{x}}_{0|0}$ 已知，那么 SRC-SVSF 算法如下所示。

(1) 由式(4.26) 可得状态预测 $\hat{\boldsymbol{x}}_{k|k-1}$。Tria(·) 表示矩阵“·”的下三角分解，则可得预测误差协方差的平方根因子 $\boldsymbol{S}_{k|k-1}$ 为

$$\boldsymbol{S}_{k|k-1}=\mathrm{Tria}([\boldsymbol{\chi}_{k|k-1}^{*}\quad \boldsymbol{S}_{k-1}^{Q}]) \tag{4.34}$$

其中，

$$\boldsymbol{Q}=\boldsymbol{S}_{k-1}^{Q}\boldsymbol{S}_{k-1}^{Q\ \mathrm{T}}$$

$$\boldsymbol{\chi}_{k|k-1}^{*}=\frac{1}{\sqrt{M}}[\boldsymbol{\chi}_{1,k|k-1}^{*}-\hat{\boldsymbol{x}}_{k|k-1},\cdots,\boldsymbol{\chi}_{M,k|k-1}^{*}-\hat{\boldsymbol{x}}_{k|k-1}]$$

则预测误差互协方差 $\boldsymbol{P}_{k|k-1}=\boldsymbol{S}_{k|k-1}\boldsymbol{S}_{k|k-1}^{\mathrm{T}}$。

(2) 由式(4.29) ~ (4.30) 计算测量估计 $\hat{\boldsymbol{z}}_{k-1|k-1}$ 以及测量估计误差 $\boldsymbol{e}_{z,k-1|k-1}$。

① 由式(4.33) 计算新息 $\boldsymbol{e}_{z,k|k-1}$；

② 由下式计算测量预测值 $\hat{\boldsymbol{z}}_{k|k-1}$：

$$\hat{\boldsymbol{z}}_{k|k-1}=\frac{1}{M}\sum_{i=1}^{M}\boldsymbol{Z}_{i,k|k-1}+\boldsymbol{r} \tag{4.35}$$

(3) 计算新息协方差的平方根因子 $\boldsymbol{S}_{k|k-1}^{zz}$：

$$\boldsymbol{S}_{k|k-1}^{zz}=\mathrm{Tria}([\boldsymbol{Z}_{k|k-1}\quad \boldsymbol{S}_{k}^{R}]) \tag{4.36}$$

其中，

$$\boldsymbol{R} = \boldsymbol{S}_k^R \boldsymbol{S}_k^{RT}$$

$$\boldsymbol{Z}_{k|k-1} = \frac{1}{\sqrt{M}}[\boldsymbol{Z}_{1,k|k-1} - \hat{\boldsymbol{z}}_{k|k-1}, \cdots, \boldsymbol{Z}_{M,k|k-1} - \hat{\boldsymbol{z}}_{k|k-1}]$$

(4) 由式(4.13) ～ (4.14) 计算滤波增益 $\boldsymbol{K}_k$ 以及估计值更新 $\hat{\boldsymbol{x}}_{k|k}$；由式 $\boldsymbol{\psi}_k = [\overline{E}_k^{-1} \boldsymbol{H}_k \boldsymbol{S}_{k|k-1} \boldsymbol{S}_{k|k-1}^{\mathrm{T}} \boldsymbol{H}_k^{\mathrm{T}} (\boldsymbol{S}_{k|k-1}^{zz} \boldsymbol{S}_{k|k-1}^{zz\,\mathrm{T}})^{-1}]^{-1}$ 计算平滑边界层；由式 $\boldsymbol{P}_{k|k-1}^{zz} = \boldsymbol{S}_{k|k-1}^{zz} \boldsymbol{S}_{k|k-1}^{zz\,\mathrm{T}}$ 计算新息协方差。

(5) 计算协方差的平方根因子 $\boldsymbol{S}_{k|k}$ 更新：

$$\boldsymbol{S}_{k|k} = \mathrm{Tria}([\boldsymbol{\chi}_{k|k-1} - \boldsymbol{K}_k \boldsymbol{Z}_{k|k-1} \quad \boldsymbol{K}_k \boldsymbol{S}_k^R]) \tag{4.37}$$

其中，

$$\boldsymbol{\chi}_{k|k-1} = \frac{1}{\sqrt{M}}[\boldsymbol{\chi}_{1,k|k-1} - \hat{\boldsymbol{x}}_{k|k-1}, \cdots, \boldsymbol{\chi}_{M,k|k-1} - \hat{\boldsymbol{x}}_{k|k-1}]$$

且估计误差协方差更新为 $\boldsymbol{P}_{k|k} = \boldsymbol{S}_{k|k} \boldsymbol{S}_{k|k}^{\mathrm{T}}$

式(4.34) ～ (4.37) 即为 SRC-SVSF 算法。

综上，将 CKF 算法中计算状态和协方差预测的方法引入 E-SVSF 算法中，得到的 C-SVSF 算法由于不需要计算非线性系统的 Jacobi 矩阵，因此其估计精度要高于 E-SVSF 算法。同时，SRC-SVSF 算法由于在递推过程中使用了协方差的平方根因子，因而保障了 SRC-SVSF 算法的数值稳定性。

下面通过具有模型参数不确定性的无人船三自由度状态估计仿真实验来验证算法的有效性。

4.2.4　模型参数不确定下无人船非线性状态估计仿真验证

在本仿真实验中，设无人船状态的初始值为 $\boldsymbol{x}_0 = [1\ 2\ 0.1\ 1\ 1.5\ 1]'$，状态噪声协方差为 $\boldsymbol{Q} = \mathrm{diag}[10\ 10\ 10\ 10\ 10\ 10]$，测量噪声协方差为 $\boldsymbol{R} = \mathrm{diag}[20\ 20\ 20\ 20\ 20\ 20]$。测量矩阵 $\boldsymbol{h}_k = \boldsymbol{I}_{6\times 6}$。假设状态初始估计值 $\hat{\boldsymbol{x}}_{0|0} = [1\ 2\ 0.1\ 1\ 1.5\ 1]'$，状态估计误差协方差初始值 $\boldsymbol{P}_{0|0} = \mathrm{diag}[1\ 1\ 1\ 1\ 1\ 1]$。

对无人船非线性估计系统，由以上分析可知，与 EKF 算法相比，CKF 算法估计精度更高，因而这里以 CKF 算法作为一种对比算法。然后分别与 E-SVSF 算法、C-SVSF 算法和 SRC-SVSF 算法进行仿真对比。

这里仍然用 RMSE 作为算法性能指标函数，并进行了 200 次蒙特卡洛状态估计仿真实验。为了验证算法对于模型参数不确定性的估计效果，这里分别通过测量噪声协方差已知和测量噪声协方差未知两种情况下的仿真实验来验证算法，仿真结果分别如下(1)和(2) 所示。

(1) 测量噪声协方差精确已知。

仿真实验采样周期为 1 s，采样时间为 1 800 s。这里假设已知测量噪声协方差的准确值，即令 $\boldsymbol{R} = \mathrm{diag}[20\ 20\ 20\ 20\ 20\ 20]$。那么，在 200 次蒙特卡洛状态估计仿真实验后，4 种算法下的无人船北向位置、东向位置、艏向角、纵荡速度、横荡速度和回转率的 RMSE 分别如图 4.3 和图 4.4 所示。其中，CKF 算法 RMSE 用破折线表示，E-SVSF 算法 RMSE 用点划线表示，C-SVSF 算法 RMSE 用实线表示，SRC-SVSF 算法 RMSE 用虚线来表示。

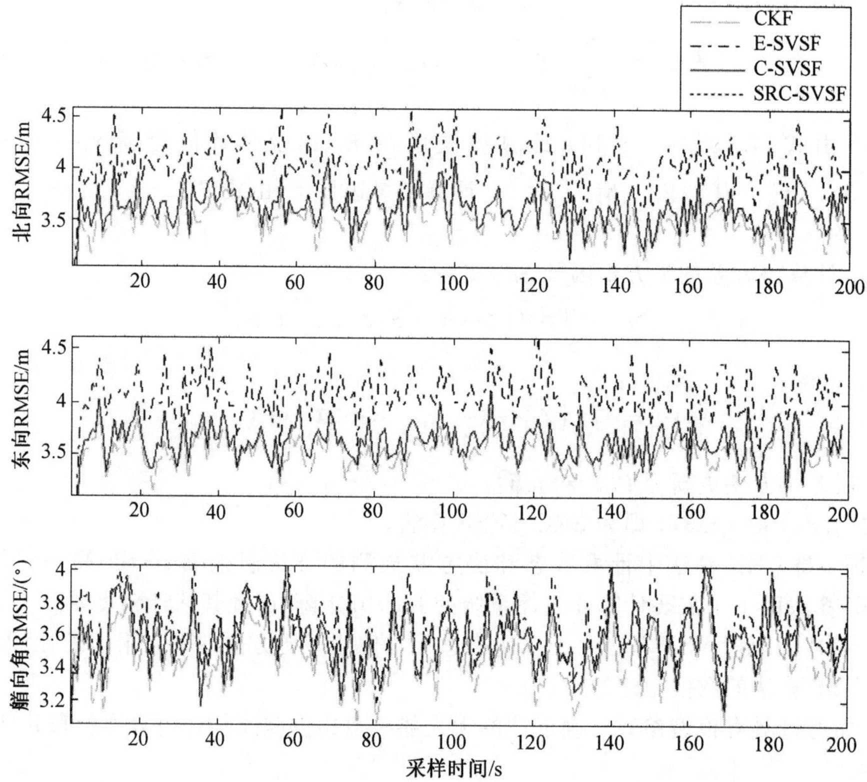

图 4.3　已知噪声下的北向位置、东向位置、艏向角的 RMSE

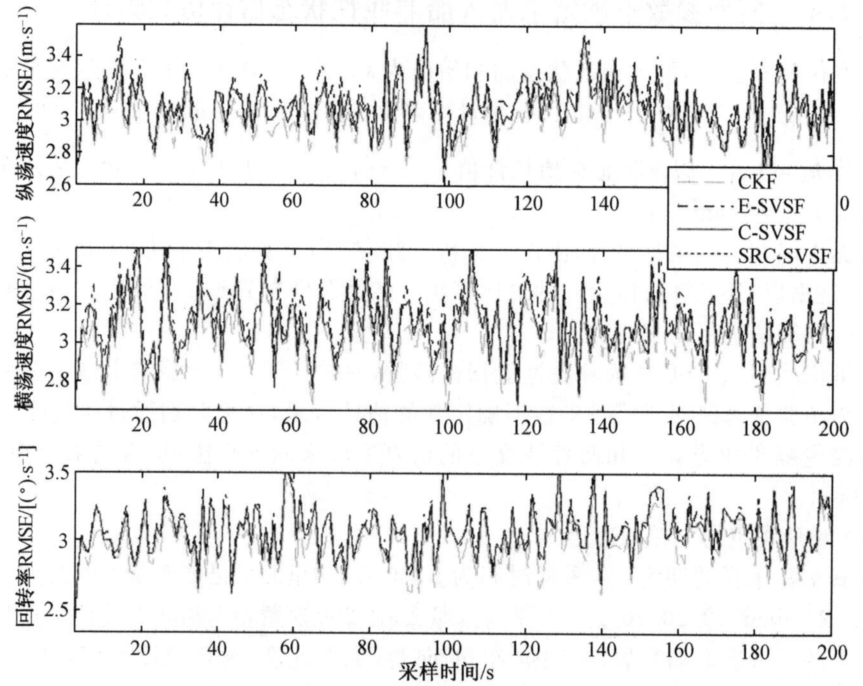

图 4.4　已知噪声下的纵荡速度、横荡速度、回转率的 RMSE

在噪声协方差已知时，CKF 算法是最优状态估计算法，故 CKF 算法具有最小 RMSE。由于状态和协方差预测引入了 Jacobi 矩阵，因此 E-SVSF 算法误差最大。同时容积规则的引入使 C-SVSF 算法精度高于 E-SVSF 算法。而 SRC-SVSF 算法由于在估计过程中使用协方差的平方根因子进行迭代，因此与 C-SVSF 算法具有相同的估计精度。

表 4.1 所示为已知噪声下不同算法的平均 RMSE。可知 C-SVSF 算法及其平方根形式 SRC-SVSF 算法具有相同估计误差，且都高于 E-SVSF 算法，说明了改进算法的有效性。

表 4.1　已知噪声下不同算法的平均 RMSE

参数	CKF	E-SVSF	C-SVSF	SRC-SVSF
x_N/m	3.60	4.16	3.72	3.72
y_E/m	3.61	4.16	3.73	3.73
ψ/(°)	3.41	3.67	3.52	3.52
u_N/(m · s^{-1})	3.04	3.15	3.12	3.12
v_E/(m · s^{-1})	3.05	3.15	3.12	3.12
r/[(°) · s^{-1}]	3.01	3.11	3.09	3.09

(2) 测量噪声协方差未知。

假设测量噪声协方差的精确值未知，即令 $\boldsymbol{R}=\mathrm{diag}[500\ \ 500\ \ 1\,000\ \ 1\,000\ \ 1\,000\ \ 1\,000]$。那么 200 次蒙特卡洛仿真实验后，无人船状态 RMSE 分别如图 4.5 和图 4.6 所示。

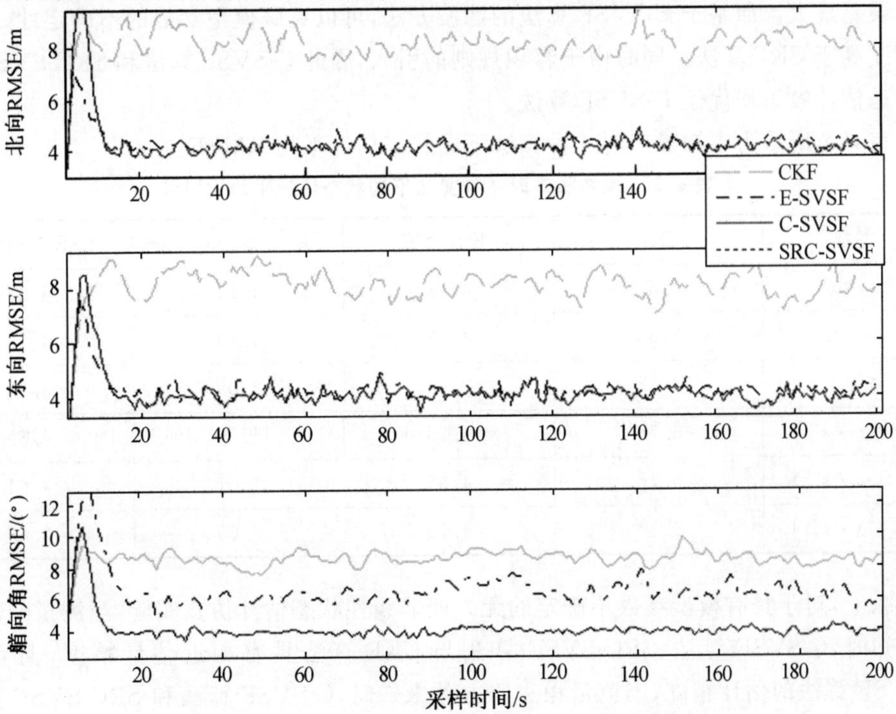

图 4.5　未知噪声下的北向位置、东向位置、艏向角的RMSE

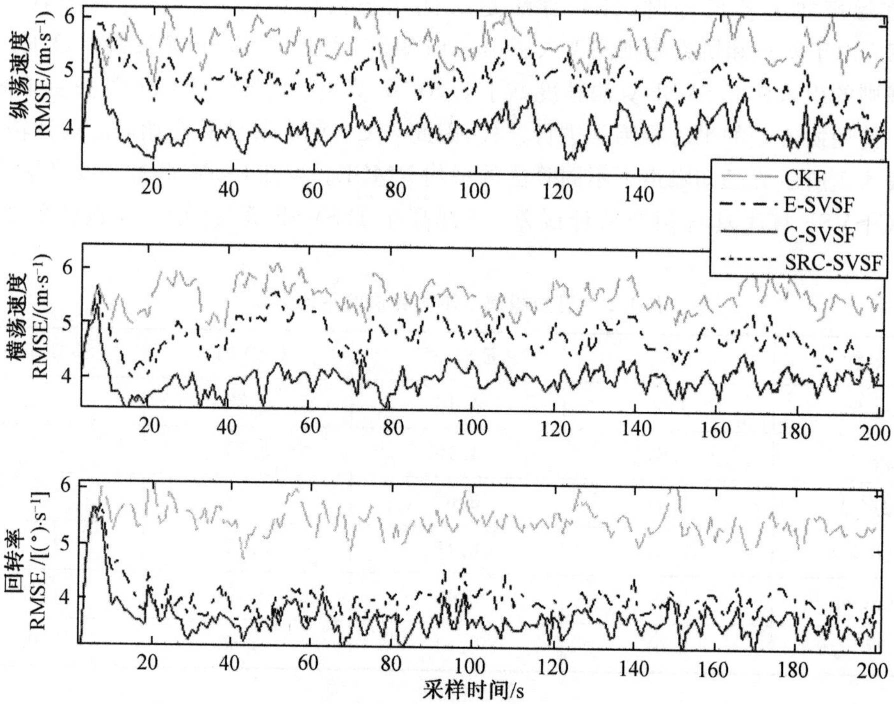

图 4.6　未知噪声下的纵荡速度、横荡速度、回转率的 RMSE

由于在无法获得精确的测量噪声协方差时，CKF 算法将失去最优性，因此 CKF 算法估计误差最大。而基于 E-SVSF 算法的滤波方法，可以克服模型参数的不确定性，因此估计精度高于 CKF 算法。同时由于容积规则的引入，因此 C-SVSF 算法和 SRC-SVSF 算法的状态估计效果均优于 E-SVSF 算法。

表 4.2 所示为未知噪声时 4 种算法下的状态估计平均 RMSE。

表 4.2　未知噪声时 4 种算法下的状态估计平均 RMSE

参数	CKF	E-SVSF	C-SVSF	SRC-SVSF
x_N/m	6.67	4.22	4.12	4.12
y_E/m	6.66	4.22	4.12	4.12
ψ/(°)	8.32	7.04	3.89	3.89
u_N/(m · s^{-1})	5.78	4.95	4.59	4.59
v_E/(m · s^{-1})	5.78	4.95	4.61	4.61
r/[(°) · s^{-1}]	5.39	4.12	3.65	3.65

综上，对于具有模型参数不确定的无人船非线性状态估计仿真实验，当测量噪声协方差已知时，C-SVSF 算法、SRC-SVSF 算法与 CKF 算法具有相近估计精度，且都高于 E-SVSF 算法的估计精度；当测量噪声协方差未知时，C-SVSF 算法和 SRC-SVSF 算法具有相似估计精度，且高于 E-SVSF 算法，同时由于 E-SVSF 算法对噪声干扰的鲁棒性，因此

精度均高于 CKF 算法。进一步说明本书 C-SVSF 算法和 SRC-SVSF 算法的有效性以及存在噪声干扰时算法的鲁棒性。

4.3　加性测量噪声统计特性未知下无人船非线性状态估计方法

4.3.1　问题描述

由于复杂测量环境的影响,因此传感器测量噪声统计特性是未知的,本节主要对测量噪声协方差未知的无人船非线性状态估计问题展开研究。

对于测量噪声协方差未知的系统,首先研究了具有噪声估计器的变分贝叶斯自适应 Kalman 滤波(VB-AKF)算法,该算法可自适应处理测量噪声协方差未知系统的状态估计问题。而对于无人船非线性状态估计,同时具有测量噪声统计特性未知以及时变测量噪声的干扰,因此本节又进一步研究了基于变分学习的贝叶斯变结构滤波(VB-VSF)的非线性状态估计方法。下面首先考虑一类线性离散系统模型:

$$\boldsymbol{x}_{k+1}=\boldsymbol{A}\boldsymbol{x}_k+\boldsymbol{B}\boldsymbol{u}_k+\boldsymbol{\omega}_k \tag{4.38}$$

$$\boldsymbol{z}_k=\boldsymbol{H}\boldsymbol{x}_k+\boldsymbol{\upsilon}_k \tag{4.39}$$

其中,下标 k 是采样时间;$\boldsymbol{A}$、$\boldsymbol{B}$ 和 $\boldsymbol{H}$ 是系统矩阵;$\boldsymbol{x}_k$ 是状态变量;$\boldsymbol{z}_k$ 是测量值;$\boldsymbol{u}_k$ 是输入值;$\boldsymbol{\omega}_k$ 和 $\boldsymbol{\upsilon}_k$ 是系统噪声且满足 $\boldsymbol{\omega}_k\sim\mathcal{N}(\boldsymbol{q},\boldsymbol{Q}_k)$,$\boldsymbol{\upsilon}_k\sim\mathcal{N}(\boldsymbol{r},\boldsymbol{R}_k)$,即系统噪声具有以下特性:

$$\begin{cases}E[\boldsymbol{\omega}_k]=\boldsymbol{q}, & E[\boldsymbol{\omega}_k\boldsymbol{\omega}_j^{\mathrm{T}}]=\boldsymbol{Q}_{k,j}\delta_{k-j}\\ E[\boldsymbol{\upsilon}_k]=\boldsymbol{r}, & E[\boldsymbol{\upsilon}_k\boldsymbol{\upsilon}_j^{\mathrm{T}}]=\boldsymbol{R}_{k,j}\delta_{k-j}\end{cases} \tag{4.40}$$

其中,δ_k 是克罗内克 δ 函数。假设已知过程噪声协方差 $\boldsymbol{Q}_k$,而假设测量噪声协方差 $\boldsymbol{R}_k=\mathrm{diag}[\sigma_{k,1}^2\ \cdots\ \sigma_{k,m}^2]$ 是未知的且方差参数是 $\sigma_{k,i}^2,i=1,2,\cdots,m$。

那么对具有测量噪声统计特性未知的线性系统的 VB-AKF 算法如下。

4.3.2　噪声统计特性未知下线性 VB-AKF 算法

假设系统状态值和测量噪声是独立高斯白噪声,即状态变量 $\boldsymbol{x}_k$ 与测量噪声协方差 $\boldsymbol{R}_k$ 的联合分布满足以下方程:

$$p(\boldsymbol{x}_k,\boldsymbol{R}_k\mid\boldsymbol{x}_{k-1},\boldsymbol{R}_{k-1})=p(\boldsymbol{x}_k\mid\boldsymbol{x}_{k-1})p(\boldsymbol{R}_k\mid\boldsymbol{R}_{k-1}) \tag{4.41}$$

那么通过计算联合分布 $p(\boldsymbol{x}_k,\boldsymbol{R}_k\mid\boldsymbol{z}_{1:k})$ 的后验分布,就可以分别得到系统的状态和噪声协方差。该后验分布的计算过程包括预测和更新两部分。

(1) 预测。

$$p(\boldsymbol{x}_k,\boldsymbol{R}_k\mid\boldsymbol{z}_{1:k-1})=\int p(\boldsymbol{x}_k\mid\boldsymbol{x}_{k-1})p(\boldsymbol{R}_k\mid\boldsymbol{R}_{k-1})p(\boldsymbol{x}_{k-1},\boldsymbol{R}_{k-1}\mid\boldsymbol{z}_{1:k-1})\mathrm{d}\boldsymbol{x}_{k-1}\mathrm{d}\boldsymbol{R}_{k-1} \tag{4.42}$$

(2) 更新。

$$p(\boldsymbol{x}_k,\boldsymbol{R}_k\mid\boldsymbol{z}_{1:k})\propto p(\boldsymbol{z}_k\mid\boldsymbol{x}_k,\boldsymbol{R}_k)p(\boldsymbol{x}_k,\boldsymbol{R}_k\mid\boldsymbol{z}_{1:k-1}) \tag{4.43}$$

其中,$\boldsymbol{z}_{1:k}$ 表示从时刻 1 到时刻 k 的测量值。

由以上公式可知后验分布 $P(\boldsymbol{x}_k,\boldsymbol{R}_k \mid z_{1:k})$ 的解析解很难直接通过求解得到。变分贝叶斯的思想就是通过简单的分布来代替不可计算的复杂的分布，从而得到复杂分布的后验分布特征。

这里，首先假定联合后验分布 $P(\boldsymbol{x}_k,\boldsymbol{R}_k \mid z_{1:k})$ 是由一个高斯分布和一个逆 Γ 分布的乘积组成，即

$$p(\boldsymbol{x}_k,\boldsymbol{R}_k \mid \boldsymbol{z}_{1:k})=N(\boldsymbol{x}_k \mid \hat{\boldsymbol{x}}_{k|k},\boldsymbol{P}_{k|k})\prod_{i=1}^{m}\mathrm{Inv\text{-}Gamma}(\sigma_{k,i}^2 \mid \alpha_{k,i},\beta_{k,i}) \tag{4.44}$$

然后可以得到标准变分近似分布形式：

$$p(\boldsymbol{x}_k,\boldsymbol{R}_k \mid z_{1:k})\approx Q_x(\boldsymbol{x}_k)Q_R(\boldsymbol{R}_k) \tag{4.45}$$

进而通过使近似分布和实际分布之间的 KL 散度最小，那么就可以得到对应的近似分布的模型参数。

$$\min:\mathrm{KL}[Q_x(\boldsymbol{x}_k)Q_R(\boldsymbol{R}_k) \,||\, p(\boldsymbol{x}_k,\boldsymbol{R}_k \mid z_{1:k})]=\int Q_x(\boldsymbol{x}_k)Q_R(\boldsymbol{R}_k)\log\left(\frac{Q_x(\boldsymbol{x}_k)Q_R(\boldsymbol{R}_k)}{P(\boldsymbol{x}_k,\boldsymbol{R}_k \mid z_{1:k})}\right)\mathrm{d}\boldsymbol{x}_k\mathrm{d}\boldsymbol{R}_k \tag{4.46}$$

结合高斯分布和逆 Γ 分布的特点，通过对以上最小化公式进行进一步化简，即可得到以下耦合方程，化简过程这里不再赘述。则近似后延分布 $Q_x(\boldsymbol{x}_k)Q_R(\boldsymbol{R}_k)$ 的模型参数可以通过求解以下耦合方程组得到。

$$\begin{cases}\hat{\boldsymbol{x}}_{k|k}=\hat{\boldsymbol{x}}_{k|k-1}+\boldsymbol{P}_{k|k-1}\boldsymbol{H}^{\mathrm{T}}(\boldsymbol{H}\boldsymbol{P}_{k|k-1}\boldsymbol{H}^{\mathrm{T}}+\boldsymbol{R}_k)^{-1}(\boldsymbol{z}_k-\boldsymbol{H}\hat{\boldsymbol{x}}_{k|k-1})\\ \boldsymbol{P}_{k|k}=\boldsymbol{P}_{k|k-1}-\boldsymbol{P}_{k|k-1}\boldsymbol{H}^{\mathrm{T}}(\boldsymbol{H}\boldsymbol{P}_{k|k-1}\boldsymbol{H}^{\mathrm{T}}+\boldsymbol{R}_k)^{-1}\boldsymbol{H}\boldsymbol{P}_{k|k-1}\\ \alpha_{k,i}=0.5+\alpha_{k-1,i},\quad i=1,2,\cdots,m\\ \beta_{k,i}=\beta_{k-1,i}+0.5[(\boldsymbol{z}_k-\boldsymbol{H}\hat{\boldsymbol{x}}_{k|k})_i^2+(\boldsymbol{H}\boldsymbol{P}_{k/k}\boldsymbol{H}^{\mathrm{T}})_{ii}],\quad i=1,2,\cdots,m\\ \boldsymbol{R}_k=\mathrm{diag}[\beta_{k,1}/\alpha_{k,1}\quad \beta_{k,2}/\alpha_{k,2}\quad \cdots\quad \beta_{k,m}/\alpha_{k,m}]\end{cases} \tag{4.47}$$

通过求解以上方程组，可得 VB-AKF 算法计算过程如下。

(1) 初始化。

设置初始估计值为 $\hat{\boldsymbol{x}}_{0|0}$、初始估计误差协方差为 $\boldsymbol{P}_{0|0}$、初始参数 α_0 和 β_0 服从逆 Γ 分布。

(2) 预测。

计算状态预测 $\hat{\boldsymbol{x}}_{k|k-1}$ 和状态估计误差协方差预测 $\boldsymbol{P}_{k|k-1}$：

$$\hat{\boldsymbol{x}}_{k|k-1}=\boldsymbol{A}\hat{\boldsymbol{x}}_{k-1|k-1}+\boldsymbol{B}\boldsymbol{u}_k \tag{4.48}$$

$$\boldsymbol{P}_{k|k-1}=\boldsymbol{A}\boldsymbol{P}_{k-1|k-1}\boldsymbol{A}^{\mathrm{T}}+\boldsymbol{Q}_{k-1} \tag{4.49}$$

预测参数表示如下，其中 ρ 表示衰减因子：

$$\alpha_{k,i}^{-}=\rho_i\alpha_{k-1,i},\quad i=1,2,\cdots,m \tag{4.50}$$

$$\beta_{k,i}^{-}=\rho_i\beta_{k-1,i},\quad i=1,2,\cdots,m \tag{4.51}$$

(3) 更新。

通过固定点迭代方法得到状态后验更新，且初始迭代值表示如下：

$$\begin{cases}\hat{\boldsymbol{x}}_{k|k}^{(0)}=\hat{\boldsymbol{x}}_{k|k-1}^{\mathrm{vb}},\boldsymbol{P}_{k|k}^{(0)}=\boldsymbol{P}_{k|k-1}\\ \alpha_{k,i}=0.5+\alpha_{k-1,i}^{-},\quad \beta_{k,i}^{(0)}=\beta_{k-1,i}^{-}\end{cases}\tag{4.52}$$

噪声协方差为

$$\boldsymbol{R}_k^{(p)}=\mathrm{diag}[\beta_{k,1}^{(p)}/\alpha_{k,1}\quad \beta_{k,2}^{(p)}/\alpha_{k,2}\quad\cdots\quad\beta_{k,m}^{(p)}/\alpha_{k,m}]\tag{4.53}$$

Kalman 增益矩阵为

$$\boldsymbol{K}_k^{(p)}=\boldsymbol{P}_{k|k-1}\boldsymbol{H}^{\mathrm{T}}(\boldsymbol{H}\boldsymbol{P}_{k|k-1}\boldsymbol{H}^{\mathrm{T}}+\boldsymbol{R}_k^{(p)})^{-1}\tag{4.54}$$

状态和协方差为

$$\hat{\boldsymbol{x}}_{k|k}^{(p+1)}=\hat{\boldsymbol{x}}_{k|k-1}+\boldsymbol{K}_k^{(p)}(\boldsymbol{z}_k-\boldsymbol{H}\hat{\boldsymbol{x}}_{k|k-1})\tag{4.55}$$

$$\boldsymbol{P}_{k|k}^{(p+1)}=\boldsymbol{P}_{k|k-1}-\boldsymbol{K}_k^{(p)}\boldsymbol{H}\boldsymbol{P}_{k|k-1}\tag{4.56}$$

噪声估计参数计算如下：

$$\beta_{k,i}^{(p+1)}=\beta_{k-1,i}+0.5[(\boldsymbol{z}_k-\boldsymbol{H}\hat{\boldsymbol{x}}_{k|k}^{(p+1)})_i^2+(\boldsymbol{H}\boldsymbol{P}_{k|k}^{(p+1)}\boldsymbol{H}^{\mathrm{T}})_{ii}],\quad i=1,2,\cdots,m\tag{4.57}$$

经过多次更新后，就可以求解出状态和噪声协方差的联合最优匹配。即可以得到合适的测量噪声协方差，进而得到系统的最优状态估计值。

对测量噪声协方差未知的线性系统，VB-AKF 具有较好的估计效果，然而实际中往往还存在系统模型参数的不确定性，而 VB-AKF 算法无法克服模型的不确定性。

4.3.3　噪声统计特性未知下非线性 VB-VSF 算法

模型参数不确定时，变结构滤波算法是一种有效的估计方法，然而当测量噪声协方差未知时，精确的 OSBL 很难直接计算得到，故变结构滤波精度会下降。

本节针对测量模型不确定下且测量噪声统计特性未知的非线性系统，并基于以上变分贝叶斯思想，对测量噪声协方差统计特性未知的系统，提出了变分贝叶斯变结构滤波(VB-VSF) 算法，并通过仿真验证了 VB-VSF 算法的有效性。

对于无人船非线性系统模型式(4.23) 和式(4.24)，为了算法推导方便，首先给出了模型 Jacobi 矩阵 $\boldsymbol{A}_k$ 和 $\boldsymbol{H}_k$ 的计算公式。

$$\boldsymbol{A}_k=\frac{\partial \boldsymbol{f}_k(\boldsymbol{x}_k)}{\partial \boldsymbol{x}_k}\bigg|_{\boldsymbol{x}_k=\hat{\boldsymbol{x}}_{k|k}}\tag{4.58}$$

$$\boldsymbol{H}_k=\frac{\partial \boldsymbol{h}_k(\boldsymbol{x}_k)}{\partial \boldsymbol{x}_k}\bigg|_{\boldsymbol{x}_k=\hat{\boldsymbol{x}}_{k|k-1}}\tag{4.59}$$

VB-VSF 算法具体计算过程如下所示。

(1) 计算预测误差协方差 $\boldsymbol{P}_{k+1|k}$：

$$\boldsymbol{P}_{k+1|k}=\boldsymbol{A}_k\boldsymbol{P}_{k|k}\boldsymbol{A}_k^{\mathrm{T}}+\boldsymbol{Q}_k\tag{4.60}$$

(2) 计算变结构滤波器增益 $\boldsymbol{K}_{k+1}$：

$$\boldsymbol{K}_{k+1}=\boldsymbol{H}_{k+1|k}^{+}\mathrm{diag}[(|\boldsymbol{e}_{z,k+1|k}|+\gamma|\boldsymbol{e}_{z,k|k}|)\otimes\mathrm{sat}(\bar{\boldsymbol{\psi}}_{k+1}^{-1},\boldsymbol{e}_{z,k+1|k})]\mathrm{diag}[\boldsymbol{e}_{z,k+1|k}]^{-1}\tag{4.61}$$

(3) 计算状态更新 $\hat{\boldsymbol{x}}_{k+1|k+1}$ 和状态误差协方差更新 $\boldsymbol{P}_{k+1|k+1}$：

$$\hat{\boldsymbol{x}}_{k+1|k+1}=\hat{\boldsymbol{x}}_{k+1|k}+\boldsymbol{K}_{k+1}\boldsymbol{e}_{z,k+1|k}\tag{4.62}$$

$$\boldsymbol{P}_{k+1|k+1}=(\boldsymbol{I}-\boldsymbol{K}_{k+1}\boldsymbol{H})\boldsymbol{P}_{k+1|k}(\boldsymbol{I}-\boldsymbol{K}_{k+1}\boldsymbol{H})^{\mathrm{T}}+\boldsymbol{K}_{k+1}\boldsymbol{R}_{k+1}\boldsymbol{K}_{k+1}^{\mathrm{T}}\tag{4.63}$$

(4) 计算存在子空间的宽度 $\boldsymbol{d}_k$：

$$\boldsymbol{d}_k = \tilde{\boldsymbol{A}}_k[\tilde{\boldsymbol{H}}_k^+(\boldsymbol{z}_k - \boldsymbol{v}_k)] + \tilde{\boldsymbol{B}}_k\boldsymbol{u}_k + \boldsymbol{\omega}_k \tag{4.64}$$

其中，$\tilde{\boldsymbol{A}}_k$、$\tilde{\boldsymbol{H}}_k$ 和$\tilde{\boldsymbol{B}}_k$ 表示模型偏差。

下标 MAX 表示偏差的保守最大值，则存在子空间的上界可以表示为

$$\hat{\boldsymbol{\beta}} = \sup(\boldsymbol{d}_k) = \tilde{\boldsymbol{A}}_{\mathrm{MAX}}[\tilde{\boldsymbol{H}}_{\mathrm{MAX}}^+(\boldsymbol{z}_{\mathrm{MAX}} - \boldsymbol{v}_{\mathrm{MAX}})] + \tilde{\boldsymbol{B}}_{\mathrm{MAX}}\boldsymbol{u}_{\mathrm{MAX}} + \boldsymbol{\omega}_{\mathrm{MAX}} \tag{4.65}$$

由于平滑边界层是存在子空间的保守上界，因而状态估计过程是次优的。为了获得最优增益，与 Kalman 滤波过程相似，通过后验误差协方差的迹对 OSBL 求偏导数，则可以得到 OSBL，即令

$$\frac{\partial(\mathrm{tr}(\boldsymbol{P}_{k+1|k+1}))}{\partial\boldsymbol{\psi}} = 0 \tag{4.66}$$

那么理论最优边界层为

$$\boldsymbol{\psi}_{k+1} = [\overline{\boldsymbol{E}}_{k+1}^{-1}\boldsymbol{H}_{k+1}\boldsymbol{P}_{k+1|k}\boldsymbol{H}_{k+1}^{\mathrm{T}}\ (\boldsymbol{P}_{k+1|k}^{zz})^{-1}]^{-1} \tag{4.67}$$

其中，

$$\overline{\boldsymbol{E}}_{k+1} = \mathrm{diag}[\,|\boldsymbol{e}_{z,k+1|k}| + \gamma\,|\boldsymbol{e}_{z,k|k}|\,] \tag{4.68}$$

$$\boldsymbol{P}_{k+1|k}^{zz} = \boldsymbol{H}_{k+1}\boldsymbol{P}_{k+1|k}\boldsymbol{H}_{k+1}^{\mathrm{T}} + \boldsymbol{R}_{k+1} \tag{4.69}$$

$\overline{\boldsymbol{E}}_{k+1}$ 表示取矩阵 $\boldsymbol{E}_{k+1}$ 的对角线形式。那么增益式(4.67) 变为 VSF 算法的最优增益。

同时，假设理论 OSBL 的上界表示为 $\boldsymbol{\psi}_{\mathrm{MAX}}$：

$$\boldsymbol{\psi}_{\mathrm{MAX}} = [\overline{\boldsymbol{E}}_{\mathrm{MAX}}^{-1}\boldsymbol{H}_{\mathrm{MAX}}\boldsymbol{P}_{\mathrm{MAX}}\boldsymbol{H}_{\mathrm{MAX}}^{\mathrm{T}}\ (\boldsymbol{P}_{\mathrm{MAX}}^{zz})^{-1}]^{-1} \tag{4.70}$$

其中，

$$\overline{\boldsymbol{E}}_{\mathrm{MAX}} = \mathrm{diag}[\,|\boldsymbol{e}_{z,k+1|k}|_{\mathrm{MAX}} + \gamma\,|\boldsymbol{e}_{z,k|k}|_{\mathrm{MAX}}] \tag{4.71}$$

$$\boldsymbol{P}_{\mathrm{MAX}}^{zz} = \boldsymbol{H}_{\mathrm{MAX}}\boldsymbol{P}_{\mathrm{MAX}}\boldsymbol{H}_{\mathrm{MAX}}^{\mathrm{T}} + \boldsymbol{R}_{\mathrm{MAX}} \tag{4.72}$$

VB-VSF 算法的概念图如图 4.7 所示。粗实线表示系统的状态轨迹；粗虚线表示估计的状态轨迹；细实线表示理想 OSBL；细虚线表示 OSBL 的上界 $\boldsymbol{\psi}_{\mathrm{MAX}}$；点划线是由 VB-VSF 算法计算出的实际 OSBL。

初始测量噪声协方差为$\boldsymbol{R}_0$。如果 $\boldsymbol{\psi}_k > \boldsymbol{\psi}_{\mathrm{MAX}}$，表明噪声协方差是不适宜的，所得到的实际 OSBL 是次优的，因此 VB-VSF 算法状态估计增益也是次优的。此时，采用 VB-AKF 算法增益和协方差更新，并且获得重新调整后的噪声协方差 $\boldsymbol{R}_{\mathrm{vb}}$。然后在新的时刻，使用重新调整过的噪声协方差 $\boldsymbol{R}_{\mathrm{vb}}$ 来匹配不确定模型和噪声干扰。如果 $\boldsymbol{\psi}_{k+1} < \boldsymbol{\psi}_{\mathrm{MAX}}$，表明噪声协方差是合适的，此时采用 VSF 算法增益和更新方法。图 4.8 所示为 VB-VSF 算法的方框图。

初始 OSBL 与初始噪声测量协方差 $\boldsymbol{R}_0$ 有关，可由式(4.67) 计算得到。采用改进的 VB-VSF 算法后，经过几个采样步骤，可以得到系统测量噪声的统计协方差，因而计算得到的 OSBL 可以逼近理想 OSBL。如图 4.7 所示，点划线可以逐渐接近细实线，即可以得到系统状态的最优估计。

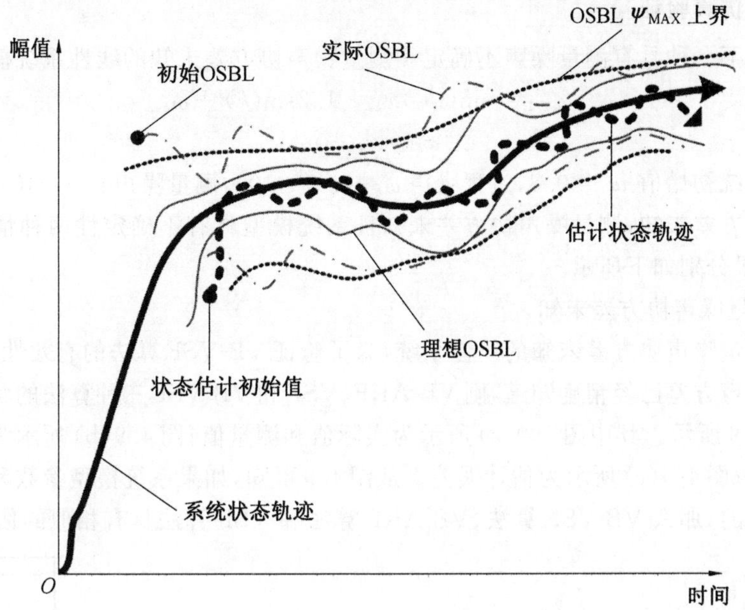

图 4.7　VB-VSF 算法的概念图

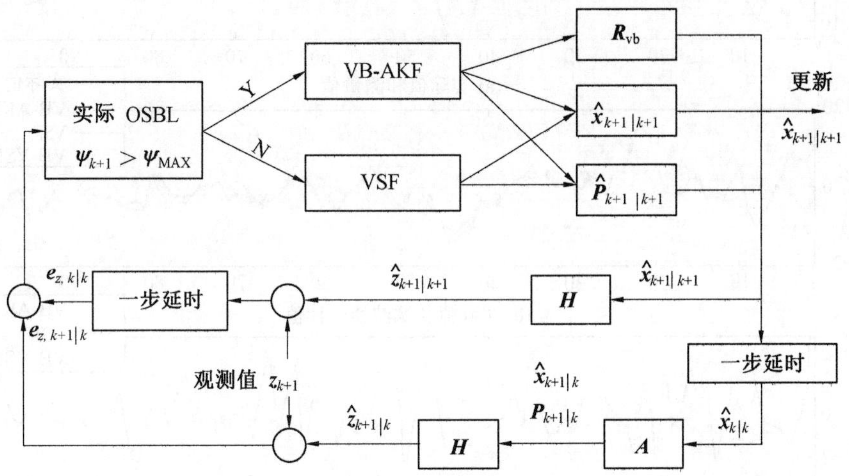

图 4.8　VB-VSF 算法的方框图

4.3.4　加性测量噪声统计特性未知下无人船非线性状态估计仿真验证

本小节首先通过数值仿真，验证了算法对于系统模型不确定和测量噪声协方差未知的线性状态估计系统具有较好的估计效果。然后对测量噪声协方差未知的无人船非线性系统状态估计，通过仿真验证了当测量噪声协方差未知时，无人船的状态估计效果，仿真结果分别如下所示。

1. 数值仿真验证

考虑如下一种具有测量噪声不确定和测量噪声协方差未知的线性系统模型：

$$x_{k+1} = \sin(w_0)x_k + 1.2\sin(k) + \omega_k \tag{4.73}$$

$$z_k = x_k + \upsilon_k \tag{4.74}$$

假定系统初始值 $w_0 = 0.8$，过程噪声 $\omega_k \sim \mathcal{N}(0,10)$，测量噪声 $\upsilon_k \sim \mathcal{N}(0,2)$。分别在测量噪声协方差未知，测量噪声协方差未知且系统模型具有不确定性两种情况下验证算法，仿真结果分别如下所示。

(1) 测量噪声协方差未知。

对于测量噪声协方差未知的线性系统，为了验证 VB-VSF 算法的有效性，假定系统模型参数和噪声方差已经精确知道，则 VB-AKF、VSF 和 VB-VSF 三种算法的状态估计仿真结果如图 4.9 所示。其中图 4.9(a) 所示为实际值和测量值；图 4.9(b) 所示为实际值和滤波器估计值；图 4.9(c) 所示为估计误差。从图 4.9 可知，如果系统模型参数和噪声协方差是精确已知的，那么 VB-VSF 算法、VB-AKF 算法和 VSF 算法具有相似的估计精度。

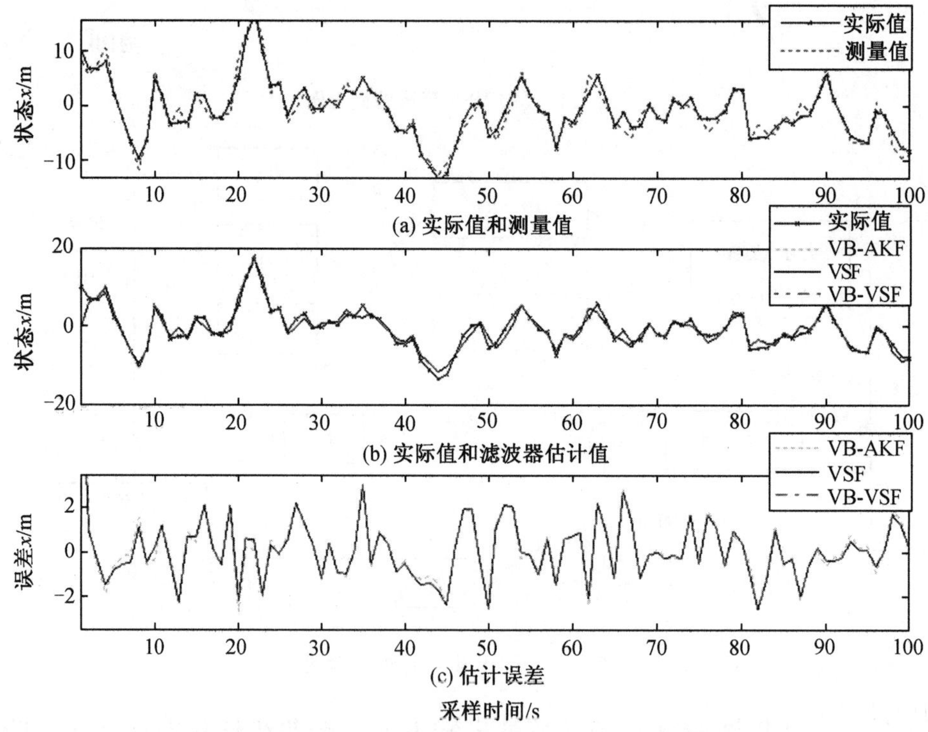

图 4.9 精确的系统模型和噪声协方差下的状态估计仿真结果

假设已知精确的系统模型参数，但未知测量噪声协方差。在这种情况下，初始测量噪声协方差为 $R_0 = 600$，则状态估计仿真结果如图 4.10 所示。其中，图 4.10(a) 所示为实际值和测量值；图 4.10(b) 所示为实际值和滤波器估计值；图 4.10(c) 所示为估计误差。从图 4.10(b) 和图 4.10(c) 可知，VB-VSF 算法与 VB-AKF 算法具有相似的状态估计精度。并且二者的估计误差都要小于 VSF 算法的估计误差。因此可以得出结论，VB-VSF 算法可以充分利用 VB-AKF 算法的噪声估计特性，且对未知测量噪声协方差下的状态估计是有效的。

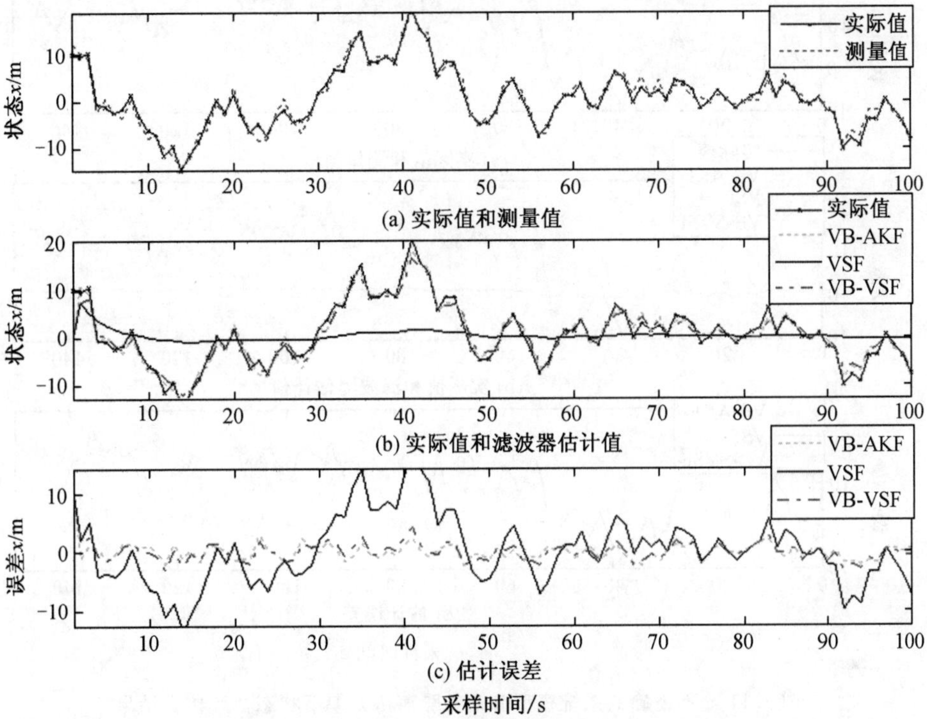

图 4.10　精确的系统模型和未知噪声协方差下状态估计仿真结果

(2) 测量噪声协方差未知且系统模型具有不确定性。

为了模拟系统模型的不确定性，在 $k=50$ 时刻，设置模型参数为 $w_0=0.7$，同时，输入函数改变为 $u_k=\sin(k)+5$。在状态估计算法中，假设系统模型参数为 $w_0=0.8$，噪声协方差 $R_0=600$，那么对于噪声协方差未知和模型参数不精确的系统的状态估计仿真结果如图 4.11 所示。

图 4.11(a) 所示为实际值和测量值；图 4.11(b) 所示为实际值和滤波器估计值；图 4.11(c) 所 示为估计误差。由图 4.11(a) 可知，在 $k=50$ 时刻，实际状态曲线有了非常明显的变化。从图 4.11(b) 可知，在 $k=50$ 时刻之前，算法估计效果与图 4.11(b) 相同；在 $k=50$ 时刻之后，由于系统模型发生了改变，此时估计误差如图 4.11(c) 所示。表明 VSF 算法具有最大的估计误差；VB-AKF 算法在经过一段时间后变得发散；而 VB-VSF 算法具有最小的状态估计误差。

仿真结果表明，对于线性不精确模型和未知测量噪声协方差系统，VB-VSF 算法既具有 VB-AKF 算法的噪声估计特性，同时具有 VSF 算法的鲁棒性，具有较好的估计效果。与传统的 VSF 算法相比，通过调整测量噪声的协方差矩阵，VB-VSF 算法的 OSBL 可以接近理论 OSBL，然后可以得到理论上的最优状态估计。仿真结果证明了 VB-VSF 算法很好地结合了 VB-AKF 算法和 VSF 算法的优势，并具有一定的鲁棒性。

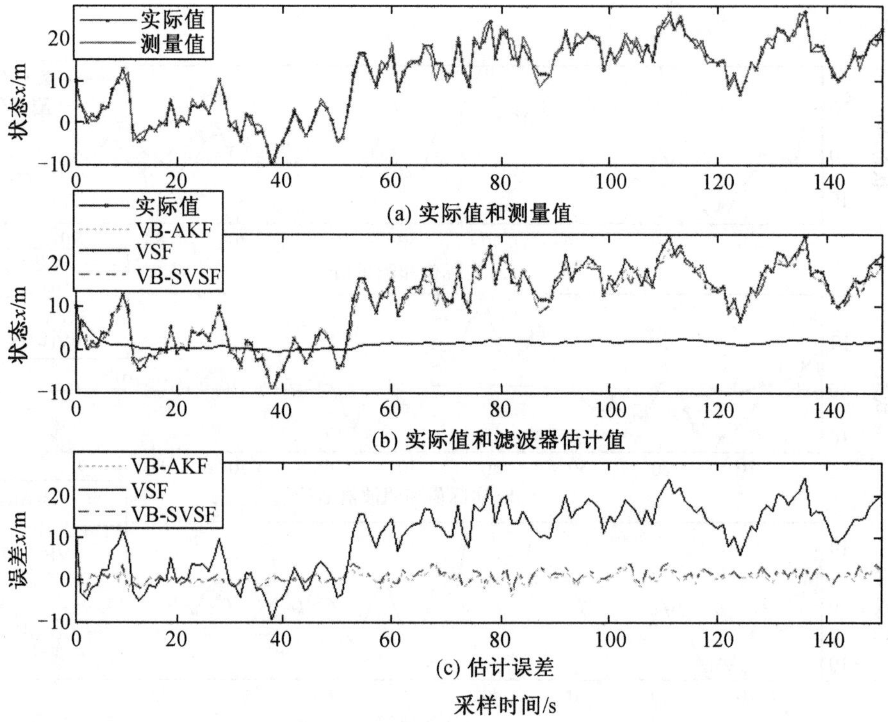

图 4.11　不精确的系统模型和未知噪声协方差下状态估计仿真结果

2. 加性测量噪声统计特性未知下船舶状态估计仿真验证

在本部分考虑无人船非线性模型式(2.24)和式(2.27)，假设噪声均值 $\boldsymbol{q}=\boldsymbol{r}=0$，协方差 $\boldsymbol{Q}=\mathrm{diag}[10\ 10\ 10\ 10\ 10\ 10]$，$\boldsymbol{R}=\mathrm{diag}[r_1\ \ r_2\ \ r_3\ \ r_4\ \ r_5\ \ r_6]$，采样周期为 $\Delta t=1$ s，初始误差 $\boldsymbol{e}_{z,0|0}=\mathrm{diag}[5\ 10\ 5\ 0.5\ 0.8\ 0.05]$，初始值 $\boldsymbol{x}_0=[10\ \mathrm{m}\ \ 20\ \mathrm{m}\ \ 10(°)\cdot\mathrm{s}^{-1}\ \ 1\ \mathrm{m}\cdot\mathrm{s}^{-1}\ \ 1.5\ \mathrm{m}\cdot\mathrm{s}^{-1}\ \ 1(°)\cdot\mathrm{s}^{-1}]$，初始协方差 $\boldsymbol{p}_{0|0}=\mathrm{diag}[1\ 1\ 1\ 1.5\ 1.5\ 0.5]$，初始噪声参数 $\alpha_0=\beta_0=1$，方差衰减因子 $\rho=1-\mathrm{e}^{-4}$，记忆因子 $\gamma=0.1$，测量矩阵 $\boldsymbol{H}_k=\mathrm{diag}[1\ 1\ 1\ 1\ 1\ 1]$。

采用 RMSE 作为算法性能评价函数，若已知精确的模型参数，则状态估计的误差主要是由测量噪声协方差未知带来的。为验证算法的有效性，分别给出了 VB-VSF 算法、VSF 算法和 SCKF 算法在未知常测量噪声和未知时变测量噪声下的 RMSE，仿真结果如下。

(1) 未知常测量噪声。

未知常测量噪声下令真实测量噪声协方差 $\boldsymbol{R}_{\mathrm{real}}=\mathrm{diag}[2\ 2\ 2\ 2\ 2\ 2]$。而估计过程协方差 $\boldsymbol{R}_0=\mathrm{diag}[1\,000\ 1\,000\ 100\ 100\ 100\ 100]$，则 3 种算法下各参数的 RMSE 分别如图 4.12 和图 4.13 所示。

从图 4.12 和图 4.13 可知，对于未知测量噪声协方差的无人船系统，基于模型的 SCKF 算法具有最大的估计误差，VSF 算法和 VB-VSF 算法是鲁棒滤波器，因此二者的估计精度高于 SCKF 算法。同时，由于 VSF 算法计算得到的平滑边界层是由初始设置的测量噪声协方差计算得到的，因此 VSF 算法的 RMSE 要高于 VB-VSF 算法的 RMSE，即

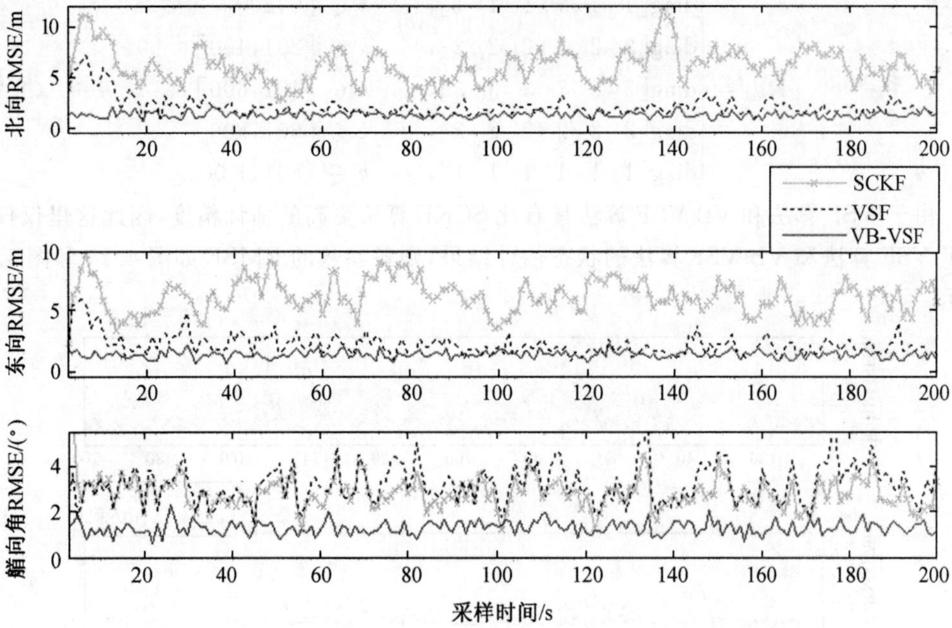

图 4.12　未知常测量噪声下的北向位置、东向位置、艏向角的 RMSE

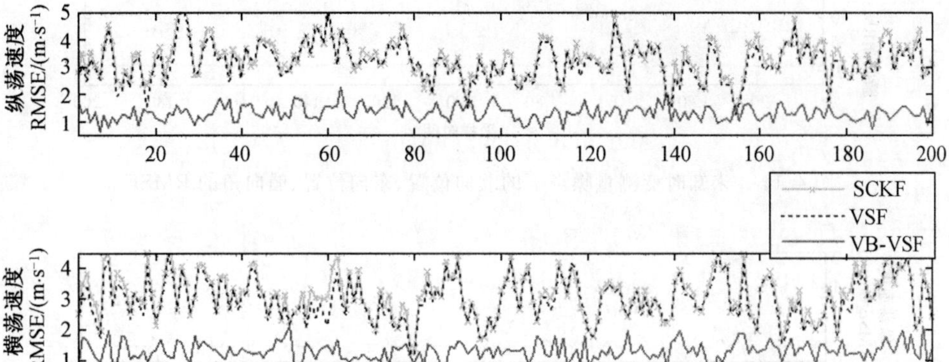

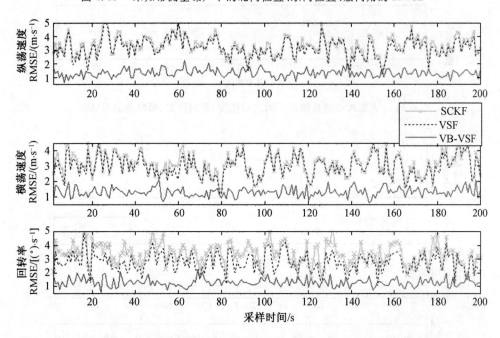

图 4.13　未知常测量噪声下的纵荡速度、横荡速度、回转率的 RMSE

VB-VSF 算法具有最高的估计精度。

(2) 未知时变测量噪声。

为了进一步验证 VB-VSF 算法的效果，这里假设噪声是时变测量噪声。测量噪声的真实协方差变化如下：

$$
\boldsymbol{R}_{\text{real}}=\begin{cases}\text{diag}[1\ \ 1\ \ 1\ \ 1\ \ 1\ \ 1], & k\in[0,200]\\ \text{diag}[2\ \ 2\ \ 2\ \ 2\ \ 2\ \ 2], & k\in[201,400]\\ \text{diag}[3\ \ 3\ \ 3\ \ 3\ \ 3\ \ 3], & k\in[401,600]\\ \text{diag}[2\ \ 2\ \ 2\ \ 2\ \ 2\ \ 2], & k\in[601,800]\\ \text{diag}[1\ \ 1\ \ 1\ \ 1\ \ 1\ \ 1], & k\in[801,1\,000]\end{cases} \tag{4.75}
$$

由于 VSF 算法和 VB-VSF 算法具有比 SCKF 算法更高的估计精度，因此这里仅仅给出了 VSF 算法和 VB-VSF 算法的状态估计结果，则各参数的 RMSE 如图 4.14 和图 4.15 所示。

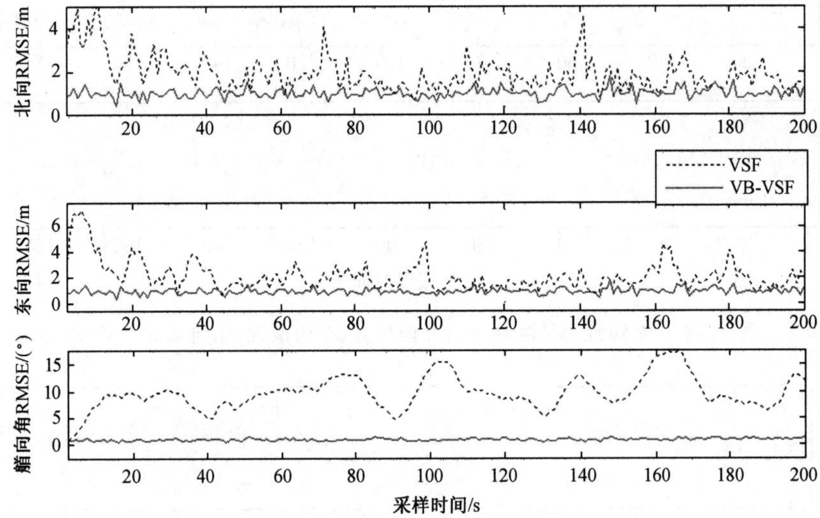

图 4.14　未知时变测量噪声下的北向位置、东向位置、艏向角的 RMSE

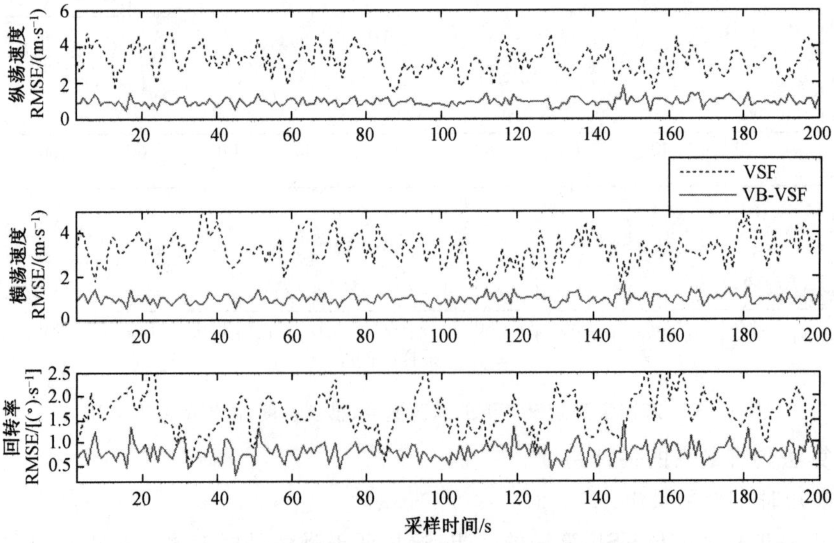

图 4.15　未知时变测量噪声下的纵荡速度、横荡速度、回转率的 RMSE

从以上仿真结果可知,相较于 VSF 算法,VB-VSF 算法具有较小的 RMSE,即估计效果最好,进一步验证了算法的有效性。

4.4　测量值随机丢失及有色噪声下无人船非线性状态估计方法

本节对具有测量值随机丢失和相关有色噪声的无人船非线性系统状态估计问题展开研究。其中测量值随机丢失及有色噪声主要表现为:① 状态噪声和测量噪声为有色噪声,相邻采样时刻存在自相关;② 在同一采样点和相邻采样时刻,测量噪声和状态噪声是互相关的;③ 在传感器单元和估计器单元随机发生丢包现象。

针对以上问题,首先提出了一种基于贝叶斯估计的递推 GF 框架,然后基于球面径向容积方法,得到有色噪声和测量值随机丢失的无人船非线性递推滤波算法。最后由仿真实验验证了算法。

4.4.1　问题描述

本章节主要目的是为具有一步互相关有色噪声和测量值随机丢失的非线性系统设计相应的递推非线性滤波器。

考虑无人船三自由度非线性运动学模型式(2.24)和测量模型式(2.27)。为了方便算法推导,式(2.24)可以写为下面的一般化形式:

$$\boldsymbol{x}_k = \boldsymbol{f}_{k-1}(\boldsymbol{x}_{k-1}) + \boldsymbol{\omega}_{k-1} \tag{4.76}$$

其中,$\boldsymbol{x}_k$ 表示无人船北向、东向、艏向位置和速度信息;$\boldsymbol{\omega}_{k-1}$ 表示具有互相关性的有色噪声,可以用以下噪声模型表示:

$$\boldsymbol{\omega}_k = \boldsymbol{\Gamma}_{k-1}\boldsymbol{\omega}_{k-1} + \zeta_{k-1} \tag{4.77}$$

其中,$\boldsymbol{\Gamma}_{k-1}$ 表示噪声状态转移矩阵;ζ_{k-1} 表示零均值高斯白噪声。

同样,噪声测量值随机丢失仍采用 2.3.5 节的伯努利分布来描述。即参数 $\bar{\boldsymbol{\gamma}}_k$ 表示参数 $\boldsymbol{\gamma}_k=1$ 的概率。$1-\bar{\boldsymbol{\gamma}}_k$ 表示参数 $\boldsymbol{\gamma}_k=0$ 的概率。当 $\boldsymbol{\gamma}_k=1$ 时,表示测量值能及时到达估计器;当 $\boldsymbol{\gamma}_k=0$ 时,表示测量值没有到达估计器。因此,具有测量值随机丢失的测量模型式(2.27)可以用式(2.65)的形式来描述,即

$$\boldsymbol{z}_k = \boldsymbol{\gamma}_k\boldsymbol{h}_k(\boldsymbol{x}_k) + \boldsymbol{e}_k \tag{4.78}$$

这里考虑式(2.65)和式(4.76)所描述的具有相关有色噪声和测量值随机丢失的非线性系统模型。由于测量值丢失参数 $\boldsymbol{\gamma}_k$ 与其他信号无关,因此满足以下统计特征:

$$\begin{cases} E[\boldsymbol{\gamma}_k\boldsymbol{x}_m^{\mathrm{T}}]=0, \quad E[\boldsymbol{\gamma}_k\boldsymbol{\omega}_m^{\mathrm{T}}]=0; \\ E[\boldsymbol{\gamma}_k\boldsymbol{e}_m^{\mathrm{T}}]=0, \quad E[\boldsymbol{\gamma}_k]=\bar{\boldsymbol{\gamma}}_k; \\ E[\boldsymbol{\gamma}_k\boldsymbol{\gamma}_k^{\mathrm{T}}]=\bar{\boldsymbol{\gamma}}_k(1-\bar{\boldsymbol{\gamma}}_k); \end{cases} \tag{4.79}$$

则测量值的期望可以表示为

$$E[\boldsymbol{z}_k]=\bar{\boldsymbol{\gamma}}_k\boldsymbol{z}_{k,(\gamma_k=1)}+(1-\bar{\boldsymbol{\gamma}}_k)\boldsymbol{z}_{k,(\gamma_k=0)}$$

$$=\bar{\gamma}_k(h_k(x_k)+e_k)+(1-\bar{\gamma}_k)e_k$$
$$=\bar{\gamma}_k h_k(x_k)+e_k \tag{4.80}$$

初始状态 x_0 满足 $E[x_0]=\bar{x}_{0|0}$，初始协方差为 $P_{0|0}=E[(x_0-\bar{x}_{0|0})(x_0-\bar{x}_{0|0})^{\mathrm{T}}]$。假设系统状态噪声 ω_k、测量噪声 e_k 和测量值 z_k 的联合分布 $p(\omega_k,z_k)$ 和 $p(e_k,z_k)$ 服从高斯分布，同时，条件概率密度 $P(\omega_k\mid z_k)$ 和 $P(e_k\mid z_k)$ 也服从高斯分布。

由噪声引起的相关项是 $E[h_{k-1}(x_{k-1})e_{k-1}^{\mathrm{T}}\mid Z_{1:k-1}]$ 和 $E[f_{k-1}(x_{k-1})\omega_{k-1}^{\mathrm{T}}\mid Z_{1:k-1}]$。符号 $Z_{1:k-1}$ 表示测量值 z_1 到 z_{k-1}，即 $Z_{1:k-1}=\{z_1,z_2,\cdots,z_{k-1}\}$，由于噪声干扰一般小于实际状态，因此上述相关噪声项仍然由局部线性化方法来计算：

$$f_{k-1}(x_{k-1})=F_{k-1}x_{k-1} \tag{4.81}$$
$$h_{k-1}(x_{k-1})=H_{k-1}x_{k-1} \tag{4.82}$$

其中，F_{k-1} 和 H_{k-1} 表示非线性系统的 Jacobi 矩阵，可通过下式计算：

$$F_{k-1}=\frac{\partial f_{k-1}(x_{k-1})}{\partial x_{k-1}}\Big|_{x_{k-1}=\hat{x}_{k-1|k-1}} \tag{4.83}$$

$$H_{k-1}=\frac{\partial h_{k-1}(x_{k-1})}{\partial x_{k-1}}\Big|_{x_{k-1}=\hat{x}_{k|k-1}} \tag{4.84}$$

k 时刻的状态预测值 $\hat{x}_{k|k-1}$ 为

$$\hat{x}_{k|k-1}=E[x_k\mid Z_{1:k-1}]=\int_{\mathbf{R}^{n_x}} x_k p(x_k\mid Z_{1:k-1})\mathrm{d}x_k \tag{4.85}$$

定义状态预测误差为 $\tilde{x}_{k|k-1}=x_k-\hat{x}_{k|k-1}$，新息为 $\tilde{z}_{k|k-1}=z_k-\hat{z}_{k|k-1}$，测量残差为 $\tilde{z}_{k-1|k-1}=z_{k-1}-\hat{z}_{k-1|k-1}$，且状态预测误差协方差 $P_{k|k-1}^{xx}$ 为

$$P_{k|k-1}^{xx}=E[\tilde{x}_{k|k-1}\tilde{x}_{k|k-1}^{\mathrm{T}}\mid Z_{1:k-1}] \tag{4.86}$$

测量预测值、预测误差互协方差和测量预测误差互协方差分别计算如下：

$$\hat{z}_{k|k-1}=E[z_k\mid x_k,Z_{1:k-1}] \tag{4.87}$$

$$P_{k|k-1}^{xz}=E[\tilde{x}_{k|k-1}\tilde{z}_{k|k-1}^{\mathrm{T}}\mid Z_{1:k-1}] \tag{4.88}$$

$$P_{k|k-1}^{zz}=E[\tilde{z}_{k|k-1}\tilde{z}_{k|k-1}^{\mathrm{T}}\mid x_k,Z_{1:k-1}] \tag{4.89}$$

定义状态噪声与测量值的互协方差 $P_{k-1|k-1}^{\omega z}$，以及测量估计误差协方差矩阵 $P_{k-1|k-1}^{zz}$ 计算如下：

$$P_{k-1|k-1}^{\omega z}=E[\omega_{k-1}z_{k-1}^{\mathrm{T}}\mid Z_{1:k-1}] \tag{4.90}$$

$$P_{k-1|k-1}^{zz}=E[\tilde{z}_{k-1|k-1}\tilde{z}_{k-1|k-1}^{\mathrm{T}}\mid Z_{1:k-1}] \tag{4.91}$$

在上面描述的基础上，在下一节中分别给出递归 GF 框架推导和基于球面径向容积规则的容积混合 Kalman 滤波(CMKF) 算法。

4.4.2 测量值丢失下高斯滤波算法

对具有相关有色噪声和测量值随机丢失的非线性系统模型式(2.65) 和式(4.76)，设

计的递归高斯滤波框架由状态预测和状态更新构成，具体过程如下。

(1) 状态预测。

$$\hat{\boldsymbol{x}}_{k|k-1}=\int \boldsymbol{f}_{k-1}(\boldsymbol{x}_{k-1})p(\boldsymbol{x}_{k-1}\mid \boldsymbol{Z}_{1:k-1})\mathrm{d}\boldsymbol{x}_{k-1}+ (\boldsymbol{S}_{k-1}+\bar{\boldsymbol{\gamma}}_{k-1}\boldsymbol{Q}_{k-1,k-2}\boldsymbol{H}_{k-1})\boldsymbol{P}_{k-1|k-1}^{zz}{}^{-1}(\boldsymbol{z}_{k-1}-\bar{\boldsymbol{\gamma}}_{k-1}\boldsymbol{h}_{k-1}(\hat{\boldsymbol{x}}_{k-1|k-1})) \tag{4.92}$$

$$\boldsymbol{P}_{k|k-1}^{xx}=\int \boldsymbol{f}_{k-1}(\boldsymbol{x}_{k-1})\boldsymbol{f}_{k-1}^{\mathrm{T}}(\boldsymbol{x}_{k-1})p(\boldsymbol{x}_{k-1}\mid \boldsymbol{Z}_{1:k-1})\mathrm{d}\boldsymbol{x}_{k-1}-\hat{\boldsymbol{x}}_{k|k-1}\hat{\boldsymbol{x}}_{k|k-1}^{\mathrm{T}}+\boldsymbol{Q}_{k-1}+\boldsymbol{F}_{k-1}\boldsymbol{Q}_{k-2,k-1}+ \boldsymbol{Q}_{k-2,k-1}^{\mathrm{T}}\boldsymbol{F}_{k-1}^{\mathrm{T}}-(\boldsymbol{S}_{k-1}+\boldsymbol{Q}_{k-1,k-2}^{\mathrm{T}}\boldsymbol{H}_{k-1}^{\mathrm{T}}\bar{\boldsymbol{\gamma}}_{k-1}^{\mathrm{T}})\boldsymbol{P}_{k-1|k-1}^{zz}{}^{-1}(\boldsymbol{S}_{k-1}+\boldsymbol{Q}_{k-1,k-2}^{\mathrm{T}}+\boldsymbol{H}_{k-1}^{\mathrm{T}}\boldsymbol{\gamma}_{k-1})^{\mathrm{T}} \tag{4.93}$$

其中，

$$\boldsymbol{P}_{k-1|k-1}^{zz}=\int \boldsymbol{\gamma}_{k-1}\boldsymbol{h}_{k-1}(\boldsymbol{x}_{k-1})\boldsymbol{h}_{k-1}^{\mathrm{T}}(\boldsymbol{x}_{k-1})\boldsymbol{\gamma}_{k-1}^{\mathrm{T}}p(\boldsymbol{x}_{k-1}\mid \boldsymbol{Z}_{1:k-1})\mathrm{d}\boldsymbol{x}_{k-1}+\boldsymbol{R}_{k-1}- \bar{\boldsymbol{\gamma}}_{k-1}\boldsymbol{h}_{k-1}(\hat{\boldsymbol{x}}_{k-1|k-1})\boldsymbol{h}_{k-1}^{\mathrm{T}}(\hat{\boldsymbol{x}}_{k-1|k-1})\bar{\boldsymbol{\gamma}}_{k-1}^{\mathrm{T}}+\bar{\boldsymbol{\gamma}}_{k-1}\boldsymbol{H}_{k-1}\boldsymbol{S}_{k-2,k-1}+\boldsymbol{S}_{k-2,k-1}^{\mathrm{T}}\boldsymbol{H}_{k-1}^{\mathrm{T}}\bar{\boldsymbol{\gamma}}_{k-1}^{\mathrm{T}} \tag{4.94}$$

(2) 状态更新。

$$\hat{\boldsymbol{x}}_{k|k}=\hat{\boldsymbol{x}}_{k|k-1}+\boldsymbol{K}_k(\boldsymbol{z}_k-\hat{\boldsymbol{z}}_{k|k-1}) \tag{4.95}$$

$$\boldsymbol{P}_{k|k}^{xx}=\boldsymbol{P}_{k|k-1}^{xx}-\boldsymbol{P}_{k|k-1}^{xz}(\boldsymbol{P}_{k|k-1}^{zz})^{-1}\boldsymbol{P}_{k|k-1}^{xz}{}^{\mathrm{T}} \tag{4.96}$$

$$\boldsymbol{K}_k=\boldsymbol{P}_{k|k-1}^{xz}(\boldsymbol{P}_{k|k-1}^{zz})^{-1} \tag{4.97}$$

其中，

$$\hat{\boldsymbol{z}}_{k|k-1}=\bar{\boldsymbol{\gamma}}_k\int_{\mathbf{R}^{n_x}}\boldsymbol{h}_k(\boldsymbol{x}_k)p(\boldsymbol{x}_k\mid \boldsymbol{Z}_{1:k-1})\mathrm{d}\boldsymbol{x}_k+ \boldsymbol{R}_{k,k-1}\boldsymbol{P}_{k-1|k-1}^{zz}{}^{-1}(\boldsymbol{z}_{k-1}-\bar{\boldsymbol{\gamma}}_{k-1}\boldsymbol{h}_{k-1}(\hat{\boldsymbol{x}}_{k-1|k-1})) \tag{4.98}$$

$$\boldsymbol{P}_{k|k-1}^{xz}=\int \boldsymbol{x}_k\boldsymbol{h}_k^{\mathrm{T}}(\boldsymbol{x}_k)\boldsymbol{\gamma}_k^{\mathrm{T}}p(\boldsymbol{x}_k\mid \boldsymbol{Z}_{1:k-1})\mathrm{d}\boldsymbol{x}_k-\hat{\boldsymbol{x}}_{k|k-1}\hat{\boldsymbol{z}}_{k|k-1}^{\mathrm{T}}+\boldsymbol{S}_{k,k-1} \tag{4.99}$$

$$\boldsymbol{P}_{k|k-1}^{zz}=\int_{\mathbf{R}^{n_x}}\boldsymbol{\gamma}_k\boldsymbol{h}_k(\boldsymbol{x}_k)\boldsymbol{h}_k^{\mathrm{T}}(\boldsymbol{x}_k)\boldsymbol{\gamma}_k^{\mathrm{T}}p(\boldsymbol{x}_k\mid \boldsymbol{Z}_{1:k-1})\mathrm{d}\boldsymbol{x}_k-\hat{\boldsymbol{z}}_{k|k-1}\hat{\boldsymbol{z}}_{k|k-1}^{\mathrm{T}}+ \boldsymbol{R}_k+\bar{\boldsymbol{\gamma}}_k\boldsymbol{H}_k\boldsymbol{S}_{k,k-1}+\boldsymbol{S}_{k,k-1}^{\mathrm{T}}\boldsymbol{H}_k^{\mathrm{T}}\bar{\boldsymbol{\gamma}}_k^{\mathrm{T}}-\boldsymbol{R}_{k,k-1}\boldsymbol{P}_{k-1|k-1}^{zz}{}^{-1}\boldsymbol{R}_{k,k-1}^{\mathrm{T}} \tag{4.100}$$

算法推导的证明过程如下。

证明　由于状态噪声和测量噪声是互相关有色噪声，因此可得以下公式：

$$\begin{cases} E[\boldsymbol{\omega}_{k-2}\boldsymbol{e}_{k-1}^{\mathrm{T}}]=\boldsymbol{S}_{k-2,k-1}, & E[\boldsymbol{\omega}_{k-1}\boldsymbol{e}_{k-1}^{\mathrm{T}}]=\boldsymbol{S}_{k-1} \\ E[\boldsymbol{\omega}_{k-2}\boldsymbol{\omega}_{k-1}^{\mathrm{T}}]=\boldsymbol{Q}_{k-2,k-1}, & E[\boldsymbol{\omega}_{k-1}\boldsymbol{\omega}_{k-1}^{\mathrm{T}}]=\boldsymbol{Q}_{k-1} \\ E[\boldsymbol{e}_{k-2}\boldsymbol{e}_{k-1}^{\mathrm{T}}]=\boldsymbol{R}_{k-2,k-1}, & E[\boldsymbol{e}_{k-1}\boldsymbol{e}_{k-1}^{\mathrm{T}}]=\boldsymbol{R}_{k-1} \end{cases} \tag{4.101}$$

然后由式(4.90)的定义可以得到以下公式：

$$\begin{aligned}\boldsymbol{P}_{k-1|k-1}^{\omega z}&=E[\boldsymbol{\omega}_{k-1}(\boldsymbol{\gamma}_{k-1}\boldsymbol{h}_{k-1}(\boldsymbol{x}_{k-1})+\boldsymbol{e}_{k-1})^{\mathrm{T}}\mid \boldsymbol{Z}_{1:k-1}] \\ &=\boldsymbol{S}_{k-1}+\boldsymbol{Q}_{k-1,k-2}^{\mathrm{T}}\boldsymbol{H}_{k-1}^{\mathrm{T}}\bar{\boldsymbol{\gamma}}_{k-1}^{\mathrm{T}}\end{aligned} \tag{4.102}$$

由式(4.81)～(4.84)和式(4.101)，可得以下公式：

$$E[\boldsymbol{h}_{k-1}(\boldsymbol{x}_{k-1})\boldsymbol{e}_{k-1}^{\mathrm{T}} \mid \boldsymbol{Z}_{1:k-1}] = \boldsymbol{H}_{k-1}\boldsymbol{S}_{k-1,k-2} \tag{4.103}$$

$$E[\boldsymbol{f}_{k-1}(\boldsymbol{x}_{k-1})\boldsymbol{\omega}_{k-1}^{\mathrm{T}} \mid \boldsymbol{Z}_{1:k-1}] = \boldsymbol{F}_{k-1}\boldsymbol{Q}_{k-2,k-1} \tag{4.104}$$

$$E[\boldsymbol{h}_k(\boldsymbol{x}_k)\boldsymbol{\omega}_{k-1}^{\mathrm{T}} \mid \boldsymbol{Z}_{1:k-1}] = \boldsymbol{H}_k\boldsymbol{F}_{k-1}\boldsymbol{Q}_{k-2,k-1} + \boldsymbol{H}_k\boldsymbol{Q}_{k-1} \tag{4.105}$$

由式(2.65)和式(4.91),可得 $k-1$ 时刻的测量互协方差 $\boldsymbol{P}_{k-1|k-1}^{zz}$ 为

$$\begin{aligned}
\boldsymbol{P}_{k-1|k-1}^{zz} &= E[(\boldsymbol{z}_{k-1}-\hat{\boldsymbol{z}}_{k-1|k-1})(\boldsymbol{z}_{k-1}-\hat{\boldsymbol{z}}_{k-1|k-1})^{\mathrm{T}} \mid \boldsymbol{Z}_{1:k-1}] \\
&= E\begin{bmatrix}(\boldsymbol{\gamma}_{k-1}\boldsymbol{h}_{k-1}(\boldsymbol{x}_{k-1})+\boldsymbol{e}_{k-1}-\bar{\boldsymbol{\gamma}}_{k-1}\boldsymbol{h}_{k-1}(\hat{\boldsymbol{x}}_{k-1|k-1}))(\boldsymbol{\gamma}_{k-1}\boldsymbol{h}_{k-1}(\boldsymbol{x}_{k-1})+ \\ \boldsymbol{e}_{k-1}-\bar{\boldsymbol{\gamma}}_{k-1}\boldsymbol{h}_{k-1}(\hat{\boldsymbol{x}}_{k-1|k-1}))^{\mathrm{T}} \mid \boldsymbol{Z}_{1:k-1}\end{bmatrix} \\
&= E\begin{bmatrix}(\boldsymbol{\gamma}_{k-1}\boldsymbol{h}_{k-1}(\boldsymbol{x}_{k-1})\boldsymbol{h}_{k-1}^{\mathrm{T}}(\boldsymbol{x}_{k-1})\boldsymbol{\gamma}_{k-1}^{\mathrm{T}}+\boldsymbol{\gamma}_{k-1}\boldsymbol{h}_{k-1}(\boldsymbol{x}_{k-1})\boldsymbol{e}_{k-1}^{\mathrm{T}})- \\ (\boldsymbol{\gamma}_{k-1}\boldsymbol{h}_{k-1}(\boldsymbol{x}_{k-1})+\boldsymbol{e}_{k-1})\boldsymbol{h}_{k-1}^{\mathrm{T}}(\hat{\boldsymbol{x}}_{k-1|k-1})\bar{\boldsymbol{\gamma}}_{k-1}^{\mathrm{T}}+\boldsymbol{e}_{k-1}\boldsymbol{h}_{k-1}^{\mathrm{T}}(\boldsymbol{x}_{k-1})\boldsymbol{\gamma}_{k-1}^{\mathrm{T}}+ \\ \boldsymbol{e}_{k-1}\boldsymbol{e}_{k-1}^{\mathrm{T}}-\bar{\boldsymbol{\gamma}}_{k-1}\boldsymbol{h}_{k-1}(\hat{\boldsymbol{x}}_{k-1|k-1})(\boldsymbol{\gamma}_{k-1}\boldsymbol{h}_{k-1}(\boldsymbol{x}_{k-1})+\boldsymbol{e}_{k-1})^{\mathrm{T}}+ \\ \bar{\boldsymbol{\gamma}}_{k-1}\boldsymbol{h}_{k-1}(\hat{\boldsymbol{x}}_{k-1|k-1})\boldsymbol{h}_{k-1}^{\mathrm{T}}(\hat{\boldsymbol{x}}_{k-1|k-1})\bar{\boldsymbol{\gamma}}_{k-1}^{\mathrm{T}} \mid \boldsymbol{Z}_{1:k-1}\end{bmatrix}
\end{aligned} \tag{4.106}$$

其中,

$$\begin{aligned}
&E[(\boldsymbol{\gamma}_{k-1}\boldsymbol{h}_{k-1}(\boldsymbol{x}_{k-1})+\boldsymbol{e}_{k-1})\boldsymbol{h}_{k-1}^{\mathrm{T}}(\hat{\boldsymbol{x}}_{k-1|k-1})\bar{\boldsymbol{\gamma}}_{k-1}^{\mathrm{T}} \mid \boldsymbol{Z}_{1:k-1}] \\
&= E[\bar{\boldsymbol{\gamma}}_{k-1}\boldsymbol{h}_{k-1}(\hat{\boldsymbol{x}}_{k-1|k-1})\boldsymbol{h}_{k-1}^{\mathrm{T}}(\hat{\boldsymbol{x}}_{k-1|k-1})\bar{\boldsymbol{\gamma}}_{k-1}^{\mathrm{T}}]
\end{aligned} \tag{4.107}$$

考虑到 $E[\boldsymbol{\gamma}_{k-1}\boldsymbol{h}_{k-1}(\boldsymbol{x}_{k-1})\boldsymbol{e}_{k-1}^{\mathrm{T}} \mid \boldsymbol{Z}_{1:k-1}]=E[\boldsymbol{e}_{k-1}\boldsymbol{h}_{k-1}^{\mathrm{T}}(\boldsymbol{x}_{k-1})\boldsymbol{\gamma}_{k-1}^{\mathrm{T}} \mid \boldsymbol{Z}_{1:k-1}]$,将式(4.103)和式(4.107)代入式(4.106),那么式(4.94)成立。

由于状态噪声和测量值的联合分布满足以下高斯分布,因此

$$p(\boldsymbol{\omega}_{k-1},\boldsymbol{z}_{k-1}) = \mathcal{N}\left[\begin{pmatrix}\boldsymbol{\omega}_{k-1} \\ \boldsymbol{z}_{k-1}\end{pmatrix};\begin{pmatrix}0 \\ \bar{\boldsymbol{\gamma}}_{k-1}\boldsymbol{h}_{k-1}(\hat{\boldsymbol{x}}_{k-1|k-1})\end{pmatrix},\begin{pmatrix}\boldsymbol{Q}_{k-1} & \boldsymbol{P}_{k-1|k-1}^{\omega z} \\ \boldsymbol{P}_{k-1|k-1}^{\omega z}{}^{\mathrm{T}} & \boldsymbol{P}_{k-1|k-1}^{zz}\end{pmatrix}\right] \tag{4.108}$$

由于状态噪声 $\boldsymbol{\omega}_{k-1}$ 与测量值 $\boldsymbol{z}_{k-2}$ 不相关,因此 $p(\boldsymbol{\omega}_{k-1},\boldsymbol{Z}_{1:k-1})=p(\boldsymbol{\omega}_{k-1},\boldsymbol{z}_{k-1})$。考虑到联合分布的性质,则概率密度满足以下高斯分布:

$$\begin{cases}p(\boldsymbol{\omega}_{k-1} \mid \boldsymbol{Z}_{1:k-1}) = \mathcal{N}(\boldsymbol{P}_{k-1|k-1}^{\omega z}\boldsymbol{P}_{k-1|k-1}^{zz}{}^{-1}(\boldsymbol{z}_{k-1}-\bar{\boldsymbol{\gamma}}_{k-1}\boldsymbol{h}_{k-1}(\hat{\boldsymbol{x}}_{k-1|k-1})) \\ \boldsymbol{Q}_{k-1}-\boldsymbol{P}_{k-1|k-1}^{\omega z}\boldsymbol{P}_{k-1|k-1}^{zz}{}^{-1}\boldsymbol{P}_{k-1|k-1}^{\omega z}{}^{\mathrm{T}})\end{cases} \tag{4.109}$$

同样,测量噪声 $\boldsymbol{e}_k$ 和测量值 $\boldsymbol{z}_{k-1}$ 的联合分布也满足高斯分布,即

$$p(\boldsymbol{e}_k,\boldsymbol{z}_{k-1}) = \mathcal{N}\left[\begin{pmatrix}\boldsymbol{e}_k \\ \boldsymbol{z}_{k-1}\end{pmatrix};\begin{pmatrix}0 \\ \bar{\boldsymbol{\gamma}}_{k-1}\boldsymbol{h}_{k-1}(\hat{\boldsymbol{x}}_{k-1|k-1})\end{pmatrix},\begin{pmatrix}\boldsymbol{R}_k & \boldsymbol{R}_{k,k-1} \\ \boldsymbol{R}_{k,k-1}^{\mathrm{T}} & \boldsymbol{P}_{k-1|k-1}^{zz}\end{pmatrix}\right] \tag{4.110}$$

由于测量噪声 $\boldsymbol{e}_k$ 和测量值 $\boldsymbol{z}_{k-2}$ 不相关,则概率密度函数变为 $p(\boldsymbol{e}_k,\boldsymbol{Z}_{1:k-1})=p(\boldsymbol{e}_k,\boldsymbol{z}_{k-1})$。因此,测量噪声的条件概率密度满足以下高斯分布:

$$\begin{aligned}
p(\boldsymbol{e}_k \mid \boldsymbol{Z}_{1:k-1}) = \mathcal{N}(&\boldsymbol{R}_{k,k-1}\boldsymbol{P}_{k-1|k-1}^{zz}{}^{-1}(\boldsymbol{z}_{k-1}-\bar{\boldsymbol{\gamma}}_{k-1}\boldsymbol{h}_{k-1}(\hat{\boldsymbol{x}}_{k-1|k-1})), \\
&\boldsymbol{R}_k-\boldsymbol{R}_{k,k-1}\boldsymbol{P}_{k-1|k-1}^{zz}{}^{-1}\boldsymbol{R}_{k,k-1}^{\mathrm{T}})
\end{aligned} \tag{4.111}$$

由式(4.85)可得

$$\hat{\boldsymbol{x}}_{k|k-1}=E[\boldsymbol{x}_k \mid \boldsymbol{Z}_{1:k-1}]=E[\boldsymbol{f}_{k-1}(\boldsymbol{x}_{k-1}) \mid \boldsymbol{Z}_{1:k-1}]+E[\boldsymbol{\omega}_{k-1} \mid \boldsymbol{Z}_{1:k-1}] \tag{4.112}$$

将式(4.102) 和式(4.109) 代入式(4.112) 中,然后证明式(4.92) 成立。

从式(4.86) 和系统方程式(4.76),可得

$$\begin{aligned}\boldsymbol{P}_{k|k-1}^{xx}&=E[(\boldsymbol{x}_k-\hat{\boldsymbol{x}}_{k|k-1})(\boldsymbol{x}_k-\hat{\boldsymbol{x}}_{k|k-1})^{\mathrm{T}} \mid \boldsymbol{Z}_{1:k-1}]\\&=E[(\boldsymbol{f}_{k-1}(\boldsymbol{x}_{k-1})+\boldsymbol{\omega}_{k-1}-\hat{\boldsymbol{x}}_{k|k-1})(\boldsymbol{f}_{k-1}(\boldsymbol{x}_{k-1})+\boldsymbol{\omega}_{k-1}-\hat{\boldsymbol{x}}_{k|k-1})^{\mathrm{T}} \mid \boldsymbol{Z}_{1:k-1}]\\&=E\begin{bmatrix}\boldsymbol{f}_{k-1}(\boldsymbol{x}_{k-1})\boldsymbol{f}_{k-1}^{\mathrm{T}}(\boldsymbol{x}_{k-1})+\boldsymbol{f}_{k-1}(\boldsymbol{x}_{k-1})\boldsymbol{\omega}_{k-1}^{\mathrm{T}}-(\boldsymbol{f}_{k-1}(\boldsymbol{x}_{k-1})+\boldsymbol{\omega}_{k-1})\hat{\boldsymbol{x}}_{k|k-1}^{\mathrm{T}}+\\\boldsymbol{\omega}_{k-1}\boldsymbol{f}_{k-1}^{\mathrm{T}}(\boldsymbol{x}_{k-1})+\boldsymbol{\omega}_{k-1}\boldsymbol{\omega}_{k-1}^{\mathrm{T}}-\hat{\boldsymbol{x}}_{k|k-1}(\boldsymbol{f}_{k-1}(\boldsymbol{x}_{k-1})+\boldsymbol{\omega}_{k-1})^{\mathrm{T}}+\\\hat{\boldsymbol{x}}_{k|k-1}\hat{\boldsymbol{x}}_{k|k-1}^{\mathrm{T}} \mid \boldsymbol{Z}_{1:k-1}\end{bmatrix}\end{aligned} \tag{4.113}$$

将式(4.102)、式(4.104) 和式(4.109) 代入式(4.113) 中,然后证明预测误差交叉协方差式(4.93) 成立。

当采样 $1\sim k-1$ 时刻的测量已知时,则 k 时刻状态噪声和测量值的联合分布满足以下高斯分布:

$$p(\boldsymbol{x}_k,\boldsymbol{z}_k \mid \boldsymbol{Z}_{1:k-1})=\mathcal{N}\left[\begin{pmatrix}\boldsymbol{x}_k\\\boldsymbol{z}_k\end{pmatrix};\begin{pmatrix}\hat{\boldsymbol{x}}_{k|k-1}\\\hat{\boldsymbol{z}}_{k|k-1}\end{pmatrix},\begin{pmatrix}\boldsymbol{P}_{k|k-1}^{xx} & \boldsymbol{P}_{k|k-1}^{xz}\\\boldsymbol{P}_{k|k-1}^{xz\ \mathrm{T}} & \boldsymbol{P}_{k|k-1}^{zz}\end{pmatrix}\right] \tag{4.114}$$

其中,

$$p(\boldsymbol{z}_k \mid \boldsymbol{Z}_{1:k-1})=p(\boldsymbol{z}_k \mid \boldsymbol{z}_{k-1})=\mathcal{N}(\boldsymbol{z}_k;\hat{\boldsymbol{z}}_{k|k-1},\boldsymbol{P}_{k|k-1}^{zz}) \tag{4.115}$$

由贝叶斯理论可得以下状态的后验概率密度函数:

$$p(\boldsymbol{x}_k \mid \boldsymbol{Z}_{1:k})=\frac{p(\boldsymbol{x}_k,\boldsymbol{z}_k \mid \boldsymbol{Z}_{1:k-1})}{p(\boldsymbol{z}_k \mid \boldsymbol{Z}_{1:k-1})}=\mathcal{N}(\boldsymbol{x}_k;\hat{\boldsymbol{x}}_{k|k},\boldsymbol{P}_{k|k}^{xx}) \tag{4.116}$$

则式(4.95)、式(4.96) 和式(4.97) 得证。

由式(4.87) 的定义,可得测量预测值为

$$\begin{aligned}\hat{\boldsymbol{z}}_{k|k-1}&=E[\boldsymbol{z}_k \mid \boldsymbol{Z}_{1:k-1}]\\&=E[\boldsymbol{\gamma}_k\boldsymbol{h}_k(\boldsymbol{x}_k)+\boldsymbol{e}_k \mid \boldsymbol{Z}_{1:k-1}]\\&=E[\boldsymbol{\gamma}_k\boldsymbol{h}_k(\boldsymbol{x}_k) \mid \boldsymbol{Z}_{1:k-1}]+\mathrm{E}[\boldsymbol{e}_k \mid \boldsymbol{Z}_{1:k-1}]\end{aligned} \tag{4.117}$$

将式(4.101) 和式(4.111) 代入式(4.117) 中,然后得式(4.98) 成立。

通过定义式(4.88),则预测误差互协方差由下式计算:

$$\begin{aligned}\boldsymbol{P}_{k|k-1}^{xz}&=E[(\boldsymbol{x}_k-\hat{\boldsymbol{x}}_{k|k-1})(\boldsymbol{z}_k-\hat{\boldsymbol{z}}_{k|k-1})^{\mathrm{T}} \mid \boldsymbol{Z}_{1:k-1}]\\&=E[(\boldsymbol{x}_k-\hat{\boldsymbol{x}}_{k|k-1})(\boldsymbol{\gamma}_k\boldsymbol{h}_k(\boldsymbol{x}_k)+\boldsymbol{e}_k-\hat{\boldsymbol{z}}_{k|k-1})^{\mathrm{T}} \mid \boldsymbol{Z}_{1:k-1}]\\&=E[\boldsymbol{x}_k\boldsymbol{h}_k^{\mathrm{T}}(\boldsymbol{x}_k)\boldsymbol{\gamma}_k^{\mathrm{T}}+\boldsymbol{x}_k\boldsymbol{e}_k^{\mathrm{T}}-\boldsymbol{x}_k\hat{\boldsymbol{z}}_{k|k-1}^{\mathrm{T}}-\hat{\boldsymbol{x}}_{k|k-1}(\boldsymbol{\gamma}_k\boldsymbol{h}_k(\boldsymbol{x}_k)+\boldsymbol{e}_k)^{\mathrm{T}}+\\&\quad\hat{\boldsymbol{x}}_{k|k-1}\hat{\boldsymbol{z}}_{k|k-1}^{\mathrm{T}} \mid \boldsymbol{Z}_{1:k-1}]\end{aligned} \tag{4.118}$$

结合式(4.101)和式(4.118),证明式(4.99)成立。与状态预测误差协方差 $\boldsymbol{P}_{k|k-1}^{xx}$ 的推导相同,可以证明测量预测误差协方差式(4.100)成立。证毕。

因此,式(4.92)～(4.100)即为具有互相关有色噪声和测量值随机丢失的非线性系统的 GF 算法框架。

4.4.3 测量值丢失下容积混合 Kalman 滤波算法

上述递归 GF 算法的实现转化为非线性积分的实现。常见的有两种方法:一种方法是基于 Jacobi 矩阵对非线性系统进行线性化处理,如 EKF 算法;另一种方法是通过 Sigma 点的方法,如基于 UT 的 UKF 算法和基于球面径向容积法的 CKF 算法。

与 EKF 算法相比,UKF 算法避免了对系统 Jacobi 矩阵的计算过程,因而估计精度高于 EKF 算法。然而,在 UKF 算法实现过程中需要求解 $2n_x+1$ 个联立方程。而 CKF 算法利用了高斯函数的对称性,减少了求解方程的个数。因而 CKF 算法也可以看作是 UKF 算法去除原点处 Sigma 点之后的简化形式。本书采用球面径向容积法实现递归 GF 算法。

系统的条件概率密度函数满足高斯分布,即

$$p(\boldsymbol{x}_k \mid \boldsymbol{Z}_{1:k}) = \mathcal{N}(\boldsymbol{x}_k ; \hat{\boldsymbol{x}}_{k|k}, \boldsymbol{P}_{k|k}^{xx}) \tag{4.119}$$

$$p(\boldsymbol{x}_k \mid \boldsymbol{Z}_{1:k-1}) = \mathcal{N}(\boldsymbol{x}_k ; \hat{\boldsymbol{x}}_{k|k-1}, \boldsymbol{P}_{k|k-1}^{xx}) \tag{4.120}$$

基于高斯加权积分和球面径向容积法可得具有相关有色噪声和测量值丢失的 CMKF 算法,具体步骤如下。

(1) 状态预测。

① 计算状态估计误差协方差 $\boldsymbol{P}_{k-1|k-1}^{xx}$ 的 Cholesky 分解因子 $\boldsymbol{S}_{k-1|k-1}$:

$$\boldsymbol{S}_{k-1|k-1} = \mathrm{chol}(\boldsymbol{P}_{k-1|k-1}^{xx}) \tag{4.121}$$

② 计算初始容积点 $\boldsymbol{\chi}_{i,k-1|k-1}$:

$$\begin{cases} \boldsymbol{\chi}_{i,k-1|k-1} = \boldsymbol{S}_{k-1|k-1}\boldsymbol{\xi}_i + \hat{\boldsymbol{x}}_{k-1|k-1} \\ \boldsymbol{\xi}_i = [1]_i\sqrt{M/2}, \quad i=1,2,\cdots,M; M=2n \end{cases} \tag{4.122}$$

③ 计算传递容积点 $\boldsymbol{\chi}_{i,k|k-1}^{*}$ 和 $\boldsymbol{\chi}_{i,k-1|k-1}^{**}$:

$$\boldsymbol{\chi}_{i,k|k-1}^{*} = \boldsymbol{f}_k(\boldsymbol{\chi}_{i,k-1|k-1}) \tag{4.123}$$

$$\boldsymbol{\chi}_{i,k-1|k-1}^{**} = \bar{\boldsymbol{\gamma}}_{k-1}\boldsymbol{h}_{k-1}(\boldsymbol{\chi}_{i,k-1|k-1}) \tag{4.124}$$

④ 计算测量估计误差协方差 $\boldsymbol{P}_{k-1|k-1}^{zz}$:

$$\begin{aligned} \boldsymbol{P}_{k-1|k-1}^{zz} = {} & \frac{1}{M}\sum_{i=1}^{M} \boldsymbol{\chi}_{i,k-1|k-1}^{**} \boldsymbol{\chi}_{i,k-1|k-1}^{**\mathrm{T}} - \bar{\boldsymbol{\gamma}}_{k-1}\boldsymbol{h}_{k-1}(\hat{\boldsymbol{x}}_{k-1|k-1})\boldsymbol{h}_{k-1}^{\mathrm{T}}(\hat{\boldsymbol{x}}_{k-1|k-1})\bar{\boldsymbol{\gamma}}_{k-1}^{\mathrm{T}} + \\ & \boldsymbol{R}_{k-1} + \bar{\boldsymbol{\gamma}}_{k-1}\boldsymbol{H}_{k-1}\boldsymbol{S}_{k-2,k-1} + \boldsymbol{S}_{k-2,k-1}^{\mathrm{T}}\boldsymbol{H}_{k-1}^{\mathrm{T}}\bar{\boldsymbol{\gamma}}_{k-1}^{\mathrm{T}} \end{aligned} \tag{4.125}$$

⑤ 计算状态预测 $\hat{\boldsymbol{x}}_{k|k-1}$:

$$\hat{\boldsymbol{x}}_{k|k-1} = \frac{1}{M}\sum_{i=1}^{M} \boldsymbol{\chi}_{i,k|k-1}^{*} + (\boldsymbol{S}_{k-1} + \bar{\boldsymbol{\gamma}}_{k-1}\boldsymbol{Q}_{k-1,k-2}\boldsymbol{H}_{k-1})\boldsymbol{P}_{k-1|k-1}^{zz}{}^{-1}(\boldsymbol{z}_{k-1} - \bar{\boldsymbol{\gamma}}_{k-1}\boldsymbol{h}_{k-1}(\hat{\boldsymbol{x}}_{k-1|k-1})) \tag{4.126}$$

⑥ 计算状态预测误差协方差 $P^{xx}_{k|k-1}$：

$$P^{xx}_{k|k-1}=\frac{1}{M}\sum_{i=1}^{M}\chi^{*}_{i,k|k-1}\chi^{*\mathrm{T}}_{i,k|k-1}-\hat{x}_{k|k-1}\hat{x}^{\mathrm{T}}_{k|k-1}+Q_{k-1}+F_{k-1}Q_{k-2,k-1}+Q^{\mathrm{T}}_{k-2,k-1}F^{\mathrm{T}}_{k-1}-(S_{k-1}+Q^{\mathrm{T}}_{k-1,k-2}H^{\mathrm{T}}_{k-1}\bar{\gamma}^{\mathrm{T}}_{k-1})P^{zz}_{k-1|k-1}{}^{-1}(S_{k-1}+Q^{\mathrm{T}}_{k-1,k-2}H^{\mathrm{T}}_{k-1}\bar{\gamma}^{\mathrm{T}}_{k-1})^{\mathrm{T}} \tag{4.127}$$

(2) 状态更新。

① 计算状态预测误差协方差 $P^{xx}_{k|k-1}$ 的 Cholesky 因子 $S_{k|k-1}$：

$$S_{k|k-1}=\mathrm{chol}(P^{xx}_{k|k-1}) \tag{4.128}$$

② 计算预测容积点 $\chi'_{i,k|k-1}$：

$$\chi'_{i,k|k-1}=S_{k|k-1}\xi_i+\hat{x}_{k|k-1} \tag{4.129}$$

③ 计算传递容积点 $Z_{i,k|k-1}$：

$$Z_{i,k|k-1}=\bar{\gamma}_k h_k(\chi'_{i,k|k-1}) \tag{4.130}$$

④ 计算测量预测值 $\hat{z}_{k|k-1}$：

$$\hat{z}_{k|k-1}=\frac{1}{M}\sum_{i=1}^{M}Z_{i,k|k-1}+R_{k,k-1}P^{zz}_{k-1|k-1}{}^{-1}(z_{k-1}-\bar{\gamma}_{k-1}h_{k-1}(\hat{x}_{k-1|k-1})) \tag{4.131}$$

⑤ 计算测量预测误差协方差 $P^{zz}_{k|k-1}$：

$$P^{zz}_{k|k-1}=\frac{1}{M}\sum_{i=1}^{M}Z_{i,k|k-1}Z^{\mathrm{T}}_{i,k|k-1}-\hat{z}_{k|k-1}\hat{z}^{\mathrm{T}}_{k|k-1}+R_k+\bar{\gamma}_k H_k S_{k,k-1}+S^{\mathrm{T}}_{k,k-1}H^{\mathrm{T}}_k\bar{\gamma}^{\mathrm{T}}_k-R_{k,k-1}P^{zz}_{k-1|k-1}{}^{-1}R^{\mathrm{T}}_{k,k-1} \tag{4.132}$$

⑥ 计算预测误差互协方差 $P^{xz}_{k|k-1}$：

$$P^{xz}_{k|k-1}=\frac{1}{M}\sum_{i=1}^{M}\chi'_{i,k|k-1}Z^{\mathrm{T}}_{i,k|k-1}-\hat{x}_{k|k-1}\hat{z}^{\mathrm{T}}_{k|k-1}+S_{k,k-1} \tag{4.133}$$

⑦ 由式(4.95) ～ (4.97) 计算状态和协方差更新。

为了便于说明，所提出的 CMKF 算法的简要流程如下。

首先，由式(4.126)、式(4.127)、式(4.132) 和式(4.133) 分别计算状态预测 $\hat{x}_{k|k-1}$、状态预测误差协方差 $P^{xx}_{k|k-1}$、测量预测误差协方差 $P^{zz}_{k|k-1}$ 和预测误差互协方差 $P^{xz}_{k|k-1}$。然后用式(4.125) 和式(4.95) ～ (4.97) 计算测量误差协方差 $P^{zz}_{k-1|k-1}$、状态更新 $\hat{x}_{k|k}$、估计误差协方差 $P^{xx}_{k|k}$ 和状态增益矩阵 K_k。

注意：① 如果发生测量值丢失，则测量值仅有噪声项。如果所有测量值都可到达估计器，则 CMKF 算法简化为具有相关有色噪声的容积 Kalman 滤波(Cubature Kalman Filter with Correlation Noise，CKF-CN) 算法。

② 如果系统噪声是独立高斯白噪声且测量值能及时到达估计器，即 $S_{k,k-1}=S_{k-1,k-1}=0$，$Q_{k-1,k-2}=R_{k-1,k-2}=0$，参数 $\gamma_k\equiv 1$，那么，将这些值代入(1) 和(2)，CMKF 算法可以简化为标准 CKF 算法。

4.4.4　测量值随机丢失及有色噪声下无人船非线性状态估计仿真验证

对于具有有色噪声和测量值随机丢失的无人船非线性状态估计问题，本书进行了

100 次蒙特卡洛模拟实验，同样采用 RMSE 作为算法的性能指标。进行初始化设置：初始状态为 $\hat{\boldsymbol{x}}_{0|0}=[10\ \ 20\ \ 10\ \ 1\ \ 1.5\ \ 0.1]^{\mathrm{T}}$、协方差为 $\boldsymbol{p}_{0|0}^{xx}=\mathrm{diag}[1\ \ 1\ \ 1\ \ 1.5\ \ 1.5\ \ 0.5]$、测量矩阵为 $\boldsymbol{h}_k(\cdot)=\mathrm{diag}[1\ \ 1\ \ 1\ \ 1\ \ 1\ \ 1]$、状态噪声协方差为 $\boldsymbol{Q}_{k,k}=\mathrm{diag}[20\ \ 20\ \ 20\ \ 20\ \ 20\ \ 20]$、自相关协方差为 $\boldsymbol{Q}_{k,k-1}=\mathrm{diag}[0.3\ \ 0.3\ \ 0.3\ \ 0.3\ \ 0.3\ \ 0.3]$、测量噪声协方差为 $\boldsymbol{R}_{k,k}=\mathrm{diag}[1\ \ 1\ \ 1\ \ 1\ \ 1\ \ 1]$、自相关协方差为 $\boldsymbol{R}_{k,k-1}=0.02\mathrm{diag}[1\ \ 1\ \ 1\ \ 1\ \ 1\ \ 1]$、状态噪声和测量噪声在同一时刻和相邻采样时刻的互协方差分别为 $\boldsymbol{S}_{k,k}=\mathrm{diag}[5\ \ 5\ \ 5\ \ 5\ \ 5\ \ 5]$ 和 $\boldsymbol{S}_{k,k-1}=0.07\mathrm{diag}[1\ \ 1\ \ 1\ \ 1\ \ 1\ \ 1]$。

为了验证所提出的 CMKF 算法的有效性，分别进行以下两组仿真实验。

(1) 在互相关有色噪声下，将 CMKF 算法和标准 CKF 算法进行对比验证。

(2) 在互相关有色噪声和测量值随机丢失下，将所提出的 CMKF 算法与标准 CKF 算法和具有测量值丢失的无迹 Kalman 滤波(UKF with Packet Loss，UKF-PL) 算法进行对比。

仿真结果如下所示。

(1) 互相关有色噪声。

在这种情况下，假设所有度量都达到估计量，即 $\bar{\boldsymbol{\gamma}}_k\equiv 1$。由 CKF 算法和 CMKF 算法得到各参数的 RMSE 如图 4.16 和图 4.17 所示。图 4.16 和图 4.17 分别表示在 100 次蒙特卡洛仿真实验下的北向位置、东向位置、艏向角、纵荡速度、横荡速度和回转率的 RMSE。CKF 算法的 RMSE1 用虚线表示，CMKF 算法的 RMSE2 用实线表示。由图 4.16 和图 4.17 可知，RMSE2 的值小于 RMSE1 的值，即 CMKF 算法可以有效用于互相关有色噪声下船舶状态估计，且估计性能优于 CKF 算法。

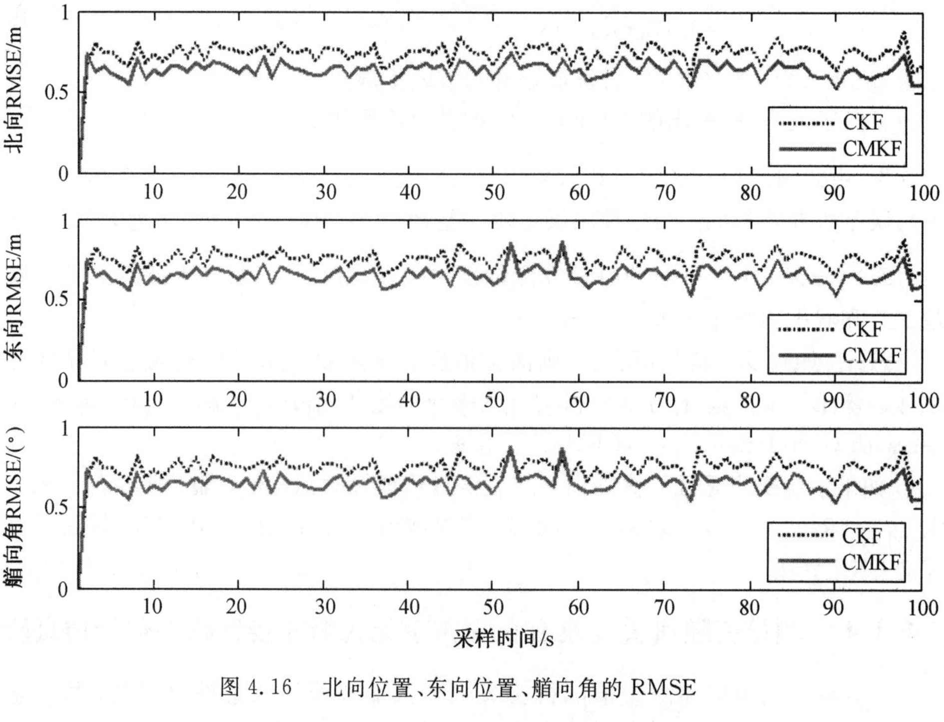

图 4.16 北向位置、东向位置、艏向角的 RMSE

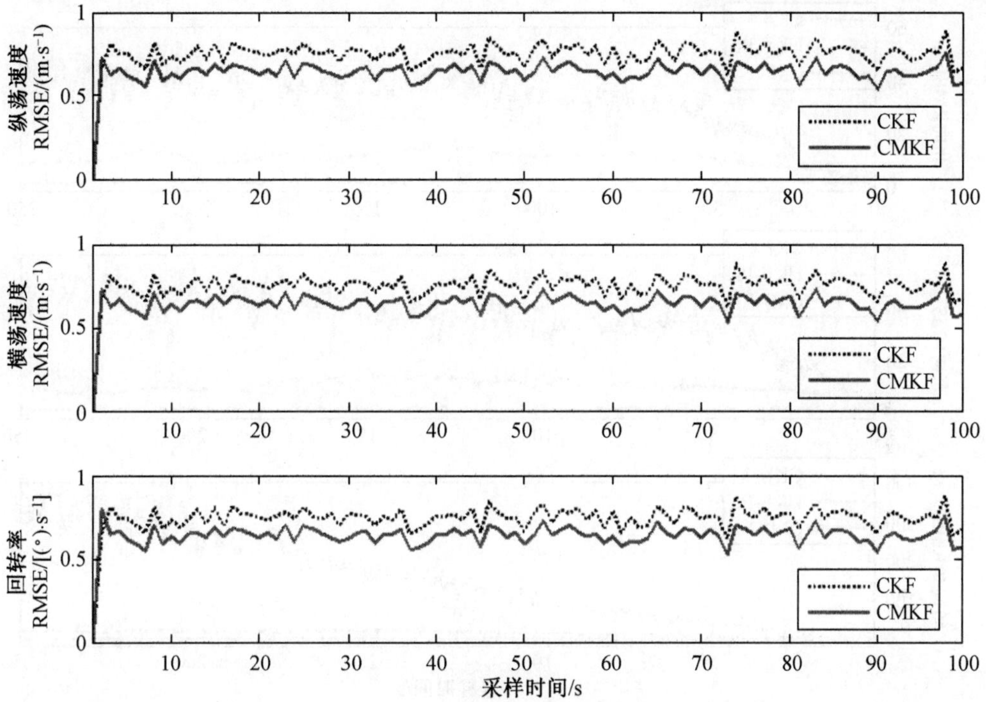

图 4.17　纵荡速度、横荡速度、回转率的 RMSE

另外,表 4.3 所示为已知噪声下 CMKF 算法和 CKF 算法的平均 RMSE,进一步表明,对于无人船舶的六个状态,CMKF 算法的精度高于标准 CKF 算法。

表 4.3　已知噪声下算法的平均 RMSE

算法	x_N/m	y_E/m	ψ/(°)	u_N/(m·s^{-1})	v_E/(m·s^{-1})	r/[(°)·s^{-1}]
CKF	0.748 6	0.748 6	0.749 6	0.748 4	0.748 3	0.749 4
CMKF	0.654 8	0.650 6	0.671 2	0.635 7	0.635 6	0.637 6

(2) 互相关有色噪声和测量值随机丢失。

这里通过 CMKF 算法和 UKF-PL 算法对比实验进一步说明算法的有效性。选择参数$\bar{\gamma}_k=0.8$,剩余参数同方案 1。

在 100 次蒙特卡洛仿真实验下船舶各参数的 RMSE 如图 4.18 和图 4.19 所示。在图中,CKF 算法、UKF-PL 算法和 CMKF 算法的 RMSE 分别用短虚线、点划线和实线表示。结果表明:经过一些采样步后,CKF 算法开始发散,所以传统的 CKF 算法不再适用于这种情况。同时,由于 CMKF 算法考虑了互相关有色噪声和测量值丢失的影响,因此 CMKF 算法的估计精度又高于 UKF-PL 算法。

为了进一步验证算法,表 4.4 给出了不同测量值丢失下 UKF-PL 算法的平均 RMSE。

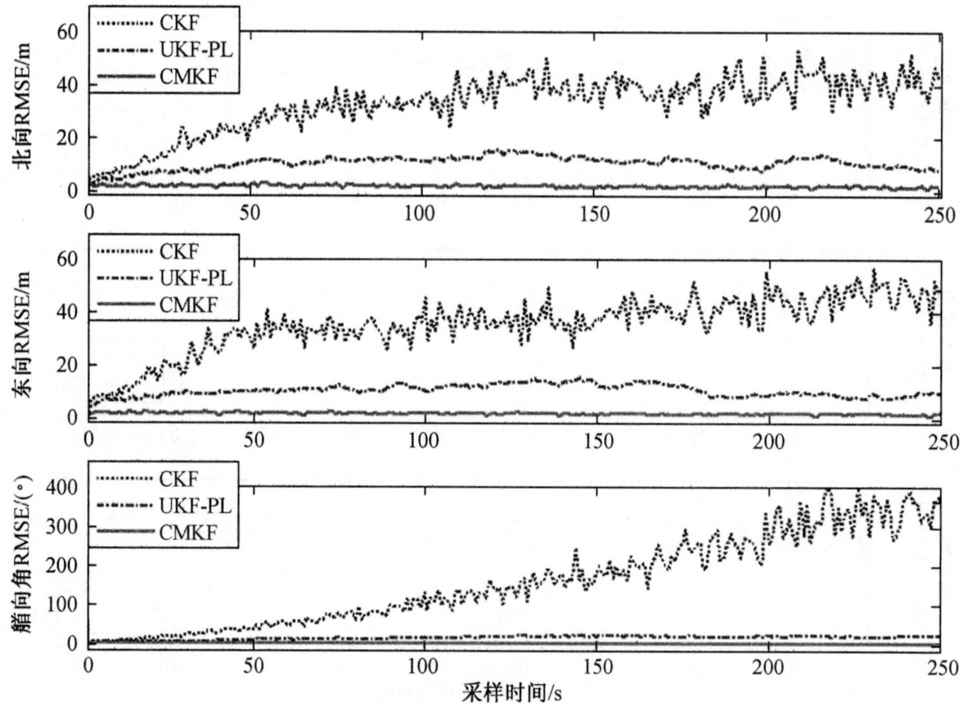

图 4.18　北向位置、东向位置、艏向角的 RMSE

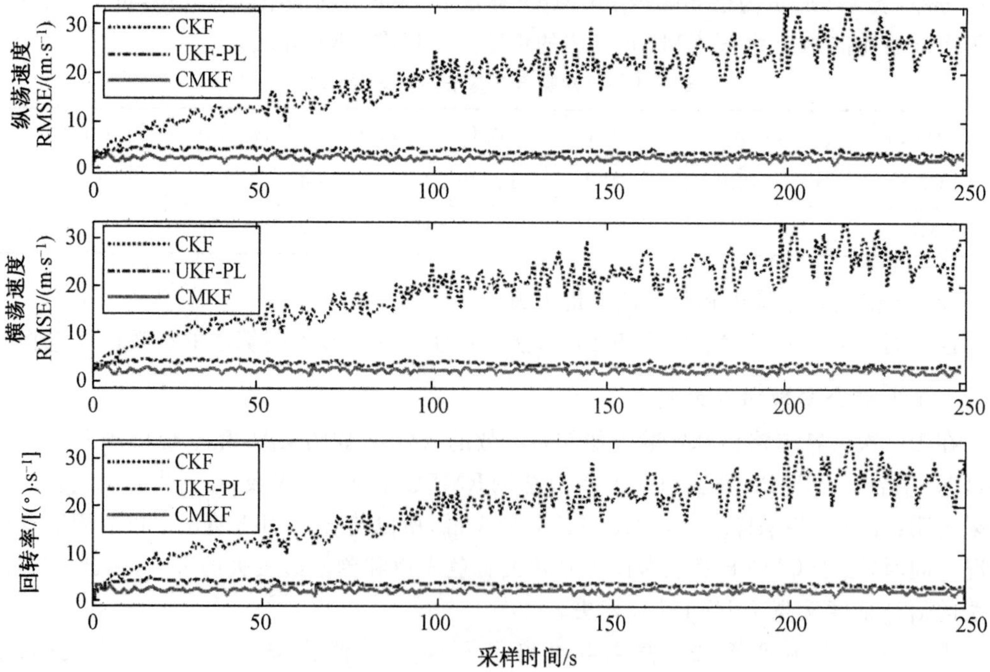

图 4.19　纵荡速度、横荡速度、回转率的 RMSE

表 4.4　不同测量值丢失下 UKF-PL 算法的平均 RMSE

测量值	x_N/m	y_E/m	ψ/(°)	u_N/(m·s^{-1})	v_E/(m·s^{-1})	r/[(°)·s^{-1}]
1.0	0.748 5	0.748 5	0.749 6	0.748 3	0.748 3	0.749 4
0.9	6.433 7	6.794 8	21.826 7	2.322 8	2.320 4	2.329 0
0.8	10.811 7	11.191 6	40.091 2	3.866 8	3.859 5	3.884 6
0.7	12.457 3	15.741 5	44.670 0	4.511 9	4.507 4	4.525 1
0.6	20.576 5	25.538 9	87.597 7	7.075 5	7.073 2	7.088 3
0.5	48.393 0	60.561 9	343.78	17.803 6	17.806 2	17.820 6

同时，表 4.5 给出了不同测量值丢失下 CMKF 算法的平均 RMSE。

表 4.5　不同测量值丢失下 CMKF 算法的平均 RMSE

测量值	x_N/m	y_E/m	ψ/(°)	u_N/(m·s^{-1})	v_E/(m·s^{-1})	r/[(°)·s^{-1}]
1.0	0.654 8	0.650 6	0.671 2	0.635 7	0.635 6	0.637 6
0.9	1.691 0	1.698 7	1.674 4	1.670 9	1.670 6	1.671 0
0.8	2.367 6	2.385 7	2.583 9	2.306 3	2.306 3	2.306 1
0.7	2.858 1	2.881 5	3.139 2	2.767 7	2.767 4	2.766 8
0.6	3.378 7	3.430 0	4.148 1	3.223 1	3.222 5	3.222 1
0.5	3.801 7	3.890 5	5.173 1	3.554 0	3.553 2	3.552 0

从表 4.4 和表 4.5 可知，当 $\bar{\boldsymbol{\gamma}}_k=1$ 时，CMKF 算法简化为场景一的 CMKF 算法，因此此时它们具有相等的平均 RMSE。同时，当 $\bar{\boldsymbol{\gamma}}_k=1$ 时，表 4.5 中的 UKF-PL 算法简化为标准 UKF 算法。由于 UKF 算法和 CKF 算法没有计算相关有色噪声干扰，因而二者具有相似的估计效果且估计精度要低于 CMKF 算法。同时，UKF-PL 算法和 CMKF 算法的平均 RMSE 随着 $\bar{\boldsymbol{\gamma}}_k$ 的增加逐渐下降。同一个 $\bar{\boldsymbol{\gamma}}_k$ 下，CMKF 算法的平均 RMSE 小于 UKF-PL 算法的，且随着测量值丢失的增加估计精度变化不大。图 4.20 所示为随着 $\bar{\boldsymbol{\gamma}}_k$ 的增加北向位置 RMSE 的平均趋势。这进一步表明了 CMKF 算法优于 UKF-PL 算法。

综上，本节提出的具有互相关有色噪声和测量值随机丢失的 CMKF 算法可以有效地处理互相关有色噪声干扰和测量值随机丢失的影响，该算法可以用于无人船状态估计。

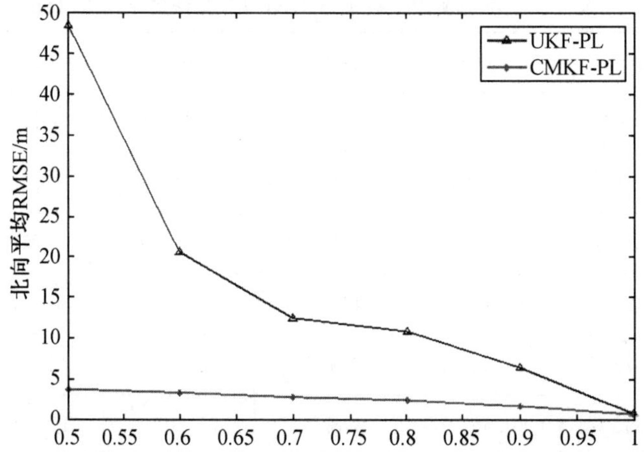

图 4.20　随着 $\bar{\gamma}_k$ 的增加北向位置 RMSE 的平均趋势

4.5　本 章 小 结

本章针对参数不确定下无人船非线性状态估计方法展开研究，得到的主要结论如下。

(1) 对于无人船参数不确定问题，提出基于容积变换的平滑变结构滤波算法，该算法既能消除 Jacobi 矩阵计算，又能充分利用 E-SVSF 算法的鲁棒性；为保证算法的数值稳定性，提出平方根容积平滑变结构滤波算法。由仿真可知，当测量噪声协方差已知时，C-SVSF 算法、SRC-SVSF 算法与 CKF 算法具有相似估计精度且高于 E-SVSF 算法；当测量噪声协方差未知时，C-SVSF 算法、SRC-SVSF 算法估计精度仍高于 E-SVSF 算法，进一步说明所提算法的优越性。

(2) 针对无人船测量噪声统计特性未知的模型参数不确定系统，提出了一种改进的鲁棒 VB-VSF 算法，该算法可以充分利用 VB-AKF 算法的噪声估计特性和 VSF 算法的鲁棒性。与 VSF 算法相比，新的算法可以通过重新调整测量噪声协方差的办法，从而得到理论最优边界层，进而得到系统状态的理论最优状态估计值。仿真部分首先通过一个数值仿真实例验证了算法对于系统模型不确定性和测量噪声协方差未知的系统具有较好的估计效果，然后通过对测量噪声协方差未知的无人船状态估计仿真实验，验证了 VB-VSF 算法具有较好的估计效果。

(3) 针对具有互相关有色噪声干扰和测量值随机丢失的无人船非线性状态估计问题展开了研究，首先提出了一种可供选择的具有互相关有色噪声和测量值随机丢失的非线性无人船 GF 算法框架，扩展了非线性 GF 算法的应用范围，然后基于球面径向容积法得到一种 CMKF 算法。最后通过与 CKF 算法和 UKF-PL 算法进行仿真对比，结果表明在具有有色噪声和测量值随机丢失的船舶状态估计中，CMKF 算法的估计效果要优于 UKF-PL 算法和 CKF 算法。

第 5 章　乘性噪声下无人船非线性状态估计及融合方法研究

本章要点：在复杂的海洋环境下，同时还有风、浪、流和系统的时变性以及非线性等未建模干扰的影响，会使系统出现随信号一起变化的噪声干扰，这类噪声干扰称为乘性噪声干扰。并且无人船通常会配置多传感器单元，那么多组传感器之间就会出现互相关干扰，且此种干扰较难建模。因而本章主要研究具有乘性噪声干扰下的无人船非线性状态估计及融合方法。本章主要内容包括两个方面：① 研究了乘性噪声下无人船非线性状态估计方法；② 研究了乘性噪声下多传感器融合方法。

5.1　支持向量机

1995 年，Cortes 和 Vapnik 根据结构风险最小原理，提出了基于支持向量机（SVM）的学习算法。对于每一个 SVM 回归函数，提供的样本中只有一部分样本对应的权值参数不等于零，则该部分样本就被称为支持向量。SVM 在小样本高维非线性模式识别方面有很多优势，同时已经在频谱分析、模式识别、分类和回归等领域得到了应用。为了利用 SVM 解决非线性回归拟合问题，Vapnik 等人在 SVM 基础上引入了损失函数，进而提出了回归型支持向量机（SVR）算法，且取得了较好的拟合效果。与 SVM 分类原理不同，SVR 基本思想是在分类问题中寻找最优分类面，使两类样本分离的问题转化为寻找最优分类面，使所有训练样本离该最优分类面的误差最小的问题。

SVR 与神经网络具有相似的结构原理，通过设计和训练非线性模型映射，将非线性模型拟合问题转化为若干个支持向量的线性叠加问题。因此为了综合利用多个传感器测量值，本章节提出基于 M-SVR 的回归融合拟合算法。其基本过程是，假设由 M 个训练样本组成的训练集为 $\{(\boldsymbol{x}_i, \boldsymbol{y}_i), i=1,2,\cdots,M\}$，其中 $\boldsymbol{x}_i$ 为输入向量，$\boldsymbol{y}_i$ 为输出值。然后通过一个非线性映射函数 $\psi(\boldsymbol{x})$，将输入数据集映射到高维特征空间，通过调整权值向量 $\boldsymbol{W}$ 和偏置量 $\boldsymbol{b}$，那么拟合问题转化为非线性映射在高维特征空间的线性叠加组合优化问题。

建立如下回归决策模型，其中 $f(\boldsymbol{x})$ 为非线性映射在高维特征空间的输出预测值：

$$f(\boldsymbol{x}) = \boldsymbol{W}\psi(\boldsymbol{x}) + \boldsymbol{b} \tag{5.1}$$

在 SVR 回归拟合中，由结构化风险最小原则寻找合适的 $\boldsymbol{W}$ 和 $\boldsymbol{b}$ 的问题，可以转化为求解以下公式最小化的优化问题：

$$\begin{cases} \min: J(\boldsymbol{W}, \boldsymbol{b}, \boldsymbol{\delta}) = \dfrac{1}{2}\boldsymbol{W}\boldsymbol{W}^{\mathrm{T}} + \dfrac{1}{2}c\sum_{i=1}^{M}\delta_i^2 \\ \mathrm{st}: \boldsymbol{y}_i = \boldsymbol{W}\psi(\boldsymbol{x}_i) + \boldsymbol{b} + \delta_i, \quad i=1,2,\cdots,M \end{cases} \tag{5.2}$$

其中，$\boldsymbol{\delta}=[\delta_1\ \ \delta_2\ \ \cdots\ \ \delta_M]$ 为容许的误差向量；c 为惩罚因子，c 越大表示对样本的削弱作用越强。为了求解以上优化问题的解，可以定义如下所示的拉格朗日函数：

$$L(\boldsymbol{W},\boldsymbol{b},\boldsymbol{\delta},\boldsymbol{\alpha})=J(\boldsymbol{W},\boldsymbol{b},\boldsymbol{\delta})-\sum_{i=1}^{M}\alpha_i(\boldsymbol{W}\psi(\boldsymbol{x}_i)+\boldsymbol{b}+\delta_i-\boldsymbol{y}_i) \tag{5.3}$$

其中，α_i 为拉格朗日乘子。

然后将式(5.3)对参数求偏导，并且令偏导数成立：

$$\frac{\partial L}{\partial \boldsymbol{W}}=0,\quad \frac{\partial L}{\partial \boldsymbol{b}}=0,\quad \frac{\partial L}{\partial \boldsymbol{\delta}}=0,\quad \frac{\partial L}{\partial \boldsymbol{\alpha}}=0 \tag{5.4}$$

根据最优化条件式(5.4)，可将优化问题转化为求解以下线性方程组解的问题。

$$\begin{bmatrix} 0 & \boldsymbol{I}^{\mathrm{T}} \\ \boldsymbol{I} & K+c^{-1}\boldsymbol{I} \end{bmatrix}\begin{bmatrix} \boldsymbol{b} \\ \boldsymbol{\alpha}^{\mathrm{T}} \end{bmatrix}=\begin{bmatrix} 0 \\ \boldsymbol{y}^{\mathrm{T}} \end{bmatrix} \tag{5.5}$$

其中，$K(\boldsymbol{x}_i,\boldsymbol{x}_j)$ 为核函数，$K(\boldsymbol{x}_i,\boldsymbol{x}_j)=\psi(\boldsymbol{x}_i)\cdot\psi(\boldsymbol{x}_j)(i=1,2,\cdots,M;j=1,2,\cdots,M)$；参数 $\boldsymbol{I}=\{1\ \ \cdots\ \ 1\}$，$\boldsymbol{\alpha}=\{\alpha_1\ \ \cdots\ \ \alpha_M\}$，$\boldsymbol{y}=\{y_1\ \ \cdots\ \ y_M\}$。

由最小二乘法便可计算推导出非线性回归预测模型如下所示：

$$f(\boldsymbol{x})=\sum_{i=1}^{M}\alpha_i K(\boldsymbol{x},\boldsymbol{x}_i)+\boldsymbol{b} \tag{5.6}$$

式(5.6)是回归决策函数式(5.1)的变形形式。

考虑到径向基函数(Radial Basis Function，RBF)的核函数仅需确定一个方差参数，就可直观反应数据之间的距离，具有选取简单且泛化能力较好的特点，因而这里可取 $K(\boldsymbol{x},\boldsymbol{x}_i)$ 为 RBF 的形式，即

$$K(\boldsymbol{x},\boldsymbol{x}_i)=\exp\{-|\ \boldsymbol{x}-\boldsymbol{x}_i\ |^2/(2\sigma^2)\} \tag{5.7}$$

其中，σ 为方差。

然后通过训练样本就可得到支持向量机中的各模型参数，进而得到经过训练的 SVR 模型，基于该模型便可得到新的样本的拟合。

对于无人船多传感器冗余系统，实现融合的前提是需要得到单传感器下的状态估计值，进而才能通过多支持向量机拟合模型来实现多传感器的融合。5.2 节首先研究了单传感器在乘性噪声下的非线性状态估计方法，为 5.3 节的多传感器融合方法做准备。

5.2 乘性噪声下无人船非线性状态估计方法

5.2.1 问题描述

对于单传感器系统，由式(2.50)和式(2.57)可知，具有加性互相关噪声以及乘性噪声干扰的无人船离散状态空间模型可以重写为以下形式：

$$\boldsymbol{x}_{k+1}=(\boldsymbol{A}_k+\boldsymbol{B}_k\boldsymbol{\varepsilon}_k)\boldsymbol{x}_k+\Delta t\boldsymbol{B}_{uk}+\boldsymbol{\Xi}\boldsymbol{\omega}_k \tag{5.8}$$

$$\boldsymbol{z}_{k+1}=(\boldsymbol{H}_{k+1}+\boldsymbol{C}_{k+1}\boldsymbol{\xi}_{k+1})\boldsymbol{x}_{k+1}+\boldsymbol{F}\boldsymbol{\theta}_{k+1} \tag{5.9}$$

其中，$\boldsymbol{B}_k$、$\boldsymbol{C}_{k+1}$ 表示系统未建模偏差和测量方程未建模偏差，$\boldsymbol{B}_k=c\boldsymbol{A}_k$、$\boldsymbol{C}_{k+1}=\mathrm{d}\boldsymbol{H}_{k+1}$；$\boldsymbol{\varepsilon}_k$ 和 $\boldsymbol{\xi}_{k+1}$ 表示系统乘性噪声和测量乘性噪声。矩阵 $\boldsymbol{A}_k$ 和 $\boldsymbol{H}_k$ 分别是系统状态转移矩阵和测量

状态转移矩阵的 Jacobi 矩阵，由下式计算：

$$A_k=\left.\frac{\partial \boldsymbol{f}_k(\boldsymbol{x}_k)}{\partial \boldsymbol{x}_k}\right|_{x_k=\hat{x}_{k|k}} \tag{5.10}$$

$$\boldsymbol{H}_k=\left.\frac{\partial \boldsymbol{h}_{\mathrm{b}}(\boldsymbol{x}_k)}{\partial \boldsymbol{x}_k}\right|_{x_k=\hat{x}_{k+1|k}} \tag{5.11}$$

加性噪声之间具有互相关性，即满足以下特性：

$$\begin{aligned}&E[\boldsymbol{\omega}_k]=0\\&E[\boldsymbol{\omega}_k\boldsymbol{\theta}_m^{\mathrm{T}}]=\boldsymbol{S}_{k,m}\boldsymbol{\delta}_{k-m}\end{aligned} \tag{5.12}$$

乘性噪声之间相互独立，即满足以下特性：

$$\begin{cases}E[\boldsymbol{\varepsilon}_k]=0\\E[\boldsymbol{\varepsilon}_k\boldsymbol{\varepsilon}_m^{\mathrm{T}}]=\boldsymbol{\sigma}_k\boldsymbol{\delta}_{k-m}\end{cases} \tag{5.13}$$

$$\begin{aligned}&E[\boldsymbol{\xi}_k]=0\\&E[\boldsymbol{\xi}_k\boldsymbol{\xi}_m^{\mathrm{T}}]=\partial_k\boldsymbol{\delta}_{k-m}\end{aligned} \tag{5.14}$$

即状态噪声 $\boldsymbol{\varepsilon}_k$、$\boldsymbol{\omega}_k$ 和测量噪声 $\boldsymbol{\xi}_{k+1}$，$\boldsymbol{\theta}_{k+1}$ 的均值都为 0。且噪声协方差分别为 $\boldsymbol{\sigma}_k$、$\boldsymbol{Q}_{k,k}$、∂_k 和 $\boldsymbol{R}_{k,k}$，系统加性噪声互相关协方差为 $\boldsymbol{S}_{k,k}$。则乘性噪声及互相关加性噪声下的无人船状态估计问题，可转化为离散模型式(5.8) 和式(5.9) 的状态估计问题。

5.2.2　乘性噪声下变结构滤波算法

针对离散系统模型式(5.8) 和式(5.9)，下面提出了乘性噪声下的变结构滤波算法，具体过程如下。

由于乘性状态噪声 $\boldsymbol{\varepsilon}_k$、乘性测量噪声 $\boldsymbol{\xi}_{k+1}$ 均是零均值高斯噪声，则状态转移矩阵的期望和测量矩阵的期望分别是

$$E[\boldsymbol{A}_k+\boldsymbol{B}_k\boldsymbol{\varepsilon}_k]=\boldsymbol{A}_k \tag{5.15}$$

$$E[\boldsymbol{H}_{k+1}+\boldsymbol{C}_{k+1}\boldsymbol{\xi}_{k+1}]=\boldsymbol{H}_{k+1} \tag{5.16}$$

若 k 时刻状态估计为 $\hat{\boldsymbol{x}}_{k|k}$，则 $k+1$ 时刻状态预测值为

$$\begin{aligned}\hat{\boldsymbol{x}}_{k+1|k}&=E[(\boldsymbol{A}_k+\boldsymbol{B}_k\boldsymbol{\varepsilon}_k)\boldsymbol{x}_k+\Delta t\boldsymbol{B}_{\mathrm{u}k}+\boldsymbol{\Xi}\boldsymbol{\omega}_k]\\&=\boldsymbol{A}_k\hat{\boldsymbol{x}}_{k|k}+\Delta t\boldsymbol{B}_{\mathrm{u}k}\end{aligned} \tag{5.17}$$

由状态预测 $\hat{\boldsymbol{x}}_{k+1|k}$ 可知，$k+1$ 时刻的测量预测为

$$\begin{aligned}\hat{\boldsymbol{z}}_{k+1|k}&=E[(\boldsymbol{H}_{k+1}+\boldsymbol{C}_{k+1}\boldsymbol{\xi}_{k+1})\boldsymbol{x}_{k+1}+\boldsymbol{F}\boldsymbol{\theta}_{k+1}]\\&=\boldsymbol{H}_{k+1}\hat{\boldsymbol{x}}_{k+1|k}\end{aligned} \tag{5.18}$$

$k+1$ 时刻的测量估计值为

$$\hat{\boldsymbol{z}}_{k|k}=\boldsymbol{H}_k\hat{\boldsymbol{x}}_{k|k} \tag{5.19}$$

测量预测误差 $\boldsymbol{e}_{z_{k+1|k}}$ 和测量新息 $\boldsymbol{e}_{z_{k|k}}$ 分别为

$$\boldsymbol{e}_{z_{k+1|k}}=\boldsymbol{z}_{k+1}-\hat{\boldsymbol{z}}_{k+1|k} \tag{5.20}$$

$$\boldsymbol{e}_{z_{k|k}}=\boldsymbol{z}_k-\hat{\boldsymbol{z}}_{k|k} \tag{5.21}$$

状态估计更新 $\hat{\boldsymbol{x}}_{k+1|k+1}$ 为

$$\hat{\boldsymbol{x}}_{k+1|k+1} = \hat{\boldsymbol{x}}_{k+1|k} + \boldsymbol{K}_{k+1}\boldsymbol{e}_{z_{k+1|k}} \tag{5.22}$$

其中，$\boldsymbol{K}_{k+1}$ 为 $k+1$ 时刻状态增益值。

状态预测误差$\tilde{\boldsymbol{x}}_{k+1|k}$ 和状态估计误差$\tilde{\boldsymbol{x}}_{k+1|k+1}$ 分别为

$$\tilde{\boldsymbol{x}}_{k+1|k} = \boldsymbol{x}_{k+1} - \hat{\boldsymbol{x}}_{k+1|k} = \boldsymbol{A}_k\tilde{\boldsymbol{x}}_{k|k} + \boldsymbol{B}_k\boldsymbol{\varepsilon}_k\boldsymbol{x}_k + \boldsymbol{\Xi}\boldsymbol{\omega}_k \tag{5.23}$$

$$\begin{aligned}\tilde{\boldsymbol{x}}_{k+1|k+1} &= \boldsymbol{x}_{k+1} - \hat{\boldsymbol{x}}_{k+1|k+1}\\ &= \boldsymbol{x}_{k+1} - \hat{\boldsymbol{x}}_{k+1|k} - \boldsymbol{K}_{k+1}\boldsymbol{e}_{z_{k+1|k}}\\ &= (\boldsymbol{I} - \boldsymbol{K}_{k+1}\boldsymbol{H}_{k+1})\tilde{\boldsymbol{x}}_{k+1|k} - \boldsymbol{K}_{k+1}\boldsymbol{C}_{k+1}\boldsymbol{\xi}_{k+1}\boldsymbol{x}_{k+1} - \boldsymbol{K}_{k+1}\boldsymbol{F}\boldsymbol{\theta}_{k+1}\end{aligned} \tag{5.24}$$

由于状态噪声和测量噪声之间具有一步互相关性，因此状态估计误差与状态加性噪声之间互协方差为

$$\begin{aligned}E[\tilde{\boldsymbol{x}}_{k|k}\boldsymbol{\omega}_k^{\mathrm{T}}] &= E[(\boldsymbol{x}_k - \hat{\boldsymbol{x}}_{k|k})\boldsymbol{\omega}_k^{\mathrm{T}}]\\ &= E[(\hat{\boldsymbol{x}}_{k|k-1} + \boldsymbol{K}_k\boldsymbol{e}_{z_{k|k-1}})\boldsymbol{\omega}_k^{\mathrm{T}}]\\ &= E[\boldsymbol{K}_k(\boldsymbol{z}_k - \hat{\boldsymbol{z}}_{k|k-1})\boldsymbol{\omega}_k^{\mathrm{T}}]\\ &= \boldsymbol{K}_k\boldsymbol{\Gamma}\boldsymbol{S}_k\end{aligned} \tag{5.25}$$

进一步可得，预测误差互协方差 $\boldsymbol{P}_{k+1|k}$ 为

$$\begin{aligned}\boldsymbol{P}_{k+1|k} &= E[\tilde{\boldsymbol{x}}_{k+1|k}\tilde{\boldsymbol{x}}_{k+1|k}^{\mathrm{T}}]\\ &= E[(\boldsymbol{A}_k\tilde{\boldsymbol{x}}_{k|k} + \boldsymbol{B}_k\boldsymbol{\varepsilon}_k\boldsymbol{x}_k + \boldsymbol{\Xi}\boldsymbol{\omega}_k)(\boldsymbol{A}_k\tilde{\boldsymbol{x}}_{k|k} + \boldsymbol{B}_k\boldsymbol{\varepsilon}_k\boldsymbol{x}_k + \boldsymbol{\Xi}\boldsymbol{\omega}_k)^{\mathrm{T}}]\\ &= \boldsymbol{A}_k\boldsymbol{P}_{k-1}\boldsymbol{A}_k^{\mathrm{T}} + \boldsymbol{\sigma}_k\boldsymbol{B}_k\boldsymbol{M}_k\boldsymbol{B}_k^{\mathrm{T}} + \boldsymbol{\Xi}\boldsymbol{Q}_k\boldsymbol{\Xi}^{\mathrm{T}} + \boldsymbol{A}_k\boldsymbol{K}_k\boldsymbol{\Gamma}\boldsymbol{S}_k\boldsymbol{\Xi}^{\mathrm{T}} + \boldsymbol{\Xi}(\boldsymbol{K}_k\boldsymbol{\Gamma}\boldsymbol{S}_k)^{\mathrm{T}}\boldsymbol{A}_k^{\mathrm{T}}\end{aligned} \tag{5.26}$$

状态协方差递推公式 $\boldsymbol{M}_k = E[\boldsymbol{x}_k\boldsymbol{x}_k^{\mathrm{T}}]$ 可以化简得

$$\begin{aligned}\boldsymbol{M}_k &= E[\boldsymbol{x}_k\boldsymbol{x}_k^{\mathrm{T}}]\\ &= E[((\boldsymbol{A}_{k-1} + \boldsymbol{B}_{k-1}\boldsymbol{\varepsilon}_{k-1})\boldsymbol{x}_{k-1} + \Delta t\boldsymbol{B}_{\mathrm{u}k-1} + \boldsymbol{\Xi}\boldsymbol{\omega}_{k-1})((\boldsymbol{A}_{k-1} + \boldsymbol{B}_{k-1}\boldsymbol{\varepsilon}_{k-1})\boldsymbol{x}_{k-1} +\\ &\quad \Delta t\boldsymbol{B}_{\mathrm{u}k-1} + \boldsymbol{\Xi}\boldsymbol{\omega}_{k-1})^{\mathrm{T}}]\\ &= \boldsymbol{A}_{k-1}\boldsymbol{M}_{k-1}\boldsymbol{A}_{k-1}^{\mathrm{T}} + \boldsymbol{\sigma}_{k-1}\boldsymbol{B}_{k-1}\boldsymbol{M}_{k-1}\boldsymbol{B}_{k-1}^{\mathrm{T}} + \boldsymbol{\Xi}\boldsymbol{Q}_{k-1}\boldsymbol{\Xi}^{\mathrm{T}}\end{aligned} \tag{5.27}$$

估计误差互协方差 $\boldsymbol{P}_{k+1|k}$ 为

$$\begin{aligned}\boldsymbol{P}_{k+1|k+1} &= E[\tilde{\boldsymbol{x}}_{k+1|k+1}\tilde{\boldsymbol{x}}_{k+1|k+1}^{\mathrm{T}}]\\ &= E[(\boldsymbol{\Theta}_{k+1}\tilde{\boldsymbol{x}}_{k+1|k} - \boldsymbol{K}_{k+1}\boldsymbol{C}_{k+1}\boldsymbol{\xi}_{k+1}\boldsymbol{x}_{k+1} - \boldsymbol{K}_{k+1}\boldsymbol{F}\boldsymbol{\theta}_{k+1})\times\\ &\quad (\boldsymbol{\Theta}_{k+1}\tilde{\boldsymbol{x}}_{k+1|k} - \boldsymbol{K}_{k+1}\boldsymbol{C}_{k+1}\boldsymbol{\xi}_{k+1}\boldsymbol{x}_{k+1} - \boldsymbol{K}_{k+1}\boldsymbol{F}\boldsymbol{\theta}_{k+1})^{\mathrm{T}}]\\ &= \boldsymbol{\Theta}_{k+1}\boldsymbol{P}_{k+1|k}\boldsymbol{\Theta}_{k+1}^{\mathrm{T}} + \boldsymbol{\delta}_k\boldsymbol{K}_{k+1}\boldsymbol{C}_{k+1}\boldsymbol{M}_{k+1}\boldsymbol{C}_{k+1}^{\mathrm{T}}\boldsymbol{K}_{k+1}^{\mathrm{T}} + \boldsymbol{K}_{k+1}\boldsymbol{F}\boldsymbol{R}_{k+1}\boldsymbol{F}^{\mathrm{T}}\boldsymbol{K}_{k+1}^{\mathrm{T}}\end{aligned} \tag{5.28}$$

其中，$\boldsymbol{\Theta}_{k+1} = \boldsymbol{I} - \boldsymbol{K}_{k+1}\boldsymbol{H}_{k+1}$。

改进的滤波算法与平滑变结构滤波算法具有相似的结构，因而状态增益表达式为

$$\boldsymbol{K}_{k+1} = \mathrm{diag}[(|\boldsymbol{e}_{z_{k+1|k}}| + \gamma|\boldsymbol{e}_{z_{k|k}}|)\circ \mathrm{sat}(\boldsymbol{e}_{z_{k+1|k}}/\boldsymbol{\Omega}_{k+1})]\mathrm{diag}[\boldsymbol{e}_{z_{k+1|k}}]^{-1} \tag{5.29}$$

其中，γ 表示收敛速率，平滑边界层 $\boldsymbol{\Omega}_{k+1}$ 可以通过对协方差的迹 $\mathrm{tr}(\boldsymbol{P}_{k+1|k+1})$ 求偏导数获得，即令

$$\frac{\partial \mathrm{tr}(\boldsymbol{P}_{k+1|k+1})}{\partial \boldsymbol{\Omega}_{k+1}} = 0 \tag{5.30}$$

为了计算式(5.30),可将估计误差协方差 $\boldsymbol{P}_{k+1|k+1}$ 展开为

$$\boldsymbol{P}_{k+1|k+1}=\boldsymbol{P}_{k+1|k}-\boldsymbol{K}_{k+1}\boldsymbol{H}_{k+1}\boldsymbol{P}_{k+1|k}-\boldsymbol{P}_{k+1|k}\boldsymbol{H}_{k+1}^{\mathrm{T}}\boldsymbol{K}_{k+1}^{\mathrm{T}}+\boldsymbol{K}_{k+1}\boldsymbol{F}\boldsymbol{R}_{k+1}\boldsymbol{F}^{\mathrm{T}}\boldsymbol{K}_{k+1}^{\mathrm{T}}+\boldsymbol{K}_{k+1}\boldsymbol{H}_{k+1}\boldsymbol{P}_{k+1|k}\boldsymbol{H}_{k+1}^{\mathrm{T}}\boldsymbol{K}_{k+1}^{\mathrm{T}}+\boldsymbol{\delta}_k\boldsymbol{K}_{k+1}\boldsymbol{C}_{k+1}\boldsymbol{M}_{k+1}\boldsymbol{C}_{k+1}^{\mathrm{T}}\boldsymbol{K}_{k+1}^{\mathrm{T}} \tag{5.31}$$

由于

$$\frac{\partial\operatorname{tr}(\boldsymbol{P}_{k+1|k+1})}{\partial\boldsymbol{\Omega}_{k+1}}=\frac{\partial\operatorname{tr}(\boldsymbol{P}_{k+1|k+1})}{\partial\boldsymbol{K}_{k+1}}\cdot\frac{\partial\boldsymbol{K}_{k+1}}{\partial\boldsymbol{\Omega}_{k+1}}$$

同时考虑计算规则

$$\frac{\partial\operatorname{tr}(\boldsymbol{X}\boldsymbol{D})}{\partial\boldsymbol{X}}=\boldsymbol{D}^{\mathrm{T}},\quad\frac{\partial\operatorname{tr}(\boldsymbol{D}\boldsymbol{X}^{\mathrm{T}})}{\partial\boldsymbol{X}}=\boldsymbol{D},\quad\frac{\partial\operatorname{tr}(\boldsymbol{X}\boldsymbol{D}\boldsymbol{X}^{\mathrm{T}})}{\partial\boldsymbol{X}}=2\boldsymbol{X}\boldsymbol{D}$$

则对式(5.31)求偏导可得

$$\frac{\partial\operatorname{tr}(\boldsymbol{P}_{k+1|k+1})}{\partial\boldsymbol{K}_{k+1}}=-\boldsymbol{P}_{k+1|k}^{\mathrm{T}}\boldsymbol{H}_{k+1}^{\mathrm{T}}-\boldsymbol{P}_{k+1|k}\boldsymbol{H}_{k+1}^{\mathrm{T}}+2\boldsymbol{K}_{k+1}\boldsymbol{H}_{k+1}\boldsymbol{P}_{k+1|k}\boldsymbol{H}_{k+1}^{\mathrm{T}}+2\delta_k\boldsymbol{K}_{k+1}\boldsymbol{C}_{k+1}\boldsymbol{M}_{k+1}\boldsymbol{C}_{k+1}^{\mathrm{T}}+2\boldsymbol{K}_{k+1}\boldsymbol{F}\boldsymbol{R}_{k+1}\boldsymbol{F}^{\mathrm{T}} \tag{5.32}$$

化简得到

$$\frac{\partial\operatorname{tr}(\boldsymbol{P}_{k+1|k+1})}{\partial\boldsymbol{K}_{k+1}}=-2\boldsymbol{P}_{k+1|k}\boldsymbol{H}_{k+1}^{\mathrm{T}}+2\boldsymbol{K}_{k+1}(\boldsymbol{H}_{k+1}\boldsymbol{P}_{k+1|k}\boldsymbol{H}_{k+1}^{\mathrm{T}}+\boldsymbol{\delta}_k\boldsymbol{C}_{k+1}\boldsymbol{M}_{k+1}\boldsymbol{C}_{k+1}^{\mathrm{T}}+\boldsymbol{F}\boldsymbol{R}_{k+1}\boldsymbol{F}^{\mathrm{T}}) \tag{5.33}$$

为了后面章节描述方便,定义以下表达式:

$$a\circ b=\operatorname{diag}[b]a=\bar{b}a \tag{5.34}$$

则状态增益简化后可以写为如下形式:

$$\boldsymbol{K}_{k+1}=\overline{\boldsymbol{\Omega}}_{k+1}^{-1}\overline{\boldsymbol{\Lambda}} \tag{5.35}$$

对增益计算偏导数,可得以下公式成立:

$$\frac{\partial\boldsymbol{K}_{k+1}}{\partial\boldsymbol{\Omega}_{k+1}}=-\overline{\boldsymbol{\Omega}}_{k+1}{}^{-2}\overline{\boldsymbol{\Lambda}} \tag{5.36}$$

其中,$\overline{\boldsymbol{\Lambda}}=\operatorname{diag}[|\boldsymbol{e}_{z_{k+1|k}}|+\gamma|\boldsymbol{e}_{z_{k|k}}|]$,那么由式(5.30)、式(5.33)和式(5.36)可得下式成立:

$$(-2\boldsymbol{P}_{k+1|k}\boldsymbol{H}_{k+1}^{\mathrm{T}}+2\boldsymbol{K}_{k+1}(\boldsymbol{H}_{k+1}\boldsymbol{P}_{k+1|k}\boldsymbol{H}_{k+1}^{\mathrm{T}}+\boldsymbol{\delta}_k\boldsymbol{C}_{k+1}\boldsymbol{M}_{k+1}\boldsymbol{C}_{k+1}^{\mathrm{T}}+\boldsymbol{F}\boldsymbol{R}_{k+1}\boldsymbol{F}^{\mathrm{T}}))(-\overline{\boldsymbol{\Omega}}_{k+1}{}^{-2}\overline{\boldsymbol{\Lambda}})=0 \tag{5.37}$$

进一步化简可得,平滑边界层计算如下:

$$\boldsymbol{\Omega}_{k+1}=\operatorname{diag}[((\boldsymbol{P}_{k+1|k}\boldsymbol{H}_{k+1}^{\mathrm{T}})/\overline{\boldsymbol{\Lambda}}(\boldsymbol{H}_{k+1}\boldsymbol{P}_{k+1|k}\boldsymbol{H}_{k+1}^{\mathrm{T}}+\boldsymbol{\delta}_k\boldsymbol{C}_{k+1}\boldsymbol{M}_{k+1}\boldsymbol{C}_{k+1}^{\mathrm{T}}+\boldsymbol{F}\boldsymbol{R}_{k+1}\boldsymbol{F}^{\mathrm{T}}))^{-1}] \tag{5.38}$$

则式(5.17)～(5.22)、式(5.26)～(5.29)和式(5.38)即为SVSF-CN算法,与VSF算法相比,二者具有相似的滤波框架,不同之处在于 SVSF-CN 算法中估计误差协方差 $\boldsymbol{P}_{k+1|k+1}$、预测互协方差 $\boldsymbol{P}_{k+1|k}$ 以及平滑边界层 $\boldsymbol{\Omega}_{k+1}$ 的计算公式,并且受乘性状态噪声的影响,需要计算系统的状态协方差 $\boldsymbol{M}_k$。

5.2.3　稳定性分析

由 4.2.2 节的描述可知,若状态估计满足引理 4.1,则估计过程是稳定和收敛的。在乘性状态噪声、乘性测量噪声和相关加性噪声下的 SVSF-CN 算法,由 5.2.1 节可知,

SVSF-CN 算法与 E-SVSF 算法具有相似的滤波框架，由于平滑边界层不影响估计算法的稳定性，因而在增益式(5.29) 和平滑边界层式(5.38) 下，估计误差仍然满足 $|\boldsymbol{e}_{k|k}| < |\boldsymbol{e}_{k-1|k-1}|$，因此 SVSF-SN 算法是稳定和收敛的。

若不考虑乘性噪声以及噪声相关性的影响，那么 SVSF-CN 算法中预测误差协方差式(5.26) 和平滑边界层式(5.38) 可以简化为

$$\boldsymbol{P}_{k+1|k} = \boldsymbol{A}_k \boldsymbol{P}_{k-1|k-1} \boldsymbol{A}_k^{\mathrm{T}} + \boldsymbol{\Xi} \boldsymbol{Q}_k \boldsymbol{\Xi}^{\mathrm{T}} \tag{5.39}$$

$$\boldsymbol{\Omega}_{k+1} = \mathrm{diag}[((\boldsymbol{P}_{k+1|k} \boldsymbol{H}_{k+1}^{\mathrm{T}}) / \overline{\boldsymbol{\Lambda}} (\boldsymbol{H}_{k+1} \boldsymbol{P}_{k+1|k} \boldsymbol{H}_{k+1}^{\mathrm{T}} + \boldsymbol{F} \boldsymbol{R}_{k+1} \boldsymbol{F}^{\mathrm{T}}))^{-1}] \tag{5.40}$$

此时 SVSF-CN 算法退化为标准 E-SVSF 算法。

5.3　乘性噪声下无人船多传感器融合方法

5.3.1　问题描述

对于多传感器冗余系统，式(2.54) 所描述的多传感器测量模型可重新写为以下形式：

$$\boldsymbol{z}_{k+1}^j = (\boldsymbol{H}_{k+1}^j + \boldsymbol{C}_{k+1}^j \boldsymbol{\xi}_{k+1}^j) \boldsymbol{x}_{k+1} + \boldsymbol{F} \boldsymbol{\theta}_{k+1}^j, \quad j = 1, 2, \cdots, N \tag{5.41}$$

其中，$\boldsymbol{z}_{k+1}^j$ 为第 j 组传感器测量值；N 为传感器总个数。那么基于以上 SVSF-CN 算法，可得第 j 组和第 $j+1$ 组传感器子系统的状态估计值分别为

$$\hat{\boldsymbol{x}}_{k+1|k+1}^j = \hat{\boldsymbol{x}}_{k+1|k}^j + \boldsymbol{K}_{k+1}^j \boldsymbol{e}_{z_{k+1|k}}^j \tag{5.42}$$

$$\hat{\boldsymbol{x}}_{k+1|k+1}^{j+1} = \hat{\boldsymbol{x}}_{k+1|k}^{j+1} + \boldsymbol{K}_{k+1}^{j+1} \boldsymbol{e}_{z_{k+1|k}}^{j+1} \tag{5.43}$$

由以上子系统估计值 $\hat{\boldsymbol{x}}_{k+1|k+1}^j$ 和 $\hat{\boldsymbol{x}}_{k+1|k+1}^{j+1}$，通过计算每个传感器组协方差以及各个传感器组之间的互协方差，采用分布式融合方法可得多传感器下的状态估计值，但计算较烦琐。因而为了避免计算协方差，本书在各子系统状态估计值的前提下，基于支持向量机回归拟合理论，首先设计和训练对应的子 SVR 回归融合模型，然后基于得到的回归模型进行多传感器状态拟合，实现多传感器状态融合。基于机器学习的智能算法，计算更加灵活，且不过度依赖于系统模型，因而具有更好的泛化能力。

为了得到回归拟合模型，这里随机选取一定采样时间点的各个传感器子系统状态估计值和真实状态值组成 SVR 训练集和测试集。然后将训练集里的传感器子系统状态估计值作为模型输入向量，而对应的状态真实值为模型输出向量，通过一定的学习和训练法则，进而得到 SVR 回归拟合模型，从而得到对应的输入输出映射关系，即 SVR 回归拟合模型。最后基于训练集得到的 SVR 模型，由测试集来验证该 SVR 回归拟合模型在处理多传感器状态估计及融合方面的效果。

由于 SVR 多应用于多输入单输出问题，因此对于多传感器多维状态融合问题无法直接使用。所以借鉴多模型理论，针对每个状态变量，分别设计和训练出对应的子 SVR 回归拟合模型，最后通过多个子 SVR 模型实现多维状态的融合。

5.3.2　支持向量机模型

支持向量机回归模型如图 5.1 所示，SVR 与神经网络具有相似的框架，都是由输入

层、中间层和输出层组成。若训练集由 n 个采样点 $\{(\boldsymbol{\Sigma}_i, \boldsymbol{y}_i), i=1,2,\cdots,n\}$ 组成，其中，对第 n 个样本，输入量为 $\boldsymbol{\Sigma}_n$，输出量为 $\boldsymbol{y}_n$；中间层为非线性核函数；输出层是中间层输出节点的线性叠加组合。

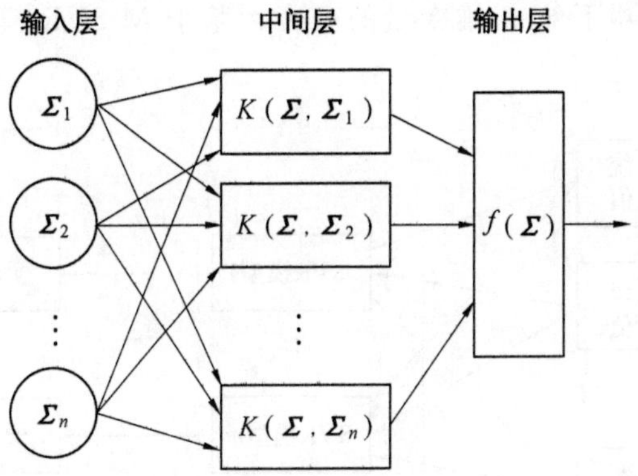

图 5.1　支持向量机回归模型

SVR 回归可以处理多输入单输出回归拟合问题，对于 m 维系统，由第 j 组传感器得到的第 m 个变量的状态估计值为 $\hat{\boldsymbol{x}}_{k|k}^{j,m}, j=1,2,\cdots,N$。样本输入如图 5.2 所示，记第 n 个输入样本 Σ_n 是由 j 个不同的传感器单元得到的第 m 个变量的估计值组成，即 $\boldsymbol{\Sigma}_n = [\hat{\boldsymbol{x}}_{k|k}^{1,m} \quad \hat{\boldsymbol{x}}_{k|k}^{2,m} \quad \cdots \quad \hat{\boldsymbol{x}}_{k|k}^{j,m}]$；输出样本 y_n 为第 m 个变量的实际值，即 $\boldsymbol{y}_n = \boldsymbol{x}_k$。

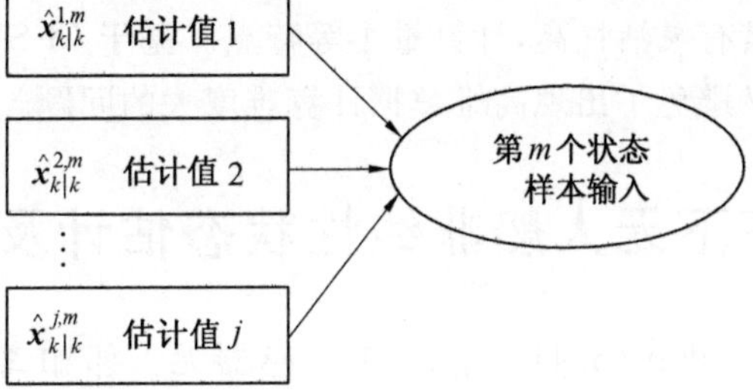

图 5.2　样本输入

样本输入集可通过非线性函数 $\Phi(\boldsymbol{\Sigma})$ 映射到高维特征空间中，通过求解权向量 $\boldsymbol{W}$ 和偏置量 $\boldsymbol{b}$，把模型预测回归拟合问题转化为求解如式(5.6) 所示的非线性函数的线性组合叠加题。核函数 $K(\boldsymbol{\Sigma}, \boldsymbol{\Sigma}_i)$ 采用 RBF 形式，最优惩罚因子 c 和 RBF 方差 σ 可以由交叉验证方法获得。

图 5.3　SVR 回归拟合模型建立流程

SVR 回归拟合模型建立流程如图 5.3 所示，首先随机产生一组训练集和测试集，然后进行模型的创建和训练，最后通过模型测试得到符合性能指标的拟合模型。

5.3.3　基于多支持向量机回归模型的数据融合算法

类似于多模型理论，通过对每一个状态变量设计子 SVR 回归模型，构造 M-SVR 模型，进而实现 j 组传感器下的 m 维变量的融合。基于 M-SVR 模型的多传感器融合如图5.4 所示。

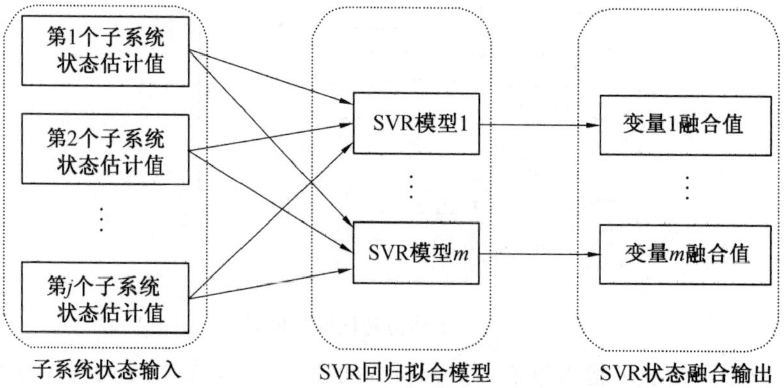

图 5.4　基于 M-SVR 模型的多传感器融合

由图 5.4 可知，基于 M-SVR 模型的多传感器拟合算法流程：首先基于子 SVM 回归拟合模型对每一维状态变量估计值进行回归拟合，然后通过多个子 SVM 模型来实现多维状态估计值的回归拟合。基于 SVR 回归模型的多传感器融合算法不需要计算传感器之间的互协方差矩阵，因而具有灵活性高，计算量小等特点。基于 M-SVR 模型的拟合算法既保证了模型泛化能力，又避免了出现高维数据计算难度大的问题。

5.4　乘性噪声下无人船非线性状态估计及融合仿真验证

由式(5.8)、式(5.9) 和式(5.41) 可知，多传感器无人船舶离散状态模型和测量模型为

$$\boldsymbol{x}_{k+1}=(\boldsymbol{A}_k+\boldsymbol{B}_k\boldsymbol{\varepsilon}_k)\boldsymbol{x}_k+\Delta t\boldsymbol{B}_{uk}+\boldsymbol{\Xi}\boldsymbol{\omega}_k \tag{5.44}$$

$$\boldsymbol{z}_{k+1}^j=(\boldsymbol{H}_{k+1}^j+\boldsymbol{C}_{k+1}^j\boldsymbol{\xi}_{k+1}^j)\boldsymbol{x}_{k+1}+\boldsymbol{F}\boldsymbol{\theta}_{k+1}^j,\quad j=1,2,\cdots,N \tag{5.45}$$

以两组传感器为例，即 $N=2$，令状态初始值为 $\boldsymbol{x}_0=[0\ 0\ 0\ 0\ 0\ 0\ 0\ 0\ 0\ 0\ 0\ 0\ 0\ 0\ 0\ 0]^{\mathrm{T}}$；采样周期为 $\Delta t=0.1$ s；仿真时间为 200 s；输入参数为 $\Delta t\boldsymbol{B}_{uk}=[0\ 0\ 0\ 0\ 0\ 0\ 0\ 0\ 0\ 0\ 0\ 0\ 0\ 0\ 0\ 0]^{\mathrm{T}}$；高频干扰阻尼系数为 $\zeta_1=\zeta_2=\zeta_3=0.1$；高频海浪谱主导频率为 $\omega_{01}=\omega_{02}=\omega_{03}=0.3$；状态乘性噪声满足 $\boldsymbol{\varepsilon}_k\sim\mathcal{N}(0,0.1)$，$\boldsymbol{\xi}_k^1=0.9\boldsymbol{\varepsilon}_k$，$\boldsymbol{\xi}_k^2=\boldsymbol{\varepsilon}_k$；状态加性噪声满足 $\boldsymbol{\omega}_k\sim\mathcal{N}(0,1)$；测量加性噪声满足 $\boldsymbol{\theta}_k^1\sim\mathcal{N}(0,10)$，$\boldsymbol{\theta}_k^2\sim\mathcal{N}(0,8)$。状态乘性噪声与其他信号不相关。状态加性噪声 $\boldsymbol{\omega}_k$ 与测量加性噪声 $\boldsymbol{\theta}_k^1$ 和 $\boldsymbol{\theta}_k^2$ 的互相关协方差为0.042 和 0.8。模型不确定参数 $c=0.000\ 01$；$d=0.000\ 01$；测量矩阵 $\boldsymbol{H}^2=1.01\boldsymbol{H}^1$。测量矩阵 $\boldsymbol{H}^1$、状态噪声幅值矩阵 $\boldsymbol{\Xi}$、测量幅值矩阵 $\boldsymbol{F}$、惯性矩阵 $\boldsymbol{M}$、阻尼矩阵 $\boldsymbol{D}$，分别取值如下：

$$
\boldsymbol{H}^1=\begin{bmatrix} \boldsymbol{I}_3 & \mathbf{0}_{3\times 6} & \boldsymbol{I}_3 & \mathbf{0}_3 \\ \mathbf{0}_6 & \boldsymbol{I}_6 & \mathbf{0}_{6\times 3} & \mathbf{0}_{6\times 3} \\ \mathbf{0}_3 & \mathbf{0}_{3\times 6} & \boldsymbol{I}_3 & \mathbf{0}_3 \\ \mathbf{0}_3 & \mathbf{0}_{3\times 6} & \mathbf{0}_3 & \boldsymbol{I}_3 \end{bmatrix}
$$

$$
\boldsymbol{\Xi}=[1\ \ 1\ \ 0.000\,1\times\pi/180\ \ 0.1\ \ 0.1\ \ 0.000\,1\times\pi/180\ \ 0\ \ 0\ \ 0\ \ 1\ \ 1\ \ 0.000\,1\times\pi/180\ \ 0\ \ 0\ \ 0]^{\mathrm{T}}
$$

$$
\boldsymbol{F}=[10\ \ 10\ \ 0.001\times\pi/180\ \ 0.01\ \ 0.01\ \ 0.01\ \ 0.01\ \ 0.01\ \ 0.01\ \ 0.01\ \ 0.01\ \ 0.01\ \ 0.01\ \ 0.01\ \ 0.01]^{\mathrm{T}}
$$

$$
\boldsymbol{M}=\begin{bmatrix} 5.312\,2\times 10^6 & & \\ & 8.283\,1\times 10^6 & \\ & & 3.745\,4\times 10^9 \end{bmatrix}
$$

$$
\boldsymbol{D}=\begin{bmatrix} 1.649\,7\times 10^5 & & \\ & 5.124\,9\times 10^5 & -6.812\,4\times 10^6 \\ & 2.602\,1\times 10^7 & 1.441\,8\times 10^9 \end{bmatrix}
$$

仿真结果如下所示。

(1) 单传感器滤波算法仿真验证。

在上述初始条件下船舶的运动情况如图 5.5 所示，分别表示船舶的北向、东向和艏向角的波频运动曲线、低频运动曲线和总运动曲线。

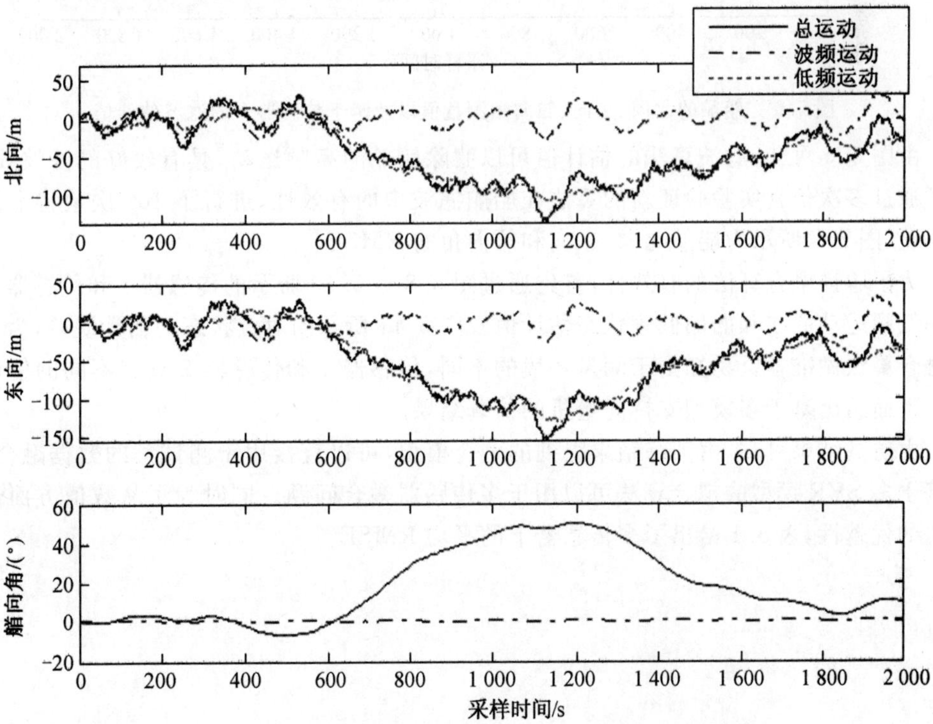

图 5.5　船舶总运动轨迹和北向、东向、艏向角运动轨迹

高海况下状态估计的目的是从测量值中分离出高频运动分量，进而得到低频运动的精确估计值。图 5.6 所示为船舶的北向、东向、艏向测量值以及基于传感器 1 的滤波估计值。

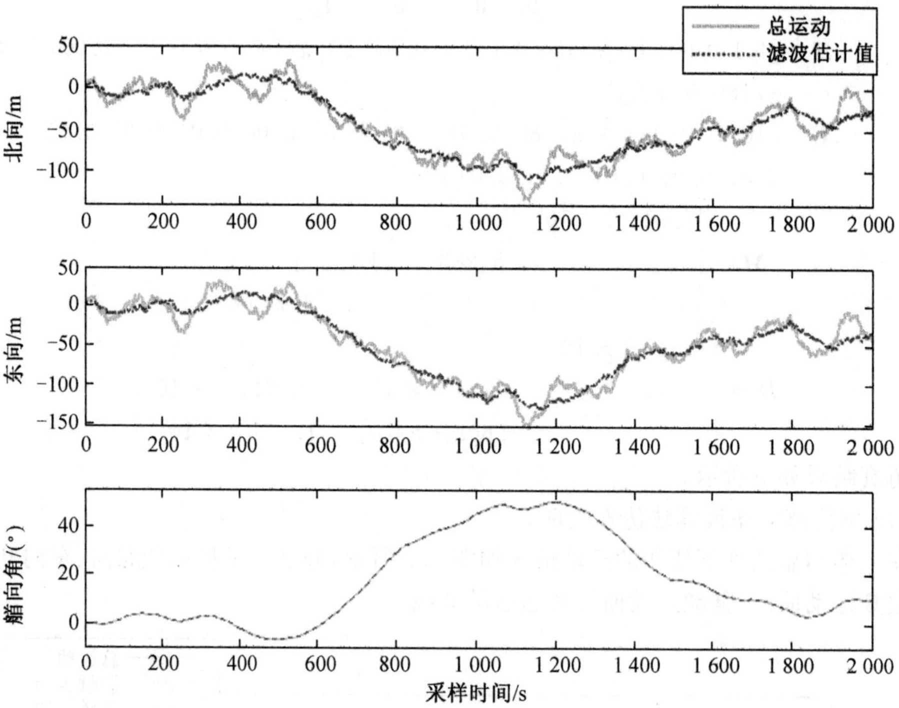

图 5.6　船舶的北向、东向、艏向角测量值以及基于传感器 1 的滤波估计值

由图 5.6 可知，滤波算法的估计值可以滤除船舶的高频运动，具有较好的滤波效果，为了通过多次仿真实验验证新的算法在船舶滤波中的有效性，进行了 100 次蒙特卡洛仿真实验，图 5.7 所示为船舶北向、东向和艏向角的 RMSE。

为了验证融合算法的有效性，首先通过图 5.8 ～ 5.10 所示的传感器 1 和传感器 2 的船舶低频运动曲线和船舶低频状态估计值及图 5.11 所示的对应状态的估计误差，为下一步融合算法做准备。易知由于测量环境的不同，传感器 1 和传感器 2 具有不同的估计误差。下面给出基于多模型支持向量机的仿真结果。

由仿真结果可知，由训练结果得到的融合模型，可以直接用于测试集的数据融合，说明基于多 SVR 模型的拟合算法可以用于多传感器融合问题。同时为了从数值方面说明算法的优越性，表 5.1 给出了多传感器下的平均 RMSE。

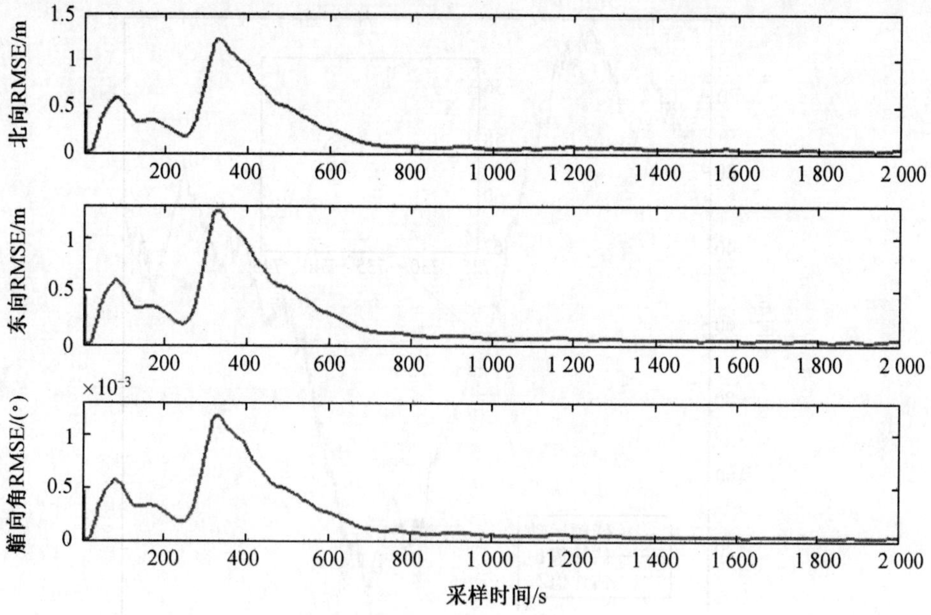

图 5.7　船舶北向、东向、艏向角的 RMSE

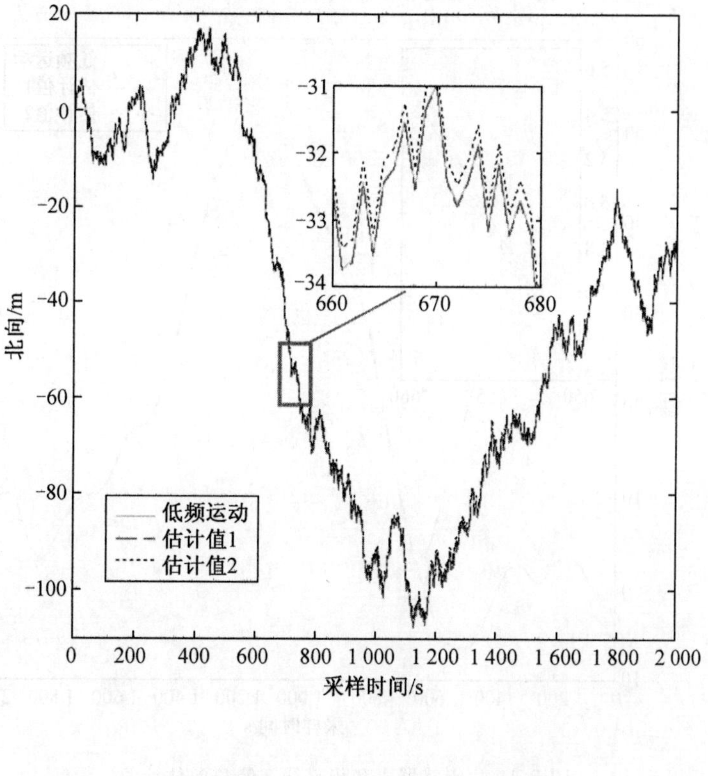

图 5.8　传感器 1 和传感器 2 北向估计值

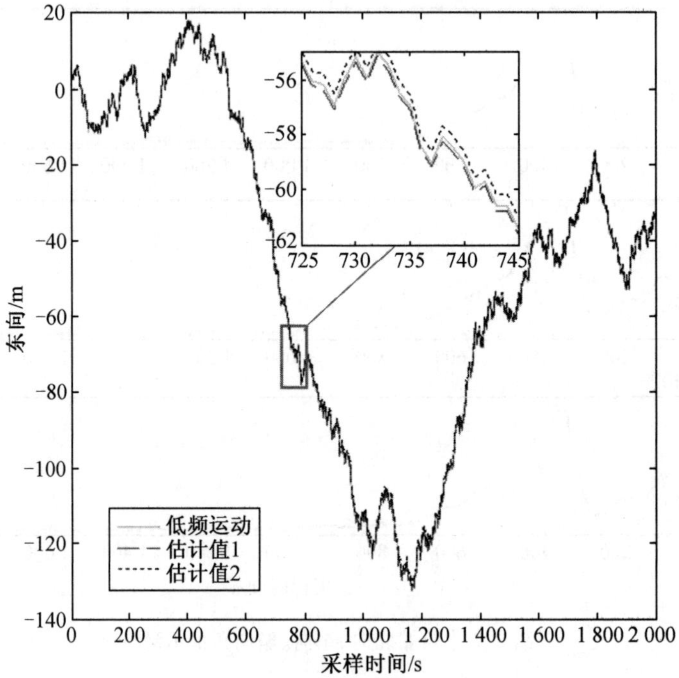

图 5.9　传感器 1 和传感器 2 东向估计值

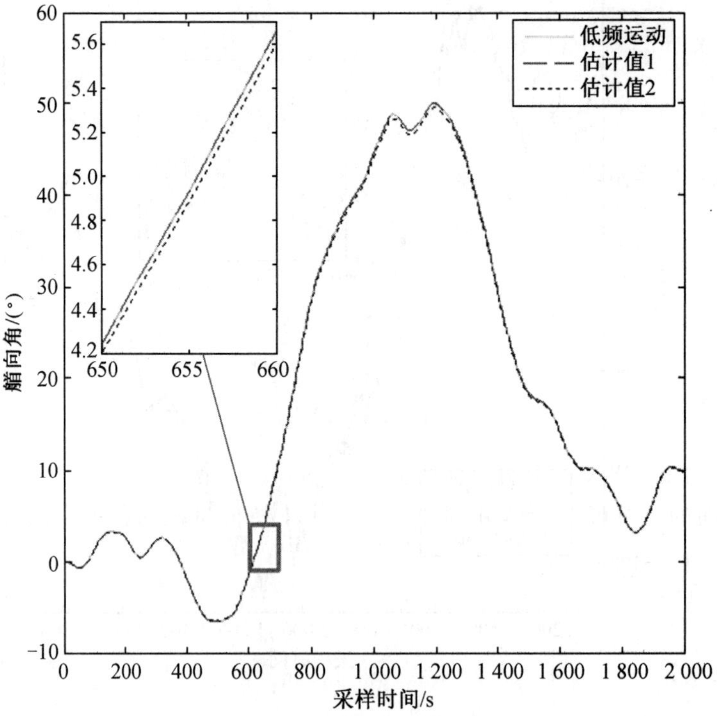

图 5.10　传感器 1 和传感器 2 艏角向估计值

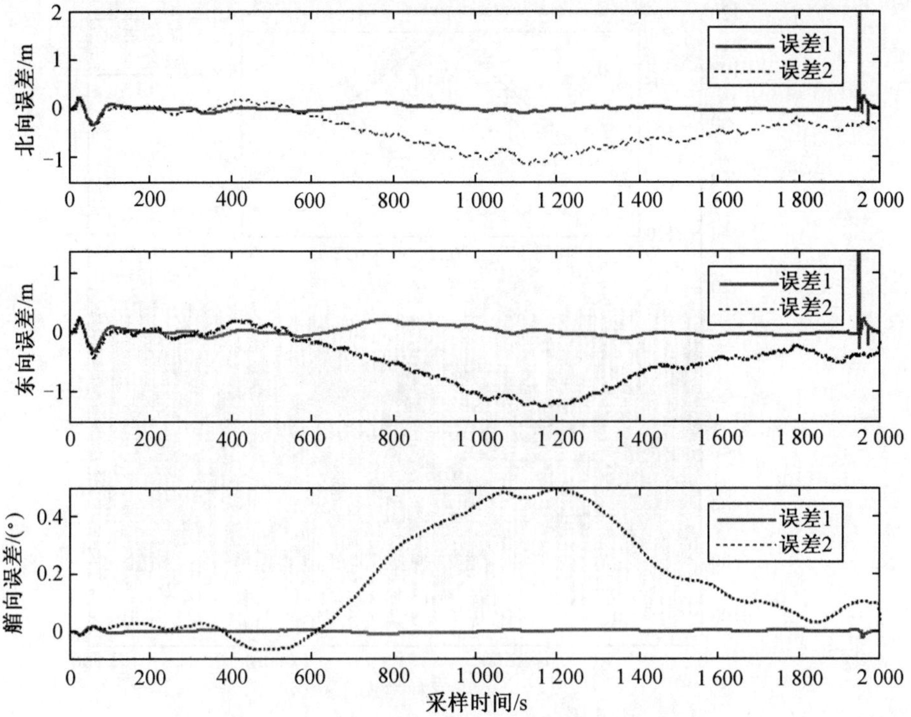

图 5.11　传感器 1 和传感器 2 下的估计误差

表 5.1　多传感器下的平均 RMSE

方向	传感器 1	传感器 2	训练集	测试集
北向	0.290 3	0.311 4	0.214 0	0.206 5
东向	0.259 3	0.374 1	0.225 0	0.211 6
艏向	$1.899\ 7\times10^{-4}$	0.062 2	$1.332\ 2\times10^{-5}$	$1.294\ 0\times10^{-5}$

RMSE 值越小，说明估计效果越好。由表 5.1 可知，基于多传感器 SVR 回归拟合的 RMSE 值要小于单传感器下的 RMSE 值，说明了融合算法的有效性。同时，测试集下的 RMSE 值小于训练集下的 RMSE 值，说明了基于 SVR 回归拟合的数据融合算法可以解决乘性噪声下的无人船非线性状态融合问题。

(2) 基于多 SVR 模型的融合算法。

由前面的分析可知，为了验证本书基于多支持向量机回归拟合的多传感器数据融合算法的有效性，随机选取 1 500 个采样点作为训练集，选取 500 个采样点作为测试集。首先通过训练集得到对应的融合模型，然后通过测试集验证算法的有效性。

① 训练集融合结果。

图 5.12 所示为训练集船舶北向低频运动曲线和在子模型 SVM1 下的融合值，图 5.13 所示为训练集船舶东向低频运动曲线和在子模型 SVM2 下的融合值，图 5.14 所示为训练集船舶艏向低频运动曲线和在子模型 SVM3 下的融合值，图 5.15 所示为对应的融合误差。

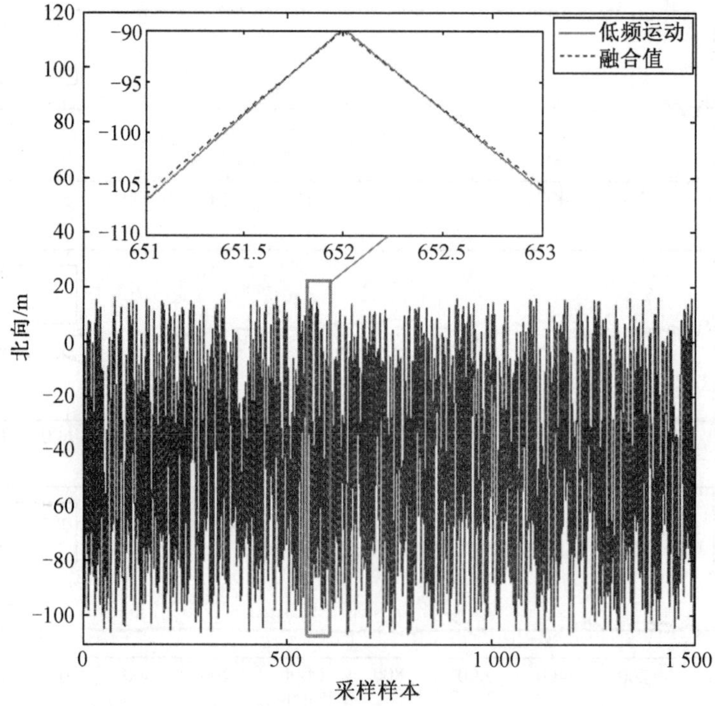

图 5.12　训练集船舶北向低频运动曲线和在子模型 SVM1 下的融合值

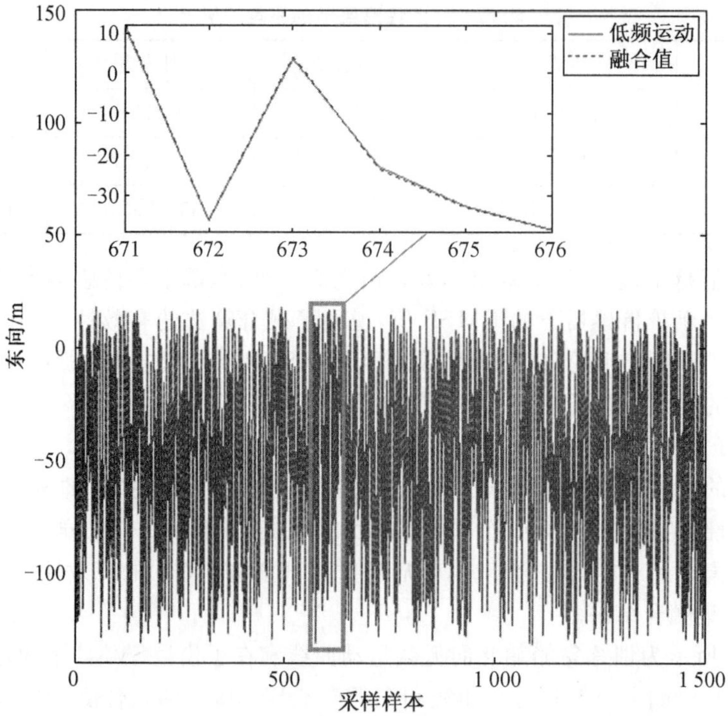

图 5.13　训练集船舶东向低频运动曲线和在子模型 SVM2 下的融合值

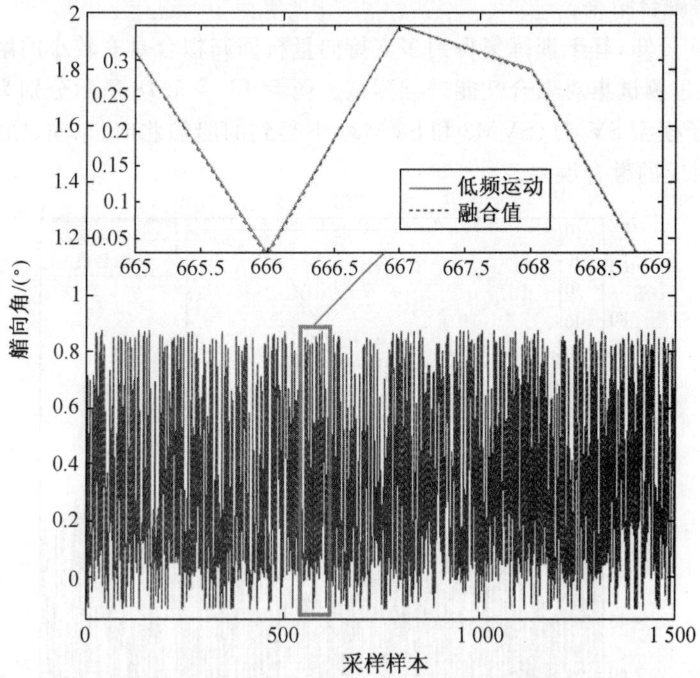

图 5.14　训练集船舶艏向角低频运动曲线和在子模型 SVM3 下的融合值

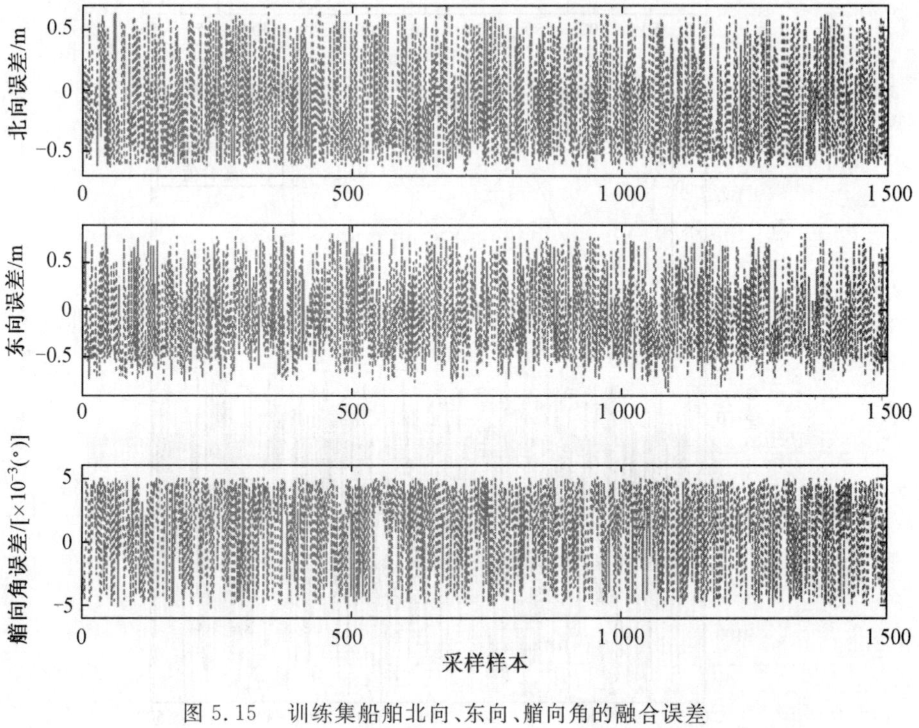

图 5.15　训练集船舶北向、东向、艏向角的融合误差

② 测试集融合结果。

由图 5.15 可知，基于训练集得到多支持向量机回归拟合具有较小的融合误差。因而采用该模型通过测试集对融合性能进行测试。图 5.16 ～ 5.18 所示分别为测试集在以上训练集模型(子模型 SVM1、SVM2 和 SVM3) 下得到的船舶北向、东向、艏向角融合值，图 5.19 所示为对应的融合误差。

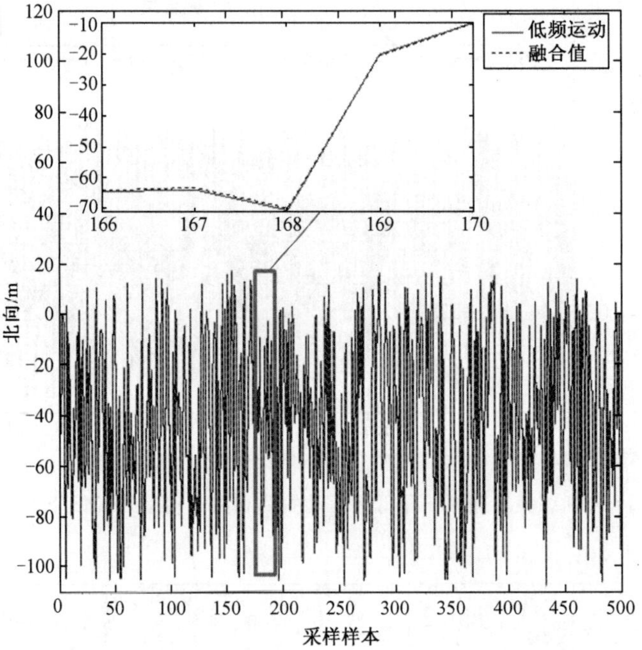

图 5.16　测试集在子模型 SVM1 下的北向融合值

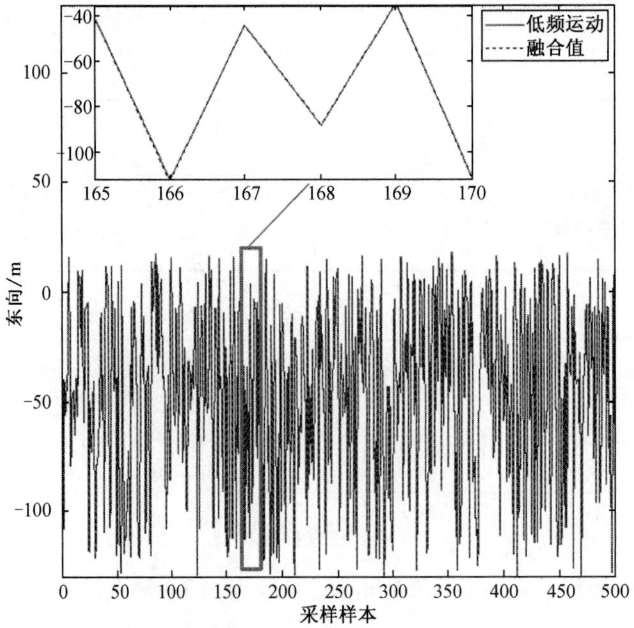

图 5.17　测试集在子模型 SVM2 下的东向融合值

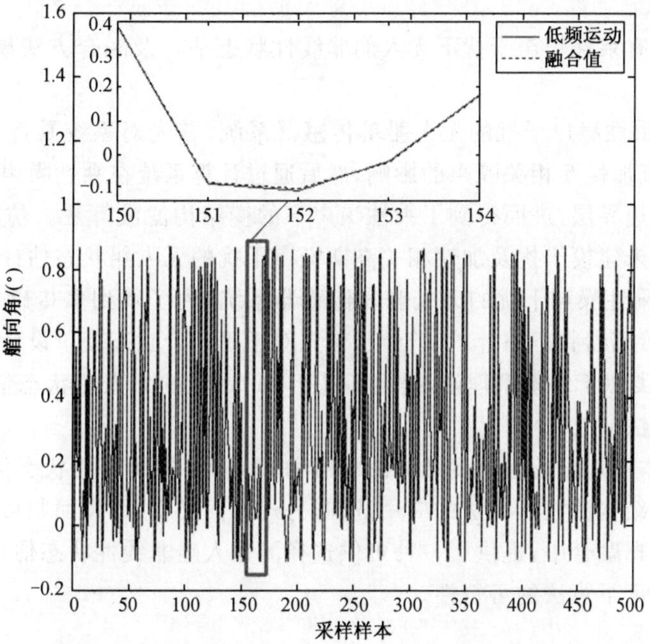

图 5.18　测试集在子模型 SVM3 下的艏向角融合值

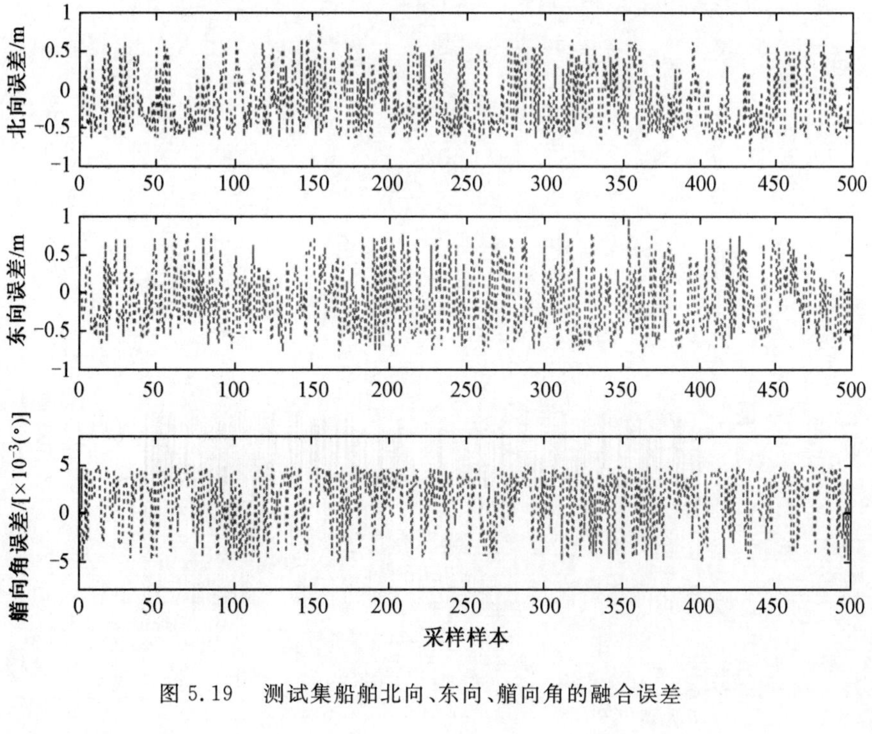

图 5.19　测试集船舶北向、东向、艏向角的融合误差

5.5 本章小结

本章针对具有乘性噪声干扰下无人船非线性状态估计及融合方法展开研究，主要得到以下结论。

(1) 对具有乘性噪声干扰的无人船单传感器系统，首先对系统乘性噪声干扰进行分析，并考虑了系统加性互相关噪声的影响，然后通过计算系统在乘性噪声和加性互相关噪声下的最优平滑边界层，进而得到了乘性噪声下的变结构滤波算法。仿真结果表明该算法可以用于存在未建模干扰及加性相关高斯噪声干扰的无人船状态估计。

(2) 对具有乘性噪声干扰的无人船多传感器系统，为了得到多传感器下的无人船状态估计值，在单传感器状态估计的基础上，首先对于每一个状态变量设计和训练对应的子 SVR 模型，然后类似于多模型理论，提出了基于 M-SVR 的无人船状态估计及融合算法，仿真结果表明算法高效。

综上所述，本书提出的基于变结构滤波器和 M-SVR 的无人船状态估计及融合算法，一方面扩展了变结构滤波器算法的应用范围，另一方面又将 SVR 回归拟合理论应用到无人船多传感器数据融合中，提供了一种可供选择的无人船非线性状态估计及融合算法，并通过仿真实验验证了算法的可行性。

第6章　无人船路径跟踪自适应模糊控制

本章要点：无人船没有横向驱动装置，当无人船在路径跟踪过程中遭受风、浪、流所引起的漂流力时，很容易发生侧滑。侧滑角表示无人船的合速度在船体坐标系下的方向，在实际中是未知的。本章考虑模型不确定、时变侧滑、时变海流及其他外界环境干扰条件下的无人船路径跟踪的鲁棒控制问题。首先研究了船舶在模型不确定、外界环境干扰和时变侧滑下的路径跟踪控制问题，设计了基于改进自适应 LOS(IALOS) 导引律的自适应模糊路径跟踪控制器，基于 IALOS 导引律，设计了自适应模糊姿态跟踪控制器和自适应模糊速度跟踪控制器。进一步地，考虑时变海流干扰对无人船运动学模型的扰动影响，提出了基于改进自适应积分 LOS(IAILOS) 导引律的自适应模糊路径跟踪控制器，IAILOS 导引律可以同时估计时变侧滑和时变海流，补偿时变侧滑和时变海流对船舶模型的干扰，为了提高模糊系统的暂态性能，分别设计了基于估计器的自适应模糊姿态跟踪控制器和速度跟踪控制器。最后，通过李雅普诺夫稳定性理论证明了闭环系统的误差信号是一致最终有界的。通过仿真实验验证了所提出的无人船路径跟踪自适应模糊控制器的有效性。

6.1　预备知识

由于 LOS 开始就是针对直线路径设计的，从它的原理可以看出它难以用于曲线路径的跟踪。为了使得无人船实现任意路径的跟踪，本节将前视距离 LOS 导引方法和 Serret-Frenet(SF) 坐标框架相结合，设计路径跟踪导引算法。

6.1.1　LOS 导引算法

LOS 导引算法是一种经典的导引方法，被广泛用于导弹、机器人和船舶等控制系统中，它是一种几何方法，原理是模仿有经验的舵手在操船时根据船舶当前位置指向期望点“视线”方向，进而得出期望的艏向角，通过设计控制器使船舶朝着 LOS 视线角航行，船舶便能收敛到期望航线上。LOS 导引策略独立于控制器，不依赖于船舶数学模型，对高频白噪声敏感度低，且设计参数少，获取船舶的期望航向只和船舶的当前位置和给定的期望几何路径有关，受环境影响小，能够实时高效地获得期望艏向角供控制层设计控制器。LOS 导引算法通常用来为船舶设计直线路径跟踪导引，将直线路径跟踪分解为导引环路和艏向控制环路，把航迹控制问题转换成期望艏向变化和航向跟踪问题，简化了控制器设计。

LOS 导引算法原理图如图 6.1 所示，其中期望几何路径是由一组给定的期望航迹点以直线方式连接而成，$P_k=(x_k, y_k)$ 和 $P_{k-1}=(x_{k-1}, y_{k-1})$ 为期望路径上的两个相邻参考航迹点，LOS 导引算法就是通过分析船舶和期望航线的几何关系，找到一个合适的目标跟踪点 $P_{\mathrm{LOS}}(x_{\mathrm{LOS}},y_{\mathrm{LOS}})$。假定无人船的当前位置坐标为 $P(x,y)$，以 $P(x,y)$ 为圆心，n 倍船长 L_{PP} 为半径作圆，选择适当大小的 n 使得该圆能和直线 $P_{k-1}P_k$ 相交，选取与 P_k 较近的交点作为LOS导引的目标跟踪点 P_{LOS}。根据图6.1所示的LOS导引算法原理图，应用几何知识可以求解目标跟踪点 P_{LOS} 的位置坐标为

$$\begin{cases}(y_{\mathrm{LOS}}-y)^2+(x_{\mathrm{LOS}}-x)^2=(nL_{\mathrm{PP}})^2\\ \dfrac{y_{\mathrm{LOS}}-y_{k-1}}{x_{\mathrm{LOS}}-x_{k-1}}=\dfrac{y_k-y_{k-1}}{x_k-x_{k-1}}=\tan\alpha_{k-1}\end{cases}\tag{6.1}$$

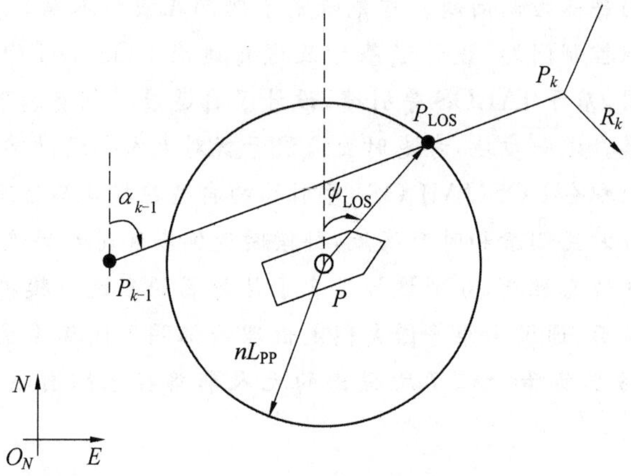

图 6.1　LOS 导引算法原理图

容易看出，与期望路径相交是有条件的，为保证目标跟踪点 P_{LOS} 的存在，需满足 $nL_{\mathrm{PP}}\geqslant R_k$ 条件，其中 R_k 是以 P_k 为圆心的切换圆半径，其切换条件为

$$(x_k-x)^2+(y_k-y)^2\leqslant R_k^2\tag{6.2}$$

由此，得到船舶期望艏向角的表达式如下：

$$\psi_{\mathrm{LOS}}=\arctan 2(y_{\mathrm{LOS}}-y,x_{\mathrm{LOS}}-x)\tag{6.3}$$

从 LOS 导引算法的原理中容易看出，该种算法是一种三点式导引方法，在进行直线路径跟踪时采用 LOS 导引计算简单且易于实现，有其自身独特的优势，但在实际海洋航行中，直线路径跟踪不能满足所有的任务需求，经常需要进行曲线路径跟踪，而 LOS 导引算法只适用于直线路径跟踪，在曲线路径跟踪上具有一定的局限性。

6.1.2　SF 坐标框架

为了满足实际工程应用，解决传统 LOS 导引算法不能实现曲线路径跟踪的问题，本书引入微分几何学中的 SF 坐标框架，通过建立旋转坐标系，应用微分同胚变换建立位置误差系统，将北东地坐标系下的位置误差转换为以目标跟踪点为原点的 SF 坐标系下的位置误差，分析几何关系，获得无人船的期望艏向角。LOS 导引方法和 SF 坐标框架的结合，可以使得期望路径不受几何形状的限制。

SF 坐标框架是微分几何中的一个重要概念，在研究刚体运动以及建立刚体运动学误差方程等方面得到了广泛应用。该坐标框架能建立以自由点为原点的坐标系，能反应研

究对象的一些独特几何特征，下面对 SF 坐标框架进行简要介绍。

定义 6.1　假设 l 是一条以弧长 s 为参数的可微曲线，且曲线 l 在任意点的曲率均为非零，则对任意参数值 s，两个正交单位向量 $\boldsymbol{n}(s)$ 与 $\boldsymbol{t}(s)$ 所形成的平面称为在 $l(s)$ 下的 SF 框架。

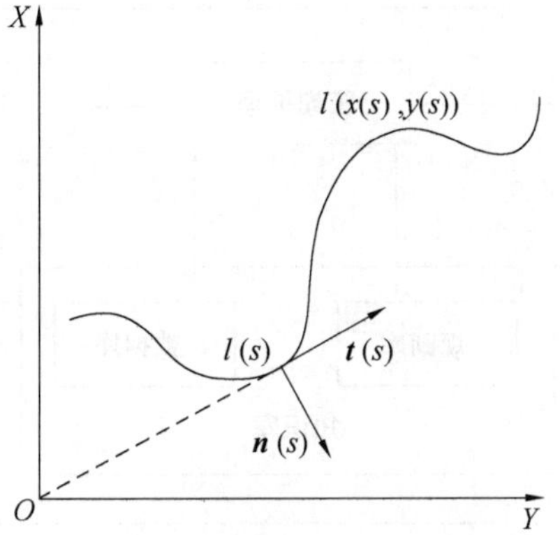

图 6.2　平面曲线的 SF 框架

如图 6.2 所示为平面曲线的 SF 框架，首先建立表示平面曲线的参考坐标系，传统坐标系是直角坐标系，由原点 O 引出两条相互垂直的直线作为 X 轴和 Y 轴，以 $\boldsymbol{i}$、$\boldsymbol{j}$ 表示这两个轴的正向单位向量，则该坐标系$\{O:\boldsymbol{i},\boldsymbol{j}\}$被称为正交标架。取曲线 l 上任意一点 $l(s)$，其坐标记为$(x(s)$、$y(s))$，则该点的单位切线向量 $\boldsymbol{t}(s)$ 为

$$\boldsymbol{t}(s)=\begin{bmatrix}\dfrac{\mathrm{d}x(s)}{\mathrm{d}s} & \dfrac{\mathrm{d}y(s)}{\mathrm{d}s}\end{bmatrix}^{\mathrm{T}} \tag{6.4}$$

将该向量 $\boldsymbol{t}(s)$ 顺时针旋转 90°，使其满足右手定则，则有且只有一个单位法向量 $\boldsymbol{n}(s)$

$$\boldsymbol{n}(s)=\begin{bmatrix}-\dfrac{\mathrm{d}y(s)}{\mathrm{d}s} & \dfrac{\mathrm{d}x(s)}{\mathrm{d}s}\end{bmatrix}^{\mathrm{T}} \tag{6.5}$$

由定义 6.1 可知，正交标架$\{l(s):\boldsymbol{t}(s),\boldsymbol{n}(s)\}$是曲线 l 在 $l(s)$ 点的 SF 标架。

本小节介绍了 LOS 导引以及 SF 坐标框架的基本知识，这些知识概念为建立基于 SF 坐标系的无人船路径跟踪误差模型奠定了重要的理论基础。本书将在 SF 坐标框架下建立无人船位置误差系统，通过在航迹跟踪点上建立新的 SF 坐标系，将北东地坐标系下的位置误差转化为 SF 坐标系下的位置误差，从而得到无人船当前位置和期望路径间的位置误差方程。在此基础上设计期望艏向角，实现横向位置偏差的镇定，从而实现无人船到期望路径的收敛。

6.1.3　模糊系统的概念

模糊集理论是 1965 年由美国自动控制专家 Zadeh 教授创立起来的，之后模糊系统理论迅速发展并得到广泛应用，它的控制核心是通过模拟人脑的思维方式，利用模糊集理论，把人的控制策略的自然语言转化成计算机能够接受的算法语言来实现过程控制。这种方法能充分凭借人们的自身经验对一些无法构造数学模型的被控对象建立非常贴近实际的数学模型，然后对其数学模型进行有效的控制，达到很好的控制效果。因此，模糊控制为解决系统中的不准确和不确定性提供了一种有效方法。近年来，利用模糊逻辑系统设计非线性系统控制器已成为模糊控制研究领域的一个热点。模糊系统框图如图 6.3 所示。

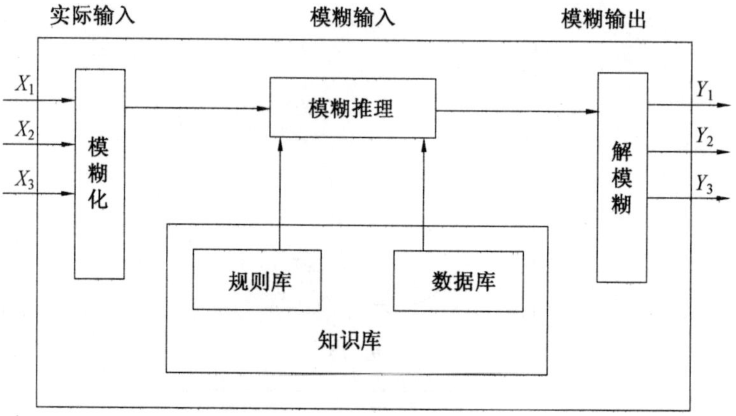

图 6.3　模糊系统框图

模糊系统包括四个组成部分：模糊规则库、模糊推理机、模糊化和解模糊化。模糊规则库由 IF-THEN 规则组成

如果 x_1 为 $F_1^{l_1}$，x_2 为 $F_2^{l_2}$，…，x_n 为 $F_n^{l_n}$，则

$$g=E^{l_1\cdots l_n} \tag{6.6}$$

其中，$x_i(i=1,2,\cdots,n)$ 和 g 分别为模糊逻辑系统的输入变量和输出变量，$\boldsymbol{x}=[x_1\ \ x_2\ \ \cdots\ \ x_n]^{\mathrm{T}}\in\mathbf{R}^n$，$g\in\mathbf{R}$；$F_i^{l_i}(i=1,2,\cdots,n;l_i=1,2,\cdots,p_i)$ 是输入变量 x_i 的模糊集，p_i 是模糊集的数目；$E^{l_1\cdots l_n}(l_1\cdots l_n=1,2,\cdots,N,N=\prod_{i=1}^{n}p_i)$ 是输出变量 g 的模糊集，N 是模糊规则库的数目。经过单值模糊器、乘机推理机、中心平均解模糊化，模糊系统的输出定义为

$$g(x)=\frac{\sum_{l_1=1}^{p_1}\cdots\sum_{l_n=1}^{p_n}\bar{g}^{l_1\cdots l_n}\prod_{i=1}^{n}\mu_{F_i}^{l_i}(x_i)}{\sum_{l_1=1}^{p_1}\cdots\sum_{l_n=1}^{p_n}\left(\prod_{i=1}^{n}\mu_{F_i}^{l_i}(x_i)\right)} \tag{6.7}$$

其中，$\mu_{F_i}^{l_i}(x_i)$ 是模糊集 $F_i^{l_i}$ 的隶属度函数；$\bar{g}^{l_1\cdots l_n}$ 是模糊集 $E^{l_1\cdots l_n}$ 的隶属度函数，$\bar{g}^{l_1\cdots l_n}=\arg\max_{g\in R}\mu_{E^{l_1\cdots l_n}(g)},\mu_{E^{l_1\cdots l_n}(g)}$；$\boldsymbol{G}$ 为模糊参数变量，$\boldsymbol{G}=[\bar{g}^1\ \ \bar{g}^2\ \ \cdots\ \ \bar{g}^N]^{\mathrm{T}}\in\mathbf{R}^N$。

定义模糊基函数为 $\varphi_{l_1\cdots l_n}(x)=\dfrac{\prod_{i=1}^{n}\mu_{F_i}^{l_i}(x_i)}{\sum_{l_1=1}^{p_1}\cdots\sum_{l_n=1}^{p_n}\left(\prod_{i=1}^{n}\mu_{F_i}^{l_i}(x_i)\right)}(l_1\cdots l_n=1,2,\cdots,N)$，$\boldsymbol{\varphi}(x)=[\varphi_1(x)\ \ \varphi_2(x)\ \ \cdots\ \ \varphi_N(x)]^{\mathrm{T}}\in\mathbf{R}^N$ 为模糊基函数变量，因此，模糊逻辑系统可写成线性化参数的形式：

$$g(x)=\boldsymbol{G}^{\mathrm{T}}\boldsymbol{\varphi}(x) \tag{6.8}$$

定理 6.1 （万能逼近定理）：假设输入论域 $U\subset\mathbf{R}^n$ 是紧致集，对于任意的连续函数 $f(x)$ 和任意的 $\varepsilon>0$，存在一个模糊系统 $g(x)$ 使得下式成立：

$$\sup_{x\in U}|f(x)-g(x)|\leqslant\varepsilon \tag{6.9}$$

通过定理 6.1 可知，模糊系统是万能逼近器，它能够逼近任意紧致集上的连续函数，表示为

$$f(x)=\boldsymbol{G}^{*\mathrm{T}}\boldsymbol{\varphi}(x)+\delta(x) \tag{6.10}$$

其中，$\delta(x)$ 是最小逼近误差，$\delta(x)\in\mathbf{R}$，最优参数变量 $\boldsymbol{G}^*\subset\mathbf{R}^n$ 定义为

$$\boldsymbol{G}^*=\left[\sup_{x\in U}\left|f(x)-\boldsymbol{G}^{\mathrm{T}}\boldsymbol{\varphi}(x)\right|\right] \tag{6.11}$$

6.2　基于 IALOS 导引系统的 USV 路径跟踪自适应模糊控制

考虑模型不确定和外界环境干扰下的无人船运动学模型：

$$\begin{cases}\dot{x}=u\cos\psi-v\sin\psi\\ \dot{y}=u\sin\psi+v\cos\psi\\ \dot{\psi}=r\\ m_{11}\dot{u}=f_{\mathrm{u}}(t,u,v,r)+\tau_{\mathrm{u}}+\tau_{\mathrm{wu}}\\ m_{22}\dot{v}=f_{\mathrm{v}}(t,u,v,r)+\tau_{\mathrm{wv}}\\ m_{33}\dot{r}=f_{\mathrm{r}}(t,u,v,r)+\tau_{\mathrm{r}}+\tau_{\mathrm{wr}}\end{cases} \tag{6.12}$$

其中，$f_{\mathrm{u}}(t,u,v,r)$、$f_{\mathrm{v}}(t,u,v,r)$、$f_{\mathrm{r}}(t,u,v,r)$ 是不确定函数，包含未建模动态和模型参数不确定性；τ_{wu}、τ_{wv}、τ_{wr} 分别为船舶在纵向、横向和艏摇方向受到的未知时变干扰。在实际工程应用中，通常认为船舶的惯性参数可以精确获得。

假设 6.1　模型不确定项 f_{u}、f_{v}、f_{r} 和未知外界环境干扰是有界的。

针对模型不确定、未知外界环境干扰和时变侧滑下的无人船舶模型式(6.12)，本节的控制目标：① 设计导引律获得期望的艏向角和路径参数更新律，并且能够补偿时变的侧滑角；② 设计姿态跟踪控制器 τ_{r} 和速度跟踪控制器 τ_{u}，使得无人船跟踪期望的预定义路径，并且船舶的纵向速度达到期望的速度值；③ 闭环系统的所有误差均能收敛到任意小的零邻域内，闭环系统的所有状态均能达到一致最终有界。

本节所设计的无人船路径跟踪控制分为三个子系统：IALOS 导引子系统、姿态跟踪子系统和速度跟踪子系统。

6.2.1　IALOS 导引系统的设计

针对无人船路径跟踪控制问题，结合运动学模型，应用微分同胚变换将北东地坐标系中无人船的位置跟踪误差转换为 SF 框架下的位置跟踪误差，推导出无人船路径跟踪的误差模型。无人船路径跟踪框架如图 6.4 所示。

无人船跟踪预先规划好的期望路径为 $S(\theta)$，其中 θ 是路径参数变量。$P_{\mathrm{F}}(\theta)$ 是期望路径上虚拟移动的当前目标点，定义为 SF 坐标系的原点，以当前目标点做期望路径的切

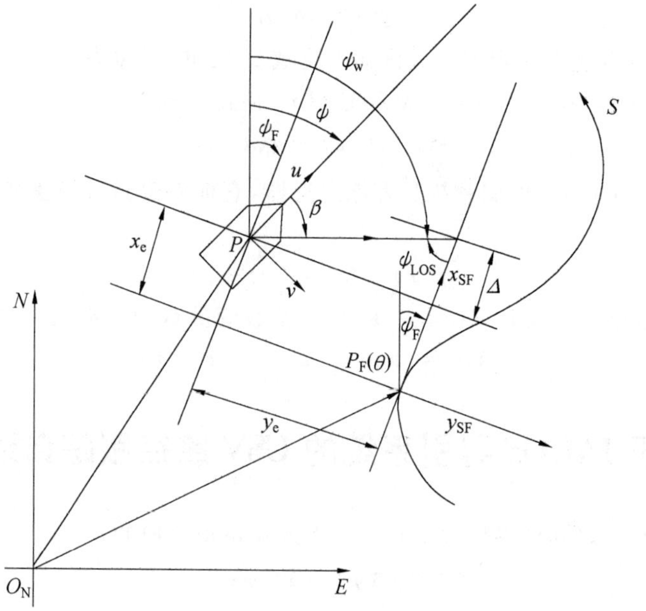

图 6.4　无人船路径跟踪框架

线作为 SF 坐标系的 x_{SF} 轴，将 x_{SF} 轴顺时针旋转 90°形成的新的坐标轴，作为 SF 坐标系的 y_{SF} 轴。无人船的位置和艏向角的坐标记为 $P=(x,y)$，期望路径上虚拟移动的当前目标点用坐标表示为 $P_F=(x_F,y_F)$，其中 x_F、y_F 分别表示虚拟移动目标点在北东地坐标系下的纵向位置和横向位置。ψ_F 是参数路径上任一点(x_F,y_F)处的切线方向与北东地坐标系的 $O_N N$ 轴之间的夹角，称之为路径切向角，顺时针为正，其表达式如下：

$$\psi_F = a\tan 2(y'_F(\theta), x'_F(\theta)) \tag{6.13}$$

其中，$(\cdot)'_F=\partial(\cdot)/\partial\theta$。

假设 6.2　期望几何路径 $P_F(\theta)$ 存在一阶和二阶有界导数，且该路径为一条常规曲线，即满足 $x_F'^2(\theta)+y_F'^2(\theta)\neq 0$，其中$(\cdot)'_F(\theta)\triangleq \mathrm{d}(\cdot)_F/\mathrm{d}\theta$。

因此，定义在 SF 坐标系的无人船路径跟踪误差为 $\boldsymbol{P}_{eF}=(x_e,y_e)$，定义在北东地坐标下的路径跟踪误差为 $\boldsymbol{P}_{eN}$，经过微分同胚变换，它们之间的关系表示如下：

$$\boldsymbol{P}_{eF}=\boldsymbol{R}_F^{T}(\psi_p)\boldsymbol{P}_{eN} \tag{6.14}$$

其中，$\boldsymbol{R}_F^{T}(\psi_p)$ 是 NED 坐标系到 SF 坐标系的旋转矩阵，具体表达式如下：

$$\boldsymbol{R}_F^{T}(\psi_p)=\begin{bmatrix}\cos\psi_F & \sin\psi_F\\ -\sin\psi_F & \cos\psi_F\end{bmatrix} \tag{6.15}$$

展开式(6.14)可得

$$\begin{bmatrix}x_e\\ y_e\end{bmatrix}=\begin{bmatrix}\cos\psi_F & \sin\psi_F\\ -\sin\psi_F & \cos\psi_F\end{bmatrix}\begin{bmatrix}x-x_F\\ y-y_F\end{bmatrix} \tag{6.16}$$

其中，x_e 是纵向跟踪误差；y_e 是横向跟踪误差。由图 6.4 可知，$\psi_w=\psi+\beta$ 是无人船的航迹角，$\beta=a\tan 2(v,u)$ 是无人船的合速度相对于船体坐标系的夹角，它是由无人船转向时，横向速度与风、浪、流等外界干扰产生的漂流力共同作用产生的漂角，即侧滑角，这将导致

无人船的航迹角 ψ_w 与艏向角 ψ 不相等。船舶一般采用航向自动驾驶仪进行导航，该自动驾驶仪具有来自艏向角的反馈。在船舶路径跟踪应用中，航迹角 ψ_w 一般可通过导航系统测量得到，那么可将侧滑角对路径跟踪的影响直接映射到航迹角中，然后设计相应的航迹控制器去进行路径跟踪控制。而在实际中，海洋作业的特点是海况大范围变化从而引起时变扰动，进而导致侧滑角是未知时变的。因此，要对未知时变的侧滑角进行估计补偿，来获得精确的路径跟踪性能。

对式(6.16)两边进行求导，无人船在 SF 坐标系下的路径跟踪误差动态如下：

$$\begin{bmatrix}\dot{x}_e\\ \dot{y}_e\end{bmatrix}=\begin{bmatrix}u\cos(\psi-\psi_F)-v\sin(\psi-\psi_F)+\dot{\psi}_F y_e-\dot{\theta}\sqrt{x_F'^2+y_F'^2}\\ u\sin(\psi-\psi_F)+v\cos(\psi-\psi_F)-\dot{\psi}_F x_e\end{bmatrix} \tag{6.17}$$

$U=\sqrt{u^2+v^2}$ 是无人船的合速度。

现有文献中的自适应积分 LOS 导引律只能估计常数侧滑角，本小节基于自适应技术，设计 IALOS 导引律，选择合适的自适应律对时变的侧滑角进行补偿，最终实现无人船在时变侧滑下的精确路径跟踪控制。

首先做出以下假设。

假设 6.3　无人船在航行过程中侧滑角 β 很小(通常小于 5°)，存在一个正定常数 β^* 使得 $|\beta|\leqslant\beta^*$。并且侧滑角变化缓慢，即 $|\dot{\beta}|\leqslant C_\beta$，其中 C_β 是正定常数。

尽管侧滑角很小，但是仍然影响船舶的路径跟踪性能，如果不能对其进行恰当补偿，将会导致船舶与期望路径之间产生较大的偏差。

基于假设 6.3，$\cos\beta\approx 1$，$\sin\beta\approx\beta$，重新列写无人船的纵向跟踪误差如下：

$$\begin{aligned}\dot{y}_e&=u\sin(\psi-\psi_F)+v\cos(\psi-\psi_F)-\dot{\psi}_F x_e\\&=U\sin(\psi-\psi_F+\beta)-\dot{\psi}_F x_e\\&=U\sin(\psi-\psi_F)\cos\beta+U\cos(\psi-\psi_F)\sin\beta-\dot{\psi}_F x_e\\&=U\sin(\psi-\psi_F)+U\cos(\psi-\psi_F)\beta-\dot{\psi}_F x_e\end{aligned} \tag{6.18}$$

定义李雅普诺夫函数如下：

$$V_g=\frac{1}{2}x_e^2+\frac{1}{2}y_e^2+\frac{1}{2k_\beta}\tilde{\beta}^2 \tag{6.19}$$

其中，$\tilde{\beta}$ 为侧滑角的估计误差，$\tilde{\beta}=\beta-\hat{\beta}$；$\hat{\beta}$ 为侧滑角的估计值；k_β 为设计参数，$k_\beta>0$。

对式(6.19)两边进行求导，并结合无人船路径跟踪误差动态式(6.17)和式(6.18)可得

$$\begin{aligned}\dot{V}_g=&x_e\left[u\cos(\psi-\psi_F)-v\sin(\psi-\psi_F)+\dot{\psi}_F y_e-\dot{\theta}\sqrt{x_F'^2+y_F'^2}\right]+\\&y_e\left[U\sin(\psi-\psi_F)+U\cos(\psi-\psi_F)\beta-\dot{\psi}_F x_e\right]+\frac{1}{k_\beta}\tilde{\beta}(\dot{\beta}-\dot{\hat{\beta}})\end{aligned} \tag{6.20}$$

基于式(6.20)，可得期望艏向角、侧滑角自适应律和路径参数更新律如下：

$$\psi_d=\psi_F+\arctan\left(-\frac{y_e}{\Delta}-\hat{\beta}\right) \tag{6.21}$$

$$\dot{\hat{\beta}}=k_\beta\left[\frac{y_eU\Delta}{\sqrt{(y_e+\Delta\hat{\beta})^2+\Delta^2}}-\hat{\beta}\right] \tag{6.22}$$

$$\dot{\theta}=\frac{u\cos(\psi-\psi_F)-v\sin(\psi-\psi_F)+k_sx_e}{\sqrt{x_F'^2+y_F'^2}} \tag{6.23}$$

其中，$k_\beta>0, k_s>0$；Δ 为导引方法中的前视距离，$0<\Delta_{\min}\leqslant\Delta\leqslant\Delta_{\max}$。

由式(6.21)可得

$$\begin{aligned}\sin(\psi-\psi_F)&=\sin\left(\arctan(-\frac{y_e}{\Delta}-\hat{\beta})+\psi_e\right)\\&=-\frac{y_e+\Delta\hat{\beta}}{\sqrt{\Delta^2+(y_e+\Delta\hat{\beta})^2}}\cos\psi_e+\frac{\Delta}{\sqrt{\Delta^2+(y_e+\Delta\hat{\beta})^2}}\sin\psi_e\end{aligned} \tag{6.24}$$

$$\begin{aligned}\cos(\psi-\psi_F)&=\cos\left(\arctan(-\frac{y_e}{\Delta}-\hat{\beta})+\psi_e\right)\\&=\frac{\Delta}{\sqrt{\Delta^2+(y_e+\Delta\hat{\beta})^2}}\cos\psi_e+\frac{y_e+\Delta\hat{\beta}}{\sqrt{\Delta^2+(y_e+\Delta\hat{\beta})^2}}\sin\psi_e\end{aligned} \tag{6.25}$$

其中，$\psi_e=\psi-\psi_d$。

将式(6.21)～(6.23)代入式(6.20)，可得

$$\begin{aligned}\dot{V}_g=&-k_sx_e^2-\frac{y_eU(y_e-\Delta\tilde{\beta})}{\sqrt{\Delta^2+(y_e+\Delta\hat{\beta})^2}}-Ux_e\sin(\psi-\psi_F)\tilde{\beta}+y_eU\left(\frac{\Delta+y_e\beta+\Delta\beta\tilde{\beta}}{\sqrt{\Delta^2+(y_e+\Delta\hat{\beta})^2}}\right)\sin\psi_e+\\&y_eU(1-\cos\psi_e)\frac{y_e-\Delta\tilde{\beta}}{\sqrt{\Delta^2+(y_e+\Delta\hat{\beta})^2}}+\frac{1}{k_\beta}\tilde{\beta}\dot{\beta}-\tilde{\beta}\left[\frac{y_eU\Delta}{\sqrt{(y_e+\Delta\hat{\beta})^2+\Delta^2}}-\hat{\beta}\right]\\\leqslant&-k_sx_e^2-\frac{Uy_e^2}{\sqrt{\Delta^2+(y_e+\Delta\hat{\beta})^2}}+\frac{1}{2}Ux_e^2+\frac{1}{2}\tilde{\beta}^2+y_eU\varphi\psi_e-\tilde{\beta}^2+\frac{1}{k_\beta}\tilde{\beta}\dot{\beta}+\tilde{\beta}\beta\\\leqslant&-\left(k_s-\frac{1}{2}U\right)x_e^2-\frac{U}{\sqrt{\Delta^2+(y_e+\Delta\hat{\beta})^2}}y_e^2-\frac{1}{2}\tilde{\beta}^2+y_eU\varphi\psi_e+|\tilde{\beta}|\left(\frac{C_\beta}{k_\beta}+\beta^*\right)\end{aligned} \tag{6.26}$$

其中，$\varphi=\dfrac{(1-\cos\psi_e)(y_e-\Delta\tilde{\beta})+(\Delta+y_e\beta+\Delta\hat{\beta}\beta)\sin\psi_e}{\psi_e\sqrt{\Delta^2+(y_e+\Delta\hat{\beta})^2}}$。

由于 $\left|\dfrac{\sin\psi_e}{\psi_e}\right|\leqslant1, \left|\dfrac{1-\cos\psi_e}{\psi_e}\right|<0.73, \dfrac{y_e+\Delta\hat{\beta}}{\sqrt{\Delta^2+(y_e+\Delta\hat{\beta})^2}}\leqslant1, \dfrac{\Delta}{\sqrt{\Delta^2+(y_e+\Delta\hat{\beta})^2}}\leqslant1$，

所以，

$$\varphi=\frac{(1-\cos\psi_e)}{\psi_e}\left(\frac{y_e+\Delta\hat{\beta}}{\sqrt{\Delta^2+(y_e+\Delta\hat{\beta})^2}}-\frac{\Delta\beta}{\sqrt{\Delta^2+(y_e+\Delta\hat{\beta})^2}}\right)+$$

$$\frac{\sin \psi_e}{\psi_e}\left[\frac{\Delta}{\sqrt{\Delta^2+(y_e+\Delta\hat{\beta})^2}}+\frac{(y_e+\Delta\hat{\beta})\beta}{\sqrt{\Delta^2+(y_e+\Delta\hat{\beta})^2}}\right]$$
$$\leqslant 1.73+1.73\beta^* \tag{6.27}$$

是有界的。

式(6.26)之后用于 6.2.2 节整个可控系统的稳定性分析。

6.2.2　无人船路径跟踪自适应模糊控制器设计

自适应模糊控制子系统分为两部分：① 自适应模糊航向跟踪控制器设计；② 自适应模糊速度跟踪控制器设计。在本小节，采用反步法设计自适应模糊航向跟踪控制器 τ_r 和速度跟踪控制器 τ_u，用于跟踪期望的艏向角 ψ_d 和期望的速度 u_d，未知合成扰动采用模糊逻辑系统和自适应技术进行逼近。

(1) 自适应模糊航向跟踪控制器设计。

① 定义艏向角跟踪误差变量为

$$\psi_e=\psi-\psi_d \tag{6.28}$$

因此，$\dot{\psi}_e=r-\dot{\psi}_d$。

选取李雅普诺夫函数如下：

$$V_\psi=\frac{1}{2}\psi_e^2 \tag{6.29}$$

对式(6.29)进行求导，可得

$$\dot{V}_\psi=\psi_e\dot{\psi}_e=\psi_e(r-\dot{\psi}_d) \tag{6.30}$$

② 定义艏向角速度跟踪误差变量为

$$r_e=r-\alpha_r \tag{6.31}$$

其中，α_r 是虚拟控制输入，可设计为 $\alpha_r=-k_\psi\psi_e+\dot{\psi}_d-y_eU\varphi$。其中，$k_\psi>0$ 是控制设计参数。因此，

$$\dot{V}_\psi=\psi_e(r_e+\alpha_r-\dot{\psi}_d)=-k_\psi\psi_e^2+\psi_e r_e-y_eU\varphi\psi_e \tag{6.32}$$

从式(6.12)可知：

$$\dot{r}_e=\dot{r}-\dot{\alpha}_r=\frac{1}{m_{33}}(d_r+\tau_r)-\dot{\alpha}_r \tag{6.33}$$

其中，$d_r=f_r+\tau_{wr}$。

选取李雅普诺夫函数如下：

$$V_r=V_\psi+\frac{1}{2}m_{33}r_e^2 \tag{6.34}$$

对式(6.34)进行求导，可得

$$\dot{V}_r=\dot{V}_\psi+m_{33}r_e\dot{r}_e=-k_\psi\psi_e^2+\psi_e r_e-y_eU\varphi\psi_e+r_e(d_r+\tau_r-m_{33}\dot{\alpha}_r) \tag{6.35}$$

设计航向跟踪控制器如下：

$$\tau_r=-k_r r_e+m_{33}\dot{\alpha}_r-d_r-\psi_e \tag{6.36}$$

其中，k_{r} 是控制设计参数，$k_{\mathrm{r}} > 0$。

由于存在未建模动态和未知干扰，因此 d_{r} 视为合成干扰，是未知的，本小节采用模糊逼近定理逼近未知项 d_{r}。

定义 $\bar{\boldsymbol{x}} = [x \quad y \quad \psi \quad u_{\mathrm{r}} \quad v_{\mathrm{r}} \quad r]^{\mathrm{T}} \in \mathbf{R}^6$，$\hat{\boldsymbol{f}}(\bar{\boldsymbol{x}}) = [\hat{f}_1(\bar{\boldsymbol{x}}) \quad \hat{f}_2(\bar{\boldsymbol{x}})]^{\mathrm{T}} \in \mathbf{R}^2$ 作为模糊逻辑系统的输入变量、输出变量，则模糊规则如下：

如果 x 为 $A_1^{l_1}$，y 为 $A_2^{l_2}$，ψ 为 $A_3^{l_3}$，u 为 $A_4^{l_4}$，v 为 $A_5^{l_5}$，r 为 $A_6^{l_6}$，则

$$\hat{f}_1(\bar{\boldsymbol{x}}) \text{ 为 } B_1^{l_1 \cdots l_6}, \hat{f}_2(\bar{\boldsymbol{x}}) \text{ 为 } B_2^{l_1 \cdots l_6} \tag{6.37}$$

其中，$A_i^{l_i}(i=1,2,\cdots,6; l_i=1,2,\cdots,s_i)$ 是输入变量 $\bar{x}_i$ 的模糊集，$s_i(i=1,2,\cdots,6)$ 是模糊集的数目；$B_j^{l_1 \cdots l_6}(j=1,2; l_1 \cdots l_6 = 1,2,\cdots,Q; Q=\prod_{i=1}^{6} s_i)$ 是输出变量 $\hat{f}_j(\bar{\boldsymbol{x}})(j=1,2)$ 的模糊集，Q 是模糊规则的总数目。

采用模糊规则式(6.37)，经过单值模糊器，乘机推理机，中心解模糊器，模糊系统可表示为如下形式：

$$\hat{f}_j(\bar{\boldsymbol{x}}) = \boldsymbol{\theta}_j^{\mathrm{T}} \boldsymbol{\xi}(\bar{\boldsymbol{x}}) \tag{6.38}$$

其中，$\boldsymbol{\theta}_j$ 是模糊参数变量，$\boldsymbol{\theta}_j = [\theta_j^1 \quad \theta_j^2 \quad \cdots \quad \theta_j^Q]^{\mathrm{T}} \in \mathbf{R}^Q (j=1,2)$；$\theta_j^{l_1 \cdots l_6}$ 是模糊集 $B_j^{l_1 \cdots l_6}$ 的隶属度函数，$\theta_j^{l_1 \cdots l_6} = \arg \max\limits_{\hat{f}_j \in \mathbf{R}} \mu_{B_j^{l_1 \cdots l_6}}(\hat{f}_j)$，$\mu_{B_j^{l_1 \cdots l_6}}(\hat{f}_j)$。$\boldsymbol{\xi}(\bar{\boldsymbol{x}}) = [\xi_1(\bar{\boldsymbol{x}}) \quad \xi_2(\bar{\boldsymbol{x}}) \quad \cdots \quad \xi_Q(\bar{\boldsymbol{x}})]^{\mathrm{T}} \in \mathbf{R}^Q$ 模糊基函数变量，模糊基函数 $\xi_{l_1 \cdots l_6}(\bar{\boldsymbol{x}})(l_1 \cdots l_6 = 1,2,\cdots,Q)$ 表达为

$$\xi_{l_1 \cdots l_6}(\bar{\boldsymbol{x}}) = \frac{\mu_{A_1}^{l_1}(x) \cdots \mu_{A_6}^{l_6}(r)}{\sum\limits_{l_1=1}^{s_1} \cdots \sum\limits_{l_6=1}^{s_6} [\mu_{A_1}^{l_1}(x) \cdots \mu_{A_6}^{l_6}(r)]} \tag{6.39}$$

其中，$\mu_{A_i}^{l_i}(\bar{x}_i)(i=1,2,\cdots,6; l_i=1,2,\cdots,s_i)$ 是模糊集 $A_i^{l_i}$ 的隶属度函数，选取高斯函数如下：

$$\mu_{A_i}^{l_i}(\bar{x}_i) = \exp\left[-\left(\frac{\bar{x}_i - k_i^{l_i}}{\gamma_i^{l_i}}\right)^2\right] \tag{6.40}$$

其中，$k_i^{l_i}$、$\gamma_i^{l_i}$ 分别是 $\mu_{A_i}^{l_i}(\bar{x}_i)$ 的中心和宽度，$k_i^{l_i} \in \mathbf{R}$，$\gamma_i^{l_i} > 0$。

采用模糊系统来逼近未知时变干扰表达为

$$d_{\mathrm{r}} = \boldsymbol{\theta}_1^{*\mathrm{T}} \boldsymbol{\xi}(\bar{\boldsymbol{x}}) + w_1(\bar{\boldsymbol{x}}) \tag{6.41}$$

其中，$w_1(\bar{\boldsymbol{x}})$ 是最小逼近误差，$w_1(\bar{\boldsymbol{x}}) \in \mathbf{R}$；$\boldsymbol{\theta}_1^*$ 是理想模糊参数变量，$\boldsymbol{\theta}_1^* \in \mathbf{R}^Q$，即

$$\boldsymbol{\theta}_1^* = \arg \min_{\theta \in \mathbf{R}^Q} \{ \sup_{\bar{x} \in \mathbf{R}^6} | d_{\mathrm{r}} - \boldsymbol{\theta}_1^{\mathrm{T}} \xi(\bar{\boldsymbol{x}}) | \} \tag{6.42}$$

为了在线更新模糊参数变量，设计模糊自适应律如下所示：

$$\dot{\hat{\boldsymbol{\theta}}}_1 = \Gamma_1 [r_{\mathrm{e}} \boldsymbol{\xi}(\bar{\boldsymbol{x}}) - \sigma_1 \hat{\boldsymbol{\theta}}_1] \tag{6.43}$$

其中，$\hat{\boldsymbol{\theta}}_1$ 是理想模糊参数变量 $\boldsymbol{\theta}_1^*$ 的估计值，$\hat{\boldsymbol{\theta}}_1 \in \mathbf{R}^Q$；$\Gamma_1$ 是正定设计参数，$\Gamma_1 \in \mathbf{R}^{Q \times Q}$；$\sigma_1$ 是设计常数，$\sigma_1 > 0$。

未知项 d_r 的估计值 $\hat{d}_r$ 可表示为

$$\hat{d}_r = \hat{\boldsymbol{\theta}}_1^{\mathrm{T}} \boldsymbol{\xi}(\bar{\boldsymbol{x}}) \tag{6.44}$$

因此,自适应模糊航向跟踪控制器如下:

$$\begin{aligned}\tau_r &= -k_r r_e + m_{33}\dot{\alpha}_r - \hat{\boldsymbol{\theta}}_1^{\mathrm{T}} \boldsymbol{\xi}(\bar{\boldsymbol{x}}) - \psi_e \\ &= -k_r r_e - m_{33}k_\psi(r - \dot{\psi}_d) + m_{33}\ddot{\psi}_d - m_{33}\dot{\varepsilon} - \hat{\boldsymbol{\theta}}_1^{\mathrm{T}} \boldsymbol{\xi}(\bar{\boldsymbol{x}}) - \psi_e\end{aligned} \tag{6.45}$$

其中,$k_r > 0$,$\varepsilon = y_e U_r \varphi$。

由于控制律 τ_r 涉及 $\dot{\psi}_d$ 以及 ε 的一阶导数和 ψ_d 的二阶导数,因此设计一个三阶跟踪微分器(TD) 和一个二阶跟踪微分器(TD) 引入到控制器中,避免控制律的计算复杂性。

输入信号为 ψ_d 的三阶跟踪微分器设计如下:

$$\begin{cases}\dot{\hbar}_1 = \hbar_2 \\ \dot{\hbar}_2 = \hbar_3 \\ \dot{\hbar}_3 = -\ell_1^3\left[a_1(\hbar_1 - \psi_d) + a_2\dfrac{\hbar_2}{\ell_1} + a_3\dfrac{\hbar_3}{\ell_1^2}\right]\end{cases} \tag{6.46}$$

其中,ℓ_1、a_1、a_2、a_3 是正定常数;$\hbar_1$、$\hbar_2$、$\hbar_3$ 是跟踪微分器的状态,分别表示相关的估计值 $\hbar_1 = \bar{\psi}_d$,$\hbar_2 = \dot{\bar{\psi}}_d$,$\hbar_3 = \ddot{\bar{\psi}}_d$。当 $\ell_1 \to \infty$ 时三阶跟踪微分器的估计误差 $\bar{\psi}_d - \psi_d$ 趋于零。

输入信号为 ε 的二阶跟踪微分器设计如下:

$$\begin{cases}\dot{\hbar}_4 = \hbar_5 \\ \dot{\hbar}_5 = -\ell_2^2\left[a_4(\hbar_4 - \varepsilon) + a_5\dfrac{\hbar_5}{\ell_2}\right]\end{cases} \tag{6.47}$$

其中,ℓ_2、a_4、a_5 是正定常数。类似地,$\hbar_4$ 和 $\hbar_5$ 是二阶跟踪微分器的状态,分别表示相应的估计值 $\hbar_4 = \bar{\varepsilon}$,$\hbar_5 = \dot{\bar{\varepsilon}}$。当 $\ell_2 \to \infty$ 时二阶跟踪微分器的估计误差 $\bar{\varepsilon} - \varepsilon$ 趋于零。

因此,虚拟控制的导数是 $\dot{\alpha}_r = -k_\psi(r - \dot{\bar{\psi}}_d) + \ddot{\bar{\psi}}_d - \dot{\bar{\varepsilon}}$,自适应模糊航向跟踪控制律变为

$$\tau_r = -k_r r_e - m_{33}k_\psi(r - \dot{\bar{\psi}}_d) + m_{33}\ddot{\bar{\psi}}_d - m_{33}\dot{\bar{\varepsilon}} - \hat{\boldsymbol{\theta}}_1^{\mathrm{T}} \boldsymbol{\xi}(\bar{\boldsymbol{x}}) - \psi_e \tag{6.48}$$

将式(6.48) 和式(6.41) 代入式(6.35),可得

$$\dot{V}_r = -k_\psi \psi_e^2 - y_e U \varphi \psi_e - k_r r_e^2 - r_e \tilde{\boldsymbol{\theta}}_1^{\mathrm{T}} \boldsymbol{\xi}(\bar{\boldsymbol{x}}) + r_e w_1(\bar{\boldsymbol{x}}) \tag{6.49}$$

其中,$\tilde{\boldsymbol{\theta}}_1 = \hat{\boldsymbol{\theta}}_1 - \boldsymbol{\theta}_1^*$。

设计航向跟踪控制子系统的李雅普诺夫函数如下:

$$V_{ra} = V_r + \frac{1}{2}\tilde{\boldsymbol{\theta}}_1^{\mathrm{T}} \Gamma_1^{-1} \tilde{\boldsymbol{\theta}}_1 \tag{6.50}$$

对式(6.50) 求导,可得

$$\dot{V}_{ra} = -k_\psi \psi_e^2 - y_e U \varphi \psi_e - k_r r_e^2 - r_e \tilde{\boldsymbol{\theta}}_1^{\mathrm{T}} \boldsymbol{\xi}(\bar{\boldsymbol{x}}) + r_e w_1(\bar{\boldsymbol{x}}) + \tilde{\boldsymbol{\theta}}_1^{\mathrm{T}} \Gamma_1^{-1} \dot{\hat{\boldsymbol{\theta}}}_1 \tag{6.51}$$

将模糊自适应律式(6.43) 代入式(6.51),可得

$$\dot{V}_{ra}=-k_{\psi}\psi_e^2-y_eU\varphi\psi_e-k_rr_e^2+r_ew_1(\bar{\boldsymbol{x}})-\sigma_1\tilde{\boldsymbol{\theta}}_1^{\mathrm{T}}\hat{\boldsymbol{\theta}}_1 \tag{6.52}$$

基于杨氏不等式,可得

$$r_ew_1(\bar{\boldsymbol{x}})\leqslant\frac{1}{2}r_e^2+\frac{1}{2}w_1^2(\bar{\boldsymbol{x}})\leqslant\frac{1}{2}r_e^2+\frac{1}{2}w_{1m}^2 \tag{6.53}$$

$$-\sigma_1\tilde{\boldsymbol{\theta}}_1^{\mathrm{T}}\hat{\boldsymbol{\theta}}_1\leqslant-\frac{\sigma_1}{2}\tilde{\boldsymbol{\theta}}_1^{\mathrm{T}}\tilde{\boldsymbol{\theta}}_1+\frac{\sigma_1}{2}\parallel\boldsymbol{\theta}_1^*\parallel^2\leqslant-\frac{\sigma_1}{2}\tilde{\boldsymbol{\theta}}_1^{\mathrm{T}}\tilde{\boldsymbol{\theta}}_1+\frac{\sigma_1}{2}\theta_{1m}^2 \tag{6.54}$$

其中,w_{1m}、θ_{1m} 分别是 $w_1(\bar{\boldsymbol{x}})$ 和 $\parallel\boldsymbol{\theta}_1^*\parallel$ 的最小上界。

将式(6.53)和式(6.54)代入式(6.52),可得

$$\dot{V}_{ra}\leqslant-k_{\psi}\psi_e^2-y_eU\varphi\psi_e-k_rr_e^2+\frac{1}{2}r_e^2+\frac{1}{2}w_{1m}^2-\frac{\sigma_1}{2}\tilde{\boldsymbol{\theta}}_1^{\mathrm{T}}\tilde{\boldsymbol{\theta}}_1+\frac{\sigma_1}{2}\theta_{1m}^2 \tag{6.55}$$

式(6.55)之后会用于6.3.3节整个闭环系统的稳定性证明。

(2) 自适应模糊速度跟踪控制器设计。

在本小节,设计路径跟踪速度跟踪控制器 τ_u 用于跟踪期望的常数速度 u_d,未知合成扰动 d_u 采用模糊逻辑系统来逼近。

定义速度跟踪误差

$$u_e=u-u_d \tag{6.56}$$

其中,u_d 是期望的纵向常数速度。

$$\dot{u}_e=\dot{u}-\dot{u}_d=\frac{1}{m_{11}}(d_u+\tau_u)-\dot{u}_d \tag{6.57}$$

其中,$d_u=f_u+\tau_{wu}$。

选取李雅普诺夫函数如下:

$$V_u=\frac{1}{2}m_{11}u_e^2 \tag{6.58}$$

对式(6.58)两边求导,可得

$$\dot{V}_u=m_{11}u_e\dot{u}_e=u_e(d_u+\tau_u-m_{11}\dot{u}_d) \tag{6.59}$$

设计速度跟踪控制器如下:

$$\tau_u=-k_uu_e-d_u+m_{11}\dot{u}_d \tag{6.60}$$

其中,k_u 是控制设计参数,$k_u>0$。

由于存在未建模动态和未知干扰,因此将 d_u 视为合成干扰,是未知的,本小节采用模糊逼近定理来逼近未知项 d_u,即

$$d_u=\boldsymbol{\theta}_2^{*\mathrm{T}}\boldsymbol{\xi}(\bar{\boldsymbol{x}})+w_2(\bar{\boldsymbol{x}}) \tag{6.61}$$

其中,$w_2(\bar{\boldsymbol{x}})$ 是最小逼近误差,$w_2(\bar{\boldsymbol{x}})\in\mathbf{R}$;$\boldsymbol{\theta}_2^*$ 是理性模糊参数变量,$\boldsymbol{\theta}_2^*\in\mathbf{R}^Q$,即

$$\boldsymbol{\theta}_2^*=\arg\min_{\boldsymbol{\theta}\in\mathbf{R}^Q}\{\sup_{\bar{x}\in\mathbf{R}^6}|d_u-\boldsymbol{\theta}_2^{\mathrm{T}}\boldsymbol{\xi}(\bar{\boldsymbol{x}})|\} \tag{6.62}$$

为了在线更新模糊参数变量,设计模糊自适应律:

$$\dot{\hat{\theta}}_2=\Gamma_2[u_e\boldsymbol{\xi}(\bar{\boldsymbol{x}})-\sigma_2\hat{\boldsymbol{\theta}}_2] \tag{6.63}$$

其中,$\hat{\boldsymbol{\theta}}_2$ 是理想模糊参数变量 $\boldsymbol{\theta}_2^*$ 的估计值,$\hat{\boldsymbol{\theta}}_2\in\mathbf{R}^Q$;$\Gamma_2$ 是正定设计参数,$\Gamma_2\in\mathbf{R}^{Q\times Q}$;$\sigma_2$ 是

设计参数，$\sigma_2 > 0$。

未知时变干扰的估计值 $\hat{d}_u$ 可表示为

$$\hat{d}_u = \hat{\boldsymbol{\theta}}_2^{\mathrm{T}} \boldsymbol{\xi}(\bar{\boldsymbol{x}}) \tag{6.64}$$

自适应模糊速度跟踪控制器设计如下：

$$\tau_u = -k_u u_e - \hat{\boldsymbol{\theta}}_2^{\mathrm{T}} \boldsymbol{\xi}(\bar{\boldsymbol{x}}) + m_{11} \dot{u}_d \tag{6.65}$$

将式(6.65) 和式(6.61) 代入式(6.59)，可得

$$\dot{V}_u = -k_u u_e^2 - u_e \tilde{\boldsymbol{\theta}}_2^{\mathrm{T}} \boldsymbol{\xi}(\bar{\boldsymbol{x}}) + u_e w_2(\bar{\boldsymbol{x}}) \tag{6.66}$$

其中，$\tilde{\boldsymbol{\theta}}_2 = \hat{\boldsymbol{\theta}}_2 - \boldsymbol{\theta}_2^*$。

设计速度跟踪控制子系统的李雅普诺夫函数：

$$V_{ua} = V_u + \frac{1}{2} \tilde{\boldsymbol{\theta}}_2^{\mathrm{T}} \Gamma_2^{-1} \tilde{\boldsymbol{\theta}}_2 \tag{6.67}$$

对式(6.67) 求导，可得

$$\dot{V}_{ua} = \dot{V}_u + \tilde{\boldsymbol{\theta}}_2^{\mathrm{T}} \Gamma_2^{-1} \dot{\hat{\boldsymbol{\theta}}}_2 = -k_u u_e^2 + u_e w_2(\bar{\boldsymbol{x}}) - \sigma_2 \tilde{\boldsymbol{\theta}}_2^{\mathrm{T}} \hat{\boldsymbol{\theta}}_2 \tag{6.68}$$

基于杨氏不等式，可得

$$u_e w_2(\bar{\boldsymbol{x}}) \leqslant \frac{1}{2} u_e^2 + \frac{1}{2} w_2^2(\bar{\boldsymbol{x}}) \leqslant \frac{1}{2} u_e^2 + \frac{1}{2} w_{2m}^2 \tag{6.69}$$

$$-\sigma_2 \tilde{\boldsymbol{\theta}}_2^{\mathrm{T}} \hat{\boldsymbol{\theta}}_2 \leqslant -\frac{\sigma_2}{2} \tilde{\boldsymbol{\theta}}_2^{\mathrm{T}} \tilde{\boldsymbol{\theta}}_2 + \frac{\sigma_2}{2} \| \theta_2^* \|^2 \leqslant -\frac{\sigma_2}{2} \tilde{\boldsymbol{\theta}}_2^{\mathrm{T}} \tilde{\boldsymbol{\theta}}_2 + \frac{\sigma_2}{2} \theta_{2m}^2 \tag{6.70}$$

其中，w_{2m} 和 θ_{2m} 分别是 $w_2(\bar{\boldsymbol{x}})$ 和 $\| \boldsymbol{\theta}_2^* \|$ 的最小上界。

将式(6.69) 和式(6.70) 代入式(6.68)，可得

$$\dot{V}_{ua} \leqslant -k_u u_e^2 + \frac{1}{2} u_e^2 + \frac{1}{2} w_{2m}^2 - \frac{\sigma_2}{2} \tilde{\boldsymbol{\theta}}_2^{\mathrm{T}} \tilde{\boldsymbol{\theta}}_2 + \frac{\sigma_2}{2} \theta_{2m}^2 \tag{6.71}$$

式(6.71) 之后会用于 6.2.3 节整个闭环系统的稳定性分析。

6.2.3　系统稳定性分析

对于无人船模型式(6.12)，设计的 IALOS 导引律式(6.21)，自适应模糊路径跟踪控制律式(6.45) 和式(6.65) 所组成的闭环系统，给出如下定理。

定理 6.1　对于无人船模型式(6.12)，考虑存在时变侧滑、未建模动态和环境干扰，在满足假设 3.1 和假设 3.2 的条件下，采用设计的 IALOS 导引律式(6.21) 和式(6.22)，路径参数更新律式(6.23)，自适应模糊路径跟踪控制器式(6.45) 和式(6.65)，模糊参数自适应律式(6.43) 和式(6.63)，选择合适的控制参数 k_s、k_β、Δ、k_ψ、$k_r > \frac{1}{2}$、$k_u > \frac{1}{2}$、$\Gamma_j (j=1,2)$、$\sigma_j (j=1,2)$，无人船路径跟踪误差能够收敛到任意小的零邻域内，并且闭环系统的所有状态均为一致最终有界。

证明　考虑整个闭环系统，设计李雅普诺夫函数如下：

$$
\begin{aligned}
V &= V_{\mathrm{g}} + V_{\mathrm{ra}} + V_{\mathrm{ua}} \\
&= \frac{1}{2}x_{\mathrm{e}}^2 + \frac{1}{2}y_{\mathrm{e}}^2 + \frac{1}{2k_\beta}\tilde{\beta}^2 + \frac{1}{2}\psi_{\mathrm{e}}^2 + \frac{1}{2}m_{33}r_{\mathrm{e}}^2 + \frac{1}{2}\tilde{\boldsymbol{\theta}}_1^{\mathrm{T}}\Gamma_1^{-1}\tilde{\boldsymbol{\theta}}_1 + \frac{1}{2}m_{11}u_{\mathrm{e}}^2 + \frac{1}{2}\tilde{\boldsymbol{\theta}}_2^{\mathrm{T}}\Gamma_2^{-1}\tilde{\boldsymbol{\theta}}_2
\end{aligned} \tag{6.72}
$$

对式(6.72)进行求导,可得

$$
\begin{aligned}
\dot{V} &= \dot{V}_{\mathrm{g}} + \dot{V}_{\mathrm{ra}} + \dot{V}_{\mathrm{ua}} \\
&\leqslant -k_{\mathrm{s}}x_{\mathrm{e}}^2 - \frac{U}{\sqrt{\Delta^2 + (y_{\mathrm{e}} + \Delta\hat{\beta})^2}}y_{\mathrm{e}}^2 - \tilde{\beta}^2 - k_\psi\psi_{\mathrm{e}}^2 - \left(k_{\mathrm{r}} - \frac{1}{2}\right)r_{\mathrm{e}}^2 - \left(k_{\mathrm{u}} - \frac{1}{2}\right)u_{\mathrm{e}}^2 - \\
&\quad \frac{\sigma_1}{2}\tilde{\boldsymbol{\theta}}_1^{\mathrm{T}}\tilde{\boldsymbol{\theta}}_1 - \frac{\sigma_2}{2}\tilde{\boldsymbol{\theta}}_2^{\mathrm{T}}\tilde{\boldsymbol{\theta}}_2 + |\tilde{\beta}|\left(\frac{C_\beta}{k_\beta} + \beta^*\right) + \frac{1}{2}w_{1m}^2 + \frac{\sigma_1}{2}\theta_{1m}^2 + \frac{1}{2}w_{2m}^2 + \frac{\sigma_2}{2}\theta_{2m}^2 \\
&\leqslant -2\rho V + C
\end{aligned} \tag{6.73}
$$

其中,

$$
\rho = \min\left\{k_{\mathrm{s}}, \frac{U}{\sqrt{\Delta^2 + (y_{\mathrm{e}} + \Delta\hat{\beta})^2}}, k_\beta, k_\psi, \left(k_{\mathrm{r}} - \frac{1}{2}\right), (k_{\mathrm{u}} - \frac{1}{2}), \frac{\sigma_1}{2}\lambda_{\min}(\Gamma_1), \frac{\sigma_2}{2}\lambda_{\min}(\Gamma_2)\right\},
$$

$$
C = |\tilde{\beta}|\left(\frac{C_\beta}{k_\beta} + \beta^*\right) + \frac{1}{2}w_{1m}^2 + \frac{\sigma_1}{2}\theta_{1m}^2 + \frac{1}{2}w_{2m}^2 + \frac{\sigma_2}{2}\theta_{2m}^2。
$$

求解式(6.73),可得

$$
0 \leqslant V(t) \leqslant \frac{C}{2\rho} + \left[V(0) - \frac{C}{2\rho}\right]\mathrm{e}^{-\rho t} \tag{6.74}
$$

从式(6.74)可知,V 是一致最终有界的,因此,根据式(6.72)可知,x_{e}、y_{e}、$\tilde{\beta}$、ψ_{e}、r_{e}、u_{e}、$\tilde{\boldsymbol{\theta}}_1$、$\tilde{\boldsymbol{\theta}}_2$ 是一致最终有界的。

令 $\boldsymbol{\zeta}_{\mathrm{e}} = [x_{\mathrm{e}}\ \ y_{\mathrm{e}}\ \ \psi_{\mathrm{e}}\ \ r_{\mathrm{e}}\ \ u_{\mathrm{e}}]^{\mathrm{T}}$,将式(6.72)代入式(6.74),可得

$$
\|\boldsymbol{\zeta}_{\mathrm{e}}\| \leqslant \sqrt{\frac{C}{\rho} + 2\left[V_{2a}(0) - \frac{C}{2\rho}\right]\mathrm{e}^{-\rho t}}
$$

可以看出,路径跟踪误差 $\|\boldsymbol{\zeta}_{\mathrm{e}}\|$ 依赖于 ρ 和 C,通过增加 ρ 可以使 $\|\boldsymbol{\zeta}_{\mathrm{e}}\|$ 降低。对于任意给定的正常数 $\Lambda_i \geqslant \sqrt{C/2\rho}\,(i = x_{\mathrm{e}}, y_{\mathrm{e}}, \psi_{\mathrm{e}}, r_{\mathrm{e}}, u_{\mathrm{e}})$,存在一个时间常数 $T > 0$ 使得对于 $t > T$ 时,$\|\boldsymbol{\zeta}_{\mathrm{e}}\| \leqslant \Lambda_i (i = x_{\mathrm{e}}, y_{\mathrm{e}}, \psi_{\mathrm{e}}, r_{\mathrm{e}}, u_{\mathrm{e}})$,从而,无人船路径跟踪误差收敛到紧致集 $\Omega = \left\{\|\boldsymbol{\zeta}_{\mathrm{e}}\| \leqslant \sqrt{C/2\rho}\right\}$,通过选择合适的设计参数 k_{s}、k_β、Δ、k_ψ、$k_{\mathrm{r}} > \frac{1}{2}$、$k_{\mathrm{u}} > \frac{1}{2}$、$\Gamma_j (j = 1, 2)$、$\sigma_j (j = 1, 2)$ 使得 $\sqrt{C/\rho}$ 任意小。因此,无人船的路径跟踪误差可以收敛到任意小的零邻域内。

由于 x_{e}、y_{e} 是有界的,所以船舶位置 $P = (x, y)$ 是有界的。另外,船舶跟踪误差 ψ_{e}、r_{e}、u_{e} 是有界的,而船舶期望的状态 ψ_{d}、α_{r}、u_{d} 也是有界的,所以可推断出船舶的状态 ψ、r、u 是有界的。由于 $\theta_i^* (i = 1, 2)$ 是有界的,因此 $\hat{\theta}_j = \tilde{\theta}_j + \theta_j^*$ 也是有界的。

为了分析横向速度的稳定性构建如下李雅普诺夫函数:

$$
V_{\mathrm{v}} = \frac{1}{2}m_{22}v^2 \tag{6.75}
$$

对式(6.75)进行求导，可得

$$
\begin{aligned}
\dot{V}_{\mathrm{v}} &= m_{22} v \dot{v} = v(f_{\mathrm{v}} + \tau_{\mathrm{wv}}) \\
&= v(-m_{11} ur - d_{22} v + \tau_{\mathrm{wv}}) \\
&= -d_{22}^2 v^2 - m_{11} urv + \tau_{\mathrm{wv}} v \\
&= (-Y_{\mathrm{v}} - Y_{|\mathrm{v}|\mathrm{v}} \mid v \mid) v^2 - m_{11} urv + d_{\mathrm{v}} v \\
&\leqslant -Y_{\mathrm{v}} v^2 + \vartheta v
\end{aligned} \tag{6.76}
$$

其中，$\vartheta = \max[m_{11} \mid u \mid \mid r \mid + \mid d_{\mathrm{v}} \mid]$。显然，如果 $v > \dfrac{\vartheta}{Y_{\mathrm{v}}}$，$\dot{V}_{\mathrm{v}} < 0$。因此，$v$ 是有界的。

因此闭环系统的所有状态是一致最终有界的。定理 6.1 得证。

6.2.4　仿真验证

通过以上分析论述，证明了基于IALOS导引律的无人船路径跟踪控制系统最终一致有界，为验证本小节提出的 IALOS 导引律的有效性，同 ELOS 导引律做对比。

ELOS 导引律为

$$
\begin{cases}
\psi_{\mathrm{d}} = \psi_{\mathrm{F}} + \arctan\left(-\dfrac{1}{\Delta} y_{\mathrm{e}} - \hat{\beta}\right) \\
\dot{p} = -kp - k^2 y_{\mathrm{e}} - k[U\sin(\psi - \psi_{\mathrm{F}}) - c_{\mathrm{c}} \dot{s} x_{\mathrm{e}}] \\
\hat{g} = p + k y_{\mathrm{e}} \\
\hat{\beta} = \dfrac{U\cos(\psi_{\mathrm{d}} - \alpha_k)}{}
\end{cases} \tag{6.77}
$$

高级海况下的外界扰动力或力矩可以看成不同频率正弦信号的叠加，无人船受到的外界环境干扰设为

$$\boldsymbol{\tau}_{\mathrm{w}} = 2 \times [\sin(0.1t) + 0.5\sin(0.05t) \quad 0.5\sin(0.05t) \quad \sin(0.1t) + 0.1\sin(0.05t)]^{\mathrm{T}}$$

路径参数为 $\boldsymbol{p}_{\mathrm{F}}(\theta) = [20\sin(\theta/20) \ \ \theta]^{\mathrm{T}}$，初始位置为 $\boldsymbol{p}_0 = [0 \ \ 2]^{\mathrm{T}}$，初始速度为 $u_{\mathrm{r0}} = 0.2$，期望的纵向速度为 u_{rd}，其他状态值为零。

每个模糊输入变量的模糊集数目为 3，即 $s_i = 3(i = 1, 2, \cdots, 6)$，因此，整个模糊规则数目为 $Q = 3^6$，模糊集采用成员函数描述为

$$\mu_{A_1^{l_i}}(x_i) = \exp\{-[(x_i + 3)/2]^2\}, \quad \mu_{A_2^{l_i}}(x_i) = \exp\{-[(x_i - 3)/2]^2\}$$
$$\mu_{A_3^{l_i}}(x_i) = \exp\{-[(x_i + 2)/2]^2\}, \quad \mu_{A_4^{l_i}}(x_i) = \exp\{-[(x_i - 2)/2]^2\}$$
$$\mu_{A_5^{l_i}}(x_i) = \exp\{-[(x_i + 0.5)/2]^2\}, \quad \mu_{A_6^{l_i}}(x_i) = \exp\{-[(x_i - 0.5)/2]^2\}$$

模糊参数变量的初始值为 $\hat{\theta}_1(0) = \hat{\theta}_2(0) = 0_{3^6 \times 1}$，控制参数设计为 $k_{\mathrm{s}} = 1, \Delta = 10, k_\beta = 6, k_\psi = 2, k_{\mathrm{r}} = 6, k_{\mathrm{u}} = 12, k_\beta = 6, k = 0.15, \Gamma_1 = 10^4 I_{3^6 \times 3^6}, \Gamma_2 = 10^6 I_{3^6 \times 3^6}, \sigma_1 = \sigma_2 = 10^{-13}, \ell_1 = 100, a_1 = 1, a_2 = 1.2, a_3 = 2, \ell_2 = 80, a_4 = 1, a_5 = 2$。

无人船在未建模动态、外界环境干扰、时变侧滑的情况下，通过所设计的基于 IALOS 导引律的自适应模糊控制器，无人船在两种导引算法作用下的路径跟踪控制曲线如图 6.5 ～ 6.11 所示。图 6.5 所示为无人船在两种导引算法作用下的期望路径和实际跟踪路径曲线图。从图中可以看出，无人船在两种导引算法作用下都能从初始位置很快跟踪上

所设定的期望路径曲线，与IALOS导引律相比，ELOS导引律作用下的位置偏差较大。图6.6所示为无人船在两种导引算法作用下的纵向跟踪误差和横向跟踪误差曲线图。图中表明，两种算法下的纵向跟踪误差都能很快地收敛到平衡点。采用ELOS导引方法，横向跟踪误差收敛较慢，超调量较大，在60 s收敛到0.08 m，跟踪精度不高。采用IALOS导引方法，横向跟踪误差可以在15 s收敛到0.04 m，跟踪精度更高。图6.7所示为无人船的纵向速度、横向速度和艏向角速度的响应曲线图，在两种导引方法作用下，船舶都能够从初始速度跟踪上期望的速度，并且纵向速度、横向速度和艏向角速度最终都能够达到有界。图6.8所示为无人船的路径跟踪误差曲线图，从图中可以看出，ELOS导引方法作用下的艏向角跟踪误差和艏向角速度跟踪误差具有较大的超调；而IALOS导引方法作用下的跟踪误差曲线平滑，基本无超调。两种导引方法作用下的跟踪误差 ψ_e、u_e、r_e 都能收敛到平衡点，并达到一致最终有界。图6.9所示为无人船在两种算法作用下侧滑角的实际值和估计值的曲线图，从图中可以看出，所设计的自适应律能很好地对侧滑角进行估计补偿，但是采用ELOS导引方法，在25～60 s之间误差较大。图6.10所示为自适应模糊参数的变化曲线，说明了自适应模糊参数的有界性。图6.11所示为无人船在纵荡方向的控制力以及艏摇方向上的力矩，由图可以看出，无人船的纵向推力最终维持在有界范围之内，转艏力矩在10 s以内收敛到零附近。

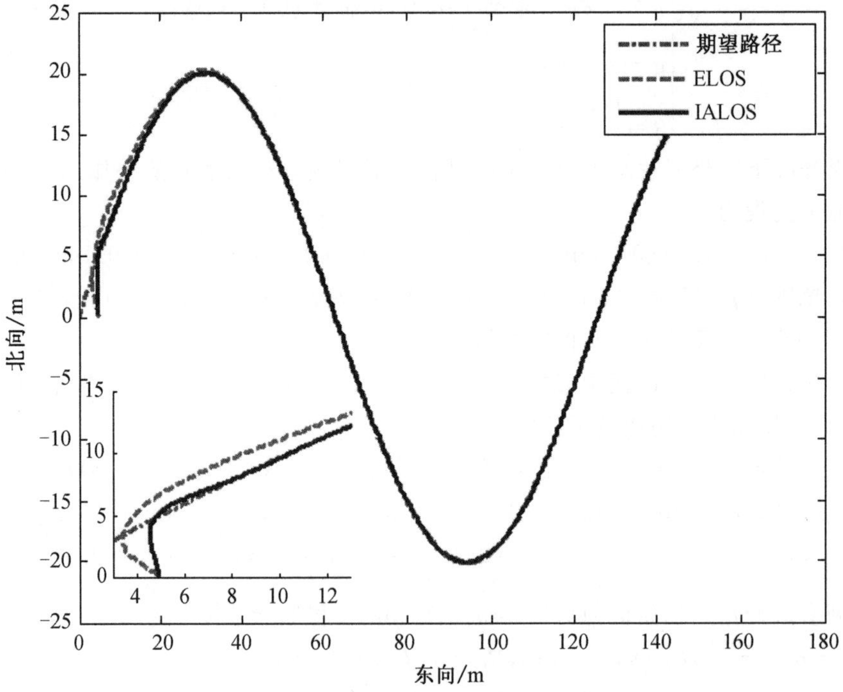

图6.5　无人船的期望路径和实际跟踪路径曲线图

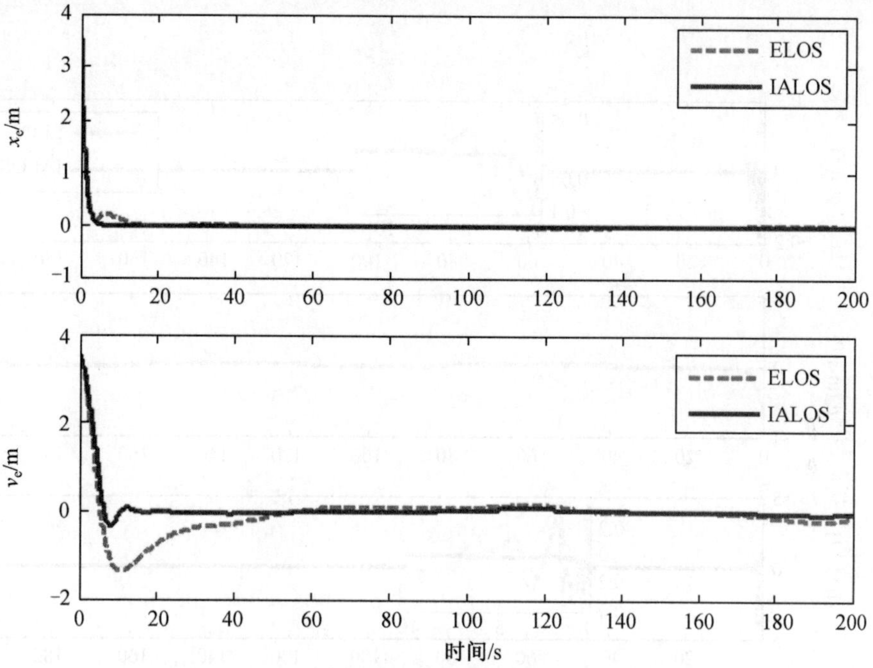

图 6.6　无人船的纵向跟踪误差和横向跟踪误差曲线图

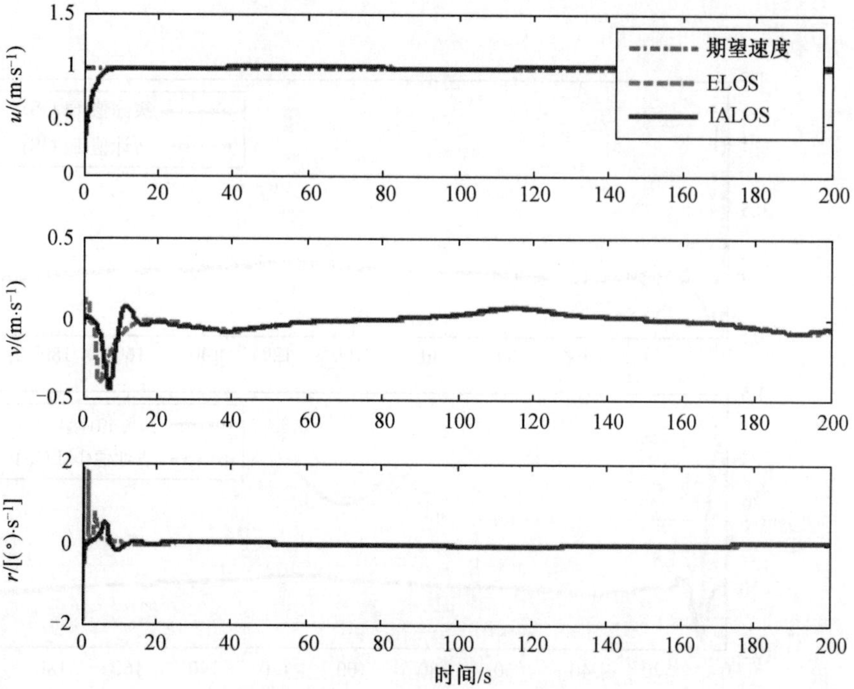

图 6.7　无人船的纵向速度、横向速度和艏向角速度的响应曲线图

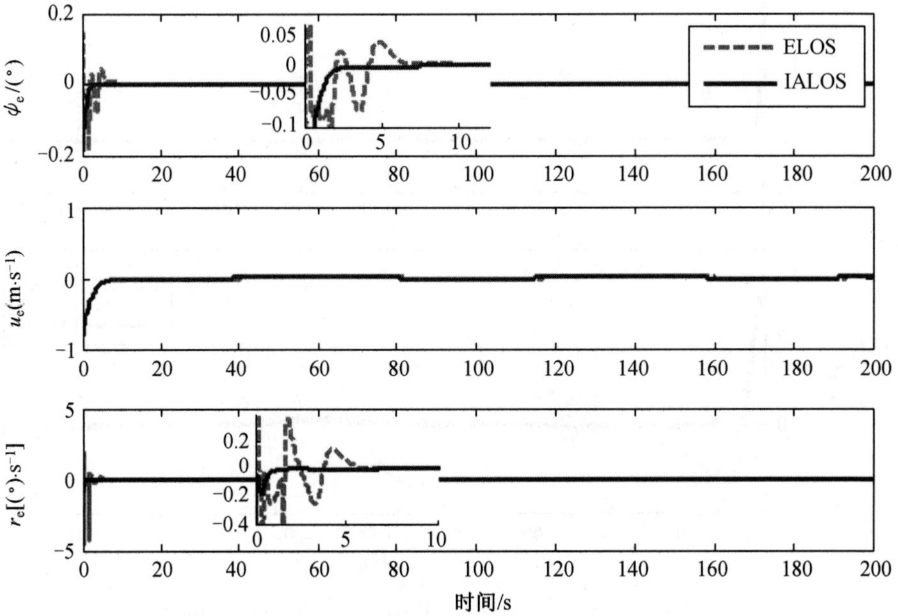

图 6.8　无人船的路径跟踪误差曲线图

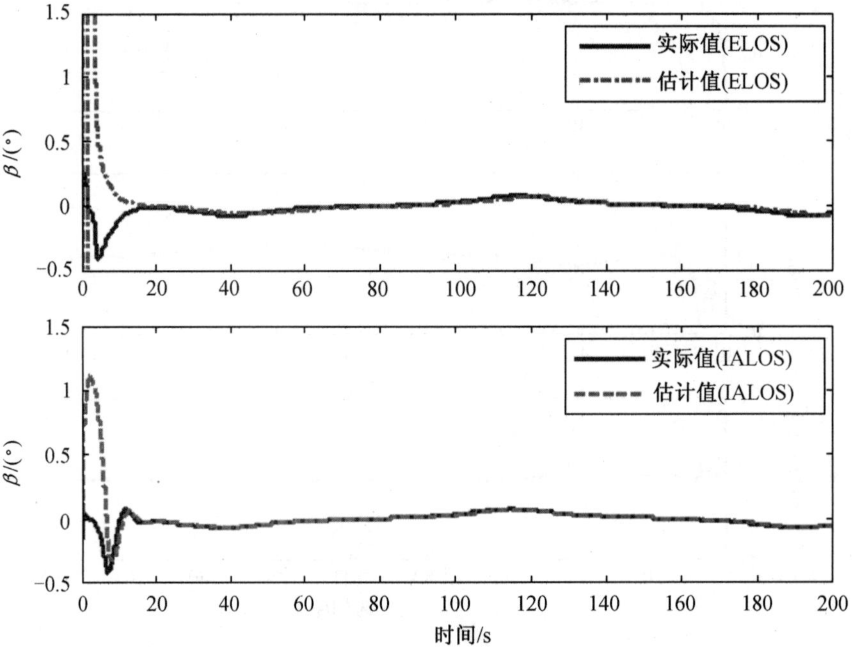

图 6.9　无人船侧滑角的实际值和估计值曲线图

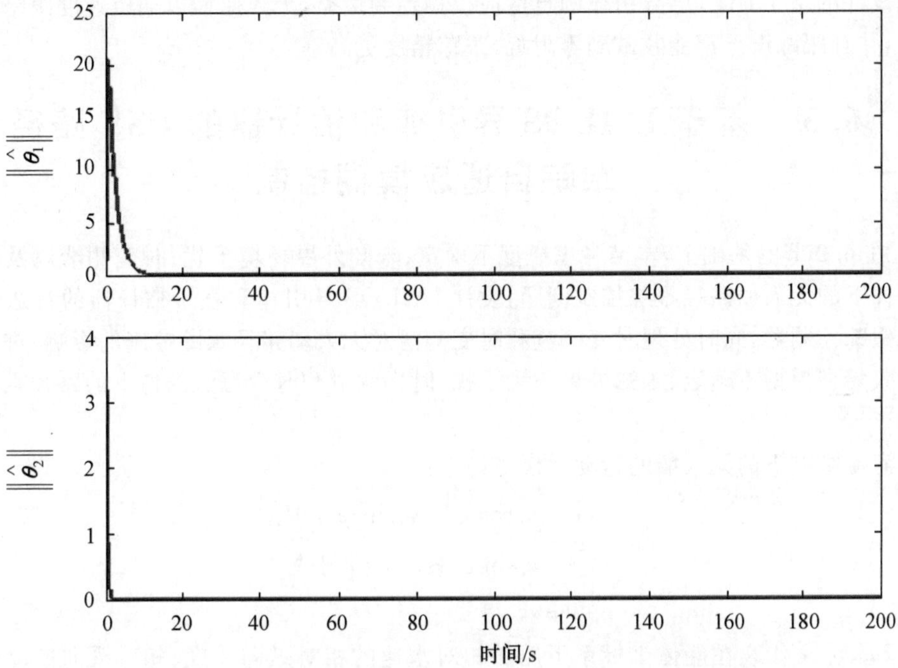

图 6.10　自适应模糊参数 $\|\hat{\boldsymbol{\theta}}_1\|$、$\|\hat{\boldsymbol{\theta}}_2\|$ 的变化曲线图

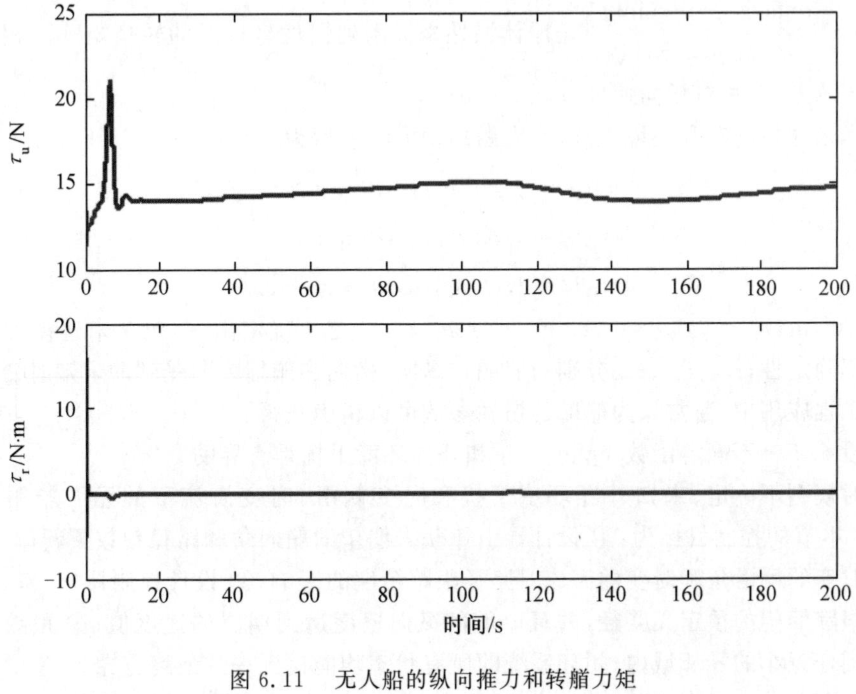

图 6.11　无人船的纵向推力和转艏力矩

由以上仿真结果及分析可知，在未建模动态、外界环境干扰、时变侧滑的情况下，采用所设计的基于IALOS导引律的自适应模糊控制策略，无人船能以期望速度跟踪上期望路径，并且跟踪误差都能收敛到零附近，跟踪精度更高。

6.3 基于IAILOS导引律和估计器的USV路径跟踪自适应模糊控制

在6.2节的基础上，本节考虑模型不确定、未知外界环境干扰、时变侧滑以及时变海流条件下的无人船路径跟踪控制问题，设计IAILOS导引律和基于估计器的自适应模糊路径跟踪控制器，同时处理时变海流和时变侧滑对无人船路径跟踪控制的影响，进一步提高无人船在模型不确定、未知外界环境干扰、时变侧滑和时变海流条件下的路径跟踪控制精度。

海流影响下的无人船的运动学模型如下：

$$\begin{cases}\dot{x}=u_r\cos\psi-v_r\sin\psi+V_x\\ \dot{y}=u_r\sin\psi+v_r\cos\psi+V_y\\ \dot{\psi}=r\end{cases}\tag{6.78}$$

其中，u_r、v_r、r代表在船体坐标系下船舶相对水速的相对纵向速度、相对横向速度和艏向角速度。(V_x,V_y)表示惯性坐标系下的时变海流速度，并与船体坐标系下的海流速度(u_c,v_c)满足如下关系：

$$[u_c\quad v_c]^{\mathrm{T}}=\boldsymbol{R}^{\mathrm{T}}(\psi)\,[V_x\quad V_y]^{\mathrm{T}}\tag{6.79}$$

其中，$\boldsymbol{R}(\psi)=\begin{bmatrix}\cos\psi & -\sin\psi\\ \sin\psi & \cos\psi\end{bmatrix}$是船体惯性坐标系到惯性坐标系的转换矩阵。相对纵向速度$u_r=u-u_c$，相对横向速度$v_r=v-v_c$。

考虑未建模动态和环境干扰，无人船的动力学模型为

$$\begin{cases}m_{11}\dot{u}_r=f_{ur}(t,u_r,v_r,r)+\tau_u+\tau_{wu}\\ m_{22}\dot{v}_r=f_{vr}(t,u_r,v_r,r)+\tau_{wv}\\ m_{33}\dot{r}_r=f_r(t,u_r,v_r,r)+\tau_r+\tau_{wr}\end{cases}\tag{6.80}$$

其中，$f_{ur}(t,u_r,v_r,r)$、$f_{vr}(t,u_r,v_r,r)$、$f_r(t,u_r,v_r,r)$是不确定函数，包含未建模动态和模型参数不确定性；τ_{wu}、τ_{wv}、τ_{wr}分别为船舶在纵向、横向和艏摇方向受到的未知时变干扰。在实际工程应用中，通常认为船舶的惯性参数可以精确获得。

假设6.4 不确定函数f_{ur}、f_{vr}、f_r和外界环境干扰是有界的。

针对模型不确定、未知外界环境干扰和时变侧滑、时变海流下的无人船舶模型式(6.80)，本节的控制目标为：① 设计导引律获得期望的艏向角和路径参数更新律，并能同时补偿时变的侧滑角和时变的海流对路径跟踪精度的影响；② 设计控制器τ_u和τ_r，使得无人船跟踪期望的预定义路径，并且船舶的纵向速度达到期望的速度值；③ 跟踪误差均能收敛到任意小的零邻域内，闭环系统的所有状态均能达到一致最终有界。

本节所设计的无人船路径跟踪控制分为三个子系统：改进IAILOS导引子系统、航向

跟踪控制子系统和速度跟踪子系统。

6.3.1　IAILOS 导引系统的设计

无人船路径跟踪控制问题在海流影响下平面曲线的 SF 框架如图 6.12 所示。

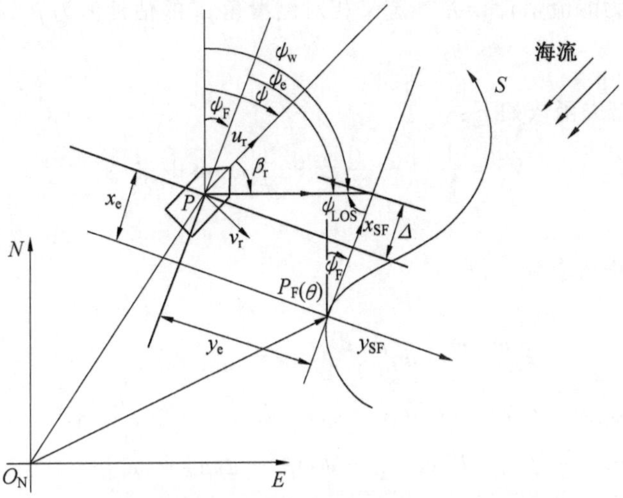

图 6.12　海流影响下平面曲线的 SF 框架

定义在 SF 坐标系的无人船的路径跟踪误差为

$$\begin{bmatrix} x_e \\ y_e \end{bmatrix} = \begin{bmatrix} \cos\psi_F & \sin\psi_F \\ -\sin\psi_F & \cos\psi_F \end{bmatrix} \begin{bmatrix} x - x_F \\ y - y_F \end{bmatrix} \tag{6.81}$$

对式(6.81) 进行求导可得

$$\begin{bmatrix} \dot{x}_e \\ \dot{y}_e \end{bmatrix} = \begin{bmatrix} u_r\cos(\psi-\psi_F) - v_r\sin(\psi-\psi_F) + \dot{\psi}_F y_e - \dot{\theta}\sqrt{x_F'^2 + y_F'^2} + U_c\cos(\beta_c - \psi_F) \\ u_r\sin(\psi-\psi_F) + v_r\cos(\psi-\psi_F) - \dot{\psi}_F x_e + U_c\sin(\beta_c-\psi_F) \end{bmatrix} \tag{6.82}$$

其中，U_c 是无人船的合速度，$U_c=\sqrt{u_r^2+v_r^2}$；β_r 是相对侧滑角，$\beta_r = a\tan 2(v_r, u_r)$；$\psi_w$ 是航迹角，$\psi_w=\psi+\beta_r$；$U_r=\sqrt{V_x^2+V_y^2}$，$\beta_c=a\tan 2(V_y, V_x)$。

假设 6.5　相对侧滑角 β_r 很小(通常小于 5°)，存在一个正定常数 β_r^* 使得 $|\beta_r| \leqslant \beta_r^*$ 并且侧滑角变化缓慢，即 $|\dot{\beta}_r| \leqslant C_\beta$。

假设 6.6　对于作用于无人船运动学上的海流，存在一个常数 $U_{max}>0$ 使得 V_x 和 V_y 满足 $U_c=\sqrt{V_x^2+V_y^2}\leqslant U_{max}$，即时变海流是有界的。

基于假设 6.5，$\cos\beta \approx 1$，$\sin\beta\approx\beta$，重新列写无人船的纵向跟踪误差如下：

$$\begin{aligned} \dot{y}_e &= u_r\sin(\psi-\psi_F) + v_r\cos(\psi-\psi_F) - \dot{\psi}_F x_e + U_c\sin(\beta_c-\psi_F) \\ &= U_r\sin(\psi-\psi_F+\beta_r) - \dot{\psi}_F x_e + U_c\sin(\beta_c-\psi_F) \\ &= U_r\sin(\psi-\psi_F)\cos\beta_r + U_r\cos(\psi-\psi_F)\sin\beta_r - \dot{\psi}_F x_e + U_c\sin(\beta_c-\psi_F) \\ &= U_r\sin(\psi-\psi_F) + U_r\cos(\psi-\psi_F)\beta_r - \dot{\psi}_F x_e + U_c\sin(\beta_c-\psi_F) \end{aligned} \tag{6.83}$$

定义位置误差变量为 $\boldsymbol{\varepsilon}=[x_e \quad y_e]^T$，未知时变海流为 $\boldsymbol{\omega}=[\omega_x \quad \omega_y]^T$，其中，$\omega_x=U_c\cos(\beta_c-\psi_F)$，$\omega_y=U_c\sin(\beta_c-\psi_F)$。在此假设期望路径的路径切向角变化缓慢可以忽略。因此，很容易推断出 $\|\dot{\boldsymbol{\omega}}\|\leqslant C_\omega$，$C_\omega$ 是正定常数。定义 $\hat{\boldsymbol{\omega}}=[\hat{\omega}_x \quad \hat{\omega}_y]^T$ 为海流 $\boldsymbol{\omega}$ 的估计值，$\tilde{\boldsymbol{\omega}}=\boldsymbol{\omega}-\hat{\boldsymbol{\omega}}$ 为海流估计误差。定义相对侧滑角 β_r 的估计值为 $\hat{\beta}_r$，相对侧滑角估计误差为 $\tilde{\beta}_r=\beta_r-\hat{\beta}_r$。

定义李雅普诺夫函数如下：

$$V_g=\frac{1}{2}x_e^2+\frac{1}{2}y_e^2+\frac{1}{2k_\omega}\tilde{\boldsymbol{\omega}}^T\tilde{\boldsymbol{\omega}}+\frac{1}{2k_\beta}\tilde{\beta}_r^2 \tag{6.84}$$

其中，$k_\omega>0$，$k_\beta>0$。

对式(6.84)进行求导可得

$$\begin{aligned}\dot{V}_g&=x_e\dot{x}_e+y_e\dot{y}_e+\frac{1}{k_\omega}\tilde{\boldsymbol{\omega}}^T\dot{\tilde{\boldsymbol{\omega}}}+\frac{1}{k_\beta}\tilde{\beta}_r\dot{\tilde{\beta}}_r\\&=x_e[u_r\cos(\psi-\psi_F)-v_r\sin(\psi-\psi_F)+\dot{\psi}_F y_e-\dot{\theta}\sqrt{x_F'^2+y_F'^2}+\omega_x]+\\&\quad y_e[U_r\sin(\psi-\psi_F)+U_r\cos(\psi-\psi_F)\beta_r-\dot{\psi}_F x_e+\omega_y]+\\&\quad \frac{1}{k_\omega}\tilde{\boldsymbol{\omega}}^T(\dot{\boldsymbol{\omega}}-\dot{\hat{\boldsymbol{\omega}}})+\frac{1}{k_\beta}\tilde{\beta}_r(\dot{\beta}_r-\dot{\hat{\beta}}_r)\end{aligned} \tag{6.85}$$

基于式(6.85)，可得期望艏向角、侧滑角自适应律、路径参数更新律和海流自适应律如下：

$$\psi_d=\psi_F+\arctan\left(-\frac{y_e+\alpha_e}{\Delta}-\hat{\beta}_r\right) \tag{6.86}$$

$$\dot{\hat{\beta}}_r=k_\beta\left[\frac{y_eU_r\Delta}{\sqrt{(y_e+\alpha_e+\Delta\hat{\beta}_r)^2+\Delta^2}}-\hat{\beta}_r\right] \tag{6.87}$$

$$\dot{\theta}=\frac{u_r\cos(\psi-\psi_F)-v_r\sin(\psi-\psi_F)+\hat{\omega}_x+k_sx_e}{\sqrt{x_F'^2+y_F'^2}} \tag{6.88}$$

$$\dot{\hat{\boldsymbol{\omega}}}=k_\omega(\boldsymbol{\varepsilon}-\hat{\boldsymbol{\omega}}) \tag{6.89}$$

其中，k_β、k_s、k_ω 为正定设计参数；Δ 为导引方法中的前视距离，$0<\Delta_{\min}\leqslant\Delta\leqslant\Delta_{\max}$；$\alpha_e$ 为虚拟控制输入，用于获得积分行为。这个虚拟控制输入不是物理控制输入，只是一个设计变量用于形成系统的闭环动态，增加积分行为来补偿海流干扰。

由式(6.86)可得

$$\begin{aligned}\sin(\psi-\psi_F)&=\sin\left(\arctan\left(-\frac{y_e+\alpha_e}{\Delta}-\hat{\beta}_r\right)+\psi_e\right)\\&=-\frac{y_e+\alpha_e+\Delta\hat{\beta}_r}{\sqrt{(y_e+\alpha_e+\Delta\hat{\beta}_r)^2+\Delta^2}}\cos\psi_e+\frac{\Delta}{\sqrt{(y_e+\alpha_e+\Delta\hat{\beta}_r)^2+\Delta^2}}\sin\psi_e\end{aligned} \tag{6.90}$$

$$\cos(\psi-\psi_F)=\cos\left(\arctan\left(-\frac{y_e+\alpha_e}{\Delta}-\hat{\beta}_r\right)+\psi_e\right)$$

$$=\frac{\Delta}{\sqrt{(y_e+\alpha_e+\Delta\hat{\beta}_r)^2+\Delta^2}}\cos\psi_e+\frac{y_e+\alpha_e+\Delta\hat{\beta}_r}{\sqrt{(y_e+\alpha_e+\Delta\hat{\beta}_r)^2+\Delta^2}}\sin\psi_e \tag{6.91}$$

其中，$\psi_e=\psi-\psi_d$。

将式(6.88)、式(6.90)、式(6.91)代入式(6.85)，可得

$$\begin{aligned}\dot{V}_g&=-k_s x_e^2+x_e\tilde{\omega}_x+y_e\omega_y-\frac{y_eU_r(y_e+\alpha_e-\Delta\tilde{\beta}_r)}{\sqrt{(y_e+\alpha_e+\Delta\hat{\beta}_r)^2+\Delta^2}}+\\&\frac{y_eU_r(\Delta+y_e\beta_r+\alpha_e\beta_r+\Delta\hat{\beta}_r\beta_r)}{\sqrt{(y_e+\alpha_e+\Delta\hat{\beta}_r)^2+\Delta^2}}\sin\psi_e+\\&y_eU_r(1-\cos\psi_e)\frac{y_e+\alpha_e-\Delta\tilde{\beta}_r}{\sqrt{(y_e+\alpha_e+\Delta\hat{\beta}_r)^2+\Delta^2}}+\frac{1}{k_\omega}\tilde{\boldsymbol{\omega}}^{\mathrm{T}}(\dot{\boldsymbol{\omega}}-\dot{\hat{\boldsymbol{\omega}}})+\frac{1}{k_\beta}\tilde{\beta}_r(\dot{\beta}_r-\dot{\hat{\beta}}_r)\\&=-k_s x_e^2+x_e\tilde{\omega}_x+y_e\omega_y-\frac{y_eU_r(y_e+\alpha_e-\Delta\tilde{\beta}_r)}{\sqrt{(y_e+\alpha_e+\Delta\hat{\beta}_r)^2+\Delta^2}}+y_eU_r\varphi\psi_e+\\&\frac{1}{k_\omega}\tilde{\boldsymbol{\omega}}^{\mathrm{T}}(\dot{\boldsymbol{\omega}}-\dot{\hat{\boldsymbol{\omega}}})+\frac{1}{k_\beta}\tilde{\beta}_r(\dot{\beta}_r-\dot{\hat{\beta}}_r)\\&=-k_s x_e^2+x_e\tilde{\omega}_x+y_e\tilde{\omega}_y+y_e\hat{\omega}_y-\\&\frac{y_e^2U_r}{\sqrt{(y_e+\alpha_e+\Delta\hat{\beta}_r)^2+\Delta^2}}-\frac{y_eU_r\alpha_e}{\sqrt{(y_e+\alpha_e+\Delta\hat{\beta}_r)^2+\Delta^2}}+\\&\frac{y_eU_r\Delta\tilde{\beta}_r}{\sqrt{(y_e+\alpha_e+\Delta\hat{\beta}_r)^2+\Delta^2}}+y_eU_r\varphi\psi_e+\frac{1}{k_\omega}\tilde{\boldsymbol{\omega}}^{\mathrm{T}}(\dot{\boldsymbol{\omega}}-\dot{\hat{\boldsymbol{\omega}}})+\frac{1}{k_\beta}\tilde{\beta}_r(\dot{\beta}_r-\dot{\hat{\beta}}_r)\end{aligned} \tag{6.92}$$

其中，$\varphi=\dfrac{(1-\cos\psi_e)(y_e+\alpha_e-\Delta\tilde{\beta}_r)+(\Delta+y_e\beta_r+\alpha_e\beta_r+\Delta\hat{\beta}_r\beta_r)\sin\psi_e}{\psi_e\sqrt{(y_e+\alpha_e+\Delta\hat{\beta}_r)^2+\Delta^2}}$。

设计虚拟积分输入 α_e 使得下式成立：

$$\hat{\omega}_y=\frac{U_r\alpha_e}{\sqrt{(y_e+\alpha_e+\Delta\hat{\beta}_r)^2+\Delta^2}} \tag{6.93}$$

求解 α_e 的可行解(正定根) 如下：

$$\alpha_e=\frac{\delta^2(y_e+\Delta\hat{\beta}_r)+\delta\sqrt{(y_e+\Delta\hat{\beta}_r)^2+\Delta^2(1-\delta^2)}}{1-\delta^2} \tag{6.94}$$

其中，$\delta=\frac{\hat{\omega}_y}{U_r}$，为确保 α_e 有界，需满足 $\delta^2<1$，即 $\hat{\omega}_y<M_\omega<U_r$，$M_\omega$ 是 $\hat{\omega}_y$ 的上界。

由于 α_e 是有界的，$0<\Delta_{\min}\leqslant\Delta\leqslant\Delta_{\max}$，$\left|\frac{\sin\psi_e}{\psi_e}\right|\leqslant 1$，$\left|\frac{1-\cos\psi_e}{\psi_e}\right|<0.73$，$\left|\frac{y_e+\alpha_e+\Delta\hat{\beta}_r}{\sqrt{(y_e+\alpha_e+\Delta\hat{\beta}_r)^2+\Delta^2}}\right|\leqslant 1$，$\left|\frac{\Delta}{\sqrt{(y_e+\alpha_e+\Delta\hat{\beta}_r)^2+\Delta^2}}\right|\leqslant 1$，所以，

$$\varphi=\frac{(1-\cos\psi_e)}{\psi_e}\left(\frac{y_e+\alpha_e+\Delta\hat{\beta}_r}{\sqrt{(y_e+\alpha_e+\Delta\hat{\beta}_r)^2+\Delta^2}}-\frac{\Delta\beta_r}{\sqrt{(y_e+\alpha_e+\Delta\hat{\beta}_r)^2+\Delta^2}}\right)+$$
$$\frac{\sin\psi_e}{\psi_e}\left(\frac{\Delta}{\sqrt{(y_e+\alpha_e+\Delta\hat{\beta}_r)^2+\Delta^2}}+\frac{(y_e+\alpha_e+\Delta\hat{\beta}_r)\beta_r}{\sqrt{(y_e+\alpha_e+\Delta\hat{\beta}_r)^2+\Delta^2}}\right)$$
$$\leqslant 1.73+1.73\beta_r^* \tag{6.95}$$

也是有界的。

将式(6.87)、式(6.89)和式(6.93)代入式(6.92)可得

$$\begin{aligned}\dot{V}_g&=-k_s x_e^2-\frac{y_e^2U_r}{\sqrt{(y_e+\alpha_e+\Delta\hat{\beta}_r)^2+\Delta^2}}+\tilde{\beta}_r\hat{\beta}_r+\tilde{\boldsymbol{\omega}}^{\mathrm{T}}\hat{\boldsymbol{\omega}}+y_eU_r\varphi\psi_e+\frac{1}{k_\beta}\tilde{\beta}_r\dot{\beta}_r+\frac{1}{k_\omega}\tilde{\boldsymbol{\omega}}^{\mathrm{T}}\dot{\boldsymbol{\omega}}\\&=-k_s x_e^2-\frac{y_e^2U_r}{\sqrt{(y_e+\alpha_e+\Delta\hat{\beta}_r)^2+\Delta^2}}-\tilde{\beta}_r^2+\tilde{\beta}_r\beta_r-\tilde{\boldsymbol{\omega}}^{\mathrm{T}}\tilde{\boldsymbol{\omega}}+\tilde{\boldsymbol{\omega}}^{\mathrm{T}}\boldsymbol{\omega}+y_eU_r\varphi\psi_e+\\&\quad\frac{1}{k_\beta}\tilde{\beta}_r\dot{\beta}_r+\frac{1}{k_\omega}\tilde{\boldsymbol{\omega}}^{\mathrm{T}}\dot{\boldsymbol{\omega}}\end{aligned} \tag{6.96}$$

应用杨氏不等式可得

$$\tilde{\boldsymbol{\omega}}^{\mathrm{T}}\boldsymbol{\omega}\leqslant\tilde{\boldsymbol{\omega}}^{\mathrm{T}}\tilde{\boldsymbol{\omega}}+\frac{1}{2}\boldsymbol{\omega}^{\mathrm{T}}\boldsymbol{\omega}\leqslant\frac{1}{2}\tilde{\boldsymbol{\omega}}^{\mathrm{T}}\tilde{\boldsymbol{\omega}}+\frac{1}{2}U_{\max}^2 \tag{6.97}$$

$$\tilde{\beta}_r\beta_r\leqslant\frac{1}{2}\tilde{\beta}_r^2+\frac{1}{2}\beta_r^{*2} \tag{6.98}$$

$$\frac{1}{k_\beta}\tilde{\beta}_r\dot{\beta}_p\leqslant\frac{1}{2k_\beta}\tilde{\beta}_r^2+\frac{1}{2k_\beta}C_\beta^2 \tag{6.99}$$

$$\frac{1}{k_\omega}\tilde{\boldsymbol{\omega}}^{\mathrm{T}}\dot{\boldsymbol{\omega}}\leqslant\frac{1}{2k_\omega}\tilde{\boldsymbol{\omega}}^{\mathrm{T}}\tilde{\boldsymbol{\omega}}+\frac{1}{2k_\omega}C_\omega^2 \tag{6.100}$$

将式(6.97)～(6.100)代入式(6.96)，可得

$$\begin{aligned}\dot{V}&\leqslant-k_r x_v^2-\frac{y_r^2U_r}{\sqrt{(y_r+\alpha_r+\Delta\hat{\beta}_r)^2+\Delta^2}}-\left(\frac{1}{2}-\frac{1}{2k_\beta}\right)\tilde{\beta}_r^2-\left(\frac{1}{2}-\frac{1}{2k_\omega}\right)\tilde{\beta}\tilde{\boldsymbol{\omega}}^{\mathrm{T}}\tilde{\boldsymbol{\omega}}+\\&\quad y_rU_r\varphi\psi_r+\frac{1}{2}U_{\max}^2+\frac{1}{2}\beta_r^{*2}+\frac{1}{2k_\beta}C_\beta^2+\frac{1}{2k_\omega}C_\omega^2\end{aligned} \tag{6.101}$$

式(6.101)之后用于6.3.3节整个可控系统的稳定性证明。

6.3.2　无人船路径跟踪自适应模糊控制器设计

在本小节，采用反步法设计路径跟踪姿态跟踪控制器 τ_r 和速度跟踪控制器 τ_u，用于

跟踪期望的艏向角 ψ_d 和期望的速度 u_d，包括未建模动态和未知时变扰动的未知项采用模糊逻辑系统来逼近。

(1) 航向跟踪控制器设计。

① 定义艏向跟踪误差变量为

$$\psi_e = \psi - \psi_d \tag{6.102}$$

因此，$\dot{\psi}_e = r - \dot{\psi}_d$。

选取李雅普诺夫函数如下：

$$V_\psi = \frac{1}{2}\psi_e^2 \tag{6.103}$$

对式(6.103)进行求导，可得

$$\dot{V}_\psi = \psi_e \dot{\psi}_e = \psi_e (r - \dot{\psi}_d) \tag{6.104}$$

② 定义艏摇角速率误差变量为

$$r_e = r - \alpha_r \tag{6.105}$$

其中，α_r 是虚拟控制输入，可设计为 $\alpha_r = -k_\psi \psi_e + \dot{\psi}_d - y_e U_r \varphi$。其中，$k_\psi > 0$ 是控制设计参数。因此，

$$\dot{V}_\psi = \psi_e (r_e + \alpha_r - \dot{\psi}_d) = -k_\psi \psi_e^2 + \psi_e r_e - y_e U_r \varphi \psi_e \tag{6.106}$$

从式(6.80)可知：

$$\dot{r}_e = \dot{r} - \dot{\alpha}_r = \frac{1}{m_{33}}(d_r + \tau_r) - \dot{\alpha}_r \tag{6.107}$$

其中，$d_r = f_r + \tau_{wr}$。

选取李雅普诺夫函数如下：

$$V_r = V_\psi + \frac{1}{2} m_{33} r_e^2 \tag{6.108}$$

对式(6.108)进行求导，可得

$$\dot{V}_r = \dot{V}_\psi + m_{33} r_e \dot{r}_e = -k_\psi \psi_e^2 + \psi_e r_e - y_e U_r \varphi \psi_e + r_e (d_r + \tau_r - m_{33} \dot{\alpha}_r) \tag{6.109}$$

设计航向跟踪控制器如下：

$$\tau_r = -k_r r_e + m_{33} \dot{\alpha}_r - d_r - \psi_e \tag{6.110}$$

其中，$k_r > 0$ 是控制设计参数。

由于存在未建模动态和未知环境干扰，因此 d_r 视为合成干扰，是未知的，本小节同样采用模糊逼近定理来逼近未知项 d_r，即

$$d_r = \boldsymbol{\theta}_1^{*\mathrm{T}} \xi(\bar{x}) + w_1(\bar{x}) \tag{6.111}$$

其中，$w_1(\bar{x}) \in \mathbf{R}$ 是最小逼近误差，$\boldsymbol{\theta}_1^* \in \mathbf{R}^Q$ 是理性模糊参数变量，即

$$\boldsymbol{\theta}_1^* = \arg \min_{\theta \in \mathbf{R}^Q} \{ \sup_{\bar{x} \in \mathbf{R}^6} | f_r(\cdot) | \} \tag{6.112}$$

为了在线更新模糊参数变量，设计航向跟踪动态估计器如下：

$$m_{33} \dot{\hat{r}} = \tau_r + \hat{d}_r - (k_r + \mu_1)(\hat{r} - r) \tag{6.113}$$

其中，$\hat{d}_r = \hat{\boldsymbol{\theta}}_1^{\mathrm{T}}\xi(\bar{\boldsymbol{x}})$；$\tilde{r}$ 是估计误差，$\tilde{r} = \hat{r} - r$；μ_1 是设计参数，$\mu_1 > 0$。

$\hat{\boldsymbol{\theta}}_1 \in \mathbf{R}^Q$ 是理想模糊参数变量 $\boldsymbol{\theta}_1^*$ 的估计值，并且自适应律选取为

$$\dot{\hat{\boldsymbol{\theta}}}_1 = -\Gamma_1[\tilde{r}\xi(\bar{\boldsymbol{x}}) + \sigma_1\hat{\boldsymbol{\theta}}_1] \tag{6.114}$$

其中，$\Gamma_1 \in \mathbf{R}^{Q\times Q}$ 是正定设计参数；σ_1 是设计参数，$\sigma_1 > 0$。

采用估计误差 $\tilde{r}$，而不是跟踪误差 r_e 用于更新模糊参数，进而提高模糊系统的暂态性能。

基于航向估计器式(6.113)，自适应模糊航向跟踪控制器设计如下：

$$\begin{aligned}\tau_r &= -k_r r_e + m_{33}\dot{\alpha}_r - \hat{\boldsymbol{\theta}}_1^{\mathrm{T}}\xi(\bar{\boldsymbol{x}}) - \psi_e \\ &= -k_r r_e - m_{33}k_\psi(r - \dot{\psi}_d) + m_{33}\ddot{\psi}_d - m_{33}\dot{\varepsilon} - \hat{\boldsymbol{\theta}}_1^{\mathrm{T}}\xi(\bar{\boldsymbol{x}}) - \psi_e\end{aligned} \tag{6.115}$$

其中，$k_r > 0$，$\varepsilon = y_e U_r \varphi$。

由于控制律 τ_r 涉及 $\dot{\psi}_d$、ε 的一阶导数和 ψ_d 的二阶导数，因此设计一个三阶跟踪微分器(TD)和一个二阶跟踪微分器(TD)引入控制器中，避免控制律的计算复杂性。

输入信号为 ψ_d 的三阶跟踪微分器设计如下：

$$\begin{aligned}\dot{\hbar}_1 &= \hbar_2 \\ \dot{\hbar}_2 &= \hbar_3 \\ \dot{\hbar}_3 &= -l_1^3\left[a_1(\hbar_1 - \psi_d) + a_2\frac{\hbar_2}{l_1} + a_3\frac{\hbar_3}{l_1^2}\right]\end{aligned} \tag{6.116}$$

其中，l_1、a_1、a_2、a_3 是正定常数；$\hbar_1$、$\hbar_2$、$\hbar_3$ 是跟踪微分器的状态，分别表示相关的估计值 $\hbar_1 = \bar{\psi}_d$，$\hbar_2 = \dot{\bar{\psi}}_d$，$\hbar_3 = \ddot{\bar{\psi}}_d$。当 $l_1 \to \infty$ 时三阶跟踪微分器的估计误差 $\bar{\psi}_d - \psi_d$ 趋于零。

输入信号为 ε 的二阶跟踪微分器设计如下：

$$\begin{aligned}\dot{\hbar}_4 &= \hbar_5 \\ \dot{\hbar}_5 &= -l_2^2\left[a_4(\hbar_4 - \varepsilon) + a_5\frac{\hbar_5}{l_2}\right]\end{aligned} \tag{6.117}$$

其中，l_2、a_4、a_5 是正定常数；$\hbar_4$、$\hbar_5$ 是二阶微分器的状态，分别表示相应的估计值 $\hbar_4 = \bar{\varepsilon}$，$\hbar_5 = \dot{\bar{\varepsilon}}$。当 $l_2 \to \infty$ 时二阶跟踪微分器的估计误差 $\bar{\varepsilon} - \varepsilon$ 趋于零。

因此，虚拟控制的导数是 $\dot{\alpha}_r = -k_\psi(r - \dot{\bar{\psi}}_d) + \ddot{\bar{\psi}}_d - \dot{\bar{\varepsilon}}$，自适应模糊航向跟踪控制变为

$$\tau_r = -k_r r_e - m_{33}k_\psi(r - \dot{\bar{\psi}}_d) + m_{33}\ddot{\bar{\psi}}_d - m_{33}\dot{\bar{\varepsilon}} - \hat{\boldsymbol{\theta}}_1^{\mathrm{T}}\xi(\bar{\boldsymbol{x}}) - \psi_e \tag{6.118}$$

综上，航向跟踪控制闭环系统可以描述为

$$\dot{\psi}_e = -k_\psi\psi_e + \hat{r}_e - \tilde{r} - y_e U_r \varphi \tag{6.119}$$

$$m_{33}\dot{\hat{r}}_e = -k_r\hat{r}_e - \psi_e - \mu_1\tilde{r} \tag{6.120}$$

$$m_{33}\dot{\tilde{r}} = \tilde{\boldsymbol{\theta}}_1^{\mathrm{T}}\xi(\bar{\boldsymbol{x}}) - (k_r + \mu_1)\tilde{r} - w_1(\bar{\boldsymbol{x}}) \tag{6.121}$$

其中，$\hat{r}_e = \hat{r} - \alpha_r$。

考虑航向跟踪控制子系统的李雅普诺夫函数如下：

$$V_{ra} = \frac{1}{2}\psi_e^2 + \frac{1}{2}m_{33}\hat{r}_e^2 + \frac{1}{2}m_{33}\tilde{r}^2 + \frac{1}{2}\tilde{\boldsymbol{\theta}}_1^T \boldsymbol{\Gamma}_1^{-1}\tilde{\boldsymbol{\theta}}_1 \tag{6.122}$$

其中，$\tilde{\boldsymbol{\theta}}_1 = \hat{\boldsymbol{\theta}}_1 - \boldsymbol{\theta}_1^*$。

对式(6.122)进行求导可得

$$\begin{aligned}
\dot{V}_{ra} &= \psi_e\dot{\psi}_e + \hat{r}_e\dot{\hat{r}}_e + \tilde{r}\dot{\tilde{r}} + \tilde{\boldsymbol{\theta}}_1^T \boldsymbol{\Gamma}_1^{-1}\dot{\tilde{\boldsymbol{\theta}}}_1 \\
&= \psi_e(-k_\psi\psi_e + \hat{r}_e - \tilde{r} - y_e U_r\varphi) + \hat{r}_e(-k_r\hat{r}_e - \psi_e - \mu_1\tilde{r}) + \\
&\quad \tilde{r}(\tilde{\boldsymbol{\theta}}_1^T\xi(\bar{\boldsymbol{x}}) - (k_r+\mu_1)\tilde{r} - w_1(\bar{\boldsymbol{x}})) - \tilde{\boldsymbol{\theta}}_1^T[\tilde{r}\xi(\bar{\boldsymbol{x}}) + \sigma_1\hat{\boldsymbol{\theta}}_1] \\
&= -k_\psi\psi_e^2 - \psi_e\tilde{r} - y_e U_r\varphi\psi_e - k_r\hat{r}_e^2 - \mu_1\hat{r}_e\tilde{r} - (k_r+\mu_1)\tilde{r}^2 - \\
&\quad \tilde{r}w_1(\bar{\boldsymbol{x}}) - \sigma_1\tilde{\boldsymbol{\theta}}_1^T\tilde{\boldsymbol{\theta}}_1 - \sigma_1\tilde{\boldsymbol{\theta}}_1^T\boldsymbol{\theta}_1^*
\end{aligned} \tag{6.123}$$

应用杨氏不等式，可得

$$-\psi_e\tilde{r} \leqslant \frac{1}{2}\tilde{r}^2 + \frac{1}{2}\psi_e^2 \tag{6.124}$$

$$-\mu_1\hat{r}_e\tilde{r} \leqslant \frac{1}{2}\mu_1\hat{r}_e^2 + \frac{1}{2}\mu_1\tilde{r}^2 \tag{6.125}$$

$$\tilde{r}w_1(\bar{\boldsymbol{x}}) \leqslant \frac{1}{2}\tilde{r}^2 + \frac{1}{2}w_1^2(\bar{\boldsymbol{x}}) \leqslant \frac{1}{2}\tilde{r}^2 + \frac{1}{2}w_{1m}^2 \tag{6.126}$$

$$-\sigma_1\tilde{\boldsymbol{\theta}}_1^T\boldsymbol{\theta}_1^* \leqslant \frac{\sigma_1}{2}\tilde{\boldsymbol{\theta}}_1^T\tilde{\boldsymbol{\theta}}_1 + \frac{\sigma_1}{2}\|\boldsymbol{\theta}_1^*\|^2 \leqslant \frac{\sigma_1}{2}\tilde{\boldsymbol{\theta}}_1^T\tilde{\boldsymbol{\theta}}_1 + \frac{\sigma_1}{2}\theta_{1m}^2 \tag{6.127}$$

其中，w_{1m} 和 θ_{1m} 分别表示 $w_1(\bar{\boldsymbol{x}})$ 和 $\|\boldsymbol{\theta}_1^*\|$ 的最小上界。

将式(6.124)～(6.127)代入式(6.123)，可得

$$\begin{aligned}
\dot{V}_{ra} &\leqslant -k_\psi\psi_e^2 + \frac{1}{2}\tilde{r}^2 + \frac{1}{2}\psi_e^2 - y_e U_r\varphi\psi_e - k_r\hat{r}_e^2 + \frac{1}{2}\mu_1\hat{r}_e^2 + \frac{1}{2}\mu_1\tilde{r}^2 - (k_r+\mu_1)\tilde{r}^2 + \frac{1}{2}\tilde{r}^2 + \\
&\quad \frac{1}{2}w_{1m}^2 - \sigma_1\tilde{\boldsymbol{\theta}}_1^T\tilde{\boldsymbol{\theta}}_1 + \frac{\sigma_1}{2}\tilde{\boldsymbol{\theta}}_1^T\tilde{\boldsymbol{\theta}}_1 + \frac{\sigma_1}{2}\theta_{1m}^2 \\
&\leqslant -\left(k_\psi - \frac{1}{2}\right)\psi_e^2 - \left(k_r - \frac{1}{2}\mu_1\right)\hat{r}_e^2 - \\
&\quad \left(k_r + \frac{1}{2}\mu_1 - 1\right)\tilde{r}^2 - \frac{\sigma_1}{2}\tilde{\boldsymbol{\theta}}_1^T\tilde{\boldsymbol{\theta}}_1 + \frac{1}{2}w_{1m}^2 + \frac{\sigma_1}{2}\theta_{1m}^2 - y_e U_r\varphi\psi_e
\end{aligned} \tag{6.128}$$

式(6.128)之后会用于系统的稳定性证明。

(2) 速度跟踪控制器设计。

在本小节，设计速度跟踪控制器 τ_u 用于跟踪期望的常数速度，未建模动态和未知时变扰动的未知项采用模糊逻辑系统来逼近。

定义速度跟踪误差为

$$u_{re} = u_r - u_{rd} \tag{6.129}$$

其中，u_{rd} 是期望的纵向速度。

$$\dot{u}_{re}=\dot{u}_{r}-\dot{u}_{rd}=\frac{1}{m_{11}}(d_{ur}+\tau_{u})-\dot{u}_{rd} \tag{6.130}$$

其中，$d_{ur}=f_{ur}+\tau_{wr}$。

选取李雅普诺夫函数如下：

$$V_{u}=\frac{1}{2}m_{11}u_{re}^{2} \tag{6.131}$$

对式(6.131)求导可得

$$\dot{V}_{u}=m_{11}u_{re}\dot{u}_{re}=u_{re}(d_{ur}+\tau_{u}-m_{11}\dot{u}_{rd}) \tag{6.132}$$

设计速度跟踪控制器如下：

$$\tau_{u}=-k_{u}u_{re}+m_{11}\dot{u}_{rd}-d_{ur} \tag{6.133}$$

由于存在未建模动态和未知干扰，因此 d_{ur} 视为合成干扰，是未知的，本小节同样采用模糊逼近定理来逼近未知项 d_{ur}，即

$$d_{ur}=\boldsymbol{\theta}_{2}^{*\mathrm{T}}\xi(\bar{\boldsymbol{x}})+w_{2}(\bar{\boldsymbol{x}}) \tag{6.134}$$

其中，$w_{2}(\bar{\boldsymbol{x}})\in\mathbf{R}$ 是最小逼近误差，$\boldsymbol{\theta}_{2}^{*}\in\mathbf{R}^{Q}$ 是理想模糊参数，即

$$\boldsymbol{\theta}_{2}^{*}=\arg\min_{\boldsymbol{\theta}\in\mathbf{R}^{Q}}\{\sup_{\bar{\boldsymbol{x}}\in\mathbf{R}^{6}}|f_{u}(\cdot)|\} \tag{6.135}$$

为了在线更新模糊参数变量，设计速度估计器如下：

$$m_{11}\dot{\hat{u}}_{r}=\tau_{u}+\hat{d}_{ur}-(k_{u}+\mu_{2})(\hat{u}_{r}-u_{r}) \tag{6.136}$$

其中，$\hat{d}_{ur}=\hat{\boldsymbol{\theta}}_{2}^{\mathrm{T}}\xi(\bar{\boldsymbol{x}})$；$\tilde{u}_{r}$ 是估计误差，$\tilde{u}_{r}=\hat{u}_{r}-u_{r}$；$\mu_{2}$ 是设计参数，$\mu_{2}>0$。

$\hat{\boldsymbol{\theta}}_{2}\in\mathbf{R}^{Q}$ 是理想模糊参数变量 $\boldsymbol{\theta}_{2}^{*}$ 的估计值，并且自适应律选取为

$$\dot{\hat{\boldsymbol{\theta}}}_{2}=-\Gamma_{2}[\tilde{u}_{r}\xi(\bar{\boldsymbol{x}})+\sigma_{2}\hat{\boldsymbol{\theta}}_{2}] \tag{6.137}$$

其中，$\Gamma_{2}\in\mathbf{R}^{Q\times Q}$ 是正定设计参数；σ_{2} 是设计参数，$\sigma_{2}>0$。

采用估计误差 $\tilde{u}_{r}$，而不是跟踪 u_{re} 用于更新模糊参数，提高模糊系统的暂态性能。

基于估计器式(6.136)，自适应模糊速度跟踪控制器设计如下：

$$\tau_{u}=-k_{u}u_{re}+m_{11}\dot{u}_{rd}-\hat{\boldsymbol{\theta}}_{2}^{\mathrm{T}}\xi(\bar{\boldsymbol{x}}) \tag{6.138}$$

其中，$k_{u}>0$。

综上，速度跟踪控制子系统可以描述为

$$m_{11}\dot{\hat{u}}_{re}=-k_{u}\hat{u}_{re}-\mu_{2}\tilde{u}_{r} \tag{6.139}$$

$$m_{11}\dot{\tilde{u}}_{r}=\tilde{\boldsymbol{\theta}}_{2}^{\mathrm{T}}\xi(\bar{\boldsymbol{x}})-(k_{u}+\mu_{2})\tilde{u}_{r}-w_{2}(\bar{\boldsymbol{x}}) \tag{6.140}$$

其中，$\hat{u}_{re}=\hat{u}_{r}-u_{rd}$。

考虑速度跟踪控制子系统的李雅普诺夫函数如下：

$$V_{ua}=\frac{1}{2}m_{11}\hat{u}_{re}^{2}+\frac{1}{2}m_{11}\tilde{u}_{r}^{2}+\frac{1}{2}\tilde{\boldsymbol{\theta}}_{2}^{\mathrm{T}}\Gamma_{2}^{-1}\tilde{\boldsymbol{\theta}}_{2} \tag{6.141}$$

其中，$\tilde{\boldsymbol{\theta}}_{2}=\hat{\boldsymbol{\theta}}_{2}-\boldsymbol{\theta}_{2}^{*}$。

对式(6.141)进行求导可得

$$\begin{aligned}\dot{V}_{ua} &= \hat{u}_{re}\dot{\hat{u}}_{re} + \tilde{u}_r\dot{\tilde{u}}_r + \tilde{\boldsymbol{\theta}}_2^{\mathrm{T}}\Gamma_2^{-1}\dot{\hat{\boldsymbol{\theta}}}_2 \\ &= \hat{u}_{re}(-k_u\hat{u}_{re} - \mu_2\tilde{u}_r) + \tilde{u}_r[\tilde{\boldsymbol{\theta}}_2^{\mathrm{T}}\xi(\bar{\boldsymbol{x}}) - (k_u+\mu_2)\tilde{u}_r - w_2(\bar{\boldsymbol{x}})] - \\ &\quad \tilde{\boldsymbol{\theta}}_2^{\mathrm{T}}[\tilde{u}_r\xi(\bar{\boldsymbol{x}}) + \sigma_2\hat{\boldsymbol{\theta}}_2] \\ &= \hat{u}_{re}[-k_u\hat{u}_{re} - \mu_2\tilde{u}_r] - (k_u+\mu_2)\tilde{u}_r^2 - \tilde{u}_r w_2(\bar{\boldsymbol{x}}) - \sigma_2\tilde{\boldsymbol{\theta}}_2^{\mathrm{T}}\hat{\boldsymbol{\theta}}_2 \\ &= -k_u\hat{u}_{re}^2 - \mu_2\tilde{u}_r\hat{u}_{re} - (k_u+\mu_2)\tilde{u}_r^2 - \tilde{u}_r w_2(\bar{\boldsymbol{x}}) - \sigma_2\tilde{\boldsymbol{\theta}}_2^{\mathrm{T}}(\tilde{\boldsymbol{\theta}}_2 + \boldsymbol{\theta}_2^*)\end{aligned} \tag{6.142}$$

应用杨氏不等式,可得

$$-\mu_2\tilde{u}_r\hat{u}_{re} \leqslant \frac{1}{2}\mu_2\tilde{u}_r^2 + \frac{1}{2}\mu_2\hat{u}_{re}^2 \tag{6.143}$$

$$\tilde{u}_r w_2(\bar{\boldsymbol{x}}) \leqslant \frac{1}{2}\tilde{u}_r^{\ 2} + \frac{1}{2}w_2^2(\bar{\boldsymbol{x}}) \leqslant \frac{1}{2}\tilde{u}_r^{\ 2} + \frac{1}{2}w_{2m}^2 \tag{6.144}$$

$$-\sigma_2\tilde{\boldsymbol{\theta}}_2^{\mathrm{T}}\boldsymbol{\theta}_2^* \leqslant \frac{\sigma_2}{2}\tilde{\boldsymbol{\theta}}_2^{\mathrm{T}}\tilde{\boldsymbol{\theta}}_2 + \frac{\sigma_2}{2}\|\theta_2^*\|^2 \leqslant \frac{\sigma_2}{2}\tilde{\boldsymbol{\theta}}_2^{\mathrm{T}}\tilde{\boldsymbol{\theta}}_2 + \frac{\sigma_2}{2}\theta_{2m}^2 \tag{6.145}$$

其中,w_{2m} 和 θ_{2m} 分别表示 $w_2(\bar{\boldsymbol{x}})$ 和 $\|\boldsymbol{\theta}_2^*\|$ 的最小上界。

将式(6.143)～(6.145)代入式(6.142),可得

$$\begin{aligned}\dot{V}_{ua} &\leqslant -k_u\hat{u}_{re}^2 + \frac{1}{2}\mu_2\tilde{u}_r^2 + \frac{1}{2}\mu_2\hat{u}_{re}^2 - (k_u+\mu_2)\tilde{u}_r^2 + \frac{1}{2}\tilde{u}_r^{\ 2} + \\ &\quad \frac{1}{2}w_{2m}^2 - \sigma_2\tilde{\boldsymbol{\theta}}_2^{\mathrm{T}}\tilde{\boldsymbol{\theta}}_2 + \frac{\sigma_2}{2}\tilde{\boldsymbol{\theta}}_2^{\mathrm{T}}\tilde{\boldsymbol{\theta}}_2 + \frac{\sigma_2}{2}\theta_{2m}^2 \\ &\leqslant -\left(k_u - \frac{1}{2}\mu_2\right)\hat{u}_{re}^2 - \left(k_u + \frac{1}{2}\mu_2 - \frac{1}{2}\right)\tilde{u}_r^2 - \frac{1}{2}\sigma_2\tilde{\boldsymbol{\theta}}_2^{\mathrm{T}}\tilde{\boldsymbol{\theta}}_2 + \\ &\quad \frac{1}{2}w_{2m}^2 + \frac{\sigma_2}{2}\theta_{2m}^2\end{aligned} \tag{6.146}$$

式(6.146)之后用于系统的稳定性证明。

注:根据引理 3 可知

$$\left(\int_0^t \|\tilde{r}(s)\|^2 \mathrm{d}s\right)^{1/2} \leqslant \frac{\|\tilde{r}(0)\|}{\sqrt{2\lambda_{\min}(k_r+\mu_1)}} + \frac{\|\tilde{\theta}_1(0)\|_{\mathrm{F}}}{\sqrt{2\lambda_{\min}(k_r+\mu_1)\Gamma_1}} \tag{6.147}$$

$$\left(\int_0^t \|\dot{\hat{\theta}}_1(s)\|_{\mathrm{F}}^2 \mathrm{d}s\right)^{1/2} \leqslant \frac{\Gamma_1\xi^*\|\tilde{r}(0)\|}{\sqrt{2\lambda_{\min}(k_r+\mu_1)}} + \frac{\sqrt{\Gamma_1}\,\xi^*\|\tilde{\theta}_1(0)\|_{\mathrm{F}}}{\sqrt{2\lambda_{\min}(k_r+\mu_1)}} \tag{6.148}$$

$$\left(\int_0^t \|\tilde{u}_r(s)\|^2 \mathrm{d}s\right)^{1/2} \leqslant \frac{\|\tilde{u}_r(0)\|}{\sqrt{2\lambda_{\min}(k_u+\mu_2)}} + \frac{\|\tilde{\theta}_2(0)\|_{\mathrm{F}}}{\sqrt{2\lambda_{\min}(k_u+\mu_2)\Gamma_2}} \tag{6.149}$$

$$\left(\int_0^t \|\dot{\hat{\theta}}_2(s)\|_{\mathrm{F}}^2 \mathrm{d}s\right)^{1/2} \leqslant \frac{\Gamma_2\xi^*\|\tilde{u}_r(0)\|}{\sqrt{2\lambda_{\min}(k_u+\mu_2)}} + \frac{\sqrt{\Gamma_2}\,\xi^*\|\tilde{\theta}_2(0)\|_{\mathrm{F}}}{\sqrt{2\lambda_{\min}(k_u+\mu_2)}} \tag{6.150}$$

其中,ξ^* 是常数,$\|\xi(\bar{\boldsymbol{x}})\| \leqslant \xi^*$。通过增加参数 μ_1 和 μ_2 可以使估计误差 $\tilde{r}$、$\tilde{u}$ 比跟踪误差 r_e、u_e 收敛得更快,这有助于抑制模糊参数 $\dot{\hat{\theta}}_1$、$\dot{\hat{\theta}}_2$ 的截断 L_2 范数的不期望振荡。随着

μ_1、μ_2 的增加，通过降低映射算法或者通过设置 $\hat{r}(0)=r(0)$、$\hat{u}_r(0)=u_r(0)$ 来避免峰值的发生。同传统的模糊控制相比，采用估计误差而不是跟踪误差用于更新模糊参数，可以改善模糊控制的暂态性能。

6.3.3 系统稳定性分析

对于无人船模型式(6.78)和式(6.80)，以及由设计的改进自适应积分LOS导引律式(6.86)、自适应模糊路径跟踪控制律式(6.118)和式(6.138)所组成的闭环系统，给出如下定理。

定理6.2 对于无人船模型式(6.78)和式(6.80)，存在时变侧滑和时变海流，在满足假设1、假设2、假设3的条件下，采用设计的IAILOS导引律式(6.86)，路径参数更新律式(6.88)，时变侧滑角估计式(6.87)，时变海流估计式(6.89)，自适应模糊路径跟踪控制律式(6.118)和式(6.138)，模糊参数更新律式(6.114)和式(6.137)，估计器式(6.113)和式(6.136)，选择合适的控制参数 k_s、Δ、k_β、k_ω、k_ψ、k_r、k_u、μ_1、μ_2、Γ_1、Γ_2、σ_1、σ_2、l_1、l_2、$a_i(i=1,2,3,4,5)$ 并且参数满足 $k_\psi>\frac{1}{2}$，$k_r>\frac{1}{2}$，$k_u>\frac{1}{4}$，无人船路径跟踪误差能够达到一致最终有界，并收敛到零附近，并且闭环控制系统的所有状态均为一致最终有界。

证明 考虑整个闭环系统，设计李雅普诺夫函数如下：

$$V=V_g+V_{ra}+V_{ua}=\frac{1}{2}x_e^2+\frac{1}{2}y_e^2+\frac{1}{2k_\omega}\tilde{\boldsymbol{\omega}}^{\mathrm{T}}\tilde{\boldsymbol{\omega}}+\frac{1}{2k_\beta}\tilde{\beta}_r^2+\frac{1}{2}\psi_e^2+\frac{1}{2}\hat{r}_e^2+\frac{1}{2}\tilde{r}^2+\frac{1}{2}\tilde{\boldsymbol{\theta}}_1^{\mathrm{T}}\Gamma_1^{-1}\tilde{\boldsymbol{\theta}}_1+\frac{1}{2}\hat{u}_{re}^2+\frac{1}{2}\tilde{u}_r^2+\frac{1}{2}\tilde{\boldsymbol{\theta}}_2^{\mathrm{T}}\Gamma_2^{-1}\tilde{\boldsymbol{\theta}}_2 \tag{6.151}$$

对式(6.151)进行求导，可得

$$\begin{aligned}
\dot{V}=&x_e\dot{x}_e+y_e\dot{y}_e+\frac{1}{k_\omega}\tilde{\boldsymbol{\omega}}^{\mathrm{T}}\dot{\tilde{\boldsymbol{\omega}}}+\frac{1}{k_\beta}\tilde{\beta}_r\dot{\tilde{\beta}}_r+\psi_e\dot{\psi}_e+\hat{r}_e\dot{\hat{r}}_e+\tilde{r}\dot{\tilde{r}}+\tilde{\boldsymbol{\theta}}_1^{\mathrm{T}}\Gamma_1^{-1}\dot{\tilde{\boldsymbol{\theta}}}_1+\\
&\hat{u}_{re}\dot{\hat{u}}_{re}+\tilde{u}_r\dot{\tilde{u}}_r+\tilde{\boldsymbol{\theta}}_2^{\mathrm{T}}\Gamma_2^{-1}\dot{\tilde{\boldsymbol{\theta}}}_2\\
\leqslant&-k_sx_e^2-\frac{y_e^2U_r}{\sqrt{(y_e+\alpha_e+\Delta\hat{\beta}_r)^2+\Delta^2}}-\left(\frac{1}{2}-\frac{1}{2k_\beta}\right)\tilde{\beta}_r^2-\left(\frac{1}{2}-\frac{1}{2k_\omega}\right)\tilde{\boldsymbol{\omega}}^{\mathrm{T}}\tilde{\boldsymbol{\omega}}+\\
&y_eU_r\varphi\psi_e+\frac{1}{2}U_{\max}^2+\frac{1}{2}\beta_r^{*2}+\frac{1}{2k_\beta}C_\beta^2+\frac{1}{2k_\omega}C_\omega^2-\left(k_\psi-\frac{1}{2}\right)\psi_e^2-\left(k_r-\frac{1}{2}\mu_1\right)\hat{r}_e^2-\\
&\left(k_r+\frac{1}{2}\mu_1-1\right)\tilde{r}^2-\frac{\sigma_1}{2}\tilde{\boldsymbol{\theta}}_1^{\mathrm{T}}\tilde{\boldsymbol{\theta}}_1+\frac{1}{2}w_{1m}^2+\frac{\sigma_1}{2}\theta_{1m}^2-y_eU_r\varphi\psi_e-\left(k_u-\frac{1}{2}\mu_2\right)\hat{u}_{re}^2-\\
&\left(k_u+\frac{1}{2}\mu_2-\frac{1}{2}\right)\tilde{u}_r^2-\frac{1}{2}\sigma_2\tilde{\boldsymbol{\theta}}_2^{\mathrm{T}}\tilde{\boldsymbol{\theta}}_2+\frac{1}{2}w_{2m}^2+\frac{\sigma_2}{2}\theta_{2m}^2\\
\leqslant&-k_sx_e^2-\frac{y_e^2U_r}{\sqrt{(y_e+\alpha_e+\Delta\hat{\beta}_r)^2+\Delta^2}}-\left(\frac{1}{2}-\frac{1}{2k_\beta}\right)\tilde{\beta}_r^2-\left(\frac{1}{2}-\frac{1}{2k_\omega}\right)\tilde{\boldsymbol{\omega}}^{\mathrm{T}}\tilde{\boldsymbol{\omega}}-\\
&\left(k_\psi-\frac{1}{2}\right)\psi_e^2-\left(k_r-\frac{1}{2}\mu_1\right)\hat{r}_e^2-\left(k_r+\frac{1}{2}\mu_1-1\right)\tilde{r}^2-
\end{aligned}$$

$$\frac{\sigma_1}{2}\tilde{\boldsymbol{\theta}}_1^{\mathrm{T}}\tilde{\boldsymbol{\theta}}_1-\left(k_{\mathrm{u}}-\frac{1}{2}\mu_2\right)\hat{u}_{\mathrm{re}}^2-\left(k_{\mathrm{u}}+\frac{1}{2}\mu_2-\frac{1}{2}\right)\tilde{u}_{\mathrm{r}}^2-\frac{1}{2}\sigma_2\tilde{\boldsymbol{\theta}}_2^{\mathrm{T}}\tilde{\boldsymbol{\theta}}_2+$$

$$\frac{1}{2}U_{\max}^2+\frac{1}{2}\beta_{\mathrm{r}}^{*2}+\frac{1}{2k_\beta}C_\beta^2+\frac{1}{2k_\omega}C_\omega^2+\frac{1}{2}w_{1m}^2+\frac{\sigma_1}{2}\theta_{1m}^2+\frac{1}{2}w_{2m}^2+\frac{\sigma_2}{2}\theta_{2m}^2$$

$$\leqslant-2\rho V+C \tag{6.152}$$

其中,

$$\rho=\min\left\{k_{\mathrm{s}},\frac{U_{\mathrm{r}}}{\sqrt{(y_{\mathrm{e}}+\alpha_{\mathrm{e}}+\Delta\hat{\beta}_{\mathrm{r}})^2+\Delta^2}},k_\beta,\frac{k_\omega}{2},\left(k_\psi-\frac{1}{2}\right),\left(k_{\mathrm{r}}-\frac{1}{2}\mu_1\right),\left(k_{\mathrm{r}}+\frac{1}{2}\mu_1-1\right),\right.$$

$$\left.\frac{\sigma_1}{2}\lambda_{\min}(\Gamma_1),\left(k_{\mathrm{u}}-\frac{1}{2}\mu_2\right),\left(k_{\mathrm{u}}+\frac{1}{2}\mu_2-\frac{1}{2}\right),\frac{\sigma_2}{2}\lambda_{\min}(\Gamma_2)\right\},$$

$$C=\frac{1}{2}U_{\max}^2+\frac{1}{2}\beta_{\mathrm{r}}^{*2}+\frac{1}{2k_\beta}C_\beta^2+\frac{1}{2k_\omega}C_\omega^2+\frac{1}{2}w_{1m}^2+\frac{\sigma_1}{2}\theta_{1m}^2+\frac{1}{2}w_{2m}^2+\frac{\sigma_2}{2}\theta_{2m}^2。$$

求解式(6.152),可得

$$0\leqslant V\leqslant\frac{C}{2\rho}+\left[V(0)-\frac{C}{2\rho}\right]\mathrm{e}^{-2\rho t} \tag{6.153}$$

从式(6.153)可知,V 是一致最终有界的,因此,根据式(6.151)可知,x_{e}、y_{e}、$\tilde{\boldsymbol{\omega}}$、$\tilde{\beta}_{\mathrm{r}}$、$\psi_{\mathrm{e}}$、$\hat{r}_{\mathrm{e}}$、$\tilde{r}$、$\hat{u}_{\mathrm{re}}$、$\tilde{u}_{\mathrm{r}}$、$\tilde{\boldsymbol{\theta}}_1$、$\tilde{\boldsymbol{\theta}}_2$ 是一致最终有界的,因此,$r_{\mathrm{e}}=\hat{r}_{\mathrm{e}}-\tilde{r}$,$u_{\mathrm{re}}=\hat{u}_{\mathrm{re}}-\tilde{u}_{\mathrm{re}}$ 也是最终有界的。也就是说,控制闭环系统是一致最终有界的。

令 $\boldsymbol{\zeta}_{\mathrm{e}}=[x_{\mathrm{e}}\ \ y_{\mathrm{e}}\ \ \psi_{\mathrm{e}}\ \ \hat{r}_{\mathrm{e}}\ \ \tilde{r}\ \ \hat{u}_{\mathrm{re}}\ \ \ \tilde{u}_{\mathrm{r}}]^{\mathrm{T}}$,将式(6.151)代入式(6.153),可得

$$\|\boldsymbol{\zeta}_{\mathrm{e}}\|\leqslant\sqrt{\frac{C}{\rho}+2\left[V(0)-\frac{C}{2\rho}\right]\mathrm{e}^{-2\rho t}} \tag{6.154}$$

由于

$$|r_{\mathrm{e}}|=|\hat{r}_{\mathrm{e}}+(-\tilde{r})|\leqslant|\hat{r}_{\mathrm{e}}|+|\tilde{r}|\leqslant2\sqrt{\frac{C}{\rho}+2\left[V(0)-\frac{C}{2\rho}\right]\mathrm{e}^{-2\rho t}},$$

$$|u_{\mathrm{re}}|=|\hat{u}_{\mathrm{re}}+(-\tilde{u}_{\mathrm{re}})|\leqslant|\hat{u}_{\mathrm{re}}|+|\tilde{u}_{\mathrm{re}}|\leqslant2\sqrt{\frac{C}{\rho}+2\left[V(0)-\frac{C}{2\rho}\right]\mathrm{e}^{-2\rho t}}$$

很明显,通过增加 ρ 可以使 $\|\boldsymbol{\zeta}_{\mathrm{e}}\|$ 降低。对于任意给定的正常数 $\Lambda_i\geqslant\sqrt{C/\rho}\,(i=x_{\mathrm{e}},y_{\mathrm{e}},\psi_{\mathrm{e}},r_{\mathrm{e}},u_{\mathrm{re}})$,存在一个时间常数 $T>0$ 使得当 $t>T$ 时,满足 $|x_{\mathrm{e}}|\leqslant\Lambda_{x\mathrm{e}}$,$|y_{\mathrm{e}}|\leqslant\Lambda_{y\mathrm{e}}$,$|\psi_{\mathrm{e}}|\leqslant\Lambda_{\psi\mathrm{e}}$,$|r_{\mathrm{e}}|\leqslant2\Lambda_{\mathrm{re}}$,$|u_{\mathrm{re}}|\leqslant2\Lambda_{\mathrm{u_{re}}}$,从而,无人船的路径跟踪误差收敛到一个紧致集 $\Omega=\{|x_{\mathrm{e}}|\leqslant\Lambda_{x\mathrm{e}},|y_{\mathrm{e}}|\leqslant\Lambda_{y\mathrm{e}},|\psi_{\mathrm{e}}|\leqslant\Lambda_{\psi\mathrm{e}},|r_{\mathrm{e}}|\leqslant2\Lambda_{\mathrm{re}},u_{\mathrm{re}}|\leqslant2\Lambda_{\mathrm{u_{re}}}\}$,可以通过选择合适的设计参数 k_{s}、Δ、k_β、k_ω、k_ψ、k_{r}、k_{u}、μ_1、μ_2、Γ_1、Γ_2 使得 $\sqrt{C/\rho}$ 任意小。因此,无人船的路径跟踪误差可以收敛到任意小的零邻域内。

由于船舶位置误差 x_{e}、y_{e} 是有界的,所以船舶的位置 $P=(x,y)$ 是有界的。另外,船舶跟踪误差 ψ_{e}、r_{e}、u_{e} 是有界的,而船舶期望的状态 ψ_{d}、α_{r}、u_{rd} 也是有界的,所以可推断出船舶的状态 ψ、r、u_{r} 是有界的。由于 $\boldsymbol{\theta}_i^*\,(i=1,2)$ 是有界的,$\hat{\boldsymbol{\theta}}_j=\tilde{\boldsymbol{\theta}}_j+\boldsymbol{\theta}_j^*$ 也是有界的。对于相对横向速度 v_{r} 的有界性证明过程同 6.2 节,在此不再赘述。因此闭环系统的所有状态是一致最终有界的。定理 6.2 得证。

6.3.4　仿真验证

通过以上分析论述，证明了基于改进自适应积分 LOS 导引的无人船路径跟踪控制系统的最终一致有界性，下面验证本小节提出的 IAILOS 导引律的有效性，并同 AILOS 导引律做对比。

AILOS 导引律为

$$\psi_d = \psi_F - \beta_r + \arctan\left(-\frac{1}{\Delta}(y_e + \alpha_e)\right) \tag{6.155}$$

时变的环境干扰设为

$$\boldsymbol{\tau}_w = 2 \times [\sin(0.1t) \quad 0.5\sin(0.05t) \quad \sin(0.1t)]^T$$

时变的海流设为 $V_x = 0.1\sin(t/20)$，$V_y = 0.05\cos(t/20)$。

路径参数为 $\boldsymbol{p}_F(\theta) = [20\sin(\theta/20) \quad \theta]^T$，初始位置为 $\boldsymbol{p}_0 = [0 \quad 2]^T$，初始速度为 $u_{rd} = 0.2$，期望的纵向速度为 $u_{rd} = 1$，其他状态值为零。模糊集采用成员函数描述同 6.2.4 节。

模糊参数变量的初始值为 $\hat{\theta}_1(0) = \hat{\theta}_2(0) = 0_{3^6\times 1}$，控制参数设计为 $k_s = 10$，$\Delta = 10$，$k_\beta = 6$，$k_\omega = 0.01$，$k_\psi = 12$，$k_r = 8$，$k_u = 6$，$\mu_1 = 100$，$\mu_2 = 100$，$\Gamma_1 = 10^4 I_{3^6\times 3^6}$，$\Gamma_3 = 10^6 I_{3^6\times 3^6}$，$\sigma_1 = \sigma_3 = 10^{-13}$，$\ell_1 = 100$，$a_1 = 1$，$a_2 = 1.2$，$a_3 = 2$，$\ell_2 = 80$，$a_4 = 1$，$a_5 = 2$。

无人船存在未建模动态、外界环境干扰、时变侧滑、时变海流的情况下，通过所设计的基于改进的自适应积分 LOS(IAILOS) 导引律的自适应模糊控制器，无人船的路径跟踪控制曲线图如图 6.13 ~ 6.21 所示。图 6.13 为无人船的期望路径和实际路径跟踪曲线图，从图中可以看出，无人船在两种导引律作用下都能从初始位置很快跟踪上所设定的期望路径曲线，同所提出的 IAILOS 导引律相比，AILOS 导引律作用下的初始位置跟踪偏差较大。图 6.14 为无人船的纵向跟踪误差和横向跟踪误差曲线图，图中表明，两种算法下的纵向跟踪误差都能很快地收敛到平衡点，采用 AILOS 导引方法，横向跟踪误差一直在零附近振荡，不能收敛于零，跟踪精度不高；采用 IAILOS 导引方法，横向跟踪误差能够在 15 s 左右收敛到零附近，相较于 AILOS 导引方法跟踪精度更高。图 6.15 为无人船的纵向速度、横向速度和艏向角速度曲线图，在两种导引方法作用下，船舶都能够从初始速度跟踪期望的速度，并且纵向速度、横向速度和艏向角速度最终能够达到有界。图 6.16 为无人船的艏向角跟踪误差、速度跟踪误差、艏向角速度跟踪误差曲线图，从图中可以看出，两种导引方法作用下的三个误差都能收敛到平衡点，并达到一致最终有界。图 6.17 为无人船侧滑角的理论值和估计值曲线图，从图中可以看出，所设计自适应律能有效估计侧滑角。图 6.18 为无人船在两种算法下海流的实际值和估计值变化曲线图，由图可以看出，所设计的 IAILOS 导引方法能有效估计时变的海流，且相比 AILOS 算法，对海流的估计值更为准确。图 6.19 为两种算法下自适应模糊参数的变化曲线图，从图中可以看出，相比 6.2.2 节采用跟踪误差更新模糊参数，本节采用的估计误差更新模糊参数收敛更快，提高了模糊系统的暂态性能。图 6.20 为估计器估计误差变化曲线图，从图中可以看出，估计器估计误差可以在很短的时间内收敛到零，并且估计精度均比跟踪误差精度高。因此采用估计误差用于更新模糊参数，会提高模糊系统的暂态性能。图 6.21 为无人船在纵荡方向的控制力(纵向推力) 以及艏摇方向上的力矩(转艏力矩)，由图可以看出，无人船的纵向推力最终维持在有界范围之内，转艏力矩在 10 s 左右收敛到零附近。

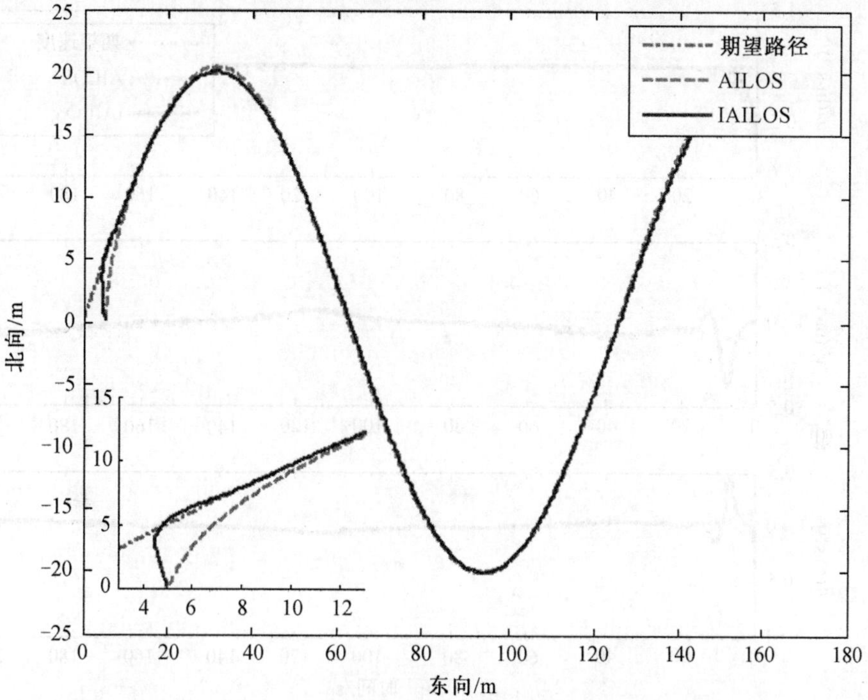

图 6.13　无人船的期望路径和实际路径跟踪曲线图

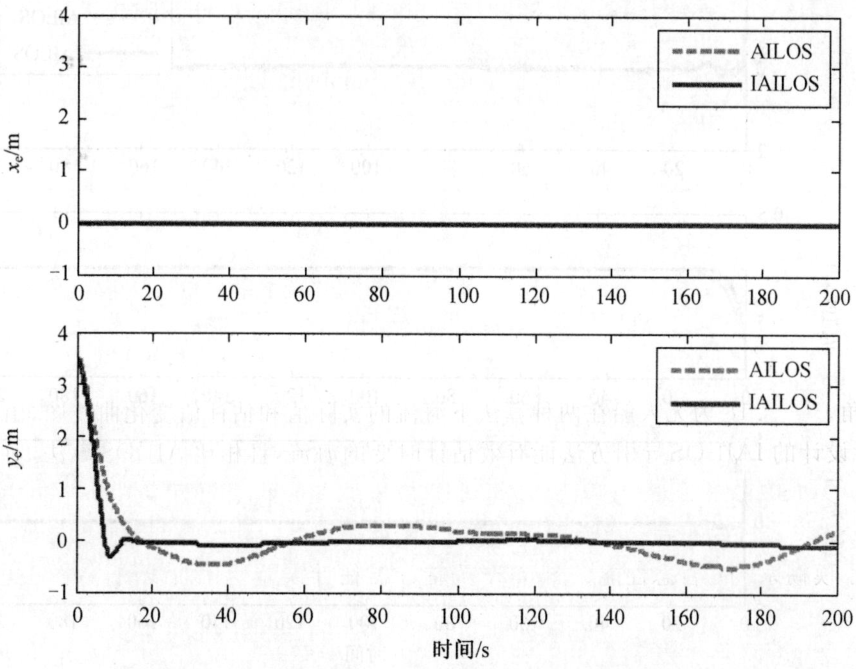

图 6.14　无人船的纵向跟踪误差和横向跟踪误差曲线图

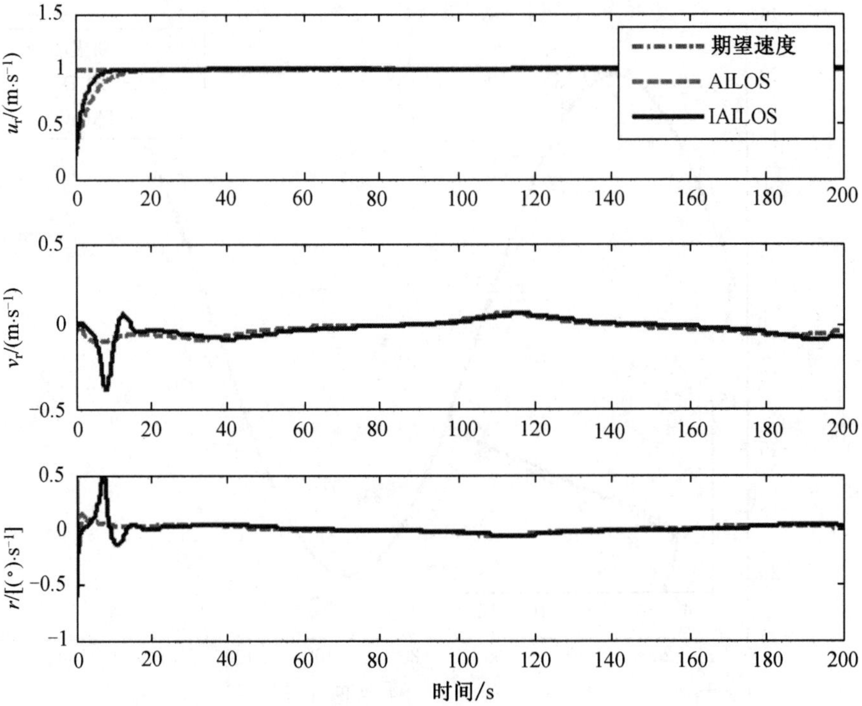

图 6.15　无人船的纵向速度、横向速度和艏向角速度曲线图

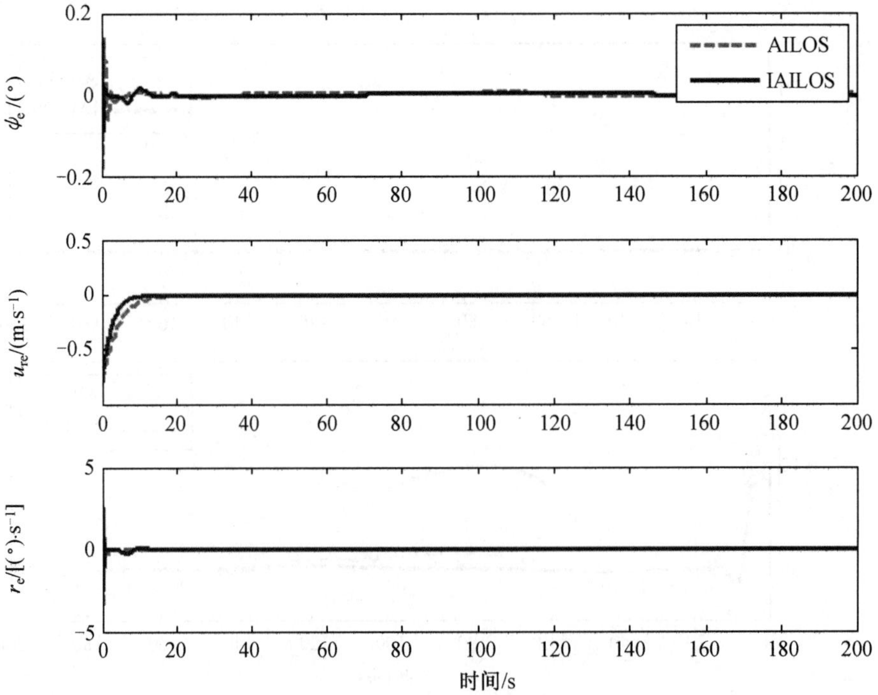

图 6.16　无人船的路径跟踪误差曲线图

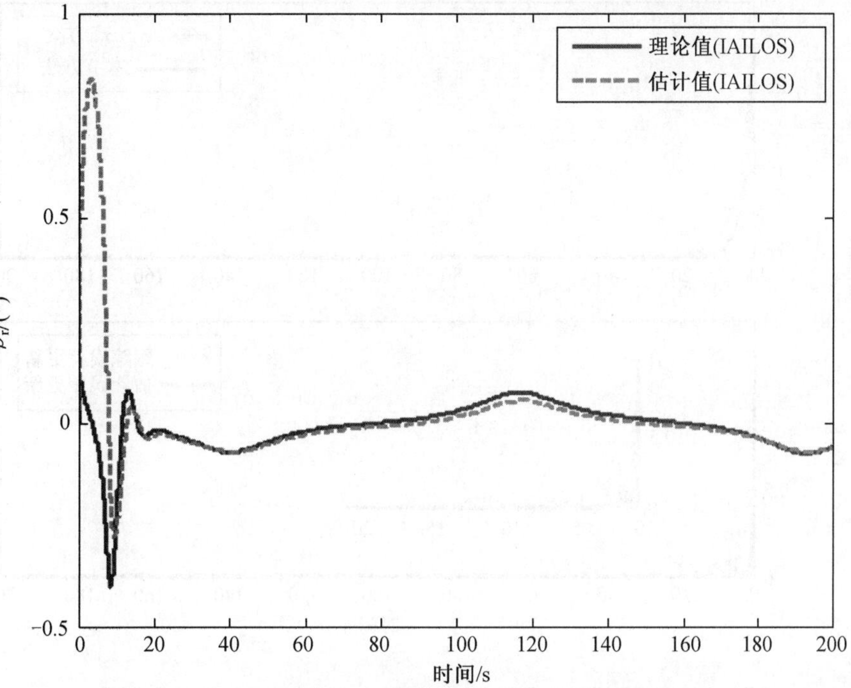

图 6.17　无人船侧滑角的理论值和估计值曲线图

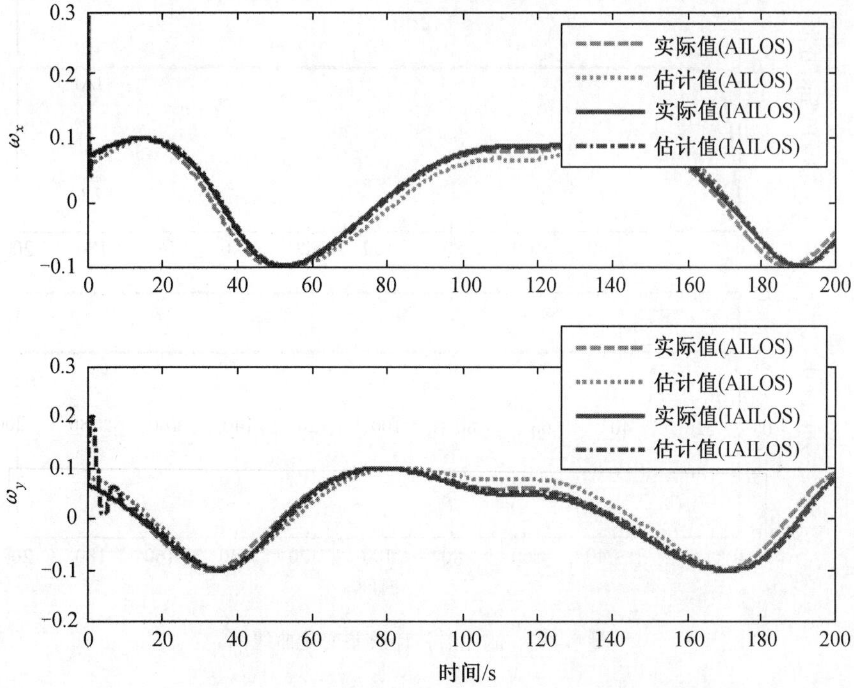

图 6.18　无人船在两种算法下海流的实际值和估计值变化曲线图

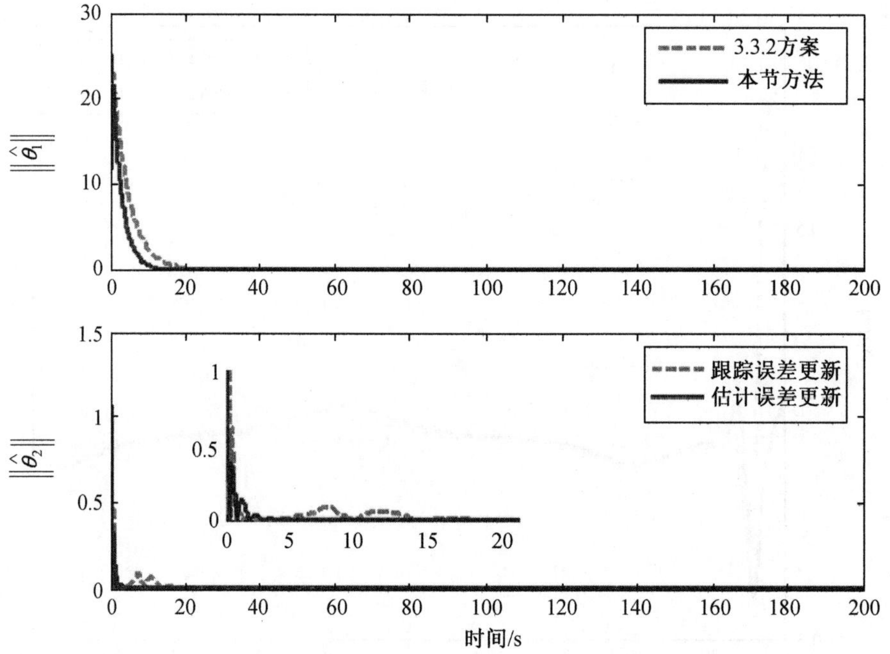

图 6.19　两种算法下自适应模糊参数 $\|\hat{\boldsymbol{\theta}}_1\|$、$\|\hat{\boldsymbol{\theta}}_2\|$ 的变化曲线图

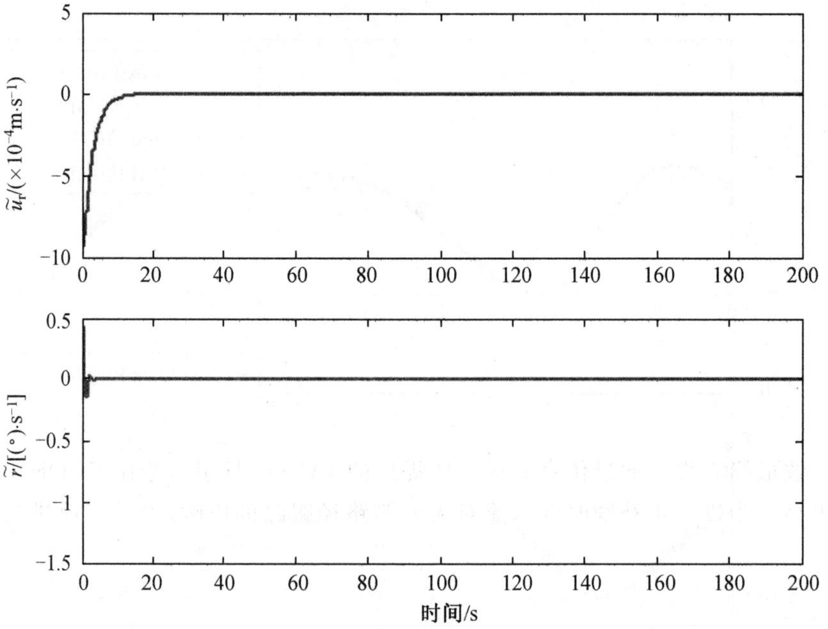

图 6.20　估计器估计误差变化曲线图

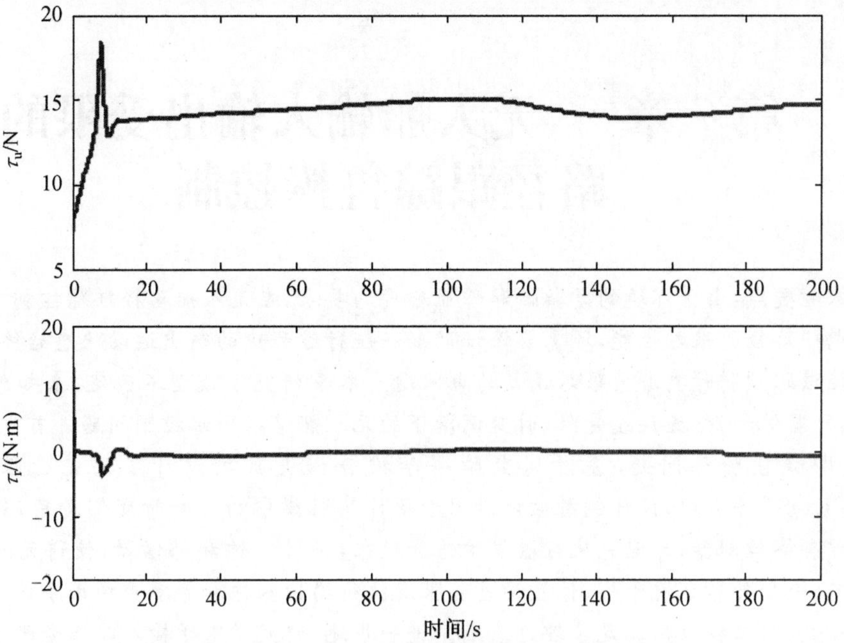

图 6.21　无人船的纵向推力和转艏力矩

由以上仿真结果及分析可知,无人船在未建模动态、外界环境干扰、时变侧滑和时变海流的情况下,采用所设计的基于 IAILOS 导引律的自适应模糊控制策略,无人船能以期望速度跟踪上期望路径,跟踪误差都能收敛到零附近,跟踪精度更高,并且模糊系统的暂态性能得到提高。

6.4　本章小结

本章研究了无人船在模型不确定、未知环境干扰、时变侧滑和时变海流情况下的路径跟踪控制问题。首先设计了改进的自适应 LOS(IALOS) 导引律用于获得期望的艏向角和路径参数更新律,其中,时变的侧滑角采用自适应更新律来估计补偿,基于IALOS导引律设计路径跟踪自适应模糊控制器,由未建模动态和环境干扰产生的不确定项采用自适应模糊系统估计补偿,通过李雅普诺夫函数稳定性理论证明了无人船的路径跟踪误差都能达到一致最终有界。通过仿真验证了所提出的 IALOS 导引方法比 ELOS 导引方法跟踪精度更高。为进一步补偿时变海流对无人船路径跟踪的影响,设计了改进自适应积分 LOS(IAILOS) 导引律,可以同时估计时变的海流和时变的侧滑角,与 AILOS 导引方法相比,路径跟踪误差更小。由未建模动态和环境干扰产生的不确定项同样采用自适应模糊系统估计补偿,为了提高模糊系统的暂态性能,分别针对速度跟踪子系统和航向跟踪子系统设计了相应的估计器,采用估计器的估计误差更新模糊参数。仿真结果表明基于 IAILOS 导引律的自适应模糊控制器具有更高的跟踪精度。

第7章　无人船输入输出受限的路径跟踪鲁棒控制

本章要点:由于环境的复杂性和作业精度的要求,在无人船路径跟踪控制中不仅要考虑对期望路径的跟踪性能,还需要保证船舶在航行过程中的输出运动状态始终有界,即进行路径跟踪控制时要考虑跟踪误差约束问题。本章研究了模型不确定、未知外界环境干扰、执行器饱和、位置误差受限、时变侧滑下的无人船路径跟踪控制问题。首先,考虑输出受限,即误差受限问题,基于时变障碍李雅普诺夫函数设计了误差受限侧滑补偿(ECS-LOS)导引律,设计侧滑估计器用于估计导引律中的未知时变侧滑角,然后设计路径跟踪鲁棒控制器,为避免执行器发生饱和现象,设计了饱和补偿器,使得无人船在模型不确定、未知外界环境干扰、位置误差受限及执行器输入饱和等多重约束条件下实现路径跟踪控制,为工程应用奠定了理论基础。进一步地,研究了基于输入输出受限的无人船有限时间路径跟踪控制,基于正切类障碍李雅普诺夫函数设计了有限时间LOS导引律,其中,时变大的侧滑角采用有限时间侧滑估计器补偿,基于有限时间LOS导引律设计了有限时间鲁棒控制器,有限时间饱和补偿器避免了执行器饱和现象的发生,利用李雅普诺夫稳定性理论证明了闭环系统的所有误差均在有限时间内收敛到任意小的零邻域内。最后,仿真实验验证了所提出的无人船输入输出受限的鲁棒路径跟踪控制方法的有效性。

7.1　预备知识

7.1.1　有限时间的概念

有限时间控制是一种新型的鲁棒控制方法,相比于传统的渐近稳定控制方法,它致力于使系统的状态在有限时间内收敛于平衡点。

下面给出有限时间稳定性的定义,并列出本书后续有限时间路径跟踪控制器设计中所用到的有限时间李雅普诺夫稳定性引理。

定义7.1　有限时间,考虑如下系统

$$\dot{x}=f(x,t), f(0,t)=0, \quad x\in U\subset \mathbf{R}^n \tag{7.1}$$

其中,$f:U\to \mathbf{R}^n$ 在原点 $x=0$ 的一个开邻域 U 内连续。如果系统的解 $x=0$ 为(局部)有限时间稳定,当且仅当它是李雅普诺夫稳定的且为有限时间收敛的。有限时间收敛是指在初始时间 t_0 处的任意初始条件 $x_0\in U_0\subset U$,存在时间 $T>t_0$,使得系统的解 $x(t,x_0)$ 在 $t\in[0,T)$ 时满足 $x(t,x_0)\in U_0\backslash\{0\}$ 和 $\lim\limits_{t\to T}x(t,x_0)=0$,当 $\forall t>T$ 时,有 $x(t,x_0)=0$。当 $U=U_0=\mathbf{R}^n$,则 $x=0$ 是全局有限时间稳定的。

引理 7.1　假设存在正定的连续可微函数 $V(x):U_1 \to \mathbf{R}, U_1 \subseteq U \in \mathbf{R}^n$,满足:

$$\dot{V}(x,t) \leqslant -cV^{\alpha}(x,t), \quad \forall x \in U_1 \backslash \{0\} \tag{7.2}$$

其中,$c>0, 0<\alpha<1$,则称该系统是局部有限时间稳定的。对任意给定的初始条件 $x(t_0) \in U_1$,收敛时间满足 $T \leqslant V^{1-\alpha}(x(t_0),t_0)/c(1-\alpha)$。

引理 7.2　假设存在正定的连续可微函数 $V(x):U_1 \to \mathbf{R}, U_1 \subseteq U \in \mathbf{R}^n$,满足:

$$\dot{V}(x,t) \leqslant -c_1 V^{\alpha}(x,t) + c_2 V(x,t), \quad \forall x \in U_1 \backslash \{0\} \tag{7.3}$$

其中,$c_1>0, c_2>0$ 和 $0<\alpha<1$,则称系统是局部有限时间稳定的。对任意给定的初始条件 $x(t_0) \in \{U_1 \cap U_2\}$,收敛时间满足 $T \leqslant \ln(1-(c_2/c_1)V^{1-\alpha}(x_0,t_0))/(c_2\alpha - c_2)$,其中 $U_2 = \{x \mid V^{1-\alpha}(x,t) \leqslant c_1/c_2\}$。

引理 7.3　假设存在正定的连续可微函数 $V(x):U_1 \to \mathbf{R}, U_1 \subseteq U \in \mathbf{R}^n$,满足:

$$\dot{V}(x,t) \leqslant -c_1 V^{\alpha}(x,t) - c_2 V(x,t), \quad \forall x \in U_1 \backslash \{0\} \tag{7.4}$$

其中,$c_1>0, c_2>0$ 和 $0<\alpha<1$,则称系统是局部有限时间稳定的。对任意给定的初始条件 $x(t_0) \in \{U_1 \cap U_2\}$,收敛时间满足 $T \leqslant \ln(1+(c_2/c_1)V^{1-\alpha}(x_0,t_0))/(c_2 - c_2\alpha)$,其中 $U_2 = \{x \mid V^{1-\alpha}(x,t) \leqslant c_1/c_2\}$。

引理 7.4　假设存在正定的连续可微函数 $V(x):U_1 \to \mathbf{R}, U_1 \subseteq U \in \mathbf{R}^n$,满足:

$$\dot{V}(x,t) \leqslant -cV^{\alpha}(x,t) + \vartheta, \quad \forall x \in U_1 \backslash \{0\} \tag{7.5}$$

其中,$c>0, \alpha \in (0,1), 0<\vartheta<\infty$,则称系统是实用有限时间稳定的,且 $V^{\alpha}(x,t) \leqslant \vartheta/(1-\rho_0)c$,$0<\rho_0<1$,收敛时间满足 $T \leqslant V^{1-\alpha}(x_0,t_0)/c\rho_0(1-\alpha)$。

7.1.2　问题描述

考虑模型不确定和外界环境干扰下的无人船数学模型:

$$\begin{cases} \dot{x} = u\cos\psi - v\sin\psi \\ \dot{y} = u\sin\psi + v\cos\psi \\ \dot{\psi} = r \\ m_{11}\dot{u} = f_{\mathrm{u}}(t,u,v,r) + \tau_{\mathrm{u}} + \tau_{\mathrm{wu}} \\ m_{22}\dot{v} = f_{\mathrm{v}}(t,u,v,r) + \tau_{\mathrm{wv}} \\ m_{33}\dot{r} = f_{\mathrm{r}}(t,u,v,r) + \tau_{\mathrm{r}} + \tau_{\mathrm{wr}} \end{cases} \tag{7.6}$$

其中,$f_{\mathrm{u}}(t,u,v,r)$、$f_{\mathrm{v}}(t,u,v,r)$、$f_{\mathrm{r}}(t,u,v,r)$ 是不确定函数,包含未建模动态和模型参数不确定性;τ_{wu}、τ_{wv}、τ_{wr} 分别为船舶在纵向、横向和艏摇方向受到的未知时变干扰。$d_j = f + \tau_{\mathrm{wj}}(j=u,v,r)$ 为船舶受到的总扰动。在实际工程应用中,通常认为船舶的惯性参数可以精确获得。

假设 7.1　由未建模动态、模型参数不确定和未知外界环境干扰构成的总扰动 $d_j(j=u,v,r)$ 和其变化率 $\dot{d}_j(j=u,v,r)$ 是有界的,即满足 $|d_j| \leqslant \bar{d}_j, \dot{d}_j \leqslant C_{\mathrm{dj}}(j=u,v,r)$。

在实际中,由于执行器的物理限制,纵向力和转艏力矩可以表示为如下形式:

$$\tau_i=\begin{cases}\tau_{i\max}, & \tau_{ci}>\tau_{i\max}\\ \tau_{ci}, & \tau_{i\min}\leqslant\tau_{ci}\leqslant\tau_{i\max}\quad(i=u,r)\\ \tau_{i\min}, & \tau_{ci}<\tau_{i\min}\end{cases}\tag{7.7}$$

基于上述，本章的控制目标是针对无人船数学模型式(7.6)，考虑未建模动态、外界干扰、时变侧滑、执行器饱和及输出受限：① 设计导引律使得船舶跟踪期望的艏向角；② 设计控制器τ_u和τ_r，使得无人船跟踪期望的预定义路径，并且船舶速度达到期望值。③ 路径跟踪误差能够收敛到零邻域内，并且不会违反误差受限要求，即满足$|x_e|<k_x(t)$，$|y_e|<k_y(t)$，其中，$\{k_x(t),k_y(t)\}$是可微正定时变误差约束。

无人船路径跟踪控制分为三个子系统，包括有限时间 ECS-LOS 导引子系统、航向跟踪鲁棒控制子系统和速度跟踪鲁棒控制子系统。

7.2 基于 ECS-LOS 导引律的无人船路径跟踪控制

本节考虑模型不确定、未知外界环境干扰、时变侧滑、执行器输入饱和及跟踪误差受限条件下的无人船路径跟踪控制问题，首先设计 ECS-LOS 导引律，用于获得期望的艏向角和路径参数更新律，导引律中的时变侧滑采用侧滑估计器补偿；然后基于 ECS-LOS 导引律设计路径跟踪抗饱和鲁棒控制器，实现无人船在多重约束条件下的路径跟踪控制。

本节所设计的无人船路径跟踪控制分为三个子系统，包括 ①ECS-LOS 导引子系统；② 航向跟踪抗饱和鲁棒控制子系统；③ 速度跟踪抗饱和鲁棒控制子系统。整个路径跟踪控制结构图如图 7.1 所示。

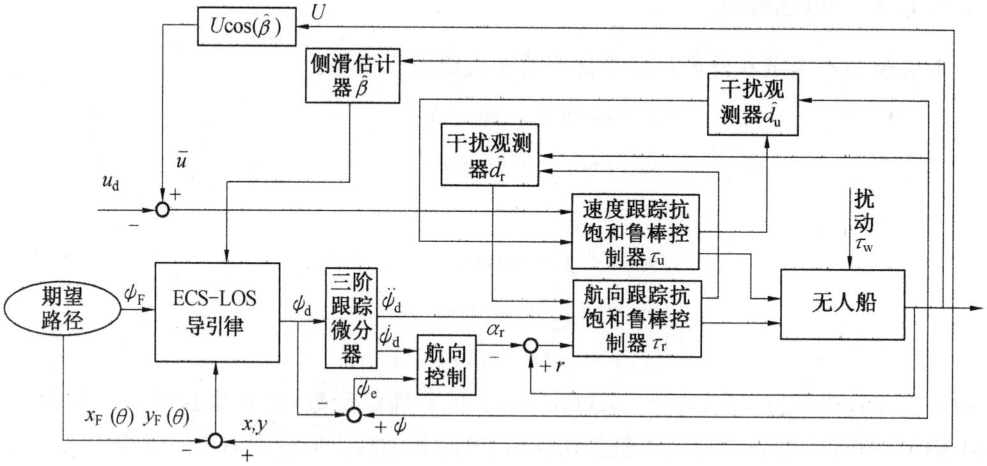

图 7.1 路径跟踪控制结构图

7.2.1 ECS-LOS 导引系统设计

同第 6 章，针对无人船路径跟踪控制问题，结合运动学模型，应用微分同胚变换将北东地坐标系中无人船的位置跟踪误差转换为 SF 坐标系下的位置跟踪误差，推导出无人船路径跟踪的误差模型：

$$\begin{bmatrix} x_e \\ y_e \end{bmatrix} = \begin{bmatrix} \cos\psi_F & \sin\psi_F \\ -\sin\psi_F & \cos\psi_F \end{bmatrix} \begin{bmatrix} x - x_F \\ y - y_F \end{bmatrix} \tag{7.8}$$

对式(7.8)两边进行求导，无人船在 SF 坐标系下的路径跟踪误差动态如下：

$$\begin{bmatrix} \dot{x}_e \\ \dot{y}_e \end{bmatrix} = \begin{bmatrix} u\cos(\psi-\psi_F) - v\sin(\psi-\psi_F) + \dot{\psi}_F y_e - \dot{\theta}\sqrt{x_F'^2 + y_F'^2} \\ u\sin(\psi-\psi_F) + v\cos(\psi-\psi_F) - \dot{\psi}_F x_e \end{bmatrix} \tag{7.9}$$

其中，v 是无人船的合速度，并且假设合速度有最大值 $U_{\max}$，即 U 是有界的，$v=\sqrt{u^2+r^2}$。$\beta = a\tan 2(v,u)$ 表示侧滑角，在本小节仍视为很小，这就意味着存在一个正定常数 β^* 使得 $|\beta| \leqslant \beta^*$。

本小节基于障碍李雅普诺夫函数理论，设计误差受限侧滑补偿 LOS(ECS-LOS) 导引律，采用侧滑估计器对时变侧滑角进行补偿，最终实现无人船的精确跟踪。

由于侧滑角很小，$\cos\beta \approx 1$，$\sin\beta \approx \beta$，重写式(7.9)中的横向跟踪误差，如下：

$$\begin{aligned} \dot{y}_e &= U\sin(\psi-\psi_F+\beta) - \dot{\psi}_F x_e \\ &= U\sin(\psi-\psi_F)\cos\beta + U\cos(\psi-\psi_F)\sin\beta - \dot{\psi}_F x_e \\ &= U\sin(\psi-\psi_F) + U\cos(\psi-\psi_F)\beta - \dot{\psi}_F x_e \end{aligned} \tag{7.10}$$

令 $\varphi = U\cos(\psi-\psi_F)\beta$，$\varphi$ 包含未知时变的侧滑角 β，侧滑观测器设计如下：

$$\begin{cases} \hat{\varphi} = p + k y_e \\ \dot{p} = -kp - k(U\sin(\psi-\psi_F) - \dot{\psi}_F x_e + k y_e) \end{cases} \tag{7.11}$$

其中，p 是观测器的辅助状态；k 是侧滑观测器增益，$k>0$；$\hat{\varphi}$ 是 φ 的估计值，侧滑观测器的初始值 $\hat{\varphi}(t_0)=0$ 通过设置 $p(t_0) = -k y_e(t_0)$ 获得。

所以侧滑角的估计值为

$$\hat{\beta} = \frac{\hat{\varphi}}{U\cos(\psi-\psi_F)} \tag{7.12}$$

假设 7.2　存在正定常数 φ^* 使得 φ 满足 $\left|\frac{d^w\varphi}{dt^w}\right| \leqslant \varphi^*\ (w=0,1)$。

侧滑估计器的估计误差定义为 $\tilde{\varphi} = \varphi - \hat{\varphi}$，然后对其求导可得

$$\begin{aligned} \dot{\tilde{\varphi}} &= \dot{\varphi} - \dot{\hat{\varphi}} \\ &= \dot{\varphi} + kp + k(U\sin(\psi-\psi_F) - \dot{\psi}_F x_e + k y_e) - k(U\sin(\psi-\psi_F) + \varphi - \dot{\psi}_F x_e) \\ &= \dot{\varphi} + kp + k^2 y_e - k\varphi \\ &= \dot{\varphi} + k\hat{\varphi} - k\varphi \\ &= -k\tilde{\varphi} + \dot{\varphi} \end{aligned} \tag{7.13}$$

接下来给出侧滑估计器的定理如下。

定理 7.1　针对横向位置误差式(7.10)，设计侧滑观测器式(7.11)，在满足假设 7.2

的条件下，侧滑角估计误差是有界的。

证明　求解式(7.13)可得

$$\tilde{\varphi}=C^{*}\mathrm{e}^{-kt}-\frac{\dot{\varphi}}{k}\leqslant C^{*}\mathrm{e}^{-kt}+\left|\frac{\dot{\varphi}}{k}\right|\leqslant C^{*}\mathrm{e}^{-kt}+|\varphi^{*}|\frac{1}{k}\tag{7.14}$$

其中，C^{*} 是 $\tilde{\varphi}(0)$ 的边界值，即 $|\tilde{\varphi}(0)|\leqslant C^{*}$。由于 $k>0$，所以 $C^{*}\mathrm{e}^{-kt}+|\varphi^{*}|\frac{1}{k}$ 是正定常数，即 $\tilde{\varphi}$ 是有界的。由假设7.2和 $\tilde{\varphi}=\varphi-\hat{\varphi}$ 可知，$\hat{\varphi}$ 也是有界的。又因为合速度 U 是有界的，侧滑角估计误差值 $\hat{\beta}$ 和估计误差 $\tilde{\beta}=\beta-\hat{\beta}$ 也是有界的，定理7.1证毕。

考虑侧滑估计器估计误差子系统，构造李雅普诺夫函数如下：

$$V_{1}=\frac{1}{2}\tilde{\varphi}^{2}\tag{7.15}$$

对式(7.15)进行求导可得

$$\begin{aligned}\dot{V}_{1}&=\tilde{\varphi}\dot{\tilde{\varphi}}=\tilde{\varphi}(-k\tilde{\varphi}+\dot{\varphi})=-k\tilde{\varphi}^{2}+\tilde{\varphi}\dot{\varphi}\\&\leqslant-k\tilde{\varphi}^{2}+|\tilde{\varphi}||\dot{\varphi}|\leqslant-k\tilde{\varphi}^{2}+|\tilde{\varphi}|\varphi^{*}\end{aligned}\tag{7.16}$$

式(7.16)将用于7.2.3节整个闭环系统的稳定性分析。

接下来，基于上述侧滑估计器，设计ECS-LOS导引律，用于计算期望的艏向角 ψ_{d} 和路径参数更新律 $\dot{\theta}$。

构造时变障碍李雅普诺夫函数如下：

$$\begin{aligned}V_{2}&=\frac{1}{2}\log\frac{k_{x}^{2}}{k_{x}^{2}-x_{\mathrm{e}}^{2}}+\frac{1}{2}\log\frac{k_{y}^{2}}{k_{y}^{2}-y_{\mathrm{e}}^{2}}\\&=\frac{1}{2}\log\frac{1}{1-\zeta_{x}^{2}}+\frac{1}{2}\log\frac{1}{1-\zeta_{y}^{2}}\end{aligned}\tag{7.17}$$

其中，$\zeta_{x}=\frac{x_{\mathrm{e}}}{k_{x}}$，$\zeta_{y}=\frac{y_{\mathrm{e}}}{k_{y}}$。

对式(7.17)进行求导可得

$$\dot{V}_{2}=\frac{\zeta_{x}\dot{\zeta}_{x}}{1-\zeta_{x}^{2}}+\frac{\zeta_{y}\dot{\zeta}_{y}}{1-\zeta_{y}^{2}}=\frac{\zeta_{x}}{1-\zeta_{x}^{2}}\left(\frac{\dot{x}_{\mathrm{e}}}{k_{x}}-\frac{x_{\mathrm{e}}\dot{k}_{x}}{k_{x}^{2}}\right)+\frac{\zeta_{y}}{1-\zeta_{y}^{2}}\left(\frac{\dot{y}_{\mathrm{e}}}{k_{y}}-\frac{y_{\mathrm{e}}\dot{k}_{y}}{k_{y}^{2}}\right)\tag{7.18}$$

将式(7.9)的第一个式子和式(7.10)代入式(7.18)可得

$$\begin{aligned}\dot{V}_{2}=&\frac{x_{\mathrm{e}}}{k_{x}^{2}-x_{\mathrm{e}}^{2}}[u\cos(\psi-\psi_{\mathrm{F}})-v\sin(\psi-\psi_{\mathrm{F}})]+\frac{x_{\mathrm{e}}}{k_{x}^{2}-x_{\mathrm{e}}^{2}}\left(\dot{\psi}_{\mathrm{F}}y_{\mathrm{e}}-\dot{\theta}\sqrt{x_{\mathrm{F}}'^{2}+y_{\mathrm{F}}'^{2}}-\frac{x_{\mathrm{e}}\dot{k}_{x}}{k_{x}}\right)+\\&\frac{y_{\mathrm{e}}}{k_{y}^{2}-y_{\mathrm{e}}^{2}}[U\sin(\psi-\psi_{\mathrm{F}})+U\cos(\psi-\psi_{\mathrm{F}})\beta]+\frac{y_{\mathrm{e}}}{k_{y}^{2}-y_{\mathrm{e}}^{2}}\left(-\dot{\psi}_{\mathrm{F}}x_{\mathrm{e}}-\frac{y_{\mathrm{e}}\dot{k}_{y}}{k_{y}}\right)\end{aligned}\tag{7.19}$$

其中，$\dot{\psi}_{\mathrm{F}}=\dot{\theta}R$，$R=\frac{y_{\mathrm{F}}''x_{\mathrm{F}}'-y_{\mathrm{F}}'x_{\mathrm{F}}''}{x_{\mathrm{F}}'^{2}+y_{\mathrm{F}}'^{2}}$。

整理式(7.19)可得

$$\dot{V}_{2}=\frac{x_{\mathrm{e}}}{k_{x}^{2}-x_{\mathrm{e}}^{2}}[u\cos(\psi-\psi_{\mathrm{F}})-v\sin(\psi-\psi_{\mathrm{F}})]-\frac{x_{\mathrm{e}}}{k_{x}^{2}-x_{\mathrm{e}}^{2}}\dot{\theta}\alpha-\frac{y_{\mathrm{e}}^{2}}{k_{y}^{2}-y_{\mathrm{e}}^{2}}\frac{\dot{k}_{y}}{k_{y}}-$$

$$\frac{x_e^2}{k_x^2-x_e^2}\frac{\dot{k}_x}{k_x}+\frac{y_e}{k_y^2-y_e^2}[U\sin(\psi-\psi_F)+U\cos(\psi-\psi_F)\beta] \tag{7.20}$$

其中，$\alpha=\sqrt{x_F'^2+y_F'^2}-R\left(y_e-\frac{(k_x^2-x_e^2)y_e}{k_y^2-y_e^2}\right)$。

设计路径参数更新律和期望艏向角如下：

$$\dot{\theta}=\frac{u\cos(\psi-\psi_F)-v\sin(\psi-\psi_F)+\delta_x}{\alpha} \tag{7.21}$$

$$\psi_d=\psi_F+\arctan\left(-\frac{\delta_y}{\Delta}-\hat{\beta}\right) \tag{7.22}$$

$$\delta_x=\frac{k_1}{x_e}\log\frac{k_x^2}{k_x^2-x_e^2}-\frac{x_e\dot{k}_x}{k_x} \tag{7.23}$$

$$\delta_y=\frac{k_2}{y_e}\log\frac{k_y^2}{k_y^2-y_e^2}-\frac{y_e}{U}\frac{\dot{k}_y}{k_y}\sqrt{(\delta_y+\Delta)^2+\Delta^2} \tag{7.24}$$

求解式(7.24)可得 δ_y 的可行解(正根)如下：

$$\delta_y=\frac{\Delta\lambda_2^2+\lambda_1+\lambda_2\sqrt{2\lambda_1\Delta-\lambda_2^2\Delta^2+2\Delta^2+\lambda_1^2}}{1-\lambda_2^2} \tag{7.25}$$

其中，Δ 为导引方法中的前视距离；k_1,k_2 为设计参数，$k_1>0,k_2>0$；$\lambda_1=\frac{k_2}{y_e}\log\frac{k_y^2}{k_y^2-y_e^2}$，$\lambda_2=\frac{y_e}{U}\frac{\dot{k}_y}{k_y}$。为确保 δ_y 有界，需满足 $\lambda_2^2<1$。

由式(7.22)可知

$$\begin{aligned}\sin(\psi-\psi_F)&=\sin(\psi_d-\psi_F+\psi_e)\\&=\sin(\psi_d-\psi_F)\cos\psi_e+\cos(\psi_d-\psi_F)\sin\psi_e\\&=-\frac{\delta_y+\Delta\hat{\beta}}{\sqrt{(\delta_y+\Delta\hat{\beta})^2+\Delta^2}}\cos\psi_e+\frac{\Delta}{\sqrt{(\delta_y+\Delta\hat{\beta})^2+\Delta^2}}\sin\psi_e\end{aligned} \tag{7.26}$$

$$\begin{aligned}\cos(\psi-\psi_F)&=\cos(\psi_d-\psi_F+\psi_e)\\&=\cos(\psi_d-\psi_F)\cos\psi_e-\sin(\psi_d-\psi_F)\sin\psi_e\\&=\frac{\Delta}{\sqrt{(\delta_y+\Delta\hat{\beta})^2+k_e^2}}\cos\psi_e+\frac{\delta_y+\Delta\hat{\beta}}{\sqrt{(\delta_y+\Delta\hat{\beta})^2+\Delta^2}}\sin\psi_e\end{aligned} \tag{7.27}$$

其中，$\psi_e=\psi-\psi_d$。

将式(7.21)，式(7.23)～(7.27)代入式(7.20)可得

$$\dot{V}_2=-\frac{x_e}{k_x^2-x_e^2}\delta_x-\frac{y_e^2}{k_y^2-y_e^2}\frac{\dot{k}_y}{k_y}-\frac{x_e^2}{k_x^2-x_e^2}\frac{\dot{k}_x}{k_x}-\frac{y_eU}{k_y^2-y_e^2}\frac{\delta_y-\Delta\tilde{\beta}}{\sqrt{(\delta_y+\Delta\hat{\beta})^2+\Delta^2}}+$$

$$(1-\cos\psi_e)\frac{y_eU}{k_y^2-y_e^2}\frac{\delta_y-\Delta\tilde{\beta}}{\sqrt{(\delta_y+\Delta\hat{\beta})^2+\Delta^2}}+\sin\psi_e\frac{y_eU}{k_y^2-y_e^2}\frac{\Delta+(\delta_y+\Delta\hat{\beta})\beta}{\sqrt{(\delta_y+\Delta\hat{\beta})^2+\Delta^2}}$$

$$
\begin{aligned}
&= -\frac{x_e}{k_x^2 - x_e^2}\delta_x - \frac{y_e^2}{k_y^2 - y_e^2}\frac{\dot{k}_y}{k_y} - \frac{x_e^2}{k_x^2 - x_e^2}\frac{\dot{k}_x}{k_x} - \\
&\quad \frac{y_e U}{k_y^2 - y_e^2}\frac{\delta_y}{\sqrt{(\delta_y + \Delta\hat{\beta})^2 + \Delta^2}} + \frac{y_e U}{k_y^2 - y_e^2}\varphi\psi_e \\
&= -\frac{k_1}{k_x^2 - x_e^2}\log\frac{k_x^2}{k_x^2 - x_e^2} - \frac{k_2}{k_y^2 - y_e^2}\frac{U}{\sqrt{(\delta_y + \Delta\hat{\beta})^2 + \Delta^2}}\log\frac{k_y^2}{k_y^2 - y_e^2} + \frac{y_e U}{k_y^2 - y_e^2}\varphi\psi_e
\end{aligned}
\tag{7.28}
$$

其中，

$$
\varphi = \frac{\Delta\tilde{\beta}}{\psi_e\sqrt{(\delta_y + \Delta\hat{\beta})^2 + \Delta^2}} + \frac{(1-\cos\psi_e)}{\psi_e}\left[\frac{\delta_y + \Delta\hat{\beta}}{\sqrt{(\delta_y + \Delta\hat{\beta})^2 + \Delta^2}} - \frac{\Delta\beta}{\sqrt{(\delta_y + \Delta\hat{\beta})^2 + \Delta^2}}\right] +
$$

$$
\frac{\sin\psi_e}{\psi_e}\left[\frac{\Delta}{\sqrt{(\delta_y + \Delta\hat{\beta})^2 + \Delta^2}} + \frac{(\delta_y + \Delta\hat{\beta})\beta}{\sqrt{(\delta_y + \Delta\hat{\beta})^2 + \Delta^2}}\right]。
$$

注：

$$
\left|\frac{1-\cos\psi_e}{\psi_e}\right| < 0.73
$$

$$
\left|\frac{\sin\psi_e}{\psi_e}\right| \leqslant 1
$$

$$
\left|\frac{\delta_y + \Delta\hat{\beta}}{\sqrt{(\delta_y + \Delta\hat{\beta})^2 + \Delta^2}}\right| \leqslant 1
$$

$$
\left|\frac{\Delta}{\sqrt{(\delta_y + \Delta\hat{\beta})^2 + \Delta^2}}\right| \leqslant 1
$$

因此，$\varphi \leqslant \left|\frac{\tilde{\beta}}{\psi_e}\right| + 1.73 + 1.73\beta^*$ 是有界的。

式(7.28)之后将用于7.2.3节整个闭环系统的稳定性分析。

7.2.2 路径跟踪鲁棒控制器设计

路径跟踪鲁棒控制子系统分为两部分：① 航向跟踪鲁棒控制器设计；② 速度跟踪鲁棒控制器设计。在本小节，结合反步法设计航向跟踪鲁棒控制器 τ_r 和速度跟踪鲁棒控制器 τ_u，用于跟踪期望的艏向角 ψ_d 和期望的速度 u_d，未知合成干扰 d_r、d_u 采用干扰观测器进行估计。

(1) 航向跟踪鲁棒控制器设计。

① 定义艏向跟踪误差变量为

$$
\psi_e = \psi - \psi_d \tag{7.29}
$$

因此，$\dot{\psi}_e = r - \dot{\psi}_d$。

选取李雅普诺夫函数如下：

$$V_{\psi}=\frac{1}{2}\psi_{e}^{2} \tag{7.30}$$

对式(7.30) 进行求导,可得

$$\dot{V}_{\psi}=\psi_{e}\dot{\psi}_{e}=\psi_{e}(r-\dot{\psi}_{d}) \tag{7.31}$$

② 定义艏摇角速率误差变量为

$$r_{e}=r-\alpha_{r} \tag{7.32}$$

其中,α_r 是虚拟控制输入,可设计为 $\alpha_{r}=-k_{\psi}\psi_{e}+\dot{\psi}_{d}-\frac{y_{e}U}{k_{y}^{2}-y_{e}^{2}}\varphi$。$k_{\psi}>0$ 是控制设计参数。因此,有

$$\dot{V}_{\psi}=\psi_{e}(r_{e}+\alpha_{r}-\dot{\psi}_{d})=-k_{\psi}\psi_{e}^{2}+\psi_{e}r_{e}-\frac{y_{e}U}{k_{y}^{2}-y_{e}^{2}}\varphi\psi_{e} \tag{7.33}$$

对式(7.32) 求导并结合式(7.6),可得

$$\dot{r}_{e}=\dot{r}-\dot{\alpha}_{r}=\frac{1}{m_{33}}(\tau_{r}+d_{r})-\dot{\alpha}_{r} \tag{7.34}$$

选取李雅普诺夫函数如下:

$$V_{r}=V_{\psi}+\frac{1}{2}r_{e}^{2} \tag{7.35}$$

对式(7.35) 进行求导,可得

$$\dot{V}_{r}=\dot{V}_{\psi}+r_{e}\dot{r}_{e}=-k_{\psi}\psi_{e}^{2}+\psi_{e}r_{e}-\frac{y_{e}U}{k_{y}^{2}-y_{e}^{2}}\varphi\psi_{e}+r_{e}\left[\frac{1}{m_{33}}(\tau_{r}+d_{r})-\dot{\alpha}_{r}\right] \tag{7.36}$$

接下来设计干扰观测器估计合成干扰 d_r,干扰观测器设计如下:

$$\begin{cases}\hat{d}_{r}=p_{1}+k_{3}r\\ \dot{p}_{1}=\dfrac{-k_{3}p_{1}}{m_{33}}-k_{3}\left(\dfrac{\tau_{r}}{m_{33}}+\dfrac{k_{3}r}{m_{33}}\right)\end{cases} \tag{7.37}$$

其中,$\hat{d}_r$ 是合成干扰 d_r 的估计值;p_1 是干扰观测器的状态;k_3 是观测器的参数。将干扰观测器的观测误差定义为 $\tilde{d}_{r}=\hat{d}_{r}-d_{r}$,其导数为

$$\begin{aligned}\dot{\tilde{d}}_{r}&=\dot{\hat{d}}_{r}-\dot{d}_{r}=\dot{p}_{1}+k_{3}\dot{r}-\dot{d}_{r}\\&=-\frac{k_{3}p_{1}}{m_{33}}-k_{3}\left(\frac{\tau_{r}}{m_{33}}+\frac{k_{3}r}{m_{33}}\right)+k_{3}\left(\frac{\tau_{r}}{m_{33}}+\frac{d_{r}}{m_{33}}\right)-\dot{d}_{r}\\&=-\frac{k_{3}p_{1}}{m_{33}}-k_{3}^{2}\frac{r}{m_{33}}+k_{3}\frac{d_{r}}{m_{33}}-\dot{d}_{r}\\&=-\frac{k_{3}\hat{d}_{r}}{m_{33}}+k_{3}\frac{d_{r}}{m_{33}}-\dot{d}_{r}\\&=-\frac{k_{3}\tilde{d}_{r}}{m_{33}}-\dot{d}_{r}\end{aligned} \tag{7.38}$$

为防止执行器饱和,设计如下航向饱和补偿器:

$$\dot{\delta}_r = -k_{\delta_r}\delta_r + \Delta\tau_r \tag{7.39}$$

其中，δ_r 是饱和补偿器的输出；$\Delta\tau_r = \tau_r - \tau_{rc}$。

基于上述干扰观测器和饱和补偿器，设计航向跟踪鲁棒控制器如下：

$$\begin{aligned}\tau_{rc} &= m_{33}(-k_r r_e - \psi_e + \dot{\alpha}_r + k_{ar}\delta_r) - \hat{d}_r \\ &= m_{33}[-k_r r_e - \psi_e - k_\psi(r - \dot{\psi}_d) + \ddot{\psi}_d - \dot{\varepsilon} + k_{ar}\delta_r] - \hat{d}_r\end{aligned} \tag{7.40}$$

其中，k_r 是控制器设计参数，$k_r > 0$；$\varepsilon = \dfrac{y_e U}{k_y^2 - y_e^2}\varphi$。

由于控制律 τ_{rc} 涉及 $\dot{\psi}_d$、$\dot{\varepsilon}$ 的一阶导数和 $\ddot{\psi}_d$ 的二阶导数，因此采用第6章提出的三阶跟踪微分器和二阶微分器分别计算 $\dot{\psi}_d$、$\ddot{\psi}_d$、$\dot{\varepsilon}$，用于生成参考信号，避免控制律的计算复杂性。跟踪微分器的设计过程见第 6 章，在此不再赘述。

选取李雅普诺夫函数如下：

$$V_{ra} = V_r + \frac{1}{2}\tilde{d}_r^2 + \frac{1}{2}\delta_r^2 \tag{7.41}$$

对式(7.41) 进行求导可得

$$\begin{aligned}\dot{V}_{ra} &= \psi_e\left(r_e - k_\psi\psi_e - \frac{y_e U}{k_y^2 - y_e^2}\varphi\right) + r_e\left(-k_r r_e - \psi_e + k_{ar}\delta_r + \frac{\Delta\tau_r}{m_{33}} - \frac{\tilde{d}_r}{m_{33}}\right) + \\ &\quad \tilde{d}_r\left(-\frac{k_3\tilde{d}_r}{m_{33}} - \dot{d}_r\right) + \delta_r(-k_{\delta_r}\delta_r + \Delta\tau_r) \\ &= -k_\psi\psi_e^2 - \frac{y_e U}{k_y^2 - y_e^2}\varphi\psi_e - k_r r_e^2 + k_{ar}\delta_r r_e + \frac{r_e\Delta\tau_r}{m_{33}} - \frac{r_e\tilde{d}_r}{m_{33}} - \frac{k_3\tilde{d}_r^2}{m_{33}} - \tilde{d}_r\dot{d}_r - \\ &\quad k_{\delta r}\delta_r^2 + \delta_r\Delta\tau_r\end{aligned} \tag{7.42}$$

应用杨氏不等式可得

$$\delta_r r_e \leqslant \frac{1}{2}\delta_r^2 + \frac{1}{2}r_e^2 \tag{7.43}$$

$$r_e\Delta\tau_r \leqslant \frac{1}{2}r_e^2 + \frac{1}{2}\Delta\tau_r^2 \tag{7.44}$$

$$-r_e\tilde{d}_r \leqslant \frac{1}{2}r_e^2 + \frac{1}{2}\tilde{d}_r^2 \tag{7.45}$$

$$\tilde{d}_r\dot{d}_r \leqslant \frac{1}{2}\tilde{d}_r^2 + \frac{1}{2}\dot{d}_r^2 \leqslant \frac{1}{2}\tilde{d}_r^2 + \frac{1}{2}C_{dr}^2 \tag{7.46}$$

$$\Delta\tau_r\delta_r \leqslant \frac{1}{2}\Delta\tau_r^2 + \frac{1}{2}\delta_r^2 \tag{7.47}$$

将式(7.43) ~ (7.47) 代入式(7.42) 可得

$$\begin{aligned}\dot{V}_{ra} &\leqslant -k_\psi\psi_e^2 - \frac{y_e U}{k_y^2 - y_e^2}\varphi\psi_e - k_r r_e^2 + \frac{k_{ar}}{2}\delta_r^2 + \frac{k_{ar}}{2}r_e^2 + \frac{1}{2m_{33}}r_e^2 + \frac{1}{2m_{33}}\Delta\tau_r^2 + \\ &\quad \frac{\tilde{d}_r^2}{2m_{33}} + \frac{r_e^2}{2m_{33}} - \frac{k_3\tilde{d}_r^2}{m_{33}} + \frac{1}{2}\tilde{d}_r^2 + \frac{1}{2}C_{dr}^2 - k_{\delta_r}\delta_r^2 + \frac{1}{2}\delta_r^2 + \frac{1}{2}\Delta\tau_r^2\end{aligned}$$

$$\leqslant -k_{\psi}\psi_{\mathrm{e}}^2-\left(k_{\mathrm{r}}-\frac{k_{\mathrm{ar}}}{2}-\frac{1}{m_{33}}\right)r_{\mathrm{e}}^2-\left(\frac{k_3}{m_{33}}-\frac{1}{2}\right)\tilde{d}_{\mathrm{r}}^2-$$

$$\left(k_{\delta\mathrm{r}}-\frac{k_{\mathrm{ar}}}{2m_{33}}-\frac{1}{2}\right)\delta_{\mathrm{r}}^2+\frac{1}{2}C_{\mathrm{dr}}^2+\frac{1}{2}\Delta\tau_{\mathrm{r}}^2+\frac{1}{2m_{33}}\Delta\tau_{\mathrm{r}}^2-\frac{y_{\mathrm{e}}U}{k_y^2-y_{\mathrm{e}}^2}\varphi\psi_{\mathrm{e}} \tag{7.48}$$

式(7.48)将用于7.2.3节整个闭环系统的稳定性分析。

(2) 速度跟踪鲁棒控制器设计。

定义速度跟踪误差为

$$u_{\mathrm{e}}=u-u_{\mathrm{d}} \tag{7.49}$$

其中，u_{d} 是期望的纵向常数速度。

$$\dot{u}_{\mathrm{e}}=\dot{u}-\dot{u}_{\mathrm{d}}=\frac{1}{m_{11}}(\tau_{\mathrm{u}}+d_{\mathrm{u}})-\dot{u}_{\mathrm{d}} \tag{7.50}$$

选取李雅普诺夫函数如下：

$$V_{\mathrm{u}}=\frac{1}{2}u_{\mathrm{e}}^2 \tag{7.51}$$

对式(7.51)两边求导，可得

$$\dot{V}_{\mathrm{u}}=u_{\mathrm{e}}\dot{u}_{\mathrm{e}}=u_{\mathrm{e}}\left(\frac{\tau_{\mathrm{u}}}{m_{11}}+\frac{d_{\mathrm{u}}}{m_{11}}-\dot{u}_{\mathrm{d}}\right) \tag{7.52}$$

接下来设计干扰观测器估计合成干扰 d_{u}，干扰观测器设计如下：

$$\begin{cases}\hat{d}_{\mathrm{u}}=p_2+k_4u\\ \dot{p}_2=\dfrac{-k_4p_2}{m_{11}}-k_4\left(\dfrac{\tau_{\mathrm{u}}}{m_{11}}+\dfrac{k_4u}{m_{11}}\right)\end{cases} \tag{7.53}$$

其中，$\hat{d}_{\mathrm{u}}$ 是合成干扰 d_{u} 的估计值；p_2 是干扰观测器的状态；k_4 是观测器的参数。定义干扰观测器的观测误差为 $\tilde{d}_{\mathrm{u}}=\hat{d}_{\mathrm{u}}-d_{\mathrm{u}}$，其导数为

$$\begin{aligned}\dot{\tilde{d}}_{\mathrm{u}}&=\dot{\hat{d}}_{\mathrm{u}}-\dot{d}_{\mathrm{u}}=\dot{p}_2+k_4\dot{u}-\dot{d}_{\mathrm{u}}\\&=-\frac{k_4p_2}{m_{11}}-\frac{k_4^2u}{m_{11}}+\frac{k_4d_{\mathrm{u}}}{m_{11}}-\dot{d}_{\mathrm{u}}\\&=-\frac{k_4\tilde{d}_{\mathrm{u}}}{m_{11}}-\dot{d}_{\mathrm{u}}\end{aligned} \tag{7.54}$$

防止执行器饱和，设计如下饱和补偿器：

$$\dot{\delta}_{\mathrm{u}}=-k_{\delta\mathrm{u}}\delta_{\mathrm{u}}+\Delta\tau_{\mathrm{u}} \tag{7.55}$$

其中，δ_{u} 是饱和补偿器的输出；$\Delta\tau_{\mathrm{u}}=\tau_{\mathrm{u}}-\tau_{\mathrm{uc}}$。

基于上述干扰观测器和饱和补偿器，设计速度跟踪鲁棒控制器如下：

$$\tau_{\mathrm{uc}}=m_{11}(-k_{\mathrm{u}}u_{\mathrm{e}}+k_{\mathrm{au}}\delta_{\mathrm{u}}+\dot{u}_{\mathrm{d}})-\hat{d}_{\mathrm{u}} \tag{7.56}$$

选取李雅普诺夫函数如下：

$$V_{\mathrm{ua}}=V_{\mathrm{u}}+\frac{1}{2}\tilde{d}_{\mathrm{u}}^2+\frac{1}{2}\delta_{\mathrm{u}}^2 \tag{7.57}$$

对式(7.57)进行求导可得

$$\begin{aligned}\dot{V}_{ua}&=u_e\dot{u}_e+\tilde{d}_u\dot{\tilde{d}}_u+\delta_u\dot{\delta}_u\\&=u_e\left(\frac{m_{11}(-k_u u_e+k_{au}\delta_u+\dot{u}_d)-\hat{d}_u+\Delta\tau_u}{m_{11}}+\frac{d_u}{m_{11}}-\dot{u}_d\right)+\\&\quad\tilde{d}_u\left(-\frac{k_4\tilde{d}_u}{m_{11}}-\dot{d}_u\right)+\delta_u(-k_{\delta u}\delta_u+\Delta\tau_u)\\&=u_e\left(-k_u u_e+k_{au}\delta_u+\frac{\Delta\tau_u}{m_{11}}\right)-\frac{u_e\tilde{d}_u}{m_{11}}+\tilde{d}_u\left(-\frac{k_4\tilde{d}_u}{m_{11}}-\dot{d}_u\right)+\delta_u(-k_{\delta u}\delta_u+\Delta\tau_u)\\&=-k_u u_e^2+k_{au}u_e\delta_u+\frac{u_e\Delta\tau_u}{m_{11}}-\frac{u_e\tilde{d}_u}{m_{11}}-\frac{k_4\tilde{d}_u^2}{m_{11}}-\tilde{d}_u\dot{d}_u-k_{\delta u}\delta_u^2+\delta_u\Delta\tau_u\end{aligned}\tag{7.58}$$

应用杨氏不等式可得

$$u_e\delta_u\leqslant\frac{1}{2}u_e^2+\frac{1}{2}\delta_u^2\tag{7.59}$$

$$u_e\Delta\tau_u\leqslant\frac{1}{2}u_e^2+\frac{1}{2}\Delta\tau_u^2\tag{7.60}$$

$$-u_e\tilde{d}_u\leqslant\frac{1}{2}u_e^2+\frac{1}{2}\tilde{d}_u^2\tag{7.61}$$

$$\tilde{d}_u\dot{d}_u\leqslant\frac{1}{2}\tilde{d}_u^2+\frac{1}{2}\dot{d}_u^2\leqslant\frac{1}{2}\tilde{d}_u^2+\frac{1}{2}C_{du}^2\tag{7.62}$$

$$\delta_u\Delta\tau_u\leqslant\frac{1}{2}\delta_u^2+\frac{1}{2}\Delta\tau_u^2\tag{7.63}$$

将式(7.59)～(7.63)代入式(7.58),可得

$$\begin{aligned}\dot{V}_{ua}&\leqslant-k_u u_e^2+\frac{k_{au}}{2}u_e^2+\frac{k_{au}\delta_u^2}{2}+\frac{1}{2m_{11}}u_e^2+\frac{1}{2m_{11}}\Delta\tau_u^2+\frac{u_e^2}{2m_{11}}+\frac{1}{2}\tilde{d}_u^2-\\&\quad\frac{k_4\tilde{d}_u^2}{m_{11}}+\frac{\tilde{d}_u^2}{2}+\frac{1}{2}C_{du}^2-k_{\delta u}\delta_u^2+\frac{1}{2}\delta_u^2+\frac{1}{2}\Delta\tau_u^2\\&\leqslant-\left(k_u-\frac{k_{au}}{2}-\frac{1}{m_{11}}\right)u_e^2-\left(\frac{k_4}{m_{11}}-1\right)\tilde{d}_u^2-\\&\quad\left(k_{\delta u}-\frac{k_{au}}{2}-\frac{1}{2}\right)\delta_u^2+\frac{1}{2}C_{du}^2+\frac{1}{2m_{11}}\Delta\tau_u^2+\frac{1}{2}\Delta\tau_u^2\end{aligned}\tag{7.64}$$

式(7.64)之后用于7.2.3节整个闭环系统的稳定性分析。

7.2.3 系统稳定性分析

对于无人船模型式(7.6),由设计的ECS-LOS导引子律式(7.22)、航向跟踪鲁棒控制器式(7.40)和速度跟踪鲁棒控制器式(7.56),给出如下定理。

定理 7.2 针对无人船模型式(7.6),存在外界干扰、未建模动态、时变侧滑、执行器输入饱和及误差受限,在满足假设7.1、7.2的条件下,采用设计的侧滑估计器式(7.11)、ECS-LOS导引律式(7.22)、期望路径参数更新律式(7.21)、航向跟踪鲁棒控制器

式(7.40)、速度跟踪鲁棒控制器式(7.56)、干扰观测器式(7.37)和式(7.53)，选取合适的控制参数 k_1、k_2、k_3、k_4、Δ、k_ψ、k_r、k_u、k_{δ_r}、k_{δ_u}、k_{au}、k_{ar}，并且控制器参数满足 $k_r > \frac{k_{ar}}{2} + \frac{1}{m_{33}}$、$k_3 > \frac{1}{2}m_{33}$、$k_{\delta r} > \frac{k_{ar}}{2m_{33}} + \frac{1}{2}$、$k_u > \frac{k_{au}}{2} + \frac{1}{m_{11}}$、$k_4 > \frac{1}{2}m_{11}$、$k_{\delta u} > \frac{k_{au}}{2} + \frac{1}{2}$，无人船路径跟踪误差能够收敛到任意小的零邻域内，并且位置跟踪误差满足 $|x_e| < k_x(t)$、$|y_e| < k_y(t)$，闭环系统的所有状态均为一致最终有界。

证明　构造整个闭环系统的李雅普诺夫函数为

$$\begin{aligned}V &= V_1 + V_2 + V_{ra} + V_{ua}\\ &= \frac{1}{2}\tilde{\varphi}^2 + \frac{1}{2}\log\frac{k_x^2}{k_x^2 - x_e^2} + \frac{1}{2}\log\frac{k_y^2}{k_y^2 - y_e^2} + \frac{1}{2}\psi_e^2 + \frac{1}{2}r_e^2 + \frac{1}{2}\tilde{d}_r^2 + \frac{1}{2}\delta_r^2 + \\ &\quad \frac{1}{2}u_e^2 + \frac{1}{2}\tilde{d}_u^2 + \frac{1}{2}\delta_u^2\end{aligned} \tag{7.65}$$

对式(7.65)进行求导，可得

$$\begin{aligned}\dot{V} &= \dot{V}_1 + \dot{V}_2 + \dot{V}_{ra} + \dot{V}_{ua}\\ &\leqslant -k\tilde{\varphi}^2 + |\tilde{\varphi}|\varphi^* - \frac{k_1}{k_x^2 - x_e^2}\log\frac{k_x^2}{k_x^2 - x_e^2} - \frac{k_2}{k_y^2 - y_e^2}\frac{U}{\sqrt{(\delta_y + k_e\hat{\beta})^2 + k_e^2}}\log\frac{k_y^2}{k_y^2 - y_e^2} - \\ &\quad k_\psi\psi_e^2 - \left(k_r - \frac{k_{ar}}{2} - \frac{1}{m_{33}}\right)r_e^2 - \left(\frac{k_3}{m_{33}} - \frac{1}{2}\right)\tilde{d}_r^2 - \left(k_{\delta r} - \frac{k_{ar}}{2m_{33}} - \frac{1}{2}\right)\delta_r^2 + \\ &\quad \frac{1}{2}C_{dr}^2 + \frac{1}{2}\Delta\tau_r^2 + \frac{1}{2m_{33}}\Delta\tau_r^2 - \left(k_u - \frac{k_{au}}{2} - \frac{1}{m_{11}}\right)u_e^2 - \left(\frac{k_4}{m_{11}} - 1\right)\tilde{d}_u^2 - \\ &\quad \left(k_{\delta u} - \frac{k_{au}}{2} - \frac{1}{2}\right)\delta_u^2 + \frac{1}{2}C_{du}^2 + \frac{1}{2m_{11}}\Delta\tau_u^2 + \frac{1}{2}\Delta\tau_u^2\\ &\leqslant -2\rho V + C\end{aligned} \tag{7.66}$$

其中，

$$\begin{aligned}\rho = \min\Bigg\{& k, \frac{k_1}{k_x^2 - x_e^2}, \frac{k_2}{k_y^2 - y_e^2}\frac{U}{\sqrt{(\delta_y + k_e\hat{\beta})^2 + k_e^2}}, k_\psi, \left(k_r - \frac{k_{ar}}{2} - \frac{1}{m_{33}}\right),\\ &\left(\frac{k_3}{m_{33}} - \frac{1}{2}\right), \left(k_{\delta r} - \frac{k_{ar}}{2m_{33}} - \frac{1}{2}\right), \left(k_u - \frac{k_{au}}{2} - \frac{1}{m_{11}}\right), \left(\frac{k_4}{m_{11}} - \frac{1}{2}\right), \left(k_{\delta u} - \frac{k_{au}}{2} - \frac{1}{2}\right)\Bigg\},\end{aligned}$$

$$C = |\tilde{\varphi}|\varphi^* + \frac{1}{2}C_{dr}^2 + \frac{1}{2}C_{du}^2 + \frac{1}{2}\Delta\tau_r^2 + \frac{1}{2m_{33}}\Delta\tau_r^2 + \frac{1}{2m_{11}}\Delta\tau_u^2 + \frac{1}{2}\Delta\tau_u^2。$$

求解式(7.66)，可得

$$0 \leqslant V \leqslant \Gamma = \left(V(0) - \frac{C}{2\rho}\right)e^{-2\rho t} + \frac{C}{2\rho} \tag{7.67}$$

显然，障碍李雅普诺夫函数 V 是有界的。因此，可以直观地得到 $\tilde{\varphi}$、ψ_e、r_e、u_e、$\tilde{d}_r$、$\tilde{d}_u$ 是一致最终有界的。

将式(7.17)代入式(7.67)，可得

$$\frac{1}{2}\log\frac{1}{1 - \zeta_i^2} \leqslant V \leqslant \Gamma,\quad i = x, y \tag{7.68}$$

求解上述不等式可得

$$\zeta_i^2 \leqslant 1-\mathrm{e}^{-2\Gamma} \Rightarrow |\zeta_i| \leqslant 1, \quad i=x,y \tag{7.69}$$

又因为 $\zeta_x=\dfrac{x_\mathrm{e}}{k_x}$、$\zeta_y=\dfrac{y_\mathrm{e}}{k_y}$，所以有 $\forall t>0$、$|x_\mathrm{e}|\leqslant k_x$、$|y_\mathrm{e}|\leqslant k_y$ 成立。

通过增大 ρ 可以使得路径跟踪误差任意小，最终收敛到 $\sqrt{\dfrac{C}{\rho}}$，控制参数满足 $k_\mathrm{r}>\dfrac{k_\mathrm{ar}}{2}+\dfrac{1}{2}+\dfrac{1}{2m_{33}}$、$k_3>\dfrac{1}{2}m_{33}$、$k_\mathrm{u}>\dfrac{k_\mathrm{au}}{2}+\dfrac{1}{2}+\dfrac{1}{2m_{11}}$、$k_4>\dfrac{1}{2}m_{11}$、$k_{\delta\mathrm{u}}>\dfrac{k_\mathrm{au}}{2}+\dfrac{1}{2}$。因此，无人船的路径跟踪误差可以收敛到任意小的零邻域内。

由于位置跟踪误差 x_e、y_e 是有界的，所以船舶位置 $P=(x,y)$ 是有界的。另外，船舶跟踪误差 ψ_e、r_e、u_e 是有界的，而船舶期望的状态 ψ_d、α_r、u_d 也是有界的，所以可推断出船舶的状态 ψ、r、u 是有界的。由式(7.67)可知，干扰观测误差 $\tilde{d}_\mathrm{r}$、$\tilde{d}_\mathrm{u}$，抗饱和补偿器的状态 δ_r、δ_u，侧滑角估计误差 $\tilde{\beta}$ 也是有界的。对于横向速度 v 的有界性证明过程同 6.3 节，在此不再赘述。因此闭环系统的所有状态是一致最终有界的。

定理 7.2 得证。

7.2.4　仿真验证

本小节为了验证提出的基于 ECS-LOS 导引律和鲁棒跟踪控制器的有效性，同传统的 SF 标架下的 LOS(SFLOS) 导引律做对比，因此，时变李雅普诺夫函数式(7.17) 将由 $V_2=\dfrac{1}{2}x_\mathrm{e}^2+\dfrac{1}{2}y_\mathrm{e}^2$ 代替，相应的路径参数更新律和期望艏向角分别如下所示：

$$\dot{\theta}=\frac{u\cos(\psi-\psi_\mathrm{p})-v\sin(\psi-\psi_\mathrm{p})+k_\mathrm{s}x_\mathrm{e}}{\sqrt{x'^2_\mathrm{p}+y'^2_\mathrm{p}}} \tag{7.70}$$

$$\psi_\mathrm{d}=\psi_\mathrm{p}+\arctan\left(-\frac{y_\mathrm{e}}{k_\mathrm{e}}-\hat{\beta}\right) \tag{7.71}$$

其中，$k_\mathrm{s}=0.5$。

无人船的模型参数见 2.5 节。

无人船的初始位置和艏向角设为 $[x \;\; y \;\; \psi]^\mathrm{T}=[0\ \mathrm{m} \;\; 5\ \mathrm{m} \;\; 0°]^\mathrm{T}$，初始纵向速度、横向速度、艏向角速度分别设为 $[u \;\; v \;\; r]^\mathrm{T}=[0.2\ \mathrm{m/s} \;\; 0\ \mathrm{m/s} \;\; 0°/\mathrm{s}]^\mathrm{T}$，期望的纵向速度为 1 m/s，期望路径设为 $\boldsymbol{P}_\mathrm{F}(\theta)=[20\sin(\theta/20) \;\; \theta]^\mathrm{T}$，其他状态变量初值均为零。

无人船受到的外界环境干扰和模型不确定项分别设为

$$\boldsymbol{\tau}_\mathrm{w}=2\times[\sin(0.1t)+0.5\sin(0.05t) \quad 0.5\sin(0.05t) \quad \sin(0.1t)+0.1\sin(0.05t)]^\mathrm{T}$$

$$f_\mathrm{u}(t,u,v,r)=m_{22}vr-d_{11}u$$

$$f_\mathrm{v}(t,u,v,r)=-m_{11}ur-d_{22}v$$

$$f_\mathrm{r}(t,u,v,r)=(m_{11}-m_{22})uv-d_{33}r$$

时变的位置误差受限要求为

$$k_x=6\mathrm{e}^{-0.15t}+0.5, \quad k_y=6\mathrm{e}^{-0.15t}+0.5。$$

执行器输入饱和的限制值设为

$$\tau_{\mathrm{umax}}=2\ \mathrm{N},\quad \tau_{\mathrm{umin}}=-2\ \mathrm{N},\quad \tau_{\mathrm{rmax}}=1.5\ \mathrm{N\cdot m},\quad \tau_{\mathrm{rmin}}=-1.5\ \mathrm{N\cdot m}$$

控制系统的设计参数选取如下：

$$k_{\mathrm{u}}=5,\quad k_1=20,\quad k_2=100,\quad k_3=10,\quad k_4=100,\quad \Delta=20,\quad k_{\psi}=9.5,$$
$$k_{\mathrm{r}}=0.3,\quad k_{\delta\mathrm{r}}=1,\quad k_{\delta\mathrm{u}}=1,\quad k_{\mathrm{au}}=0.01,\quad k_{\mathrm{ar}}=0.01。$$

无人船在模型不确定、未知外界环境干扰、时变侧滑、位置误差受限及执行器输入饱和的情况下，两种导引律作用下的路径跟踪控制曲线如图 7.2～7.8 所示。图 7.2 是无人船的期望路径和实际路径跟踪曲线图，从图中可以看出，无人船在两种导引律作用下均能从初始位置很快跟踪上所设定的期望路径曲线，同所提出的 ECS-LOS 导引律相比，SFLOS 导引律作用下的初始位置跟踪偏差较大。图 7.3 为无人船的纵向跟踪误差 x_{e} 和横向跟踪误差 y_{e} 曲线图，图中表明，两种导引律作用下的纵向跟踪误差 x_{e} 均能很快收敛于平衡点，并且没有超出受限范围，但是，采用 SFLOS 方法，横向跟踪误差 y_{e} 在大约 10～40 s 的时间段内超出了受限范围，这是因为 SFLOS 导引方法没有考虑误差受限要求。而采用本节所提出的 ECS-LOS 导引方法，横向跟踪误差 y_{e} 始终在受限范围内，实现了更精确的路径跟踪。最终，两种导引方法下的横向跟踪误差和纵向跟踪误差最终均能收敛于零。图 7.4 为无人船的纵向速度 $\bar{u}$、横向速度 $\bar{v}$ 和艏向角速度 r 的响应曲线图，其中，在两种导引方法作用下，无人船都能够从初始纵向速度跟踪上期望的纵向速度 u_{d}，并且横向速度 $\bar{v}$ 和艏向角速度 r 最终均能达到一致最终有界。图 7.5 为无人船的艏向角跟踪误差 ψ_{e}、纵向速度跟踪误差 u_{e} 以及艏向角速度跟踪误差 r_{e} 曲线图，从图中可以看出，两种导引方法作用下的跟踪误差 ψ_{e}、u_{e} 和 r_{e} 最终均能收敛于平衡点。图 7.6 为无人船在侧滑估计器作用下侧滑角 β 的理论值和估计值曲线图，从图中可以看出，所设计的侧滑估计器能很好地跟踪侧滑角。图 7.7 为干扰观测器的估计误差 $\tilde{d}_{\mathrm{u}}$、$\tilde{d}_{\mathrm{r}}$ 的曲线图，如图所示，纵向方向的合成干扰估计误差 $\tilde{d}_{\mathrm{u}}$ 可以在 15 s 左右收敛于平衡点，艏向方向的合成干扰估计误差 $\tilde{d}_{\mathrm{r}}$ 可以在大约 6 s 收敛于平衡点。图 7.8 为输入约束下无人船在纵荡方向的控制力 τ_{u}（纵向推力）以及艏摇方向上的力矩 τ_{r}（转艏力矩）曲线图，从图中可以看出，在所提出饱和补偿器的作用下，无人船的纵向推力 τ_{u} 和转艏力矩 τ_{r} 均在执行器输入饱和限制值的范围内。

由以上仿真结果及分析可知，无人船在模型不确定、未知外界环境干扰、时变侧滑、跟踪误差受限及执行器输入饱和的情况下，采用所设计的基于 ECS-LOS 导引律的抗饱和鲁棒控制策略，无人船能在不违反误差受限要求以及执行器不超过饱和范围的前提下以期望速度跟踪上期望路径，并且跟踪误差均能收敛于零附近，与 SFLOS 导引律相比，本书所提出的 ECS-LOS 导引律跟踪精度更高。

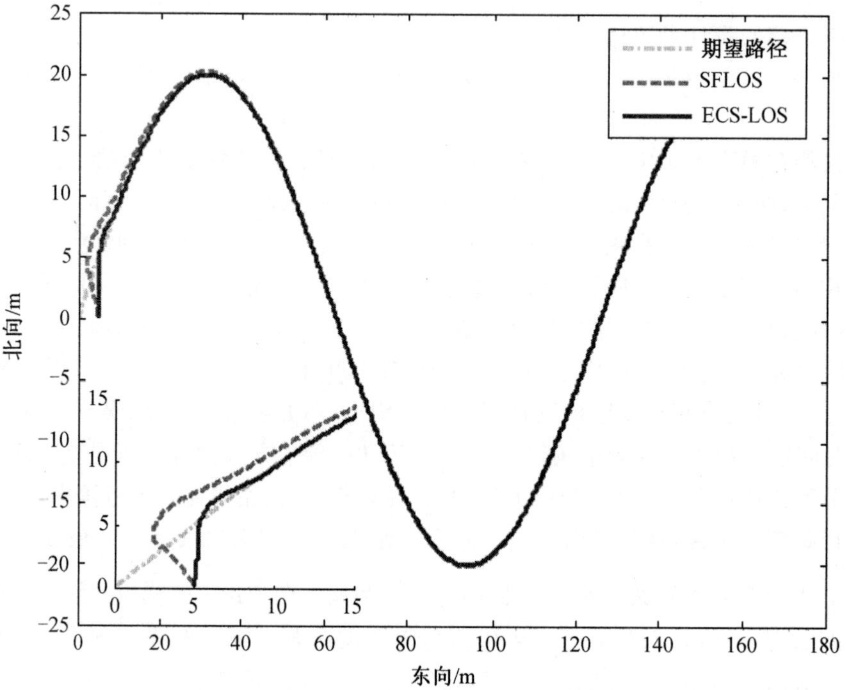

图 7.2　无人船的期望路径和实际路径跟踪曲线图

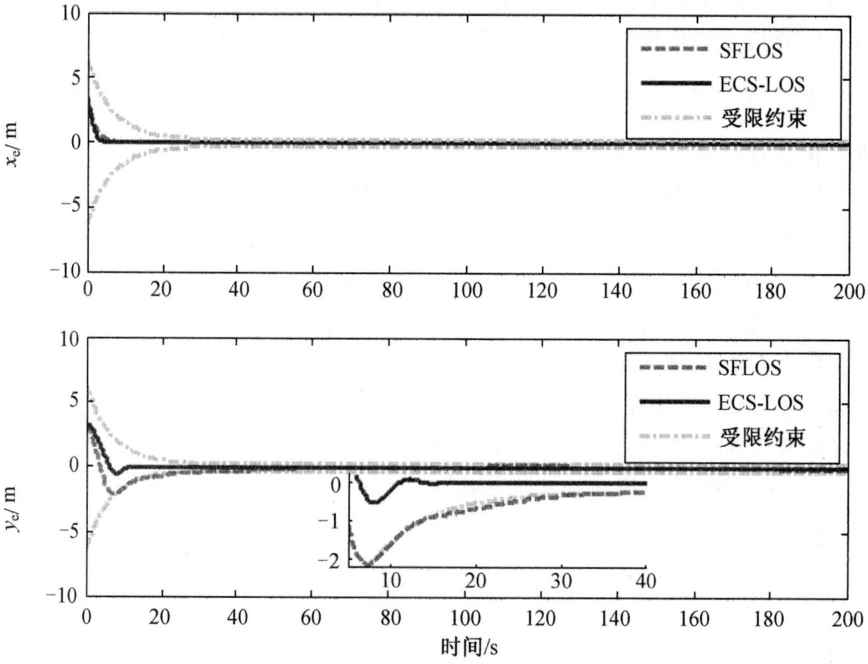

图 7.3　无人船的纵向跟踪误差和横向跟踪误差曲线图

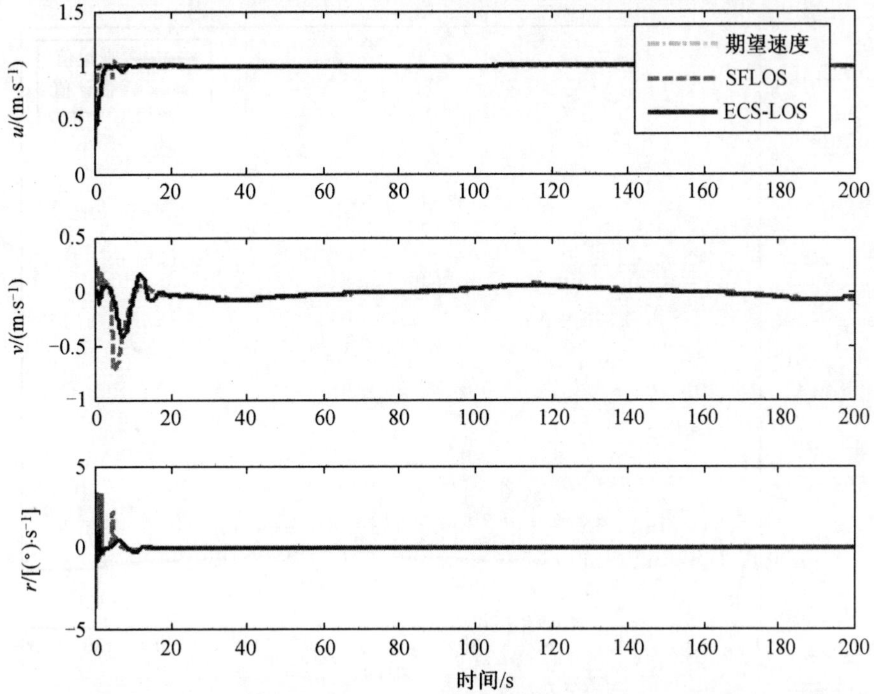

图 7.4　无人船的纵向速度、横向速度和艏向角速度的响应曲线图

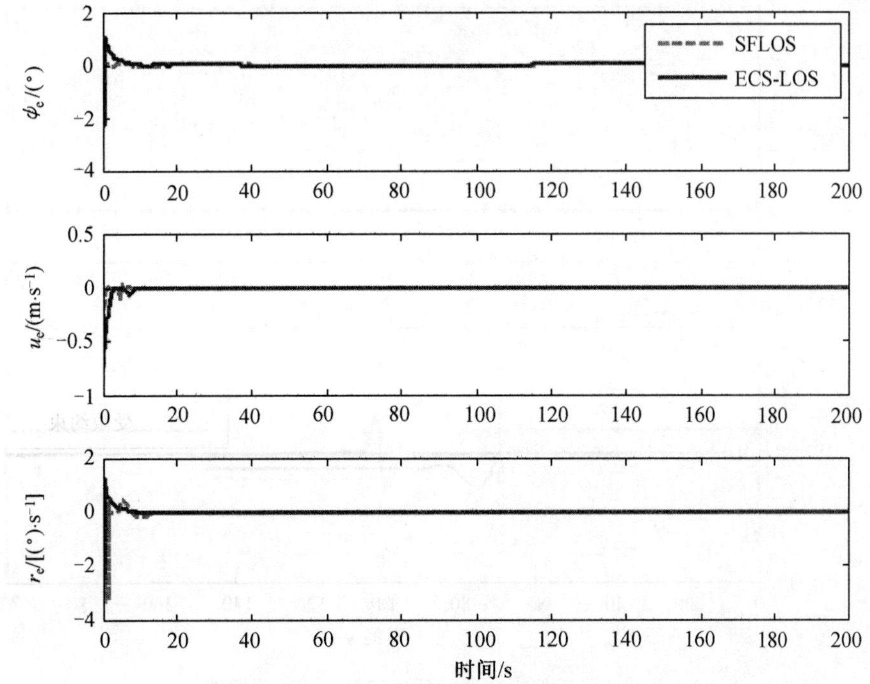

图 7.5　无人船的路径跟踪误差曲线图

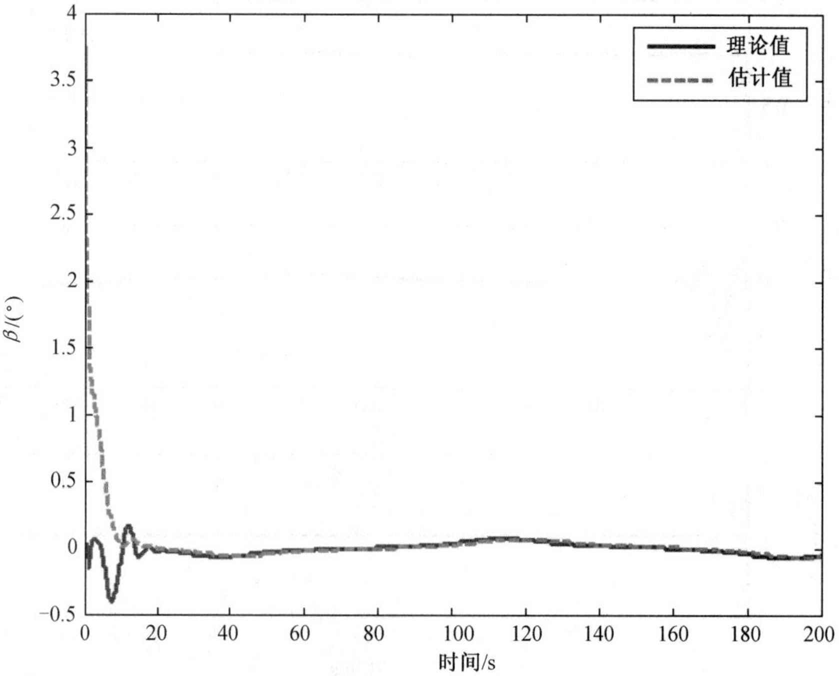

图 7.6　无人船侧滑角的理论值和估计值曲线图

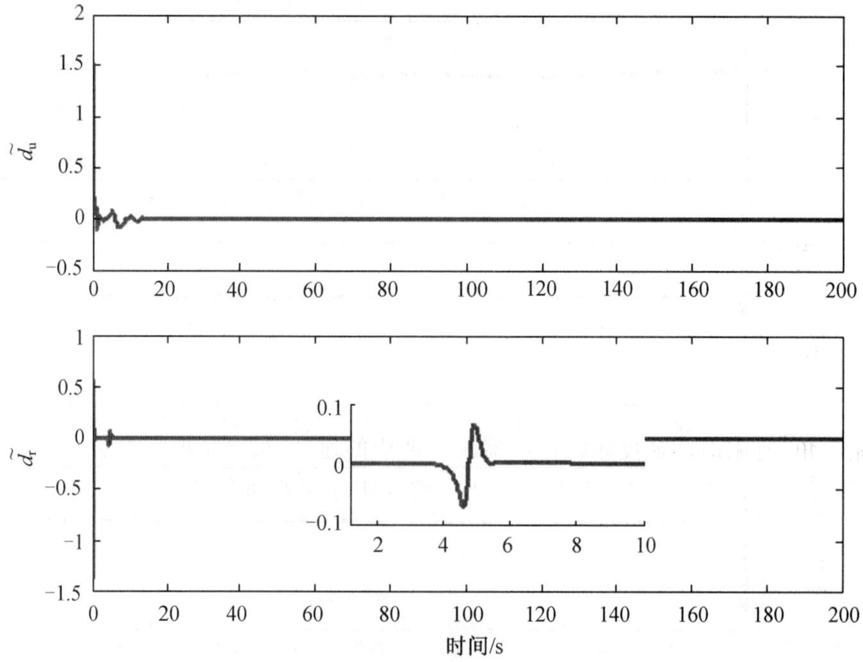

图 7.7　干扰观测器的估计误差 $\tilde{d}_u$、$\tilde{d}_r$ 曲线图

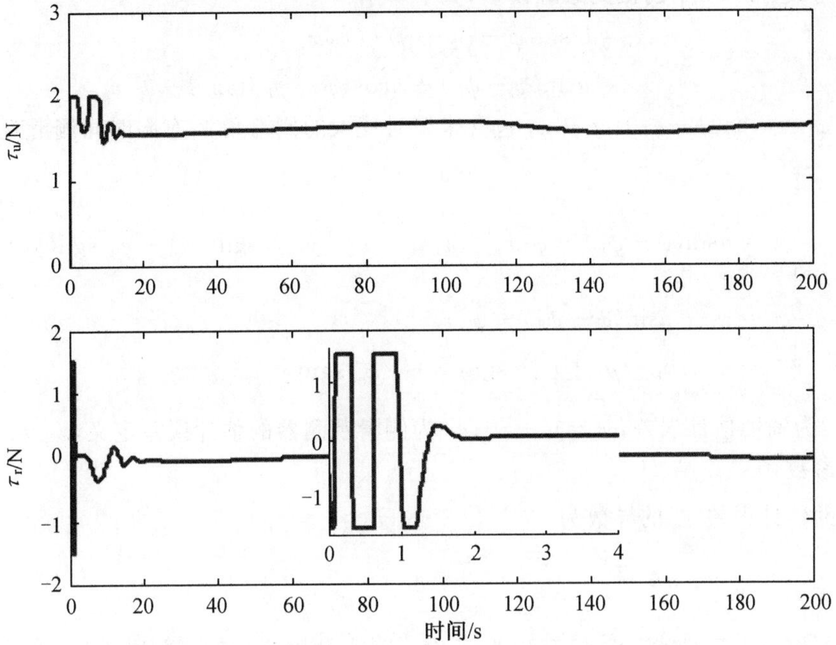

图 7.8　输入约束下无人船的纵向推力和转艏力矩曲线图

7.3　基于有限时间 LOS 导引律的 USV 路径跟踪有限时间控制

7.3.1　有限时间 LOS 导引子系统设计

上一节对无人船路径跟踪的研究主要是针对系统无穷时间收敛的控制问题，这意味着系统状态从初始状态收敛到平衡点的时间是无穷大的，从时间优化方面，能使控制系统在有限时间内收敛的方法是时间最优的控制方法，近年来有限时间控制也得到了研究人员的广泛关注。因此本节针对无人船在未建模动态、环境干扰、时变侧滑、执行器饱和及误差受限下进行有限时间路径跟踪控制。本节设计有限时间侧滑观测器来估计时变大的侧滑角，有限时间 LOS 导引律用于获得期望的艏向角，有限时间航向跟踪控制器跟踪期望的艏向角，有限时间速度跟踪控制器跟踪期望的速度，最终实现无人船的精确跟踪。

同 7.2.1 节，无人船在 SF 坐标系下的路径跟踪误差动态如下：

$$\begin{bmatrix}\dot{x}_e\\ \dot{y}_e\end{bmatrix}=\begin{bmatrix}u\cos(\psi-\psi_F)-v\sin(\psi-\psi_F)+\dot{\psi}_F y_e-\dot{\theta}\sqrt{x_F'^2+y_F'^2}\\ u\sin(\psi-\psi_F)+v\cos(\psi-\psi_F)-\dot{\psi}_F x_e\end{bmatrix} \tag{7.72}$$

注：由于无人船没有横向控制输入，由外界干扰引起的漂流力(drift forces) 会引起横向运动，本小节中，侧滑角不再视为很小的数，即 $\cos\beta\approx 1$，$\sin\beta\approx\beta$ 不再成立。另外，无人船在跟踪曲线时即使在平静的海面仍然会出现非零时变侧滑，因此，处理时变大的侧滑对无人船路径跟踪至关重要。

重写式(7.72)中的横向跟踪误差，如下所示：

$$
\begin{aligned}
\dot{y}_e &= U\sin(\psi-\psi_F+\beta)-\dot{\psi}_F x_e \\
&= u\sin(\psi-\psi_F)+u\cos(\psi-\psi_F)\tan\beta-\dot{\psi}_F x_e
\end{aligned}
\tag{7.73}
$$

令 $\varphi_1 = u\cos(\psi-\psi_F)\tan\beta$，$\varphi_1$ 包含未知时变大的侧滑角 β，有限时间侧滑观测器设计如下：

$$
\begin{cases}
\dot{\hat{y}}_e = u\sin(\psi-\psi_F)-\dot{\psi}_F x_e-\mu_1\tilde{y}_e-\mu_2\,|\tilde{y}_e|^{\gamma_1}\operatorname{sgn}(\tilde{y}_e)-\varphi_1^*\operatorname{sgn}(\tilde{y}_e) \\
\hat{\varphi}_1 = \dot{\hat{y}}_e-u\sin(\psi-\psi_F)+\dot{\psi}_F x_e \\
\quad = -\mu_1\tilde{y}_e-\mu_2\,|\tilde{y}_e|^{\gamma_1}\operatorname{sgn}(\tilde{y}_e)-\varphi_1^*\operatorname{sgn}(\tilde{y}_e)
\end{cases}
\tag{7.74}
$$

其中，$\tilde{y}_e$ 为辅助估计误差，$\tilde{y}_e=\hat{y}_e-y_e$；$\tilde{\varphi}_1$ 为侧滑观测器的估计误差定义，$\tilde{\varphi}_1=\varphi_1-\hat{\varphi}_1$；$\gamma_1$ 为设计参数，$0<\gamma_1<1$。

辅助估计误差 $\tilde{y}_e$ 的导数为

$$
\begin{aligned}
\dot{\tilde{y}}_e &= \dot{\hat{y}}_e-\dot{y}_e \\
&= u\sin(\psi-\psi_F)-\dot{\psi}_F x_e-\mu_1\tilde{y}_e-\mu_2\,|\tilde{y}_e|^{\gamma_1}\operatorname{sgn}(\tilde{y}_e)-\varphi^*\operatorname{sgn}(\tilde{y}_e)-\dot{y}_e \\
&= -\mu_1\tilde{y}_e-\mu_2\,|\tilde{y}_e|^{\gamma_1}\operatorname{sgn}(\tilde{y}_e)-\varphi^*\operatorname{sgn}(\tilde{y}_e)-\varphi
\end{aligned}
\tag{7.75}
$$

所以，侧滑角的估计值为

$$
\hat{\beta}=\arctan\frac{\hat{\varphi}}{u\cos(\psi-\psi_F)}
\tag{7.76}
$$

假设 7.3 存在正定常数 φ_1^* 使得 $\hat{\varphi}_1$ 满足 $\left|\dfrac{d^w\varphi_1}{dt^w}\right|\leqslant\varphi_1^*\ (w=0,1)$。

下面给出有限时间侧滑观测器的定理如下。

定理 7.3 针对横向位置误差式(7.73)，设计有限时间侧滑观测器式(7.74)，在满足假设 7.3 的条件下，辅助估计误差 $\tilde{y}_e$ 和估计误差 $\tilde{\varphi}$ 在有限时间内收敛。

证明 构造李雅普诺夫函数如下：

$$
V_e=\frac{1}{2}\tilde{y}_e^2
\tag{7.77}
$$

对式(7.77)求导可得

$$
\begin{aligned}
\dot{V}_e &= \tilde{y}_e\dot{\tilde{y}}_e \\
&= \tilde{y}_e[-\mu_1\tilde{y}_e-\mu_2\,|\tilde{y}_e|^{\gamma_1}\operatorname{sgn}(\tilde{y}_e)-\varphi^*\operatorname{sgn}(\tilde{y}_e)-\varphi] \\
&\leqslant -\mu_1\tilde{y}_e^2-\mu_2\,|\tilde{y}_e|^{\gamma_1+1} \\
&\leqslant -2\mu_1 V-2^{\gamma_1+1}\mu_2 V^{(\gamma_1+1)/2}
\end{aligned}
\tag{7.78}
$$

由引理 7.3 可知，辅助估计误差 $\tilde{y}_e$ 在有限时间内收敛，到达时间为

$$
T(y_{e0})\leqslant\frac{\ln\left(1+\dfrac{\mu_1}{\mu_2}V\,(y_{e0})^{1-(\gamma_1+1)/2}\right)}{\mu_1[1-(\gamma_1+1)/2]}。
$$

因此，

$$\tilde{\varphi}=\hat{\varphi}-\varphi=\dot{\hat{y}}_e-u\sin(\psi-\psi_F)+\dot{\psi}_F x_e-\dot{y}_e+u\sin(\psi-\psi_F)-\dot{\psi}_F x_e$$

$$=\dot{\hat{y}}_e-\dot{y}_e=\dot{\tilde{y}}_e \tag{7.79}$$

因此，估计误差 $\tilde{\varphi}$ 也在有限时间内收敛，即在 $t\geqslant T(y_{e0})$ 时间内，满足 $\hat{y}_e\equiv y_e,\hat{\varphi}\equiv\varphi$。定理 7.3 得证。

通过定理 7.3 可知，$\beta\equiv\hat{\beta},\forall t\geqslant T(y_{e0})$，即对于 $t\geqslant T(y_{e0})$，侧滑观测器 $\tilde{\beta}\equiv 0$。有限时间观测器收敛速度快，具有更强的抗干扰能力，理论上，有限时间观测器的观测误差可以在很短的时间收敛到零，然而传统的渐进收敛的方法只能实现无穷时间上的收敛。

接下来，基于上述有限时间侧滑观测器，设计正切类有限时间 LOS 导引律用于计算期望的艏向角 ψ_d 和路径参数更新律 $\dot{\theta}$。

构造正切类李雅普诺夫函数如下：

$$V_g=\frac{k_x^2}{\pi}\tan\left(\frac{\pi x_e^2}{2k_x^2}\right)+\frac{k_y^2}{\pi}\tan\left(\frac{\pi y_e^2}{2k_y^2}\right) \tag{7.80}$$

对式(7.80) 求导可得

$$\dot{V}_g=\frac{2k_x\dot{k}_x}{\pi}\tan\left(\frac{\pi x_e^2}{2k_x^2}\right)+\frac{x_e}{\cos^2\left(\frac{\pi x_e^2}{2k_x^2}\right)}\frac{\dot{x}_e k_x^2-x_e k_x\dot{k}_x}{k_x^2}+$$

$$\frac{2k_y\dot{k}_y}{\pi}\tan\left(\frac{\pi y_e^2}{2k_y^2}\right)+\frac{y_e}{\cos^2\left(\frac{\pi y_e^2}{2k_y^2}\right)}\frac{\dot{y}_e k_y^2-y_e k_y\dot{k}_y}{k_y^2}$$

$$=\frac{2k_x\dot{k}_x}{\pi}\tan\left(\frac{\pi x_e^2}{2k_x^2}\right)+x_{\cos}\dot{x}_e-x_{\cos}x_e\frac{\dot{k}_x}{k_x}+\frac{2k_y\dot{k}_y}{\pi}\tan\left(\frac{\pi y_e^2}{2k_y^2}\right)+y_{\cos}\dot{y}_e-y_{\cos}y_e\frac{\dot{k}_y}{k_y} \tag{7.81}$$

其中，$x_{\cos}=x_e/\cos^2\left(\frac{\pi x_e^2}{2k_x^2}\right)$，$y_{\cos}=y_e/\cos^2\left(\frac{\pi y_e^2}{2k_y^2}\right)$。

将式(7.72) 的第一个式子和式(7.73) 代入式(7.81) 可得

$$\dot{V}_g=x_{\cos}[u\cos(\psi-\psi_F)-v\sin(\psi-\psi_F)+\dot{\psi}_F y_e-\dot{\theta}\sqrt{x_F'^2+y_F'^2}]+$$

$$y_{\cos}[U\sin(\psi-\psi_F+\beta)-\dot{\psi}_F x_e]+$$

$$\frac{2k_x\dot{k}_x}{\pi}\tan\left(\frac{\pi x_e^2}{2k_x^2}\right)-x_{\cos}x_e\frac{\dot{k}_x}{k_x}+\frac{2k_y\dot{k}_y}{\pi}\tan\left(\frac{\pi y_e^2}{2k_y^2}\right)-y_{\cos}y_e\frac{\dot{k}_y}{k_y}$$

$$=x_{\cos}[u\cos(\psi-\psi_F)-v\sin(\psi-\psi_F)-\dot{\theta}\sqrt{x_F'^2+y_F'^2}]+$$

$$x_{\cos}\dot{\psi}_F y_e\left(1-\frac{\cos^2\left(\frac{\pi x_e^2}{2k_x^2}\right)}{\cos^2\left(\frac{\pi y_e^2}{2k_y^2}\right)}\right)+$$

$$y_{\cos}[u\sin(\psi-\psi_F)+v\cos(\psi-\psi_F)]+\frac{2k_x\dot{k}_x}{\pi}\tan\left(\frac{\pi x_e^2}{2k_x^2}\right)-$$

$$x_{\cos} x_{\mathrm{e}} \frac{\dot{k}_x}{k_x} + \frac{2k_y \dot{k}_y}{\pi} \tan\left(\frac{\pi y_{\mathrm{e}}^2}{2k_y^2}\right) - y_{\cos} y_{\mathrm{e}} \frac{\dot{k}_y}{k_y} \tag{7.82}$$

其中，$\dot{\psi}_{\mathrm{F}} = \dot{\theta} R, R = \dfrac{y''_{\mathrm{F}} x'_{\mathrm{F}} - y'_{\mathrm{F}} x''_{\mathrm{F}}}{x'^2_{\mathrm{F}} + y'^2_{\mathrm{F}}}$。

整理式(7.82)可得

$$\begin{aligned}\dot{V}_{\mathrm{g}} = & x_{\cos}[u\cos(\psi - \psi_{\mathrm{F}}) - v\sin(\psi - \psi_{\mathrm{F}}) - \dot{\theta}\alpha] + y_{\cos} U \sin(\psi - \psi_{\mathrm{F}} + \beta) + \\ & \frac{2k_x \dot{k}_x}{\pi} \tan\left(\frac{\pi x_{\mathrm{e}}^2}{2k_x^2}\right) - x_{\cos} x_{\mathrm{e}} \frac{\dot{k}_x}{k_x} + \frac{2k_y \dot{k}_y}{\pi} \tan\left(\frac{\pi y_{\mathrm{e}}^2}{2k_y^2}\right) - y_{\cos} y_{\mathrm{e}} \frac{\dot{k}_y}{k_y}\end{aligned} \tag{7.83}$$

其中，$\alpha = \sqrt{x'^2_{\mathrm{F}} + y'^2_{\mathrm{F}}} - R y_{\mathrm{e}} \left(1 - \dfrac{\cos^2(\pi x_{\mathrm{e}}^2 / 2k_x^2)}{\cos^2(\pi y_{\mathrm{e}}^2 / 2k_y^2)}\right)$。

设计路径参数更新律和期望艏向角如下：

$$\dot{\theta} = \frac{u\cos(\psi - \psi_{\mathrm{F}}) - v\sin(\psi - \psi_{\mathrm{F}}) + \delta_X}{\alpha} \tag{7.84}$$

$$\psi_{\mathrm{d}} = \psi_{\mathrm{F}} + \arctan\left(-\frac{\delta_{\mathrm{Y}}}{\Delta}\right) - \hat{\beta}_{\mathrm{r}} \tag{7.85}$$

其中，

$$\delta_X = \frac{k_{xe}}{x_{\mathrm{e}}} \frac{k_x^2}{\pi} \sin\left(\frac{\pi x_{\mathrm{e}}^2}{2k_x^2}\right) \cos\left(\frac{\pi x_{\mathrm{e}}^2}{2k_x^2}\right) + \frac{k_{xe1}}{x_{\mathrm{e}}} \left(\frac{k_x^2}{\pi}\right)^{\frac{3}{4}} \cos^2\left(\frac{\pi x_{\mathrm{e}}^2}{2k_x^2}\right) S_{\tan,xe} + k_{xe0} x_{\mathrm{e}} \tag{7.86}$$

$$\delta_Y = \underbrace{\frac{k_{ye}}{y_{\mathrm{e}}} \frac{k_y^2}{\pi} \sin\left(\frac{\pi y_{\mathrm{e}}^2}{2k_y^2}\right) \cos\left(\frac{\pi y_{\mathrm{e}}^2}{2k_y^2}\right) + \frac{k_{ye1}}{y_{\mathrm{e}}} \left(\frac{k_y^2}{\pi}\right)^{\frac{3}{4}} \cos^2\left(\frac{\pi y_{\mathrm{e}}^2}{2k_y^2}\right) S_{\tan,ye}}_{\alpha_{\mathrm{e}}} + k_{ye0} y_{\mathrm{e}} \tag{7.87}$$

其中，Δ 为导引方法中的前视距离；k_{xe}、k_{xe1}、k_{ye}、k_{ye1} 为正定设计参数并且满足 $k_{xe} > 2k_{xe0}$、$k_{ye} > 2k_{ye0}$。$S_{\tan,xe}$，$S_{\tan,ye}$ 设计如下：

$$S_{\tan,xe} = \begin{cases} \tan^{\frac{3}{4}}\left(\dfrac{\pi x_{\mathrm{e}}^2}{2k_x^2}\right), & |x_{\mathrm{e}}| \geqslant \varepsilon_{xe} \\ \iota_{xe,1} \tan\left(\dfrac{\pi x_{\mathrm{e}}^2}{2k_x^2}\right) + \iota_{xe,2} \tan^2\left(\dfrac{\pi x_{\mathrm{e}}^2}{2k_x^2}\right), & \text{其他} \end{cases} \tag{7.88}$$

$$S_{\tan,ye} = \begin{cases} \tan^{\frac{3}{4}}\left(\dfrac{\pi y_{\mathrm{e}}^2}{2k_y^2}\right), & |y_{\mathrm{e}}| \geqslant \varepsilon_{ye} \\ \iota_{ye,1} \tan\left(\dfrac{\pi y_{\mathrm{e}}^2}{2k_y^2}\right) + \iota_{ye,2} \tan^2\left(\dfrac{\pi y_{\mathrm{e}}^2}{2k_y^2}\right), & \text{其他} \end{cases} \tag{7.89}$$

其中，ε_{xe}、ε_{ye} 是特别小的常数；$\iota_{xe,1} = \dfrac{5}{4} \tan^{-\frac{1}{4}}\left(\dfrac{\pi x_{\mathrm{e}}^2}{2k_x^2}\right)$，$\iota_{xe,2} = -\dfrac{1}{4} \tan^{\frac{5}{4}}\left(\dfrac{\pi x_{\mathrm{e}}^2}{2k_x^2}\right)$，$\iota_{y_{\mathrm{e}},1} = \dfrac{5}{4} \tan^{-\frac{1}{4}}\left(\dfrac{\pi y_{\mathrm{e}}^2}{2k_y^2}\right)$，$\iota_{ye,2} = -\dfrac{1}{4} \tan^{\frac{5}{4}}\left(\dfrac{\pi y_{\mathrm{e}}^2}{2k_y^2}\right)$。

此外，

$$k_{xe0} = \sqrt{\frac{\dot{k}_x}{k_x} + \rho_{xe}} \tag{7.90}$$

其中，ρ_{xe} 是小的常数，$\rho_{xe} > 0$。k_{ye0} 之后设计。

由式(7.85)可知

$$\begin{aligned}\sin(\psi-\psi_{\mathrm{F}}+\beta)&=\sin(\psi_{\mathrm{d}}-\psi_{\mathrm{F}}+\hat{\beta}+\psi_{\mathrm{e}}+\tilde{\beta})\\&=\sin(\psi_{\mathrm{d}}-\psi_{\mathrm{F}}+\hat{\beta})\cos(\psi_{\mathrm{e}}+\tilde{\beta})+\cos(\psi_{\mathrm{d}}-\psi_{\mathrm{F}}+\hat{\beta})\sin(\psi_{\mathrm{e}}+\tilde{\beta})\\&=-\frac{\delta_Y}{\sqrt{\delta_Y^2+\Delta^2}}\cos(\psi_{\mathrm{e}}+\tilde{\beta})+\frac{\Delta}{\sqrt{\delta_Y^2+\Delta^2}}\sin(\psi_{\mathrm{e}}+\tilde{\beta})\\&=-\frac{\delta_Y}{\sqrt{\delta_Y^2+\Delta^2}}+\varphi_2(\psi_{\mathrm{e}}+\tilde{\beta})\end{aligned}\tag{7.91}$$

其中，$\varphi_2=[1-\cos(\psi_{\mathrm{e}}+\tilde{\beta})]\dfrac{\delta_Y}{(\psi_{\mathrm{e}}+\tilde{\beta})\sqrt{\delta_Y^2+\Delta^2}}+\dfrac{\Delta}{(\psi_{\mathrm{e}}+\tilde{\beta})\sqrt{\delta_Y^2+\Delta^2}}\sin(\psi_{\mathrm{e}}+\tilde{\beta})$。

注：$\left|\dfrac{1-\cos(\psi_{\mathrm{e}}+\tilde{\beta})}{\psi_{\mathrm{e}}+\tilde{\beta}}\right|<0.73$，$\left|\dfrac{\sin(\psi_{\mathrm{e}}+\tilde{\beta})}{\psi_{\mathrm{e}}+\tilde{\beta}}\right|\leqslant 1$，$\left|\dfrac{\delta_Y}{\sqrt{\delta_Y^2+\Delta^2}}\right|\leqslant 1$，$\left|\dfrac{\Delta}{\sqrt{\delta_Y^2+\Delta^2}}\right|\leqslant 1$，所以$|\varphi_2|\leqslant 1.73$，$\varphi_2$是有界值。

将式(7.84)、式(7.86)～(7.91)代入式(7.83)可得

$$\begin{aligned}\dot{V}_{\mathrm{g}}=&-\frac{k_{x\mathrm{e}}k_x^2}{\pi}\tan\left(\frac{\pi x_{\mathrm{e}}^2}{2k_x^2}\right)-k_{x\mathrm{e}1}\left(\frac{k_x^2}{\pi}\right)^{\frac{3}{4}}\tan^{\frac{3}{4}}\left(\frac{\pi x_{\mathrm{e}}^2}{2k_x^2}\right)-k_{x\mathrm{e}0}x_{\mathrm{e}}x_{\cos}-\\&\frac{U}{\sqrt{\delta_Y^2+\Delta^2}}\left(\frac{k_{y\mathrm{e}}k_y^2}{\pi}\tan\left(\frac{\pi y_{\mathrm{e}}^2}{2k_y^2}\right)+k_{y\mathrm{e}0}y_{\mathrm{e}}y_{\cos}\right)-\frac{Uk_{y\mathrm{e}1}}{\sqrt{\delta_Y^2+\Delta^2}}\left(\frac{k_y^2}{\pi}\right)^{\frac{3}{4}}\tan^{\frac{3}{4}}\left(\frac{\pi y_{\mathrm{e}}^2}{2k_y^2}\right)+\\&y_{\cos}U\varphi(\psi_{\mathrm{e}}+\tilde{\beta})+\frac{2k_x\dot{k}_x}{\pi}\tan\left(\frac{\pi x_{\mathrm{e}}^2}{2k_x^2}\right)-x_{\cos}x_{\mathrm{e}}\frac{\dot{k}_x}{k_x}+\frac{2k_y\dot{k}_y}{\pi}\tan\left(\frac{\pi y_{\mathrm{e}}^2}{2k_y^2}\right)-y_{\cos}y_{\mathrm{e}}\frac{\dot{k}_y}{k_y}\\=&-\frac{k_{x\mathrm{e}}k_x^2}{\pi}\tan\left(\frac{\pi x_{\mathrm{e}}^2}{2k_x^2}\right)-k_{x\mathrm{e}1}\left(\frac{k_x^2}{\pi}\right)^{\frac{3}{4}}\tan^{\frac{3}{4}}\left(\frac{\pi x_{\mathrm{e}}^2}{2k_x^2}\right)-\frac{U}{\sqrt{\delta_Y^2+\Delta^2}}\frac{k_{y\mathrm{e}}k_y^2}{\pi}\tan\left(\frac{\pi y_{\mathrm{e}}^2}{2k_y^2}\right)-\\&\frac{Uk_{y\mathrm{e}1}}{\sqrt{\delta_Y^2+\Delta^2}}\left(\frac{k_y^2}{\pi}\right)^{\frac{3}{4}}\tan^{\frac{3}{4}}\left(\frac{\pi y_{\mathrm{e}}^2}{2k_y^2}\right)-k_{x\mathrm{e}0}x_{\mathrm{e}}x_{\cos}-\frac{Uk_{y\mathrm{e}0}}{\sqrt{\delta_Y^2+\Delta^2}}y_{\mathrm{e}}y_{\cos}+\\&y_{\cos}U\varphi(\psi_{\mathrm{e}}+\tilde{\beta})+\frac{2k_x\dot{k}_x}{\pi}\tan\left(\frac{\pi x_{\mathrm{e}}^2}{2k_x^2}\right)-x_{\cos}x_{\mathrm{e}}\frac{\dot{k}_x}{k_x}+\frac{2k_y\dot{k}_y}{\pi}\tan\left(\frac{\pi y_{\mathrm{e}}^2}{2k_y^2}\right)-y_{\cos}y_{\mathrm{e}}\frac{\dot{k}_y}{k_y}\end{aligned}\tag{7.92}$$

设计$k_{y\mathrm{e}0}$使得下式成立：

$$\frac{Uk_{y\mathrm{e}0}}{\sqrt{\delta_Y^2+\Delta^2}}y_{\mathrm{e}}y_{\cos}+y_{\cos}y_{\mathrm{e}}\frac{\dot{k}_y}{k_y}=0\tag{7.93}$$

整理得

$$k_{y\mathrm{e}0}^2=\rho_{y\mathrm{e}}^2[(\alpha_{\mathrm{e}}+k_{y\mathrm{e}0}y_{\mathrm{e}})^2+\Delta^2]$$

求解上述方程，给出$k_{y\mathrm{e}0}$的可行解（正根）如下：

$$k_{y\mathrm{e}0}=\frac{\rho_{y\mathrm{e}}^2\alpha_{\mathrm{e}}y_{\mathrm{e}}+\rho_{y\mathrm{e}}\sqrt{\Delta(1-\rho_{y\mathrm{e}}^2y_{\mathrm{e}}^2)+\alpha_{\mathrm{e}}^2}}{1-\rho_{y\mathrm{e}}^2y_{\mathrm{e}}^2}\tag{7.94}$$

其中，$\rho_{y\mathrm{e}}=\dfrac{\dot{k}_y}{Uk_y}$。为确保$\rho_{y\mathrm{e}}$有界，要限制$\rho_{y\mathrm{e}}^2y_{\mathrm{e}}^2<1$，即

$$\rho_{y\mathrm{e}}^2y_{\mathrm{e}}^2<1\Rightarrow\dot{k}_y<\left|\frac{k_y}{y_{\mathrm{e}}}\right|U\Rightarrow\dot{k}_y<U\tag{7.95}$$

其中，$\varphi=\dfrac{(1-\cos\tilde{\psi})(y_{\mathrm{e}}+\mathrm{sig}^{1/2}(y_{\mathrm{e}}))+\Delta\sin\tilde{\psi}}{\tilde{\psi}\sqrt{(y_{\mathrm{e}}+\mathrm{sig}^{1/2}(y_{\mathrm{e}}))^2+\Delta}}$。

此外，

$$-k_{xe0}x_{\mathrm{e}}x_{\cos}-x_{\cos}x_{\mathrm{e}}\frac{\dot{k}_x}{k_x}<0 \tag{7.96}$$

$$\frac{2k_x\dot{k}_x}{\pi}\tan\left(\frac{\pi x_{\mathrm{e}}^2}{2k_x^2}\right)=\frac{2\dot{k}_x}{k_x\pi}\frac{k_x^2}{\pi}\tan\left(\frac{\pi x_{\mathrm{e}}^2}{2k_x^2}\right)<2k_{xe0}\frac{k_x^2}{\pi}\tan\left(\frac{\pi x_{\mathrm{e}}^2}{2k_x^2}\right) \tag{7.97}$$

$$\frac{2k_y\dot{k}_y}{\pi}\tan\left(\frac{\pi y_{\mathrm{e}}^2}{2k_y^2}\right)=\frac{2\dot{k}_y}{k_y}\frac{k_y^2}{\pi}\tan\left(\frac{\pi y_{\mathrm{e}}^2}{2k_y^2}\right)=-\frac{2Uk_{ye0}}{\sqrt{\delta_Y^2+\Delta^2}}\frac{k_y^2}{\pi}\tan\left(\frac{\pi y_{\mathrm{e}}^2}{2k_y^2}\right) \tag{7.98}$$

将式(7.96) ~ (7.98) 代入式(7.92) 可得

$$\begin{aligned}\dot{V}_{\mathrm{g}}=&-(k_{xe}-2k_{xe0})\frac{k_x^2}{\pi}\tan\left(\frac{\pi x_{\mathrm{e}}^2}{2k_x^2}\right)-\frac{U}{\sqrt{\delta_Y^2+\Delta^2}}(k_{ye}+2k_{ye0})\frac{k_y^2}{\pi}\tan\left(\frac{\pi y_{\mathrm{e}}^2}{2k_y^2}\right)-\\&k_{xe1}\left(\frac{k_x^2}{\pi}\right)^{\frac{3}{4}}\tan^{\frac{3}{4}}\left(\frac{\pi x_{\mathrm{e}}^2}{2k_x^2}\right)-\frac{Uk_{ye1}}{\sqrt{\delta_Y^2+\Delta^2}}\left(\frac{k_y^2}{\pi}\right)^{\frac{3}{4}}\tan^{\frac{3}{4}}\left(\frac{\pi y_{\mathrm{e}}^2}{2k_y^2}\right)+y_{\cos}U\varphi(\psi_{\mathrm{e}}+\tilde{\beta})\end{aligned} \tag{7.99}$$

通过定理 7.3 可知，侧滑角观测误差在有限时间内等于零，即 $\tilde{\beta}\equiv 0,\forall t\geqslant T(y_{\mathrm{e0}})$。所以，对于任意的 $t\geqslant T(y_{\mathrm{e0}})$ 有

$$\begin{aligned}\dot{V}_{\mathrm{g}}=&-(k_{xe}-2k_{xe0})\frac{k_x^2}{\pi}\tan\left(\frac{\pi x_{\mathrm{e}}^2}{2k_x^2}\right)-\frac{U}{\sqrt{\delta_Y^2+\Delta^2}}(k_{ye}+2k_{ye0})\frac{k_y^2}{\pi}\tan\left(\frac{\pi y_{\mathrm{e}}^2}{2k_y^2}\right)-\\&k_{xe1}\left(\frac{k_x^2}{\pi}\right)^{\frac{3}{4}}\tan^{\frac{3}{4}}\left(\frac{\pi x_{\mathrm{e}}^2}{2k_x^2}\right)-\frac{Uk_{ye1}}{\sqrt{\delta_Y^2+\Delta^2}}\left(\frac{k_y^2}{\pi}\right)^{\frac{3}{4}}\tan^{\frac{3}{4}}\left(\frac{\pi y_{\mathrm{e}}^2}{2k_y^2}\right)+y_{\cos}U\varphi\psi_{\mathrm{e}}\end{aligned} \tag{7.100}$$

式(7.100) 之后将用于 7.3.4 节整个可控系统的稳定性分析。

7.3.2　有限时间路径跟踪鲁棒控制器设计

有限时间路径跟踪鲁棒控制子系统分为两部分：① 有限时间姿态跟踪控制器设计；② 有限时间速度跟踪控制器设计。在本小节，结合反步法和有限时间理论，设计有限时间姿态跟踪控制器 τ_{r} 和有限时间速度跟踪控制器 τ_{u}，用于跟踪期望的艏向角 ψ_{d} 和期望的速度 u_{d}，未知合成扰动 d_{r}、d_{u} 采用有限时间干扰观测器进行估计。

(1) 有限时间姿态跟踪控制器设计。

① 定义艏向角跟踪误差变量为

$$\psi_{\mathrm{e}}=\psi-\psi_{\mathrm{d}} \tag{7.101}$$

因此，$\dot{\psi}_{\mathrm{e}}=r-\dot{\psi}_{\mathrm{d}}$。

选取李雅普诺夫函数如下：

$$V_{\psi}=\frac{1}{2}\psi_{\mathrm{e}}^2 \tag{7.102}$$

对式(7.102) 进行求导，可得

$$\dot{V}_{\psi}=\psi_{\mathrm{e}}\dot{\psi}_{\mathrm{e}}=\psi_{\mathrm{e}}(r-\dot{\psi}_{\mathrm{d}}) \tag{7.103}$$

② 定义艏摇角速率误差变量为

$$r_e = r - \alpha_r \tag{7.104}$$

其中，α_r 是虚拟控制输入，可设计为 $\alpha_r = -k_\psi \psi_e - k_{\psi 1} S_\psi + \dot{\psi}_d - y_{\cos} U_r \varphi$。

$$S_\psi = \begin{cases} |\psi_e|^{\frac{1}{2}} \operatorname{sgn}(\psi_e), & |\psi_e| \geqslant \varepsilon_\psi \\ \dfrac{3}{2}\varepsilon_\psi^{-\frac{1}{2}}\psi_e - \dfrac{1}{2}\varepsilon_\psi^{-\frac{3}{2}}\psi_e^2, & \text{其他} \end{cases} \tag{7.105}$$

其中，k_ψ、$k_{\psi 1}$ 是控制设计参数，$k_\psi > 0$、$k_{\psi 1} > 0$。因此

$$\dot{V}_\psi = \psi_e (r_e + \alpha_r - \dot{\psi}_d) = \psi_e (r_e - k_\psi \psi_e - k_{\psi 1} S_\psi - y_{\cos} U_r \varphi_2) \tag{7.106}$$

对式(7.104) 求导并结合式(7.6) 可知

$$\dot{r}_e = \dot{r} - \dot{\alpha}_r = \frac{1}{m_{33}}(\tau_r + d_r) - \dot{\alpha}_r \tag{7.107}$$

选取李雅普诺夫函数如下：

$$V_r = V_\psi + \frac{1}{2} r_e^2 \tag{7.108}$$

对式(7.108) 进行求导可得

$$\begin{aligned} \dot{V}_r &= \dot{V}_\psi + r_e \dot{r}_e \\ &= \psi_e (r_e - k_\psi \psi_e - k_{\psi 1} S_\psi - y_{\cos} U_r \varphi_2) + r_e \left[\frac{1}{m_{33}}(\tau_r + d_r) - \dot{\alpha}_r \right] \end{aligned} \tag{7.109}$$

接下来设计有限时间干扰观测器估计合成干扰 $\hat{d}_r$，有限时间干扰观测器设计如下：

$$\begin{cases} \dot{\hat{r}} = \dfrac{1}{m_{33}}[\tau_r - b_1 \tilde{r} - b_2 \mid \tilde{r} \mid^{\gamma_2} \operatorname{sgn}(\tilde{r}) - \bar{d}_r \operatorname{sgn}(\tilde{r})] \\ \hat{d}_r = m_{33} \dot{\hat{r}} - \tau_r = -b_1 \tilde{u} - b_2 \mid \tilde{r} \mid^{\gamma_2} \operatorname{sgn}(\tilde{r}) - \bar{d}_r \operatorname{sgn}(\tilde{r}) \end{cases} \tag{7.110}$$

其中，$0 < \gamma_2 < 1$；$\tilde{r}$ 为估计误差，$\tilde{r} = \hat{r} - r$，其导数为

$$\dot{\tilde{r}} = \frac{1}{m_{33}}[-b_1 \tilde{r} - b_2 \mid \tilde{r} \mid^{\gamma_2} \operatorname{sgn}(\tilde{r}) - \bar{d}_r \operatorname{sgn}(\tilde{r}) - d_r] \tag{7.111}$$

接下来给出有限时间干扰观测器的定理如下。

定理 7.4　针对无人船动力学模型式(7.6)，考虑包含未建模动态和外界环境干扰的合成干扰 d_r，设计有限时间干扰观测器式(7.110)，干扰估计误差 $\tilde{d}_r$ 在有限时间内收敛到平衡点。

证明　构造李雅普诺夫函数如下：

$$V_{dr} = \frac{1}{2}\tilde{r}^2 \tag{7.112}$$

对式(7.112) 进行求导可得

$$\begin{aligned} \dot{V}_{dr} &= \tilde{r}\frac{1}{m_{33}}[-b_1 \tilde{r} - b_2 \mid \tilde{r} \mid^{\gamma_2} \operatorname{sgn}(\tilde{r}) - \bar{d}_r \operatorname{sgn}(\tilde{r}) - d_r] \\ &\leqslant -b_1 \frac{1}{m_{33}}\tilde{r}^2 - b_2 \frac{1}{m_{33}} \mid \tilde{r} \mid^{\gamma_2 + 1} \end{aligned}$$

$$\leqslant -2\frac{b_1}{m_{33}}V_{\mathrm{dr}} - 2^{\gamma_2+1}\frac{b_2}{m_{33}}V_{\mathrm{dr}}^{\gamma_2+1/2} \tag{7.113}$$

由引理 7.3 可知，辅助估计误差 $\tilde{r}$ 在有限时间内收敛到零，收敛时间为

$$T(\tilde{r}_0) \leqslant \frac{\ln\left(1+\dfrac{b_1}{b_2}V(\tilde{r}_0)^{1-(\gamma_2+1)/2}\right)}{k_1[1-(\gamma_2+1)/2]}$$

合成干扰 d_{r} 的估计误差为

$$\begin{aligned}\tilde{d}_{\mathrm{r}} &= \hat{d}_{\mathrm{r}} - d_{\mathrm{r}} = m_{33}\dot{\hat{r}} - \tau_{\mathrm{r}} - (m_{33}\dot{r} - \tau_{\mathrm{r}}) \\ &= m_{33}\dot{\hat{r}} - m_{33}\dot{r} = m_{11}\dot{\tilde{r}}\end{aligned} \tag{7.114}$$

由于上述证明了辅助估计误差 $\tilde{r}$ 在有限时间内收敛到零，所以干扰估计误差 $\tilde{d}_{\mathrm{r}}$ 在有限时间内收敛到零，即 $\tilde{d}_{\mathrm{r}}=0, \forall t \geqslant T(\tilde{r}_0)$。定理 7.4 得证。

为防止执行器饱和，设计如下有限时间饱和补偿器：

$$\dot{\zeta}_{\mathrm{r}} = -k_{\zeta\mathrm{r}1}\zeta_{\mathrm{r}} - k_{\zeta\mathrm{r}0}S_{\zeta\mathrm{r}} + \Delta\tau_{\mathrm{r}} \tag{7.115}$$

其中，ζ_{r} 是饱和补偿器的输出；$k_{\zeta\mathrm{r}1}>0, k_{\zeta\mathrm{r}0}>0, \Delta\tau_{\mathrm{r}}=\tau_{\mathrm{r}}-\tau_{\mathrm{rc}}$。$S_{\zeta\mathrm{r}}$ 设计为如下：

$$S_{\zeta\mathrm{r}} = \begin{cases} |\zeta_{\mathrm{r}}|^{\frac{1}{2}}\mathrm{sgn}(\zeta_{\mathrm{r}}), & |\zeta_{\mathrm{r}}| \geqslant \varepsilon_{\zeta\mathrm{r}} \\ \dfrac{3}{2}\varepsilon_{\zeta\mathrm{r}}^{-\frac{1}{2}}\zeta_{\mathrm{r}} - \dfrac{1}{2}\varepsilon_{\zeta\mathrm{r}}^{-\frac{3}{2}}\zeta_{\mathrm{r}}^2, & \text{其他} \end{cases} \tag{7.116}$$

基于上述干扰观测器和饱和补偿器，设计有限时间姿态跟踪控制器如下：

$$\tau_{\mathrm{rc}} = m_{33}(-k_{\mathrm{r}}r_{\mathrm{e}} + \dot{\alpha}_{\mathrm{r}} - \psi_{\mathrm{e}} - k_{\mathrm{r}1}S_{\mathrm{r}} + k_{\zeta\mathrm{r}}\zeta_{\mathrm{r}}) - \hat{d}_{\mathrm{r}} \tag{7.117}$$

其中，$k_{\zeta\mathrm{r}}$、k_{r}、$k_{\mathrm{r}1}$ 是控制设计参数，$k_{\zeta\mathrm{r}}>0$、$k_{\mathrm{r}}>0$、$k_{\mathrm{r}1}>0$。S_{r} 设计为如下：

$$S_{\mathrm{r}} = \begin{cases} |r_{\mathrm{e}}|^{\frac{1}{2}}\mathrm{sgn}(r_{\mathrm{e}}), & |r_{\mathrm{e}}| \geqslant \varepsilon_{\mathrm{r}} \\ \dfrac{3}{2}\varepsilon_{\mathrm{r}}^{-\frac{1}{2}}r_{\mathrm{e}} - \dfrac{1}{2}\varepsilon_{\mathrm{r}}^{-\frac{3}{2}}r_{\mathrm{e}}^2, & \text{其他} \end{cases} \tag{7.118}$$

基于上述有限时间干扰观测器和有限时间饱和补偿器，设计有限时间航向跟踪抗饱和鲁棒控制律如下：

$$\tau_{\mathrm{rc}} = m_{33}(-k_{\mathrm{r}}r_{\mathrm{e}} + \dot{\alpha}_{\mathrm{r}} - \psi_{\mathrm{e}} - k_{\mathrm{r}1}S_{\mathrm{r}} + k_{\zeta\mathrm{r}}\zeta_{\mathrm{r}}) - \hat{d}_{\mathrm{r}} \tag{7.119}$$

其中，$k_{\zeta\mathrm{r}}$、k_{r}、$k_{\mathrm{r}1}$ 是控制设计参数，$k_{\zeta\mathrm{r}}>0$、$k_{\mathrm{r}}>0$、$k_{\mathrm{r}1}>0$。S_{r} 设计为如下：

$$S_{\mathrm{r}} = \begin{cases} |r_{\mathrm{e}}|^{\frac{1}{2}}\mathrm{sgn}(r_{\mathrm{e}}), & |r_{\mathrm{e}}| \geqslant \varepsilon_{\mathrm{r}} \\ \dfrac{3}{2}\varepsilon_{\mathrm{r}}^{-\frac{1}{2}}r_{\mathrm{e}} - \dfrac{1}{2}\varepsilon_{\mathrm{r}}^{-\frac{3}{2}}r_{\mathrm{e}}^2, & \text{其他} \end{cases} \tag{7.120}$$

因为 $\alpha_{\mathrm{r}} = -k_{\psi}\psi_{\mathrm{e}} - k_{\psi1}S_{\psi} + \dot{\psi}_{\mathrm{d}} - y_{\cos}U\varphi_3$，所以 $\dot{\alpha}_{\mathrm{r}}$ 太过复杂，那么所设计的有限时间航向跟踪控制器也会很复杂，因此，设计有限时间非线性跟踪微分器用于获得虚拟控制输入 α_{r} 的微分项，避免控制律的计算复杂性。

有限时间非线性跟踪微分器设计如下：

$$\begin{cases}\dot{\hbar}_1=\hbar_2\\ \dot{\hbar}_2=-\ell_1^2\left[a_1[\hbar_1-\alpha_i]^{\chi_1}+a_2\left[\dfrac{\hbar_2}{\ell_1}\right]^{\chi_2}\right]\end{cases}\tag{7.121}$$

其中，ℓ_1、a_1、a_2 是正定常数；$[b]^{\chi}=\operatorname{sgn}(b)\ |b|^{\chi}$；$\hbar_1$、$\hbar_2$ 是有限时间非线性微分跟踪控制器的状态，分别表示 α_r 和 $\dot{\alpha}_r$ 的估计值。存在正定常数 $\hbar_1^*$、$\hbar_2^*$ 使得 $\|\hbar_1-\alpha_i\|\leqslant\hbar_1^*$、$\|\hbar_2-\dot{\alpha}_i\|\leqslant\hbar_2^*$。

选取李雅普诺夫函数如下：

$$V_{ra}=V_r+\frac{1}{2}\zeta_r^2\tag{7.122}$$

对式(7.122)进行求导可得

$$\begin{aligned}\dot{V}_{ra}&=-k_\psi\psi_e^2-k_{\psi1}\psi_e S_\psi-y_{\cos}U_r\varphi\psi_e+k_{\zeta r}r_e\zeta_r-k_r r_e^2-k_{r1}r_e S_r+\\&\quad r_e\frac{1}{m_{33}}(\Delta\tau_r-\tilde{d}_r)+\zeta_r(-k_{\zeta r1}\zeta_r-k_{\zeta r0}S_{\zeta r}+\Delta\tau_r)\\&=-k_\psi\psi_e^2-k_{\psi1}\psi_e S_\psi-y_{\cos}U_r\varphi\psi_e-k_r r_e^2+k_\zeta\zeta_r r_e-k_{r1}S_r r_e+\\&\quad\frac{1}{m_{33}}r_e\Delta\tau_r-\frac{1}{m_{33}}r_e\tilde{d}_r-k_{\zeta r1}\zeta_r^2-k_{\zeta r0}\zeta_r S_{\zeta r}+\zeta_r\Delta\tau_r\\&=-k_\psi\psi_e^2-k_{\psi1}\ |\psi_e|^{\frac{3}{2}}-y_{\cos}U_r\varphi\psi_e-k_r r_e^2+k_{\zeta r}r_e\zeta_r-k_{r1}\ |r_e|^{\frac{3}{2}}+\\&\quad\frac{1}{m_{33}}r_e\Delta\tau_r-\frac{1}{m_{33}}r_e\tilde{d}_r-k_{\zeta r1}\zeta_r^2-k_{\zeta r0}\ |\zeta_r|^{\frac{3}{2}}+\zeta_r\Delta\tau_r\end{aligned}\tag{7.123}$$

由定理 7.4 可知，对于 $\forall t\geqslant T(\tilde{r}_0)$，干扰估计误差 $\tilde{d}_r=0$。所以，对于任意的 $t\geqslant T(\tilde{r}_0)$ 有

$$\begin{aligned}\dot{V}_{ra}=&-k_\psi\psi_e^2-k_{\psi1}\ |\psi_e|^{\frac{3}{2}}-y_{\cos}U_r\varphi\psi_e-k_r r_e^2+k_{\zeta r}r_e\zeta_r-k_{r1}\ |r_e|^{\frac{3}{2}}+\\&\frac{1}{m_{33}}r_e\Delta\tau_r-k_{\zeta r1}\zeta_r^2-k_{\zeta r0}\ |\zeta_r|^{\frac{3}{2}}+\zeta_r\Delta\tau_r\end{aligned}\tag{7.124}$$

应用杨氏不等式可得

$$r_e\zeta_r\leqslant\frac{1}{2}r_e^2+\frac{1}{2}\zeta_r^2\tag{7.125}$$

$$r_e\Delta\tau_r\leqslant\frac{1}{2}r_e^2+\frac{1}{2}\Delta\tau_r^2\tag{7.126}$$

$$\zeta_r\Delta\tau_r\leqslant\frac{1}{2}\zeta_r^2+\frac{1}{2}\Delta\tau_r^2\tag{7.127}$$

将式(7.125)～(7.127)代入式(7.123)可得

$$\begin{aligned}\dot{V}_r\leqslant&-k_\psi\psi_e^2-k_{\psi1}\ |\psi_e|^{\frac{3}{2}}-y_{\cos}U_r\varphi\psi_e-k_r r_e^2+\frac{k_{\zeta r}}{2}r_e^2+\frac{k_{\zeta r}}{2}\zeta_r^2-k_{r1}\ |r_e|^{\frac{3}{2}}+\frac{1}{2m_{33}}r_e^2+\\&\frac{1}{2m_{33}}\Delta\tau_r^2-k_{\zeta r1}\zeta_r^2-k_{\zeta r0}\ |\zeta_r|^{\frac{3}{2}}+\frac{1}{2}\zeta_r^2+\frac{1}{2}\Delta\tau_r^2\\\leqslant&-k_\psi\psi_e^2-k_{\psi1}\ |\psi_e|^{\frac{3}{2}}-\left(k_r-\frac{k_{\zeta r}}{2}-\frac{1}{2m_{33}}\right)r_e^2-k_{r1}\ |r_e|^{\frac{3}{2}}-\left(k_{\zeta r1}-\frac{k_{\zeta r}}{2}-\frac{1}{2}\right)\zeta_r^2-\\&k_{\zeta r0}\ |\zeta_r|^{\frac{3}{2}}+\left(\frac{1}{2m_{33}}+\frac{1}{2}\right)\Delta\tau_r^2-y_{\cos}U\varphi\psi_e\end{aligned}\tag{7.128}$$

式(7.128)将用于 7.3.3 节整个可控系统的稳定性分析。

(2) 有限时间速度跟踪控制器设计。

定义速度跟踪误差为

$$u_e = u - u_d \tag{7.129}$$

其中，u_d 是期望的常数速度。

对式(7.129) 进行求导可得

$$\dot{u}_e = \dot{u} - \dot{u}_d = \frac{1}{m_{11}}(\tau_u + d_u) - \dot{u}_d \tag{7.130}$$

选取李雅普诺夫函数如下：

$$V_u = \frac{1}{2}u_e^2 \tag{7.131}$$

对式(7.108) 进行求导可得

$$\dot{V}_u = u_e \dot{u}_e = u_e\left[\frac{1}{m_{11}}(\tau_u + d_u) - \dot{u}_d\right] \tag{7.132}$$

接下来设计有限时间干扰观测器估计合成干扰 $\hat{d}_u$，有限时间干扰观测器设计如下：

$$\begin{cases} \dot{\hat{u}} = \dfrac{1}{m_{11}}[\tau_u - b_3\tilde{u} - b_4\ |\tilde{u}|^{\gamma_3}\mathrm{sgn}(\tilde{u}) - \bar{d}_u\mathrm{sgn}(\tilde{u})] \\ \hat{d}_u = m_{11}\ \dot{\hat{u}} - \tau_u = -b_3\tilde{u} - b_4\ |\tilde{u}|^{\gamma_3}\mathrm{sgn}(\tilde{u}) - \bar{d}_u\mathrm{sgn}(\tilde{u}) \end{cases} \tag{7.133}$$

其中，$0 < \gamma_3 < 1$；$\tilde{u} = \hat{u} - u$ 为估计误差，其导数为

$$\dot{\tilde{u}} = \dot{\hat{u}} - \dot{u} = \frac{1}{m_{11}}[-b_3\tilde{u} - b_4\ |\tilde{u}|^{\gamma_3}\mathrm{sgn}(\tilde{u}) - \bar{d}_u\mathrm{sgn}(\tilde{u}) - d_u] \tag{7.134}$$

接下来给出有限时间干扰观测器的定理如下。

定理 7.5 针对无人船动力学模型式(7.6)，考虑包含未建模动态和外界环境干扰的合成干扰 d_u，设计有限时间干扰观测器式(7.133)，干扰估计误差 $\tilde{d}_u$ 在有限时间内收敛到平衡点。

证明 构造李雅普诺夫函数如下：

$$V_{du} = \frac{1}{2}\tilde{u}^2 \tag{7.135}$$

对式(7.135) 进行求导，可得

$$\begin{aligned} \dot{V}_{du} &= \tilde{u}\ \frac{1}{m_{11}}[-b_3\tilde{u} - b_4\ |\tilde{u}|^{\gamma_3}\mathrm{sgn}(\tilde{u}) - \bar{d}_u\mathrm{sgn}(\tilde{u}) - d_u] \\ &\leqslant -b_3\ \frac{1}{m_{11}}\tilde{u}^2 - b_4\ \frac{1}{m_{11}}\ |\tilde{u}|^{\gamma_3+1} \\ &\leqslant -2\ \frac{b_3}{m_{11}}V_{du} - 2^{\gamma_3+1}\ \frac{b_4}{m_{11}}V_{du}^{\gamma_3+1/2} \end{aligned} \tag{7.136}$$

由有限时间定理可知，辅助估计误差 $\tilde{u}$ 在有限时间内收敛到零，收敛时间为

$$T(\tilde{u}_0) \leqslant \frac{\ln\left(1 + \dfrac{k_3}{k_4}V\ (\tilde{u}_0)^{1-(\gamma_3+1)/2}\right)}{k_3[1-(\gamma_3+1)/2]}$$

合成干扰 d_u 的估计误差为

$$\begin{aligned}\tilde{d}_u &= \hat{d}_u - d_u = m_{11}\dot{\hat{u}} - \tau_u - (m_{11}\dot{u} - \tau_u) \\ &= m_{11}\dot{\hat{u}} - m_{11}\dot{u} = m_{11}\dot{\tilde{u}}\end{aligned} \tag{7.137}$$

由于上述证明了辅助估计误差 $\tilde{u}$ 在有限时间内收敛到零，所以干扰估计误差 $\tilde{d}_u$ 在有限时间内收敛到零，即 $\tilde{d}_u = 0, \forall t \geqslant T(\tilde{u}_0)$。定理 7.5 得证。

为防止执行器饱和，设计如下有限时间饱和补偿器：

$$\dot{\zeta}_u = -k_{\zeta u1}\zeta_u - k_{\zeta u0}S_{\zeta u} + \Delta\tau_u \tag{7.138}$$

其中，ζ_u 是饱和补偿器的输出；$k_{\zeta u1} > 0, k_{\zeta u0} > 0, \Delta\tau_r = \tau_r - \tau_{rc}$。

$$S_{\zeta u} = \begin{cases} |\zeta_u|^{\frac{1}{2}}\mathrm{sgn}(\zeta_u), & |\zeta_u| \geqslant \varepsilon_{\zeta u} \\ \dfrac{3}{2}\varepsilon_{\zeta u}^{-\frac{1}{2}}\zeta_u - \dfrac{1}{2}\varepsilon_{\zeta u}^{-\frac{3}{2}}\zeta_u^2, & \text{其他} \end{cases} \tag{7.139}$$

基于上述干扰观测器和饱和补偿器，设计有限时间速度跟踪控制器如下：

$$\tau_{uc} = m_{11}(-k_u u_e - k_{u1}S_u + k_{\zeta u}\zeta_u + \dot{u}_d) - \hat{d}_u \tag{7.140}$$

其中，$k_{\zeta u}$、k_u、k_{u1} 是控制设计参数，$k_{\zeta u} > 0, k_u > 0, k_{u1} > 0$。$S_u$ 设计为如下：

$$S_u = \begin{cases} |u_e|^{\frac{1}{2}}\mathrm{sgn}(u_e), & |u_e| \geqslant \varepsilon_u \\ \dfrac{3}{2}\varepsilon_u^{-\frac{1}{2}}u_e - \dfrac{1}{2}\varepsilon_u^{-\frac{3}{2}}u_e^2, & \text{其他} \end{cases} \tag{7.141}$$

选取李雅普诺夫函数如下：

$$V_{ua} = V_u + \frac{1}{2}\zeta_u^2 \tag{7.142}$$

对式(7.142)进行求导并代入式(7.140)可得

$$\begin{aligned}\dot{V}_{ua} &= u_e\left\{\frac{1}{m_{11}}[m_{11}(-k_u u_e - k_{u1}S_u + k_{\zeta u}\zeta_u + \dot{u}_d) + \Delta\tau_u - \tilde{d}_u] - \dot{u}_d\right\} + \\ &\quad \zeta_u(-k_{\zeta u1}\zeta_u - k_{\zeta u0}S_{\zeta u} + \Delta\tau_u) \\ &= u_e(-k_u u_e - k_{u1}S_u + k_{\zeta u}\zeta_u) + \frac{u_e}{m_{11}}(\Delta\tau_u - \tilde{d}_u) + \zeta_u(-k_{\zeta u1}\zeta_u - k_{\zeta u0}S_{\zeta u} + \Delta\tau_u) \\ &= -k_u u_e^2 - k_{u1}u_e S_u + k_{\zeta u}u_e\zeta_u + \frac{u_e}{m_{11}}\Delta\tau_u - \frac{u_e}{m_{11}}\tilde{d}_u - k_{\zeta u1}\zeta_u^2 - k_{\zeta u0}S_{\zeta u}\zeta_u + \zeta_u\Delta\tau_u \\ &= -k_u u_e^2 - k_{u1}|u_e|^{\frac{3}{2}} + k_{\zeta u}u_e\zeta_u + \frac{u_e}{m_{11}}\Delta\tau_u - \frac{u_e}{m_{11}}\tilde{d}_u - k_{\zeta u1}\zeta_u^2 - k_{\zeta u0}|\zeta_u|^{\frac{3}{2}} + \zeta_u\Delta\tau_u\end{aligned} \tag{7.143}$$

由定理 7.5 可知，干扰估计误差 $\tilde{d}_u = 0$，对于 $\forall t \geqslant T(\tilde{u}_0)$。所以，对于任意的 $t \geqslant T(\tilde{u}_0)$ 有

$$\dot{V}_{ua} = -k_u u_e^2 - k_{u1}|u_e|^{\frac{3}{2}} + k_{\zeta u}u_e\zeta_u + \frac{u_e}{m_{11}}\Delta\tau_u - k_{\zeta u1}\zeta_u^2 - k_{\zeta u0}|\zeta_u|^{\frac{3}{2}} + \zeta_u\Delta\tau_u \tag{7.144}$$

应用杨氏不等式可得

$$u_e \zeta_u \leqslant \frac{1}{2}u_e^2 + \frac{1}{2}\zeta_u^2 \tag{7.145}$$

$$u_e \Delta\tau_u \leqslant \frac{1}{2}u_e^2 + \frac{1}{2}\Delta\tau_u^2 \tag{7.146}$$

$$\zeta_u \Delta\tau_u \leqslant \frac{1}{2}\zeta_u^2 + \frac{1}{2}\Delta\tau_u^2 \tag{7.147}$$

将式(7.145) ~ (7.147) 代入式(7.143) 可得

$$\begin{aligned}\dot{V}_{ua} \leqslant & -k_u u_e^2 - k_{u1} \mid u_e \mid^{\frac{3}{2}} + \frac{k_{\zeta u}}{2}\zeta_u^2 + \frac{k_{\zeta u}}{2}u_e^2 + \frac{1}{2m_{11}}u_e^2 + \frac{1}{2m_{11}}\Delta\tau_u^2 - k_{\zeta u1}\zeta_u^2 - \\ & k_{\zeta u0} \mid \zeta_u \mid^{\frac{3}{2}} + \frac{1}{2}\zeta_u^2 + \frac{1}{2}\Delta\tau_u^2 \\ \leqslant & -\left(k_u - \frac{k_{\zeta u}}{2} - \frac{1}{2m_{11}}\right)u_e^2 - k_{u1} \mid u_e \mid^{\frac{3}{2}} - \left(k_{\zeta u1} - \frac{k_{\zeta u}}{2} - \frac{1}{2}\right)\zeta_u^2 - k_{\zeta u0} \mid \zeta_u \mid^{\frac{3}{2}} + \\ & \left(\frac{1}{2m_{11}} + \frac{1}{2}\right)\Delta\tau_u^2\end{aligned} \tag{7.148}$$

式(7.148) 之后将用于 7.3.3 节整个闭环系统的稳定性分析。

7.3.3 系统稳定性分析

对于无人船模型式(7.6)，由设计的有限时间 LOS 导引律式(7.85)、有限时间航向跟踪控制器式(7.117) 和有限时间速度跟踪控制器式(7.140)，给出如下定理。

定理 7.6 针对无人船模型式(7.6)，存在外界干扰、未建模动态、时变侧滑、执行器输入饱和及误差受限的情况，在满足假设 7.3 的条件下，采用设计的有限时间侧滑观测器式(7.74)、期望路径参数更新律式(7.84)、有限时间 LOS 导引律式(7.85)、有限时间航向跟踪控制器式(7.117)、有限时间速度跟踪控制器式(7.140)、有限时间干扰观测器式(7.110) 和式(7.133)，选取合适的控制参数 μ_1、μ_2、γ_1、Δ、k_{xe}、k_{xe1}、k_{ye}、k_{ye1}、k_ψ、$k_{\psi1}$、b_1、b_2、γ_2、$k_{\zeta r1}$、$k_{\zeta r0}$、$k_{\zeta r}$、k_r、k_{r1}、b_3、b_4、$k_{\zeta u1}$、$k_{\zeta u0}$、$k_{\zeta u}$、k_u、k_{u1}，并且控制器参数满足 $k_r > \frac{k_{\zeta r}}{2} + \frac{1}{2m_{33}}$、$k_{\zeta r1} > \frac{k_{\zeta r}}{2} + \frac{1}{2}$、$k_u > \frac{k_{\zeta u}}{2} + \frac{1}{2m_{11}}$、$k_{\zeta u1} > \frac{k_{\zeta u}}{2} + \frac{1}{2}$，无人船路径跟踪误差能够在有限时间内收敛到零邻域内，并且位置误差满足 $\mid x_e \mid < k_x(t)$、$\mid y_e \mid < k_y(t)$，闭环系统的所有状态均为一致最终有界。

证明 考虑整个系统，设计李雅普诺夫函数如下所示：

$$\begin{aligned}V &= V_g + V_{ra} + V_{ua} \\ &= \frac{k_x^2}{\pi}\tan\left(\frac{\pi x_e^2}{2k_x^2}\right) + \frac{k_y^2}{\pi}\tan\left(\frac{\pi y_e^2}{2k_y^2}\right) + \frac{1}{2}\psi_e^2 + \frac{1}{2}r_e^2 + \frac{1}{2}\zeta_r^2 + \frac{1}{2}u_e^2 + \frac{1}{2}\zeta_u^2\end{aligned} \tag{7.149}$$

对式(7.149) 求导，可得

$$\begin{aligned}\dot{V} &= \dot{V}_g + \dot{V}_{ra} + \dot{V}_{ua} \\ &\leqslant -(k_{xe} - 2k_{xe0})\frac{k_x^2}{\pi}\tan\left(\frac{\pi x_e^2}{2k_x^2}\right) - \frac{U}{\sqrt{\delta_Y^2 + \Delta^2}}(k_{ye} + 2k_{ye0})\frac{k_y^2}{\pi}\tan\left(\frac{\pi y_e^2}{2k_y^2}\right) -\end{aligned}$$

$$k_{xe1}\left(\frac{k_x^2}{\pi}\right)^{\frac{3}{4}}\tan^{\frac{3}{4}}\left(\frac{\pi x_e^2}{2k_x^2}\right)-\frac{Uk_{ye1}}{\sqrt{\delta_Y^2+\Delta^2}}\left(\frac{k_y^2}{\pi}\right)^{\frac{3}{4}}\tan^{\frac{3}{4}}\left(\frac{\pi y_e^2}{2k_y^2}\right)-k_\psi\psi_e^2-2^{\frac{3}{4}}k_{\psi1}\left|\frac{1}{2}\psi_e^2\right|^{\frac{3}{4}}-$$

$$\left(k_r-\frac{k_{\zeta r}}{2}-\frac{1}{2m_{33}}\right)r_e^2-2^{\frac{3}{4}}k_{r1}\left|\frac{1}{2}r_e^2\right|^{\frac{3}{4}}-\left(k_{\zeta r1}-\frac{k_{\zeta r}}{2}-\frac{1}{2}\right)\zeta_r^2-2^{\frac{3}{4}}k_{\zeta r0}\left|\frac{1}{2}\zeta_r^2\right|^{\frac{3}{4}}+$$

$$\left(\frac{1}{2m_{33}}+\frac{1}{2}\right)\Delta\tau_r^2-\left(k_u-\frac{k_{\zeta u}}{2}-\frac{1}{2m_{11}}\right)u_e^2-2^{\frac{3}{4}}k_{u1}\left|\frac{1}{2}u_e^2\right|^{\frac{3}{4}}-\left(k_{\zeta u1}-\frac{k_{\zeta u}}{2}-\frac{1}{2}\right)\zeta_u^2-$$

$$2^{\frac{3}{4}}k_{\zeta u0}\left|\frac{1}{2}\zeta_u^2\right|^{\frac{3}{4}}+\left(\frac{1}{2m_{11}}+\frac{1}{2}\right)\Delta\tau_u^2\leqslant -k_vV-k_{v0}V^{\frac{3}{4}}+C \tag{7.150}$$

其中，

$$k_v=\min\left\{(k_{xe}-2k_{xe0}),\frac{U}{\sqrt{\delta_Y^2+\Delta^2}}(k_{ye}+2k_{ye0}),2k_\psi,2\left(k_r-\frac{k_{\zeta r}}{2}-\frac{1}{2m_{33}}\right),\right.$$
$$\left.2\left(k_{\zeta r1}-\frac{k_{\zeta r}}{2}-\frac{1}{2}\right),2\left(k_u-\frac{k_{\zeta u}}{2}-\frac{1}{2m_{11}}\right),2\left(k_{\zeta u1}-\frac{k_{\zeta u}}{2}-\frac{1}{2}\right)\right\},$$

$$k_{v0}=\min\left\{k_{xe1},\frac{Uk_{ye1}}{\sqrt{\delta_Y^2+\Delta^2}},2^{\frac{3}{4}}k_{\psi1},2^{\frac{3}{4}}k_{r1},2^{\frac{3}{4}}k_{\zeta r0},2^{\frac{3}{4}}k_{u1},2^{\frac{3}{4}}k_{\zeta u0}\right\},$$

$$C=\left(\frac{1}{2m_{33}}+\frac{1}{2}\right)\Delta\tau_r^2+\left(\frac{1}{2m_{11}}+\frac{1}{2}\right)\Delta\tau_u^2。$$

(1) 根据式(7.150) 可得 $\dot V\leqslant -k_vV+C$,因此有

$$0\leqslant V\leqslant\left(V(0)-\frac{C}{k_v}\right)e^{-k_vt}+\frac{C}{k_v} \tag{7.151}$$

显然,障碍李雅普诺夫函数V是有界的。因此,可以直观地得到$\tilde\varphi$、ψ_e、r_e、u_e、$\tilde d_r$、$\tilde d_u$是一致最终有界的。此外有

$$\frac{k_x^2}{\pi}\tan\left(\frac{\pi x_e^2}{2k_x^2}\right)\leqslant V\leqslant\left(V(0)-\frac{C}{k_v}\right)e^{-k_vt}+\frac{C}{k_v} \tag{7.152}$$

$$\frac{k_y^2}{\pi}\tan\left(\frac{\pi y_e^2}{2k_y^2}\right)\leqslant V\leqslant\left(V(0)-\frac{C}{k_v}\right)e^{-k_vt}+\frac{C}{k_v} \tag{7.153}$$

求解式(7.152) 和式(7.153),可得

$$x_e^2\leqslant\frac{2k_x^2}{\pi}\arctan\left(\frac{\pi}{k_x^2}V\right)<\frac{2k_x^2}{\pi}\,\frac{\pi}{2}=k_x^2 \tag{7.154}$$

$$y_e^2\leqslant\frac{2k_y^2}{\pi}\arctan\left(\frac{\pi}{k_y^2}V\right)<\frac{2k_y^2}{\pi}\,\frac{\pi}{2}=k_y^2 \tag{7.155}$$

所以,这意味着船舶位置误差在受限范围内,即 $|x_e|\leqslant k_x$、$|y_e|\leqslant k_y$ 成立。

(2) 分析式(7.150) 的收敛性。

当 $V\geqslant\dfrac{C}{\rho k_v}$ 时,有 $C\leqslant\rho k_vV$,其中 $0<\rho<1$,所以,由式(7.150) 可知

$$\dot V\leqslant -k_vV-k_{v0}V^{\frac{3}{4}}+C\leqslant -(1-\rho)k_vV-k_{v0}V^{\frac{3}{4}} \tag{7.156}$$

由引理 7.2 可以推断出V可以在有限时间内收敛到区域$\left\{\Omega_V:\Omega_V\leqslant\dfrac{C}{\rho k_v}\right\}$,收敛时间为 $T_0=\dfrac{4}{(1-\rho)k_v}\ln\dfrac{(1-\rho)k_vV^{\frac{1}{4}}|_{t=0}+k_{v0}}{k_{v0}}$。因此,在 T_0 之后有

$$\frac{k_x^2}{\pi}\tan\left(\frac{\pi x_e^2}{2k_x^2}\right) \leqslant V \leqslant \frac{C}{k_v} \tag{7.157}$$

$$\frac{k_y^2}{\pi}\tan\left(\frac{\pi y_e^2}{2k_y^2}\right) \leqslant V \leqslant \frac{C}{k_v} \tag{7.158}$$

这就意味着路径跟踪误差在 T_0 时间内收敛到 $|x_e| < \sqrt{\arctan\left(\frac{C\pi}{\rho k_v k_x^2}\right)\frac{2k_x^2}{\pi}}$，$|y_e| < \sqrt{\arctan\left(\frac{C\pi}{\rho k_v k_y^2}\right)\frac{2k_y^2}{\pi}}$。同理可知，跟踪误差 ψ_e、r_e、u_e 和抗饱和补偿器的状态 ζ_r、ζ_u 在 T_0 时间内收敛到零邻域内。由定理 7.4 和定理 7.5 可知干扰观测误差 $\tilde{d}_u$、$\tilde{d}_r$ 分别在 $T(\tilde{u}_0)$、$T(\tilde{r}_0)$ 时间内收敛到零。

由于位置跟踪误差 x_e、y_e 是有界的，所以船舶位置 $P=(x,y)$ 是有界的。另外，船舶跟踪误差 ψ_e、r_e、u_e 是有界的，而船舶期望的状态 ψ_d、α_r、u_d 也是有界的，所以可推断出船舶的状态 ψ、r、u 是有界的。由式(7.151) 可知，干扰观测误差 $\tilde{d}_r$、$\tilde{d}_u$，抗饱和补偿器的状态 ζ_r、ζ_u，侧滑角估计误差 $\tilde{\beta}$ 也是有界的。对于横向速度 v 的有界性证明过程同 6.3 节，在此不再赘述。因此闭环系统的所有状态是一致最终有界的。

定理 7.6 得证。

7.3.4 仿真验证

通过以上分析论证，证明了基于有限时间 LOS 导引律和有限时间控制器的无人船路径跟踪控制系统的一致最终有界性，为验证本小节提出的有限时间控制算法的鲁棒性，本节仿真同上节所提出的渐进收敛的鲁棒控制方法做对比。

仿真中的无人船模型参数、期望路径、期望速度、船舶的初始状态、外界环境干扰、误差受限要求、执行器饱和限制都与上节相同，有限时间侧滑观测器和有限时间干扰观测器的初始状态也与上节相同，其余状态初值均为零。

控制系统的设计参数选取为 $\mu_1=1$，$\mu_2=1$，$\gamma_1=1$，$\Delta=20$，$k_{xe}=0.1$，$k_{xe1}=2$，$k_{ye}=80$，$k_{ye1}=1$，$k_\psi=9.5$，$k_{\psi1}=0.7$，$b_1=2$，$b_2=1$，$\gamma_2=0.6$，$\gamma_3=0.6$，$k_{\zeta r1}=0.1$，$k_{\zeta r0}=0.01$，$k_{\zeta r}=0.01$，$k_r=0.07$，$k_{r1}=0.000\,1$，$b_3=2$，$b_4=1$，$k_{\zeta u1}=0.1$，$k_{\zeta u0}=0.01$，$k_{\zeta u}=0.01$，$k_u=5$，$k_{u1}=0.015$。

无人船存在未建模动态、外界环境干扰、执行器饱和、位置误差受限的情况下，通过本节所设计的基于有限时间 LOS(FT-LOS) 导引的有限时间鲁棒控制器和 7.3 节所设计的基于 ECS-LOS 导引方法的渐进收敛的鲁棒控制器，无人船的路径跟踪控制曲线对比图如图 7.9 ~ 7.15 所示。图 7.9 为无人船的期望路径和实际路径跟踪曲线图，从图中可以看出无人船在 FT-LOS 导引作用下能从初始位置快速跟踪上所设定的期望路径曲线，比 7.3 节所采用的基于 ECS-LOS 导引方法的控制策略收敛更快。图 7.10 为无人船的纵向速度、横向速度和艏向角速度的响应曲线图，如图所示，FT-LOS 导引控制策略下的船舶速度响应曲线收敛时间更短，由纵向速度的局部图可以看出，在有限时间 FT-LOS 导引律作用下，船舶在 7 s 左右可以跟踪上期望速度，而在 ECS-LOS 导引律作用下，船舶速度在

17 s左右跟踪上期望速度，由此表明，FT-LOS导引律收敛速度更快。图7.11为无人船的纵向跟踪误差和横向跟踪误差曲线图，如图所示，纵向跟踪误差和横向跟踪误差在两种算法下都能很快收敛到零附近，并且都不会超出误差限制范围，但是 FT-LOS 导引律比 ECS-LOS 导引律收敛速度更快。图 7.12 为无人船的艏向角跟踪误差 ψ_e、纵向速度跟踪误差 u_e、艏向角速度误差 r_e 曲线图，从图中可以看出，在 FT-LOS 导引律作用下的三个误差比 ECS-LOS 导引律作用下收敛更快。图 7.13 为无人船侧滑角的理论值和估计值曲线图，从图中可以看出，在 ECS-LOS 导引律作用下，侧滑角估计值在 20 s 左右收敛到理论值，而在FT-LOS导引律作用下，采用有限时间侧滑观测器，侧滑角估计值能在9 s收敛到理论值，明显比 ECS-LOS 导引律作用下的收敛时间更短。图 7.14 为有限时间非线性干扰观测器(FTDO) 和非线性干扰观测器(NDO) 的估计误差曲线图，由两个局部图可知，在 NDO 作用下，纵向方向的总扰动估计误差 $\tilde{d}_u$ 在 16 s左右收敛到零附近，艏向方向的总扰动估计误差 $\tilde{d}_r$ 可以在 6 s 左右收敛到零附近；在 FTDO 作用下，纵向方向的总扰动估计误差 $\tilde{d}_u$ 可以在 7 s左右收敛到零附近，艏向方向的总扰动估计误差 $\tilde{d}_r$ 可以在 2 s 左右收敛到零附近，均比 NDO 的总扰动估计误差收敛时间短。这说明，FTDO 总扰动的估计值能快速跟踪上相应的真实值。图 7.15 为无人船在输入约束下纵荡方向的推力(纵向推力)以及艏摇方向上的力矩(转艏力矩) 曲线图，由图可以看出，在所提出的有限时间饱和补偿器的作用下，无人船的推力和力矩均在执行器输入饱和限制值的范围内，并且纵向推力的平衡点维持在 1 N 左右，比 7.2 节采用的饱和补偿器的纵向推力的平衡点更小。

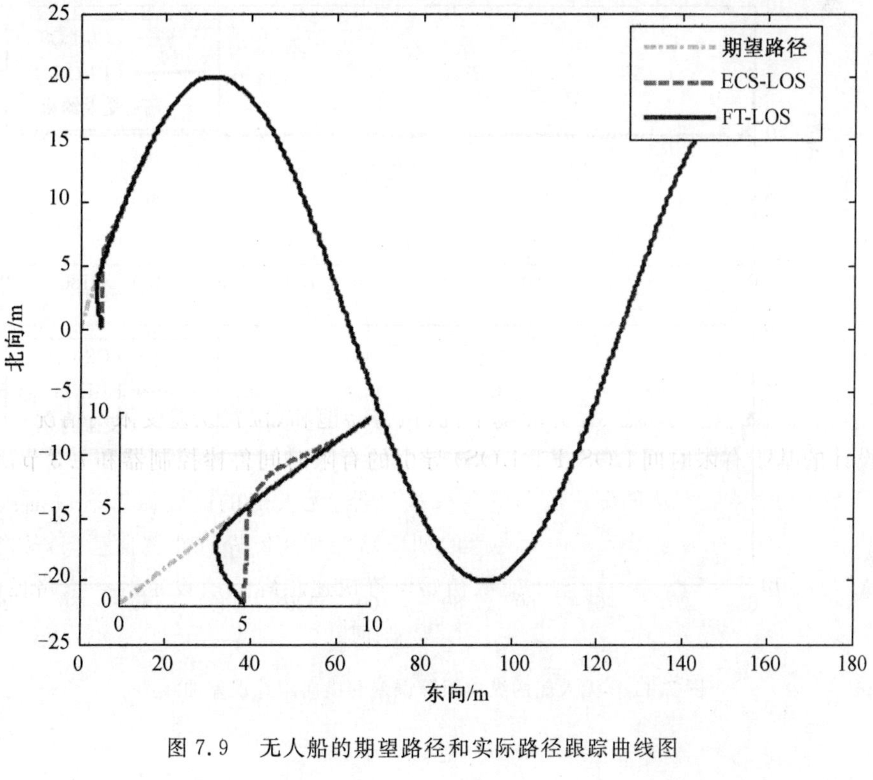

图 7.9　无人船的期望路径和实际路径跟踪曲线图

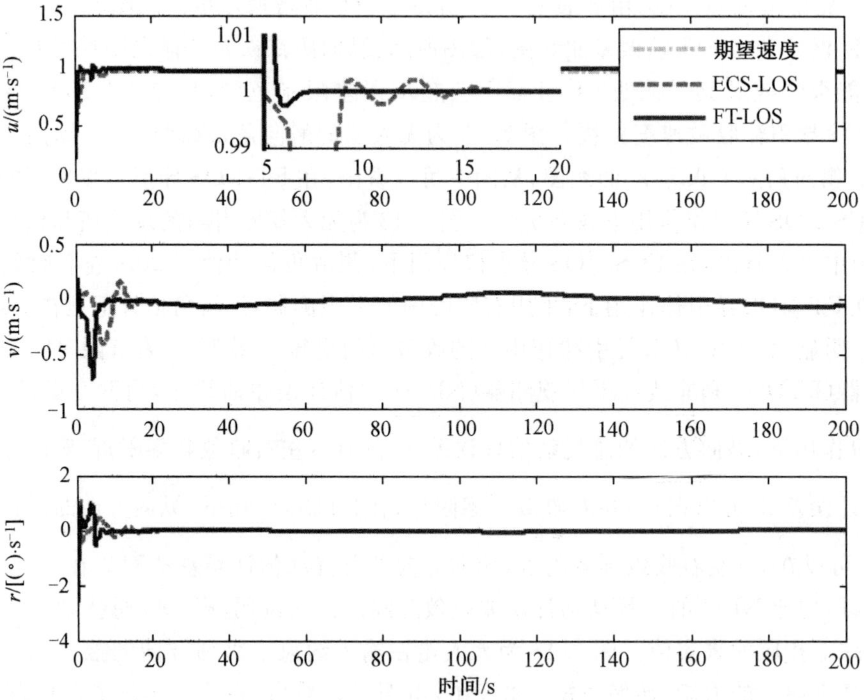

图 7.10　无人船的纵向速度、横向速度和艏向角速度的响应曲线图

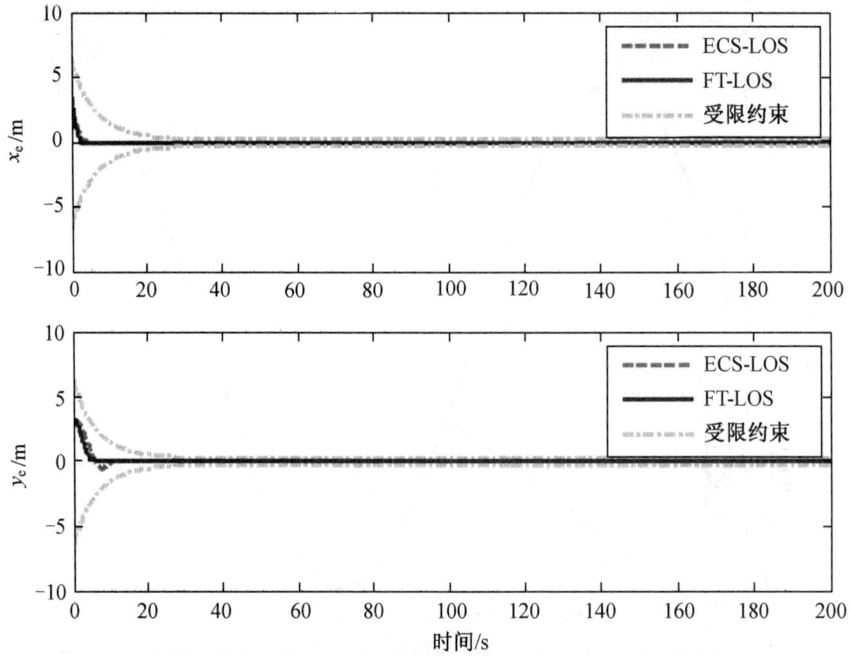

图 7.11　无人船的纵向跟踪误差和横向跟踪误差曲线图

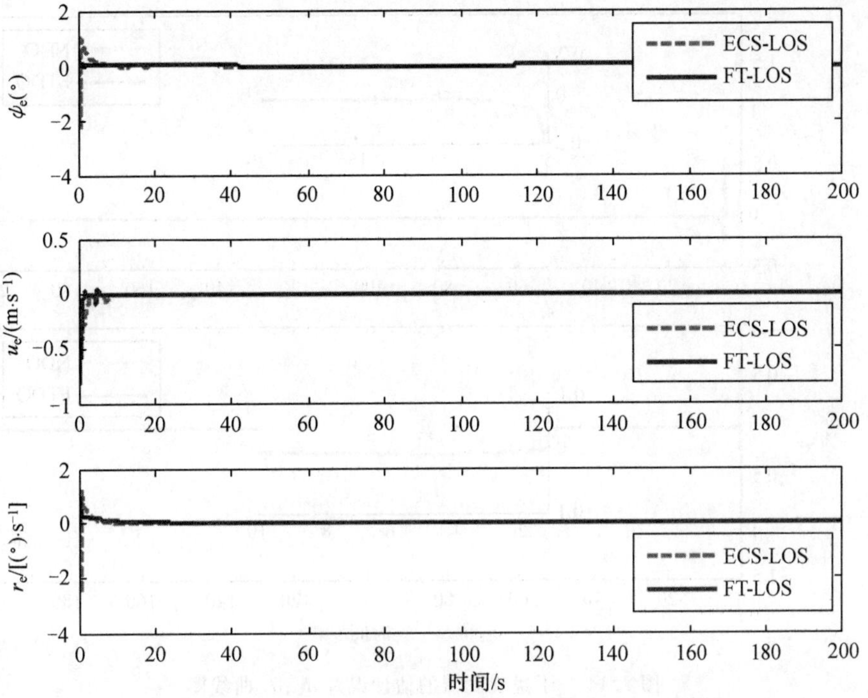

图 7.12　无人船的路径跟踪误差曲线图

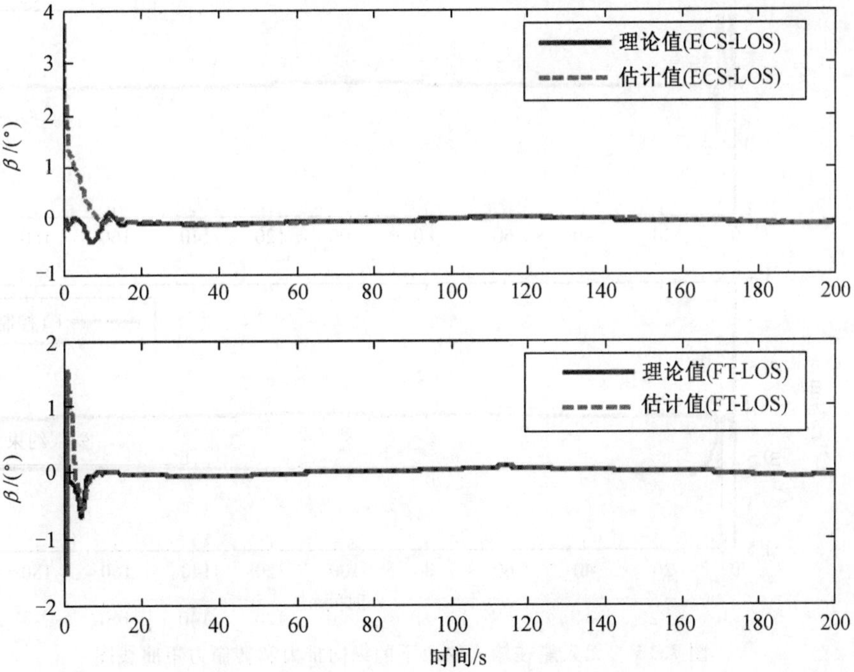

图 7.13　无人船侧滑角的理论值和估计值曲线图

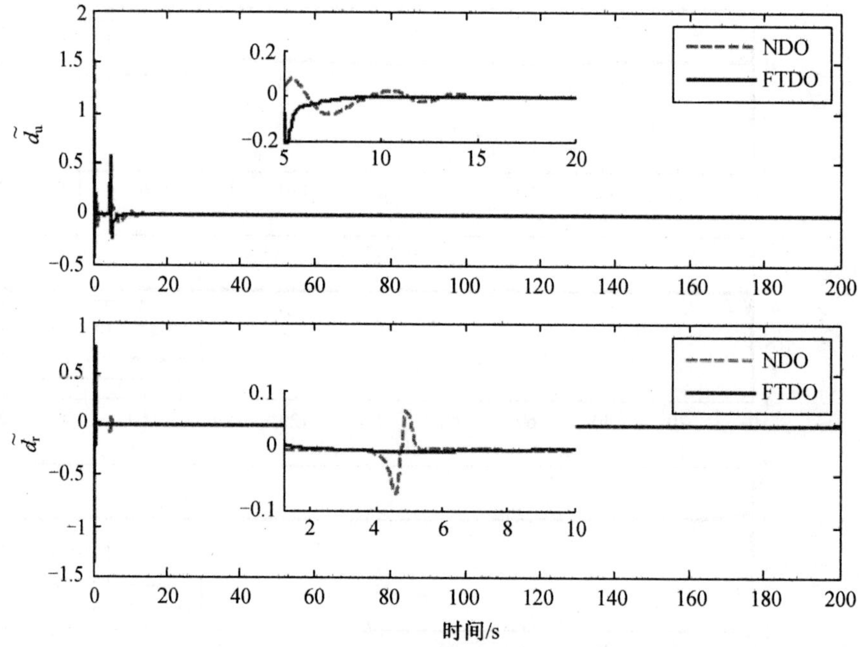

图 7.14　干扰观测器的估计误差 $\tilde{d}_u$、$\tilde{d}_r$ 曲线图

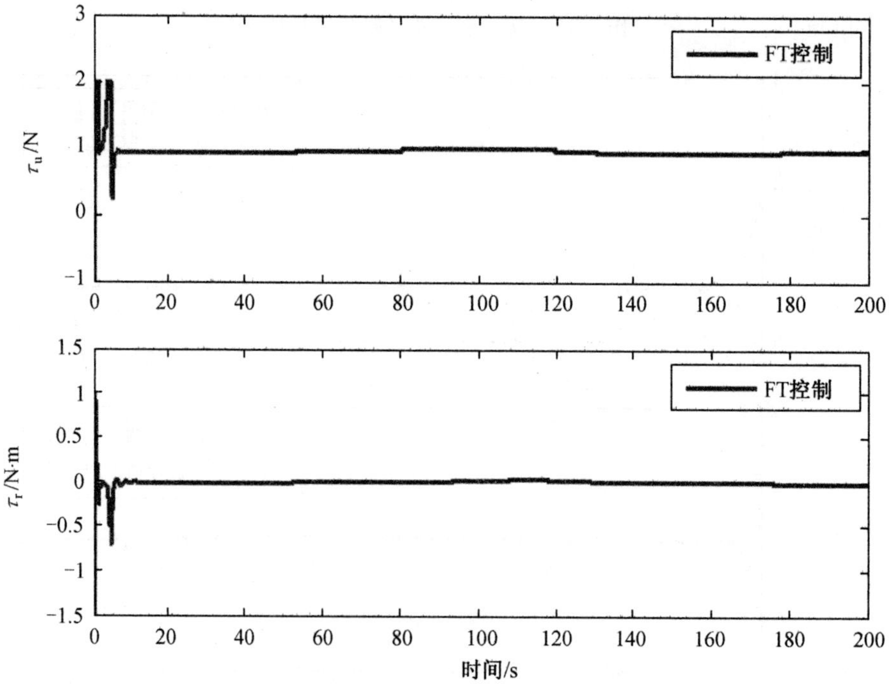

图 7.15　无人船在输入约束下的纵向推力和转艏力矩曲线图

由以上仿真结果及分析可知，无人船在未建模动态、外界环境干扰、误差受限、执行器饱和的情况下，通过本节所设计的基于有限时间 LOS(FT-LOS) 导引律、有限时间侧滑观测器、有限时间干扰观测器、有限时间饱和补偿器的有限时间鲁棒控制方法，无人船能够在有限时间内以期望的速度跟踪上期望的路径，跟踪误差不会违反约束限制，执行器不超过饱和范围，并且跟踪误差能够在有限时间内收敛到零附近。

7.4　本章小结

本章研究了无人船在未建模动态、未知环境干扰、位置误差受限约束、执行器饱和情况下的路径跟踪控制问题。考虑位置误差约束，应用时变障碍李雅普诺夫函数设计了 ECS-LOS 导引律，用于获得误差约束下船舶的期望艏向角和路径参数更新律，设计侧滑观测器用于估计时变的侧滑角，基于 ECS-LOS 导引律设计无人船路径跟踪鲁棒控制器，通过李雅普诺夫稳定性理论证明了路径跟踪误差都能达到一致最终有界，并且都收敛到零附近。与无输入输出约束下鲁棒控制器做了对比，仿真验证了所提出的基于 ECS-LOS 导引律的鲁棒跟踪控制器的有效性。虽然所提出的路径跟踪鲁棒控制器具有抗干扰能力，但是跟踪误差是渐进收敛到平衡点的，并且未建模动态和外界环境干扰的存在会对控制性能造成一定的影响。因此，为进一步提高无人船在输入输出约束下的路径跟踪的收敛速度和抗干扰性能，提出基于有限时间 LOS 导引律的有限时间鲁棒控制器。首先，应用正切类障碍李雅普诺夫函数设计有限时间 LOS 导引律，获得期望的艏向角和路径参数更新律，设计有限时间侧滑观测器，并证明了其有限时间的收敛性；设计了有限时间干扰观测器，用于估计包含环境干扰和未建模动态的总扰动；针对执行器饱和约束，设计了有限时间饱和补偿器，使执行器能够在有限时间内提供所需的纵向推力和转艏力矩；最后与渐进收敛的鲁棒控制器做了对比分析，验证了所提有限时间鲁棒控制策略的有效性。仿真结果表明基于 ECS-LOS 导引律的有限时间跟踪鲁棒控制器比渐进跟踪鲁棒控制器具有更快的收敛速度、更高的跟踪精度以及更强的抗干扰能力。

第 8 章　无人船路径跟踪输出反馈控制

本章要点：本章考虑模型不确定、未知外界环境干扰、速度测量值不可测、执行器饱和的情况，仅根据船舶的位置测量值信息，研究了无人船路径跟踪输出反馈控制问题，设计了基于速度观测值的 LOS 导引律和基于速度观测值的鲁棒输出反馈控制器，在控制器中增加饱和补偿器避免执行器发生饱和现象，提出了有限时间扩张状态观测器，能够同时观测出系统的状态信息以及包含模型不确定和外界环境干扰的总扰动；基于有限时间扩张状态观测器的输出，设计了基于速度观测值的有限时间 LOS 导引律和基于速度观测值的有限时间输出反馈控制器；最后，仿真实验验证了所提出的无人船路径跟踪输出反馈控制方法的有效性。

8.1　预备知识

8.1.1　扩张状态观测器的概念

1998 年，中国科学院系统科学研究所的韩京清提出自抗扰控制技术，其核心思想是把作用在被控对象上的所有不确定因素（包括内部扰动和外界干扰）都归结为"未知扰动"，然后通过被控对象的输入输出变量对未知扰动进行估计并补偿，突破了"绝对不变性原理"（想要克服扰动的影响就要测量受到的扰动）和"内模原理"（想要克服扰动的影响就要知道扰动的模型）的局限性。

扩张状态观测器（ESO）是自抗扰控制技术的核心内容，其主要思想是将系统的未知扰动看成系统的扩张状态进行观测，优点是不依赖于精确的系统模型，也不需要测量外部扰动，通过被控对象的输入输出信号实时估计并消除扰动的影响，其结构图如图 8.1 所示。

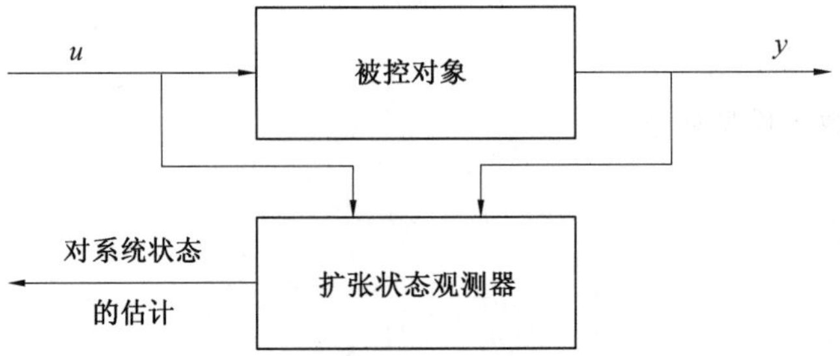

图 8.1　扩张状态观测器结构图

8.1.2　齐次度

目前判断一个系统是否为有限时间收敛的，主要依据有限时间李雅普诺夫稳定性判据和齐次理论。有限时间李雅普诺夫函数稳定性判据的概念已经在 7.2 节给出，现给出齐次度的概念和本章所用到的一些引理。

定义 8.1　齐次度。令 $\boldsymbol{f}(x):\mathbf{R}^n \to \mathbf{R}^n$ 为一向量函数。若对任意的 $\lambda > 0$，存在 $(r_1, r_2, \cdots, r_n) \in \mathbf{R}^n$，其中 $r_i > 0(i=1,2,\cdots,n)$，使得 $\boldsymbol{f}(x)$ 满足 $f(\lambda^{r_1}x_1, \lambda^{r_2}x_2, \cdots, \lambda^{r_n}x_n) = \lambda^{k+r_i}f(x)$，其中 $k > -\min\{r_i\}$。则称 $f(x)$ 关于 $(r_1, r_2, \cdots, r_n)$ 具有齐次度 k。

令 $V(x):\mathbf{R}^n \to \mathbf{R}$ 为一连续标量函数。若对任意的 $\lambda > 0$，存在 $(r_1, r_2, \cdots, r_n) \in \mathbf{R}^n$，其中 $r > 0(i=1,2,\cdots,n)$，$\sigma > 0$，使得 $\boldsymbol{f}(x)$ 满足 $V(\lambda^{r_1}x_1, \lambda^{r_2}x_2, \cdots, \lambda^{r_n}x_n) = \lambda^{\sigma}V(x)$。则称 $V(x)$ 关于 $(r_1, r_2, \cdots, r_n)$ 具有齐次度 σ。

引理 8.1　对于任意的 x、$y \in \mathbf{R}$，如果 $c > 0$、$d > 0$、$\gamma > 0$，则有下列不等式成立：

$$|x|^c\,|y|^d \leqslant c\gamma\,|x|^{c+d}/(c+d) + d\,|y|^{c+d}/[\gamma^{c/d}(c+d)]$$

引理 8.2　对于任意的 $x_i \in \mathbf{R}(i=1,2,\cdots,n)$，以及实数 $0 < p \leqslant 1$，有下列不等式成立：

$$\left(\sum_{i=1}^{n}|x_i|\right)^p \leqslant \sum_{i=1}^{n}|x_i|^p \leqslant n^{1-p}\left(\sum_{i=1}^{n}|x_i|\right)^p$$

引理 8.3　对于任意的 $x_i \in \mathbf{R}(i=1,2,\cdots,n)$，以及实数 $p > 1$，则有下列不等式成立：

$$\sum_{i=1}^{n}|x_i|^p \leqslant \left(\sum_{i=1}^{n}|x_i|\right)^p \leqslant n^{p-1}\sum_{i=1}^{n}|x_i|^p$$

8.2　基于扩张观测器的 USV 路径跟踪输出反馈控制

本节考虑无人船存在速度测量值不可用、未建模动态、未知环境干扰和执行器饱和的情况，进行路径跟踪输出反馈控制。首先设计扩张状态观测器，仅根据船舶的位置测量值信息观测速度值和包含未建模动态以及未知环境干扰的合成干扰，然后设计基于速度观测值的 LOS 导引律；其次，设计基于扩张状态观测器的控制律，实现无人船的路径跟踪控制；最后，采用李雅普诺夫稳定性理论证明系统误差信号的一致最终有界性。

8.2.1　扩张观测器设计

无人船的数学模型如下：

$$\begin{cases}\dot{\boldsymbol{\eta}} = \boldsymbol{R}(\psi)\boldsymbol{\upsilon} \\ \boldsymbol{M}\dot{\boldsymbol{\upsilon}} + \boldsymbol{C}(\boldsymbol{\upsilon})\boldsymbol{\upsilon} + \boldsymbol{D}(\boldsymbol{\upsilon})\boldsymbol{\upsilon} = \boldsymbol{\tau} + \boldsymbol{\tau}_{\mathrm{w}}\end{cases} \tag{8.1}$$

式(8.1) 可表示为如下形式：

$$\begin{cases}\dot{\boldsymbol{\eta}} = \boldsymbol{R}(\psi)\boldsymbol{\upsilon} \\ \dot{\boldsymbol{\upsilon}} = \boldsymbol{\sigma} + \boldsymbol{M}^{-1}\tau\end{cases} \tag{8.2}$$

其中，$\boldsymbol{\sigma}=\boldsymbol{M}^{-1}(\boldsymbol{f}+\tau_{\mathrm{w}})$，$\boldsymbol{f}=[f_{\mathrm{u}}(t,u,v,r)\quad f_{\mathrm{v}}(t,u,v,r)\quad f_{\mathrm{r}}(t,u,v,r)]^{\mathrm{T}}$ 是不确定函数，包含未建模动态和模型参数不确定性。

在设计扩张状态观测器之前，做如下假设。

假设 8.1 未建模动态和环境干扰是有界的，满足 $|d_j|\leqslant\bar{d}_j$、$\dot{d}_j\leqslant C_{\mathrm{d}j}(j=u,v,r)$。

船舶做水平运动时，作用于船舶的外界环境干扰是由海洋环境风、浪、流引起的，其变化速率在实际工程应用中是有界的。且船舶的运动是一种刚体运动，所有初始状态被视为是有界的。因此，假设 8.1 是符合实际工程情况的。

令 $\hat{\boldsymbol{\eta}}=[\hat{x}\quad\hat{y}\quad\hat{\psi}]^{\mathrm{T}}$，$\hat{\boldsymbol{\upsilon}}=[\hat{u}\quad\hat{v}\quad\hat{r}]^{\mathrm{T}}$，$\hat{\boldsymbol{\sigma}}=[\hat{\sigma}_{\mathrm{u}}\quad\hat{\sigma}_{\mathrm{v}}\quad\hat{\sigma}_{\mathrm{r}}]^{\mathrm{T}}$，扩张状态观测器设计如下：

$$\begin{cases}\dot{\hat{\boldsymbol{\eta}}}=-\boldsymbol{K}_1\tilde{\boldsymbol{\eta}}+\boldsymbol{R}(\psi)\hat{\boldsymbol{\upsilon}}\\ \dot{\hat{\boldsymbol{\upsilon}}}=-\boldsymbol{K}_2\boldsymbol{R}^{\mathrm{T}}(\psi)\tilde{\boldsymbol{\eta}}+\hat{\boldsymbol{\sigma}}+\boldsymbol{M}^{-1}\tau\\ \dot{\hat{\boldsymbol{\sigma}}}=-\boldsymbol{K}_3\boldsymbol{R}^{\mathrm{T}}(\psi)\tilde{\boldsymbol{\eta}}\end{cases}\tag{8.3}$$

其中，$\tilde{\boldsymbol{\eta}}=\hat{\boldsymbol{\eta}}-\boldsymbol{\eta}=[\tilde{x}\quad\tilde{y}\quad\tilde{\psi}]^{\mathrm{T}}$，$\tilde{\boldsymbol{\upsilon}}=\hat{\boldsymbol{\upsilon}}-\boldsymbol{\upsilon}=[\tilde{u}\quad\tilde{v}\quad\tilde{r}]^{\mathrm{T}}$，$\tilde{\boldsymbol{\sigma}}=\hat{\boldsymbol{\sigma}}-\boldsymbol{\sigma}=[\tilde{\sigma}_{\mathrm{u}}\quad\tilde{\sigma}_{\mathrm{v}}\quad\tilde{\sigma}_{\mathrm{r}}]^{\mathrm{T}}$ 为扩张状态观测器的观测误差。$\boldsymbol{K}_1=\mathrm{diag}[k_{11}\quad k_{12}\quad k_{13}]\in\mathbf{R}^{3\times3}$，$\boldsymbol{K}_2=\mathrm{diag}[k_{21}\quad k_{22}\quad k_{23}]\in\mathbf{R}^{3\times3}$，$\boldsymbol{K}_3=\mathrm{diag}[k_{31}\quad k_{32}\quad k_{33}]\in\mathbf{R}^{3\times3}$ 为扩张观测器正定设计矩阵。

对式(8.3)进行求导，扩张状态观测器的观测误差动态为

$$\begin{cases}\dot{\tilde{\boldsymbol{\eta}}}=-\boldsymbol{K}_1\tilde{\boldsymbol{\eta}}+\boldsymbol{R}(\psi)\tilde{\boldsymbol{\upsilon}}\\ \dot{\tilde{\boldsymbol{\upsilon}}}=-\boldsymbol{K}_2\boldsymbol{R}^{\mathrm{T}}(\psi)\tilde{\boldsymbol{\eta}}+\tilde{\boldsymbol{\sigma}}\\ \dot{\tilde{\boldsymbol{\sigma}}}=-\boldsymbol{K}_3\boldsymbol{R}^{\mathrm{T}}(\psi)\tilde{\boldsymbol{\eta}}-\dot{\boldsymbol{\sigma}}\end{cases}\tag{8.4}$$

令 $\tilde{\boldsymbol{X}}=[\tilde{\boldsymbol{\eta}}^{\mathrm{T}}\quad\tilde{\boldsymbol{\upsilon}}^{\mathrm{T}}\quad\tilde{\boldsymbol{\sigma}}^{\mathrm{T}}]^{\mathrm{T}}\in\mathbf{R}^9$，扩张状态观测器的观测误差动态可写成如下形式：

$$\dot{\tilde{\boldsymbol{X}}}=\boldsymbol{A}\tilde{\boldsymbol{X}}-\boldsymbol{B}\dot{\boldsymbol{\sigma}}\tag{8.5}$$

其中，$\boldsymbol{A}=\begin{bmatrix}-\boldsymbol{K}_1 & \boldsymbol{R}(\psi) & \mathbf{0}_3\\ -\boldsymbol{K}_2\boldsymbol{R}^{\mathrm{T}}(\psi) & \mathbf{0}_{3\times3} & \boldsymbol{I}_3\\ -\boldsymbol{K}_3\boldsymbol{R}^{\mathrm{T}}(\psi) & \mathbf{0}_{3\times3} & \mathbf{0}_3\end{bmatrix}$，$\boldsymbol{B}=\begin{bmatrix}\mathbf{0}_3\\ \mathbf{0}_3\\ \boldsymbol{I}_3\end{bmatrix}$。

为了分析观测误差动态的稳定性，引入坐标转换 $\boldsymbol{Z}=\boldsymbol{T}\tilde{\boldsymbol{X}}$，$\boldsymbol{T}=\mathrm{diag}[\boldsymbol{R}^{\mathrm{T}}(\psi)\quad\boldsymbol{I}_3\quad\boldsymbol{I}_3]$，因此，式(8.5)可写成如下形式：

$$\dot{\boldsymbol{Z}}=\boldsymbol{A}_0\boldsymbol{Z}+r\boldsymbol{S}_T\boldsymbol{Z}-\boldsymbol{B}\dot{\boldsymbol{\sigma}}\tag{8.6}$$

其中，$\boldsymbol{S}_T=\mathrm{diag}[\boldsymbol{S}^{\mathrm{T}}\quad\mathbf{0}_3\quad\mathbf{0}_3]$，$\boldsymbol{A}_0=\begin{bmatrix}-\boldsymbol{K}_1 & \boldsymbol{I}_3 & 0\\ -\boldsymbol{K}_2 & 0 & \boldsymbol{I}_3\\ -\boldsymbol{K}_3 & 0 & 0\end{bmatrix}$，$\boldsymbol{S}=\begin{bmatrix}0 & -1 & 0\\ 1 & 0 & 0\\ 0 & 0 & 0\end{bmatrix}$。

接下来给出关于子系统式(8.6)稳定性的定理。

定理 8.1　考虑子系统式(8.6),如果存在正定矩阵 $\boldsymbol{P}$ 满足假设 8.1 和如下不等式:

$$\begin{cases}\boldsymbol{A}_0^{\mathrm{T}}\boldsymbol{P}+\boldsymbol{P}\boldsymbol{A}_0+r^*(\boldsymbol{S}_T^{\mathrm{T}}\boldsymbol{P}+\boldsymbol{P}\boldsymbol{S}_T)\leqslant -c\boldsymbol{I}\\ \boldsymbol{A}_0^{\mathrm{T}}\boldsymbol{P}+\boldsymbol{P}\boldsymbol{A}_0-r^*(\boldsymbol{S}_T^{\mathrm{T}}\boldsymbol{P}+\boldsymbol{P}\boldsymbol{S}_T)\leqslant -c\boldsymbol{I}\end{cases} \tag{8.7}$$

那么子系统式(8.6)关于输入变量 $\dot{\boldsymbol{\sigma}}$ 是输入状态稳定(ISS)的。其中,$r^*\in\mathbf{R}$ 是 r 的边界,$c\geqslant 2$ 是常数。

证明　构造李雅普诺夫函数如下:

$$\boldsymbol{V}_{\mathrm{o}}=\frac{1}{2}\boldsymbol{Z}^{\mathrm{T}}\boldsymbol{P}\boldsymbol{Z} \tag{8.8}$$

其中,$\boldsymbol{P}$ 是正定矩阵。

对式(8.8)进行求导可得

$$\begin{aligned}\dot{\boldsymbol{V}}_{\mathrm{o}}&=\frac{1}{2}\dot{\boldsymbol{Z}}^{\mathrm{T}}\boldsymbol{P}\boldsymbol{Z}+\frac{1}{2}\boldsymbol{Z}^{\mathrm{T}}\boldsymbol{P}\dot{\boldsymbol{Z}}\\&=\frac{1}{2}(\boldsymbol{A}_0\boldsymbol{Z}+r\boldsymbol{S}_T\boldsymbol{Z}-\boldsymbol{B}\dot{\boldsymbol{\sigma}})^{\mathrm{T}}\boldsymbol{P}\boldsymbol{Z}+\frac{1}{2}\boldsymbol{Z}^{\mathrm{T}}\boldsymbol{P}(\boldsymbol{A}_0\boldsymbol{Z}+r\boldsymbol{S}_T\boldsymbol{Z}-\boldsymbol{B}\dot{\boldsymbol{\sigma}})\\&=\frac{1}{2}\boldsymbol{Z}^{\mathrm{T}}[\boldsymbol{A}_0^{\mathrm{T}}\boldsymbol{P}+\boldsymbol{P}\boldsymbol{A}_0+r(\boldsymbol{S}_T^{\mathrm{T}}\boldsymbol{P}+\boldsymbol{P}\boldsymbol{S}_T)]\boldsymbol{Z}-\boldsymbol{Z}^{\mathrm{T}}\boldsymbol{P}\boldsymbol{B}\dot{\boldsymbol{\sigma}}\\&\leqslant-\frac{c}{2}\|\boldsymbol{Z}\|^2+\|\boldsymbol{Z}\|\|\boldsymbol{P}\boldsymbol{B}\|\|\dot{\boldsymbol{\sigma}}\|\end{aligned} \tag{8.9}$$

当 $\|\boldsymbol{Z}\|\geqslant\dfrac{2\|\boldsymbol{P}\boldsymbol{B}\|\|\dot{\boldsymbol{\sigma}}\|}{c\delta}$,$0<\delta<1$ 时,下式成立:

$$\dot{\boldsymbol{V}}\leqslant-\frac{c}{2}(1-\delta)\|\boldsymbol{Z}\|^2 \tag{8.10}$$

因此在假设 8.1 的条件下,观测误差子系统式(8.6)关于输入变量 $\dot{\boldsymbol{\sigma}}$ 是输入状态稳定(ISS)的,状态变量 $\|\boldsymbol{Z}\|$ 也是有界的,并且表示如下:

$$\|\boldsymbol{Z}(t)\|\leqslant\sqrt{\frac{\lambda_{\max}(\boldsymbol{P})}{\lambda_{\min}(\boldsymbol{P})}}\max\left\{\boldsymbol{Z}(t_0)\mathrm{e}^{-\frac{c(1-\delta)}{\lambda_{\max}(\boldsymbol{P})}(t-t_0)},\frac{2\|\boldsymbol{P}\boldsymbol{B}\|\|\dot{\boldsymbol{\sigma}}\|}{c\delta}\right\} \tag{8.11}$$

定理 8.1 得证。

8.2.2　基于速度观测值的 LOS 导引律设计

基于上述扩张状态观测器观测的速度值设计 LOS 导引律获得期望的艏向角和路径参数更新律。同样的,无人船在 SF 坐标系下的路径跟踪误差动态如下:

$$\begin{bmatrix}\dot{x}_{\mathrm{e}}\\ \dot{y}_{\mathrm{e}}\\ \dot{\psi}_{\mathrm{e}}\end{bmatrix}=\begin{bmatrix}u\cos(\psi-\psi_{\mathrm{F}})-v\sin(\psi-\psi_{\mathrm{F}})+\dot{\psi}_{\mathrm{F}}y_{\mathrm{e}}-\dot{\theta}\sqrt{x_{\mathrm{F}}'^2+y_{\mathrm{F}}'^2}\\ u\sin(\psi-\psi_{\mathrm{F}})+v\cos(\psi-\psi_{\mathrm{F}})-\dot{\psi}_{\mathrm{F}}x_{\mathrm{e}}\\ r-\dot{\psi}_{\mathrm{d}}\end{bmatrix} \tag{8.12}$$

基于速度观测值的跟踪误差表示为

$$\begin{cases}\dot{x}_e=\hat{u}\cos(\psi-\psi_F)-\hat{v}\sin(\psi-\psi_F)+\dot{\psi}_F y_e-\dot{\theta}\sqrt{x_F'^2+y_F'^2}-\\ \quad\tilde{u}\cos(\psi-\psi_F)+\tilde{v}\sin(\psi-\psi_F)\\ \dot{y}_e=U\sin(\psi-\psi_F+\beta)-\dot{\psi}_F x_e-\tilde{u}\sin(\psi-\psi_F)-\tilde{v}\cos(\psi-\psi_F)\\ \dot{\psi}_e=\hat{r}-\tilde{r}-\dot{\psi}_d=\hat{r}_e+\alpha_r-\tilde{r}-\dot{\psi}_d\end{cases}\tag{8.13}$$

其中，$\hat{r}_e=\hat{r}-\alpha_r$，$U=\sqrt{\hat{u}^2+\hat{v}^2}$。

选取路径参数更新律、期望艏向角和虚拟控制律如下：

$$\dot{\theta}=\frac{\hat{u}\cos(\psi-\psi_F)-\hat{v}\sin(\psi-\psi_F)+k_s x_e}{\sqrt{x_F'^2+y_F'^2}}\tag{8.14}$$

$$\psi_d=\psi_F+\arctan\left(-\frac{y_e}{\Delta}\right)-\beta\tag{8.15}$$

$$\alpha_r=-k_\psi\psi_e+\dot{\psi}_d-y_e U\varphi\tag{8.16}$$

其中，Δ 是导引方法中的前视距离；k_ψ、k_s 是设计参数，$k_\psi>0$，$k_s>0$；$\beta=\arctan 2(\hat{v},\hat{u})$；$\psi_e=\psi-\psi_d$。

将式(8.14)～(8.16)代入式(8.13)，可得

$$\begin{cases}\dot{x}_e=-k_s x_e+\dot{\psi}_F y_e-\tilde{u}\cos(\psi-\psi_F)+\tilde{v}\sin(\psi-\psi_F)\\ \dot{y}_e=\dfrac{-Uy_e}{\sqrt{\Delta^2+y_e^2}}+U\varphi\psi_e-\dot{\psi}_F x_e-\tilde{u}\sin(\psi-\psi_F)-\tilde{v}\cos(\psi-\psi_F)\\ \dot{\psi}_e=-k_\psi\psi_e-y_e U\varphi-\tilde{r}+\hat{r}_e\end{cases}\tag{8.17}$$

令位置跟踪误差为 $\boldsymbol{E}_g=[x_e\ \ y_e\ \ \psi_e]^T$，其动态为

$$\dot{\boldsymbol{E}}_g=-\boldsymbol{K}_g\boldsymbol{E}_g-\boldsymbol{R}_F\tilde{\boldsymbol{v}}+\boldsymbol{l}_h\tag{8.18}$$

其中，

$$\boldsymbol{K}_g=\mathrm{diag}\begin{bmatrix}k_s & \dfrac{U}{\sqrt{\Delta^2+y_e^2}} & k_\psi\end{bmatrix}$$

$$\boldsymbol{R}_F=\begin{bmatrix}\cos(\psi-\psi_F) & -\sin(\psi-\psi_F) & 0\\ \sin(\psi-\psi_F) & \cos(\psi-\psi_F) & 0\\ 0 & 0 & 1\end{bmatrix},$$

$$\boldsymbol{l}_h=[\dot{\psi}_F y_e\ \ \ U\varphi\psi_e-\dot{\psi}_F x_e\ \ \ -y_e U\varphi+\hat{r}_e]^T。$$

针对误差子系统构造李雅普诺夫函数如下：

$$\boldsymbol{V}_g=\frac{1}{2}\boldsymbol{E}_g^T\boldsymbol{E}_g\tag{8.19}$$

对式(8.19)进行求导可得

$$\begin{aligned}\dot{\boldsymbol{V}}_g&=-\boldsymbol{E}_g^T\boldsymbol{K}_g\boldsymbol{E}_g-\tilde{\boldsymbol{v}}^T\boldsymbol{R}_F\boldsymbol{E}_g+\boldsymbol{E}_g^T\boldsymbol{l}_h\\ &=-\boldsymbol{E}_g^T\boldsymbol{K}_g\boldsymbol{E}_g-\tilde{\boldsymbol{v}}^T\boldsymbol{R}_F\boldsymbol{E}_g+\hat{r}_e\psi_e\end{aligned}\tag{8.20}$$

应用杨氏不等式可得

$$-\tilde{\boldsymbol{\upsilon}}^{\mathrm{T}}\boldsymbol{R}_{\mathrm{F}}^{\mathrm{T}}\boldsymbol{E}_{\mathrm{g}} \leqslant \frac{1}{2}\tilde{\boldsymbol{\upsilon}}^{\mathrm{T}}\boldsymbol{R}_{\mathrm{F}}^{\mathrm{T}}(\tilde{\boldsymbol{\upsilon}}^{\mathrm{T}}\boldsymbol{R}_{\mathrm{F}}^{\mathrm{T}})^{\mathrm{T}} + \frac{1}{2}\boldsymbol{E}_{\mathrm{g}}^{\mathrm{T}}\boldsymbol{E}_{\mathrm{g}} \leqslant \frac{1}{2}\boldsymbol{Z}^{\mathrm{T}}\boldsymbol{Z} + \frac{1}{2}\boldsymbol{E}_{\mathrm{g}}^{\mathrm{T}}\boldsymbol{E}_{\mathrm{g}} \tag{8.21}$$

将式(8.21)代入式(8.20)可得

$$\dot{V}_{\mathrm{g}} \leqslant -\boldsymbol{E}_{\mathrm{g}}^{\mathrm{T}}\boldsymbol{K}_{\mathrm{g}}\boldsymbol{E}_{\mathrm{g}} + \frac{1}{2}\boldsymbol{Z}^{\mathrm{T}}\boldsymbol{Z} + \frac{1}{2}\boldsymbol{E}_{\mathrm{g}}^{\mathrm{T}}\boldsymbol{E}_{\mathrm{g}} + \hat{r}_{\mathrm{e}}\psi_{\mathrm{e}} \leqslant -\left[\lambda_{\min}\left(\boldsymbol{K}_{\mathrm{g}} - \frac{1}{2}\boldsymbol{I}\right)\right]\boldsymbol{E}_{\mathrm{g}}^{\mathrm{T}}\boldsymbol{E}_{\mathrm{g}} + \frac{1}{2}\boldsymbol{Z}^{\mathrm{T}}\boldsymbol{Z} + \hat{r}_{\mathrm{e}}\psi_{\mathrm{e}} \tag{8.22}$$

式(8.22)将用于8.2.4节整个闭环系统的稳定性分析。

8.2.3 路径跟踪输出反馈控制器设计

路径跟踪输出反馈控制子系统包括两部分:① 航向跟踪输出反馈控制器;② 速度跟踪输出反馈控制器。在本小节,采用反步法设计路径跟踪航向跟踪控制器 τ_{r} 和速度跟踪控制器 τ_{u},用于跟踪期望的艏向角 ψ_{d} 和期望的速度 u_{d}。

(1) 航向跟踪输出反馈控制器设计。

定义基于速度观测值的艏向角速率误差为

$$\hat{r}_{\mathrm{e}} = \hat{r} - \alpha_{\mathrm{r}} \tag{8.23}$$

对式(8.23)进行求导可得

$$\dot{\hat{r}}_{\mathrm{e}} = \dot{\hat{r}} - \dot{\alpha}_{\mathrm{r}} \tag{8.24}$$

将式(8.3)中的第二个式子展开代入式(8.24),可得

$$\dot{\hat{r}}_{\mathrm{e}} = -k_{23}\tilde{\psi} + \hat{\sigma}_{\mathrm{r}} + m_{33}^{-1}\tau_{\mathrm{r}} - \dot{\alpha}_{\mathrm{r}} \tag{8.25}$$

为了镇定式(8.25),并且防止执行器饱和,结合7.2.2节的饱和补偿器式(7.40),设计基于速度观测值的姿态跟踪控制律如下:

$$\tau_{\mathrm{rc}} = m_{33}(-k_{\mathrm{r}}\hat{r}_{\mathrm{e}} - \hat{\sigma}_{\mathrm{r}} + \dot{\alpha}_{\mathrm{r}} - \psi_{\mathrm{e}} + k_{23}\tilde{\psi} + k_{\mathrm{ar}}\delta_{\mathrm{r}}) \tag{8.26}$$

式(8.26)控制律中的虚拟控制律与6.2.2中的虚拟控制输入相同,因此同样将一个三阶跟踪微分器和一个二阶跟踪微分器引入到控制器中,避免控制律的计算复杂性。具体设计过程同6.2.2节,在此不再赘述。

将上述控制律式(8.26)代入式(8.25)可得

$$\dot{\hat{r}}_{\mathrm{e}} = -k_{\mathrm{r}}\hat{r}_{\mathrm{e}} - \psi_{\mathrm{e}} + k_{\mathrm{ar}}\delta_{\mathrm{r}} + m_{33}^{-1}\Delta\tau_{\mathrm{r}} \tag{8.27}$$

(2) 速度跟踪输出反馈控制器设计。

定义基于速度测量值的速度跟踪误差为

$$\hat{u}_{\mathrm{e}} = \hat{u} - u_{\mathrm{d}} \tag{8.28}$$

其中,u_{d} 为期望的纵向速度。

对式(8.28)进行求导可得

$$\dot{\hat{u}}_e = -k_{21}(\tilde{x}\cos\psi + \tilde{y}\sin\psi) + \hat{\sigma}_u + m_{11}^{-1}\tau_u - \dot{u}_d \tag{8.29}$$

为了镇定式(8.29)，并且防止执行器饱和，结合 7.2.2 节的饱和补偿器式(7.56)，设计基于速度观测值的速度跟踪控制律如下：

$$\tau_{uc} = m_{11}[-k_u\hat{u}_e - \hat{\sigma}_u + \dot{u}_d + k_{21}(\tilde{x}\cos\psi + \tilde{y}\sin\psi) + k_{au}\delta_u] \tag{8.30}$$

将上述控制律式(8.30) 代入式(8.29) 可得

$$\dot{\hat{u}}_e = -k_u\hat{u}_e + k_{au}\delta_u + m_{11}^{-1}\Delta\tau_u \tag{8.31}$$

针对控制子系统构造李雅普诺夫函数如下：

$$V_c = \frac{1}{2}\hat{u}_e^2 + \frac{1}{2}\hat{r}_e^2 + \frac{1}{2}\delta_u^2 + \frac{1}{2}\delta_r^2 \tag{8.32}$$

对式(8.32) 进行求导可得

$$\begin{aligned}\dot{V}_c = & -k_u\hat{u}_e^2 - k_r\hat{r}_e^2 - k_{\delta u}\delta_u^2 - k_{\delta r}\delta_r^2 + k_{au}\hat{u}_e\delta_u + m_{11}^{-1}\hat{u}_e\Delta\tau_u + \\ & k_{ar}\hat{r}_e\delta_r + m_{33}^{-1}\hat{r}_e\Delta\tau_r + \delta_u\Delta\tau_u + \delta_r\Delta\tau_r - \hat{r}_e\psi_e\end{aligned} \tag{8.33}$$

应用杨氏不等式可得

$$\hat{u}_e\delta_u \leqslant \frac{1}{2}\hat{u}_e^2 + \frac{1}{2}\delta_u^2 \tag{8.34}$$

$$\hat{u}_e\Delta\tau_u \leqslant \frac{1}{2}\hat{u}_e^2 + \frac{1}{2}\Delta\tau_u^2 \tag{8.35}$$

$$\hat{r}_e\delta_r \leqslant \frac{1}{2}\hat{r}_e^2 + \frac{1}{2}\delta_r^2 \tag{8.36}$$

$$\hat{r}_e\Delta\tau_r \leqslant \frac{1}{2}\hat{r}_e^2 + \frac{1}{2}\Delta\tau_r^2 \tag{8.37}$$

$$\delta_u\Delta\tau_u \leqslant \frac{1}{2}\delta_u^2 + \frac{1}{2}\Delta\tau_u^2 \tag{8.38}$$

$$\Delta\tau_r\delta_r \leqslant \frac{1}{2}\Delta\tau_r^2 + \frac{1}{2}\delta_r^2 \tag{8.39}$$

将式(8.34) ~ (8.39) 代入式(8.33) 可得

$$\begin{aligned}\dot{V}_c \leqslant & -k_u\hat{u}_e^2 - k_r\hat{r}_e^2 - k_{\delta u}\delta_u^2 - k_{\delta r}\delta_r^2 + \frac{k_{au}}{2}\hat{u}_e^2 + \frac{k_{au}}{2}\delta_u^2 + \frac{k_{ar}}{2}\hat{r}_e^2 + \frac{k_{ar}}{2}\delta_r^2 + \\ & \frac{\hat{u}_e^2}{2m_{11}} + \frac{\Delta\tau_u^2}{2m_{11}} + \frac{\hat{r}_e^2}{2m_{33}} + \frac{\Delta\tau_r^2}{2m_{33}} + \frac{1}{2}\delta_u^2 + \frac{1}{2}\Delta\tau_u^2 + \frac{1}{2}\Delta\tau_r^2 + \frac{1}{2}\delta_r^2 - \hat{r}_e\psi_e\end{aligned} \tag{8.40}$$

式(8.40) 将用于 8.2.4 节整个闭环系统的稳定性分析。

8.2.4 系统稳定性分析

对于无人船模型式(8.1)，由设计的扩张状态观测器式(8.3)、基于速度观测值的 LOS 导引律式(8.15)、基于扩张状态观测器的控制器式(8.26) 和式(8.30)，给出如下定理。

定理 8.2 针对无人船模型式(8.1)，存在外界干扰、未建模动态和船舶速度不可用的情况，在满足假设 8.1 的条件下，采用设计的扩张状态观测器式(8.3)、基于速度观测值的 LOS 导引律式(8.15)、路径参数更新律式(8.14)、基于速度观测值的姿态跟踪控制器式(8.26)，基于速度观测值的速度跟踪控制器式(8.30)，选取合适的控制参数 $\boldsymbol{K}_1$、$\boldsymbol{K}_2$、$\boldsymbol{K}_3$、k_s、k_ψ、k_u、k_r、k_{au}、k_{ar}、$k_{\delta u}$、$k_{\delta r}$ 并且控制参数满足，$k_s > \frac{1}{2}$、$k_\psi > \frac{1}{2}$、$k_u > \frac{k_{au}}{2} + \frac{1}{2m_{11}}$、$k_r > \frac{k_{ar}}{2} + \frac{1}{2m_{33}}$、$k_{\delta u} > \frac{k_{au}}{2} + \frac{1}{2}$、$k_{\delta r} > \frac{k_{ar}}{2} + \frac{1}{2}$，无人船路径跟踪误差能够收敛到任意小的零邻域内，闭环系统的所有状态均为一致最终有界。

证明　构造整个闭环系统的李雅普诺夫函数如下：

$$\boldsymbol{V} = \boldsymbol{V}_o + \boldsymbol{V}_g + \boldsymbol{V}_c = \frac{1}{2}\boldsymbol{Z}^{\mathrm{T}}\boldsymbol{P}\boldsymbol{Z} + \frac{1}{2}\boldsymbol{E}_g^{\mathrm{T}}\boldsymbol{E}_g + \frac{1}{2}\hat{u}_e^2 + \frac{1}{2}\hat{r}_e^2 + \frac{1}{2}\zeta_r^2 + \frac{1}{2}\zeta_u^2 \tag{8.41}$$

对式(8.41) 进行求导，可得

$$\begin{aligned}\dot{\boldsymbol{V}} \leqslant & -\left(\frac{c}{2}-1\right)\boldsymbol{Z}^{\mathrm{T}}\boldsymbol{Z} - \left[\lambda_{\min}\left(\boldsymbol{K}_g - \frac{1}{2}\boldsymbol{I}\right)\right]\boldsymbol{E}_g^{\mathrm{T}}\boldsymbol{E}_g - \left(k_u - \frac{k_{au}}{2} - \frac{1}{2m_{11}}\right)\hat{u}_e^2 - \\ & \left(k_r - \frac{k_{ar}}{2} - \frac{1}{2m_{33}}\right)\hat{r}_e^2 - \left(k_{\delta u} - \frac{k_{au}}{2} - \frac{1}{2}\right)\delta_u^2 - \left(k_{\delta r} - \frac{k_{ar}}{2} - \frac{1}{2}\right)\delta_r^2 + \\ & \left(\frac{1}{2m_{11}} + \frac{1}{2}\right)\Delta\tau_u^2 + \left(\frac{1}{2m_{33}} + \frac{1}{2}\right)\Delta\tau_r^2 + \frac{1}{2}(\|\boldsymbol{PB}\|\|\dot{\boldsymbol{\sigma}}\|)^2 \\ \leqslant & -2\rho\boldsymbol{V} + \boldsymbol{C}\end{aligned} \tag{8.42}$$

其中，

$$\begin{aligned}\rho = \min\Big\{ & \left(\frac{c}{2}-1\right)\boldsymbol{P}^{-1}, \lambda_{\min}\left(\boldsymbol{K}_g - \frac{1}{2}\boldsymbol{I}\right), \left(k_u - \frac{k_{au}}{2} - \frac{1}{2m_{11}}\right), \\ & \left(k_r - \frac{k_{ar}}{2} - \frac{1}{2m_{33}}\right), \left(k_{\delta u} - \frac{k_{au}}{2} - \frac{1}{2}\right), \left(k_{\delta r} - \frac{k_{ar}}{2} - \frac{1}{2}\right)\Big\},\end{aligned}$$

$\boldsymbol{C} = \left(\frac{1}{2m_{11}} + \frac{1}{2}\right)\Delta\tau_u^2 + \left(\frac{1}{2m_{33}} + \frac{1}{2}\right)\Delta\tau_r^2 + \frac{1}{2}(\|\boldsymbol{PB}\|\|\dot{\boldsymbol{\sigma}}\|)^2$；$\lambda_{\min}(\cdot)$ 表示矩阵的最小特征值。

求解上述不等式(8.42) 可得

$$0 \leqslant \boldsymbol{V} \leqslant \frac{\boldsymbol{C}}{2\rho} + \left[\boldsymbol{V}(0) - \frac{\boldsymbol{C}}{2\rho}\right]\mathrm{e}^{-2\rho t} \tag{8.43}$$

从式(8.43) 可知，$\boldsymbol{V}$ 是一致最终有界的，所以误差信号 $\|\boldsymbol{Z}\|$、$\|\boldsymbol{E}_g\|$、$\|\boldsymbol{E}_c\|$ 是一致最终有界的，最终收敛到一个紧致集 $\boldsymbol{\Omega} = \{\|\boldsymbol{Z}\|, \|\boldsymbol{E}_g\|, \|\boldsymbol{E}_c\| \leqslant \sqrt{\boldsymbol{C}/\rho}\}$，显然增大 ρ 可以使得误差信号变小，因此选取合适的设计参数使得误差信号任意小。因此，无人船的路径跟踪误差可以收敛到任意小的零邻域内。

由于船舶位置误差 x_e、y_e 是一致最终有界的，所以船舶的位置 $P=(x, y)$ 是有界的。另外，由式(8.16) 可知，α_r 是有界的，u_d 是常数，$\hat{u}_e = \hat{u} - u_d$，$\hat{r}_e = \hat{r} - \alpha_r$，所以 $\hat{u}$、$\hat{r}$ 是有界的，由定理 8.1 可知，扩张状态观测器的观测误差 $\tilde{\boldsymbol{v}} = \hat{\boldsymbol{v}} - \boldsymbol{v}$ 有界，所以 u、r 也是有界的，因此速度跟踪误差 $u_e = u - u_d$、$r_e = r - \alpha_r$ 也是有界的。对于横向速度 v 的有界性证明过程同 8.2 节，在此不再赘述。因此闭环系统的所有状态是一致最终有界的。

定理 8.2 得证。

8.2.5 仿真验证

本小节给出了基于扩张状态观测器的无人船路径跟踪输出反馈控制的仿真验证。

船舶的初始位置和艏向角为$[x\ \ y\ \ \psi]^T=[0\ \ 5\ \ 10°]^T$，初始纵向速度、横向速度、艏向角速度为$[u\ \ v\ \ r]^T=[0.2\ \ 0\ \ 0]^T$，期望路径设为$\boldsymbol{P}_F(\theta)=[20\sin(\theta/20)\ \ \theta]^T$，期望的速度为 1 m/s，船舶受到的外界环境干扰设为

$$\boldsymbol{\tau}_w=2\times[\sin(0.1t)\ \ \ 0.5\sin(0.05t)\ \ \ \sin(0.1t)]^T$$

扩张状态观测器的初始值为$[\hat{x}\ \ \hat{y}\ \ \hat{\psi}]^T=[0\ \ 5\ \ 10°]^T$，$[\hat{u}\ \ \hat{v}\ \ \hat{r}]^T=[0.2\ \ 0\ \ 0]^T$，其余状态为零。控制力和力矩的限制为$\tau_{umax}=2$ N、$\tau_{umin}=-2$ N、$\tau_{rmax}=1.5$ N·m、$\tau_{rmin}=-1.5$ N·m。

控制系统的设计参数选取如下。

$\boldsymbol{K}_1=\text{diag}[20\ \ 20\ \ 20]$，$\boldsymbol{K}_2=\text{diag}[100\ \ 100\ \ 100]$，$\boldsymbol{K}_3=\text{diag}[100\ \ 100\ \ 100]$，$k_s=20$，$k_\psi=2$，$k_u=2$，$k_r=6$，$\Delta=10$，$k_{au}=0.01$，$k_{ar}=0.01$，$k_{\delta u}=0.6$，$k_{\delta r}=0.6$。

在无人船存在未建模动态、外界环境干扰、速度测量值不可用、执行器饱和的情况下，通过所设计的基于扩张状态观测器的鲁棒控制方法，无人船的路径跟踪控制曲线如图 8.2～8.9 所示。图 8.2 为无人船的期望路径和实际路径跟踪曲线图，从图中可以看出，无人船能从初始位置很快跟踪上所设定的期望路径曲线。图 8.3 为无人船的纵向速度、横向速度和艏向角速度的响应曲线图，其中，船舶能够从初始速度快速到达期望的速度，并且纵向速度、横向速度和艏向角速度最终能够达到有界。图 8.4 为无人船的纵向误差和横向误差曲线图，图中表明纵向误差能快速收敛到平衡点，横向误差大约在 30 s 收敛到平衡点，这说明无人船的位置跟踪误差在所提出的控制律作用下能够收敛到零附近。图 8.5 为无人船的艏向角跟踪误差、基于观测速度值的速度跟踪误差、基于速度观测值的艏向角速度误差图，从图中可以看出，这三个误差都能快速收敛到平衡点，并达到一致最终有界。图 8.6 为扩张状态观测器的纵向位置估计误差、横向位置估计误差和艏向角估计误差变化曲线图，从图中可以看出，扩张状态观测器的位置估计误差可以在 15 s 左右收敛到零附近；图 8.7 为扩张状态观测器的纵向速度估计误差、横向速度估计误差和艏摇角速度估计误差变化曲线图，由图可知，纵向速度估计误差可以在 10 s 左右收敛到零附近，横向速度估计误差和艏摇角速度估计误差可以在 20 s 左右收敛到零附近；图 8.8 为扩张状态观测器的干扰估计误差曲线图，由图可知，纵向方向的干扰估计误差可以在 10 s 左右收敛到零附近，横向方向、艏向角方向的总扰动可以在大约 20 s 收敛到零附近。从图 8.6～8.8 可知，位置估计误差、速度估计误差和干扰估计误差均是收敛的，即在所提出扩张状态观测器的作用下，无人船的位置、速度和干扰的估计值均能收敛于相应的真实值。图 8.9 为无人船在纵荡方向的控制力（纵向推力）以及艏摇方向上的力矩（转艏力矩）曲线图，由图可以看出，在所提出饱和补偿器的作用下，无人船的控制推力和转艏力矩均在执行器输入饱和限制值的范围内。

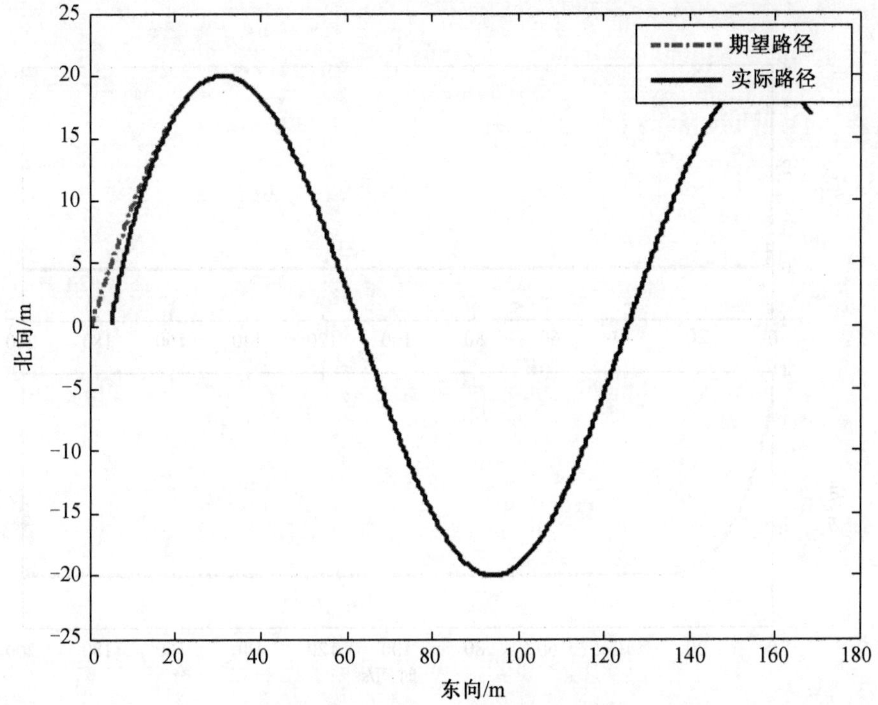

图 8.2　无人船的期望路径和实际路径跟踪曲线图

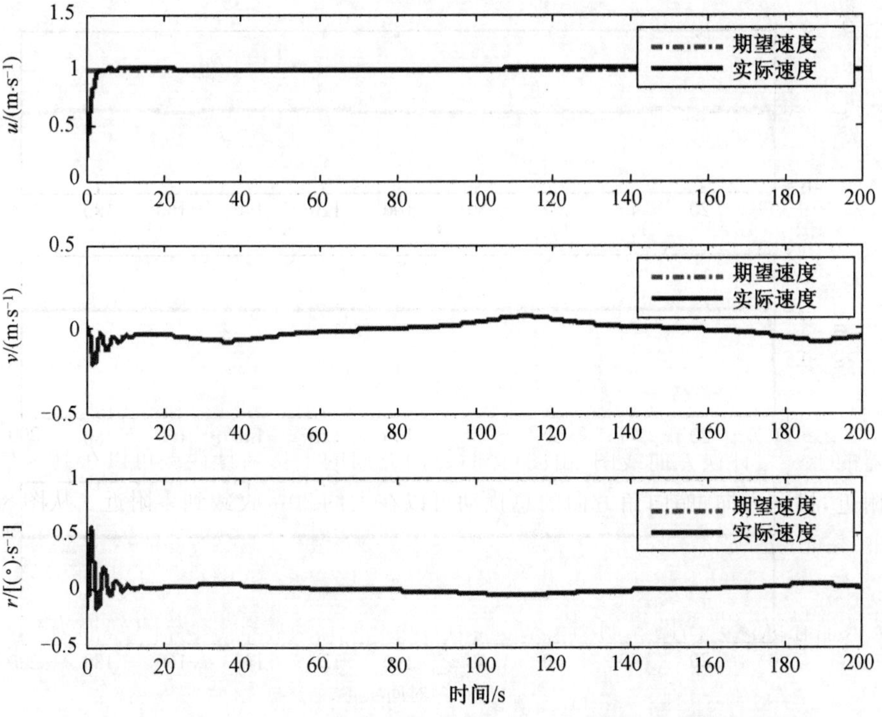

图 8.3　无人船的纵向速度、横向速度和艏向角速度的响应曲线图

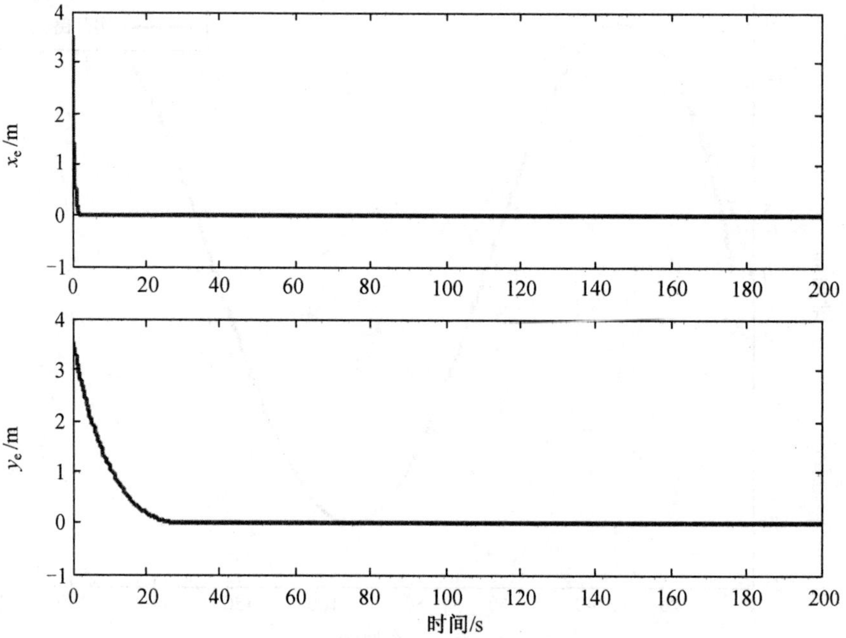

图 8.4　无人船的纵向误差和横向误差曲线图

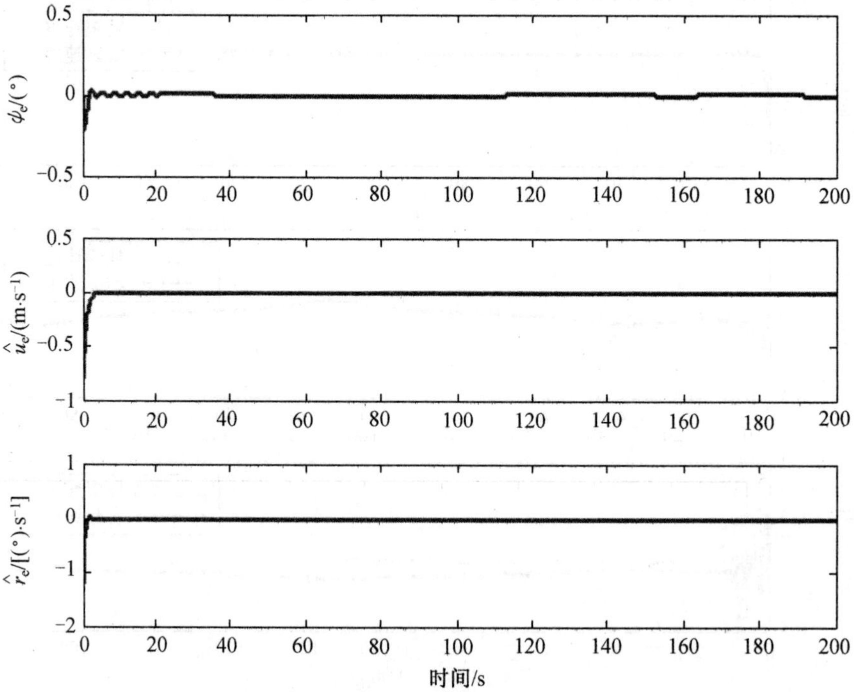

图 8.5　无人船的路径跟踪误差曲线图

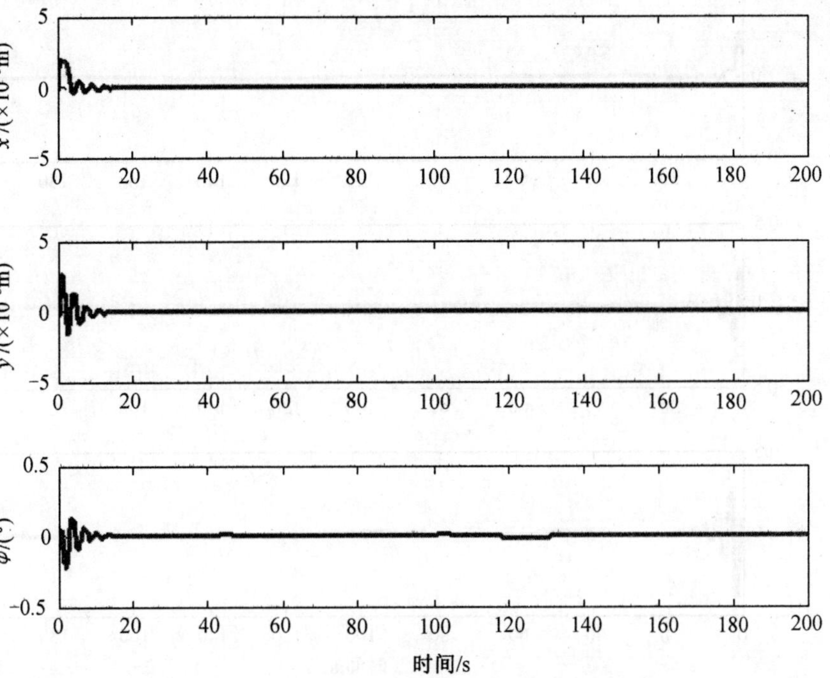

图 8.6　扩张状态观测器的位置估计误差曲线图

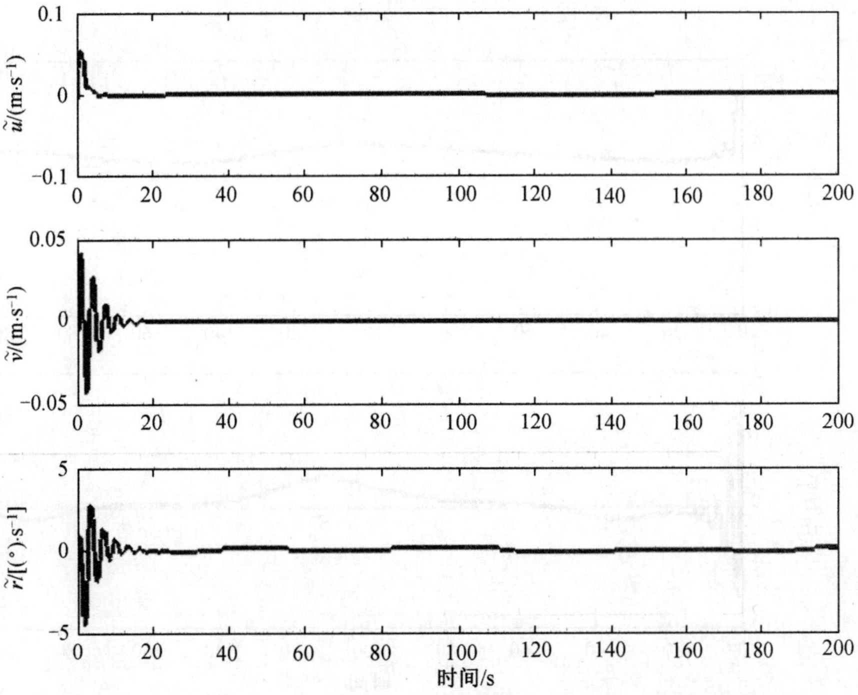

图 8.7　扩张状态观测器的速度估计误差曲线图

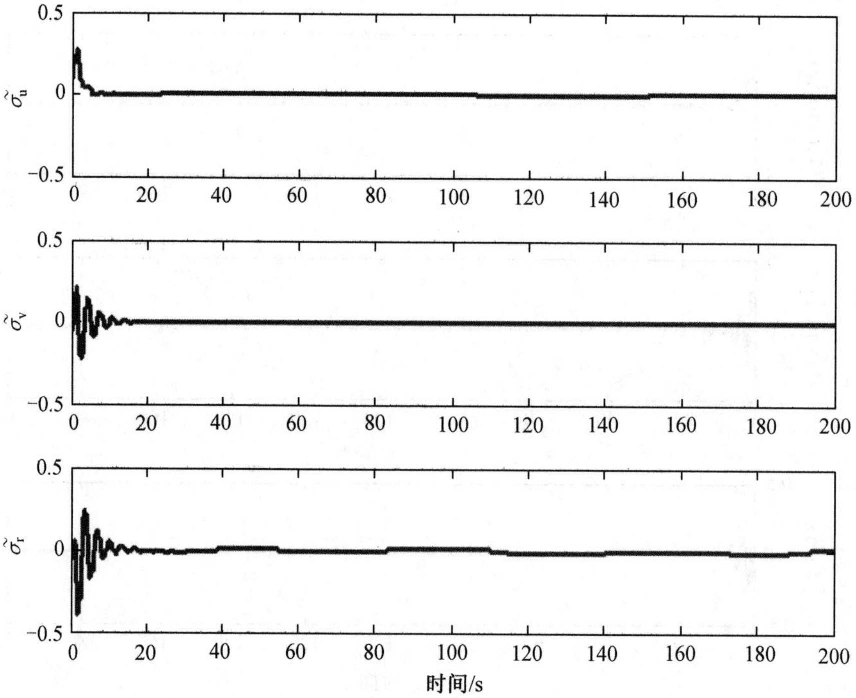

图 8.8　扩张状态观测器的干扰估计误差曲线图

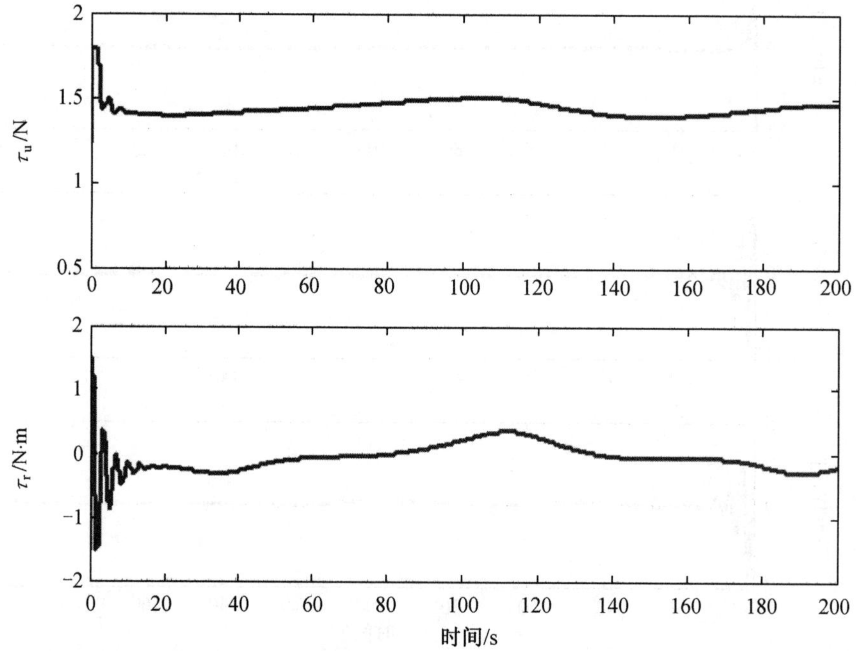

图 8.9　无人船的纵向推力和转艏力矩曲线图

由以上仿真结果及分析可知，无人船在未建模动态、外界环境干扰、速度测量值不可用、执行器饱和的情况下，通过所设计的基于扩张状态观测器的鲁棒控制策略，其路径跟踪控制曲线能以期望的速度跟踪期望的路径，并且跟踪误差都能收敛到零附近。

综上所述，在无人船存在未建模动态、未知环境干扰，速度测量值不可用和执行器饱和的情况下，本节所提出的基于扩张状态观测器的路径跟踪鲁棒控制方法可以很好地保证船舶以期望速度进行路径跟踪任务。

8.3　基于有限时间扩张观测器的 USV 路径跟踪输出反馈控制

本节在上一节的基础上，为保证闭环系统具有更好的鲁棒性能，考虑无人船存在未建模动态、未知环境干扰、速度不可用和执行器饱和的情况，研究无人船的有限时间输出反馈控制。首先设计有限时间扩张状态观测器，仅根据船舶的位置测量值信息观测速度值和合成干扰，然后设计速度观测值的有限时间 LOS 导引律；其次，设计基于有限时间扩张状态观测器的有限时间控制律，实现无人船的有限时间路径跟踪控制；最后，采用李雅普诺夫稳定性理论证明系统的误差信号在有限时间内收敛到平衡点。

8.3.1　有限时间扩张状态观测器设计

令 $\dot{\boldsymbol{\eta}}=\boldsymbol{\vartheta}$，则式(8.2) 可表示为如下形式：

$$\begin{cases}\dot{\boldsymbol{\eta}}=\boldsymbol{\vartheta}\\ \dot{\boldsymbol{\vartheta}}=\boldsymbol{\sigma}_1+\boldsymbol{R}(\psi)\boldsymbol{M}^{-1}\tau\end{cases}\tag{8.44}$$

其中，$\boldsymbol{\vartheta}=[\vartheta_{\mathrm{u}}\ \ \vartheta_{\mathrm{v}}\ \ \vartheta_{\mathrm{r}}]^{\mathrm{T}}$，$\boldsymbol{\sigma}_1=\boldsymbol{M}^{-1}(\boldsymbol{f}+\tau_{\mathrm{w}})+\boldsymbol{SR}(\psi)\boldsymbol{v}$，$\boldsymbol{f}=[f_{\mathrm{u}}\ \ f_{\mathrm{v}}\ \ f_{\mathrm{r}}]^{\mathrm{T}}$，$\boldsymbol{S}=\begin{bmatrix}0 & -r & 0\\ r & 0 & 0\\ 0 & 0 & 0\end{bmatrix}$。

假设 8.2　包含未建模动态、未知环境干扰的未知合成干扰 $\boldsymbol{\sigma}_1=\boldsymbol{M}^{-1}(\boldsymbol{f}+\tau_{\mathrm{w}})+r\boldsymbol{SR}(\psi)\boldsymbol{v}$ 的变化率 $\dot{\boldsymbol{\sigma}}_1$ 是有界的，即满足 $\|\dot{\boldsymbol{\sigma}}_1\|\leqslant\sigma_{1\mathrm{m}}$，其中，$\sigma_{1\mathrm{m}}$ 是正常数。

有限时间扩张状态观测器设计如下：

$$\begin{cases}\dot{\hat{\boldsymbol{\eta}}}=\hat{\boldsymbol{\vartheta}}-k_1\operatorname{sig}^{\alpha_1}(\tilde{\boldsymbol{\eta}})-\chi_1\operatorname{sgn}(\tilde{\boldsymbol{\eta}})\\ \dot{\hat{\boldsymbol{\vartheta}}}=\hat{\boldsymbol{\sigma}}_1+\boldsymbol{R}(\psi)\boldsymbol{M}^{-1}\tau-k_2\operatorname{sig}^{\alpha_2}(\tilde{\boldsymbol{\eta}})-\chi_2\operatorname{sgn}(\tilde{\boldsymbol{\eta}})\\ \dot{\hat{\boldsymbol{\sigma}}}_1=-k_3\operatorname{sig}^{\alpha_3}(\tilde{\boldsymbol{\eta}})-\chi_3\operatorname{sgn}(\tilde{\boldsymbol{\eta}})\end{cases}\tag{8.45}$$

其中，$\tilde{\boldsymbol{\eta}}$、$\tilde{\boldsymbol{\theta}}$、$\tilde{\boldsymbol{\sigma}}_1$ 为扩张状态观测器的观测误差，$\tilde{\boldsymbol{\eta}}=\hat{\boldsymbol{\eta}}-\boldsymbol{\eta}=[\tilde{x}\ \ \tilde{y}\ \ \tilde{\psi}]^{\mathrm{T}}$、$\tilde{\boldsymbol{\vartheta}}=\hat{\boldsymbol{\vartheta}}-\boldsymbol{\vartheta}=[\tilde{\vartheta}_{\mathrm{u}}\ \ \tilde{\vartheta}_{\mathrm{v}}\ \ \tilde{\vartheta}_{\mathrm{r}}]^{\mathrm{T}}$、$\tilde{\boldsymbol{\sigma}}_1=\hat{\boldsymbol{\sigma}}_1-\boldsymbol{\sigma}_1=[\tilde{\sigma}_{1\mathrm{u}}\ \ \tilde{\sigma}_{1\mathrm{v}}\ \ \tilde{\sigma}_{1\mathrm{r}}]^{\mathrm{T}}$；$k_i$、$\chi_i$ 为扩张观测器的设计参数，$k_i>0(i=$

$1,2,3)$，$\chi_i>0(i=1,2,3)$；$\frac{2}{3}<\alpha_1<1,\alpha_2=2\alpha_1-1,\alpha_3=3\alpha_1-2,\mathrm{sig}^{\alpha_i}(\tilde{\boldsymbol{\eta}})=|\tilde{\boldsymbol{\eta}}|^{\alpha_i}\mathrm{sgn}(\tilde{\boldsymbol{\eta}})(i=1,2,3)$；$\mathrm{sgn}(\cdot)$ 是符号函数。

对式(8.45)进行求导，有限时间扩张状态观测器的观测误差动态为

$$\begin{cases}\dot{\tilde{\boldsymbol{\eta}}}=\tilde{\boldsymbol{\vartheta}}-k_1\mathrm{sig}^{\alpha_1}(\tilde{\boldsymbol{\eta}})-\chi_1\mathrm{sgn}(\tilde{\boldsymbol{\eta}})\\ \dot{\tilde{\boldsymbol{\vartheta}}}=\tilde{\boldsymbol{\sigma}}_1-k_2\mathrm{sig}^{\alpha_2}(\tilde{\boldsymbol{\eta}})-\chi_2\mathrm{sgn}(\tilde{\boldsymbol{\eta}})\\ \dot{\tilde{\boldsymbol{\sigma}}}_1=-\dot{\boldsymbol{\sigma}}_1-k_3\mathrm{sig}^{\alpha_3}(\tilde{\boldsymbol{\eta}})-\chi_3\mathrm{sgn}(\tilde{\boldsymbol{\eta}})\end{cases}\tag{8.46}$$

接下来给出关于观测误差子系统式(8.46)稳定性的定理。

定理 8.3 针对存在未建模动态以及未知环境干扰的船舶模型式(8.44)，通过所设计有限时间扩张观测器可以使速度观测误差和扰动误差在有限时间内收敛到零。

证明 如果同时忽略$-\chi_1\mathrm{sgn}(\tilde{\boldsymbol{\eta}})$、$-\chi_2\mathrm{sgn}(\tilde{\boldsymbol{\eta}})$和$-\dot{\sigma}_1-\chi_3\mathrm{sgn}(\tilde{\boldsymbol{\eta}})$项，有限时间扩张状态观测器的观测误差动态可表示为

$$\begin{cases}\dot{\tilde{\boldsymbol{\eta}}}=\tilde{\boldsymbol{\vartheta}}-k_1\mathrm{sig}^{\alpha_1}(\tilde{\boldsymbol{\eta}})\\ \dot{\tilde{\boldsymbol{\vartheta}}}=\tilde{\boldsymbol{\sigma}}_1-k_2\mathrm{sig}^{\alpha_2}(\tilde{\boldsymbol{\eta}})\\ \dot{\tilde{\boldsymbol{\sigma}}}_1=-\dot{\boldsymbol{\sigma}}_1-k_3\mathrm{sig}^{\alpha_3}(\tilde{\boldsymbol{\eta}})\end{cases}\tag{8.47}$$

根据齐次度的定义可知，该系统关于权值$(1,\alpha_1,2\alpha_1-1)$具有齐次度α_1-1。此外定义系统矩阵$\boldsymbol{A}=\begin{bmatrix}-k_1\boldsymbol{I}_3 & \boldsymbol{I}_3 & \boldsymbol{0}\\ -k_2\boldsymbol{I}_3 & \boldsymbol{0} & \boldsymbol{I}_3\\ -k_3\boldsymbol{I}_3 & \boldsymbol{0} & \boldsymbol{0}\end{bmatrix}$，$\boldsymbol{A}$是赫尔维兹矩阵。考虑如下可微正定函数$V_\alpha(\tilde{\boldsymbol{\eta}},\tilde{\boldsymbol{\vartheta}},\tilde{\boldsymbol{\sigma}}_1)=\boldsymbol{Z}^{\mathrm{T}}\boldsymbol{P}\boldsymbol{Z}$，其中，$\boldsymbol{Z}=[\tilde{\boldsymbol{\eta}}^{\mathrm{T}}\ \ \tilde{\boldsymbol{\vartheta}}^{\mathrm{T}}\ \ \tilde{\boldsymbol{\sigma}}_1^{\mathrm{T}}]^{\mathrm{T}}=[[\mathrm{sig}^{\frac{1}{\delta}}(\tilde{\boldsymbol{\eta}})]^{\mathrm{T}}\ \ [\mathrm{sig}^{\frac{1}{\delta\alpha_1}}(\tilde{\boldsymbol{\vartheta}})]^{\mathrm{T}}\ \ [\mathrm{sig}^{\frac{1}{\delta\alpha_2}}(\tilde{\boldsymbol{\sigma}}_1)]^{\mathrm{T}}]^{\mathrm{T}}$，$\delta=\alpha_1\alpha_2\alpha_3$，正定矩阵$\boldsymbol{P}$是$\boldsymbol{A}^{\mathrm{T}}\boldsymbol{P}+\boldsymbol{P}\boldsymbol{A}=-\boldsymbol{I}_9$的解。$V_\alpha(\tilde{\boldsymbol{\eta}},\tilde{\boldsymbol{\vartheta}},\tilde{\boldsymbol{\sigma}}_1)$是系统式(8.47)的李雅普诺夫函数。令$\boldsymbol{f}_\alpha$是系统式(8.47)的向量场，$L_{f_\alpha}V_\alpha(\tilde{\boldsymbol{\eta}},\tilde{\boldsymbol{\vartheta}},\tilde{\boldsymbol{\sigma}}_1)$是$V_\alpha(\tilde{\boldsymbol{\eta}},\tilde{\boldsymbol{\vartheta}},\tilde{\boldsymbol{\sigma}}_1)$沿向量场$\boldsymbol{f}_\alpha$的李导数。根据齐次度的定义可知，$V_\alpha(\tilde{\boldsymbol{\eta}},\tilde{\boldsymbol{\vartheta}},\tilde{\boldsymbol{\sigma}}_1)$和$L_{f_\alpha}V_\alpha(\tilde{\boldsymbol{\eta}},\tilde{\boldsymbol{\vartheta}},\tilde{\boldsymbol{\sigma}}_1)$关于权值$(1,\alpha_1,2\alpha_1-1)$分别具有齐次度$\frac{2}{\delta}$、$\frac{2}{\delta}+\alpha_1-1$。那么可获得下列不等式：

$$L_{f_\alpha}V_\alpha(\tilde{\boldsymbol{\eta}},\tilde{\boldsymbol{\vartheta}},\tilde{\boldsymbol{\sigma}}_1)\leqslant -c_1[V_\alpha(\tilde{\boldsymbol{\eta}},\tilde{\boldsymbol{\vartheta}},\tilde{\boldsymbol{\sigma}}_1)]^{\varepsilon}\tag{8.48}$$

其中，$c_1=-\max\limits_{\{x_i:V_\alpha(x)=1\}}L_{f_\alpha}V_\alpha(x)$，$\varepsilon=1+\frac{\alpha_1\delta}{2}-\frac{\delta}{2}<1$。

对于观测误差系统式(8.46)构造如下李雅普诺夫函数：

$$V_{\mathrm{of}}(\tilde{\boldsymbol{\eta}},\tilde{\boldsymbol{\vartheta}},\tilde{\boldsymbol{\sigma}}_1)=\boldsymbol{Z}^{\mathrm{T}}\boldsymbol{P}\boldsymbol{Z}\tag{8.49}$$

对式(8.49)进行求导可得

$$\dot{V}_{\mathrm{of}}=L_{f\alpha}V_{\alpha}(\tilde{\boldsymbol{\eta}},\tilde{\boldsymbol{\vartheta}},\tilde{\boldsymbol{\sigma}}_1)+2\boldsymbol{Z}^{\mathrm{T}}\boldsymbol{P}\begin{bmatrix}\dfrac{-\mathrm{diag}[|\tilde{\boldsymbol{\eta}}|^{\frac{1}{\delta}-1}]\chi_1\mathrm{sgn}(\tilde{\boldsymbol{\eta}})}{\delta}\\ \dfrac{-\mathrm{diag}[|\tilde{\boldsymbol{\vartheta}}|^{\frac{1}{\delta\alpha_1}-1}]\chi_2\mathrm{sgn}(\tilde{\boldsymbol{\eta}})}{\delta\alpha_1}\\ \dfrac{\mathrm{diag}[|\tilde{\boldsymbol{\sigma}}_1|^{\frac{1}{\delta\alpha_2}-1}](-\dot{\sigma}_1-\chi_3\mathrm{sgn}(\tilde{\boldsymbol{\eta}}))}{\delta\alpha_2}\end{bmatrix}\tag{8.50}$$

结合式(8.48),可得

$$\dot{V}_{\mathrm{of}}\leqslant-c_1V_{\alpha}^{\varepsilon}+\frac{2\chi_1\lambda_{\max}(\boldsymbol{P})\|\boldsymbol{Z}\|\sum_{i=1}^{3}|\tilde{\eta}_i|^{\frac{1}{\delta}-1}}{\boldsymbol{\sigma}}+\frac{2\chi_2\lambda_{\max}(\boldsymbol{P})\|\boldsymbol{Z}\|\sum_{i=1}^{3}|\tilde{\vartheta}_i|^{\frac{1}{\delta\alpha_1}-1}}{\boldsymbol{\sigma}\alpha_1}+$$

$$\frac{2(\sigma_{1m}+\chi_3)\lambda_{\max}(\boldsymbol{P})\|\boldsymbol{Z}\|\sum_{i=1}^{3}|\tilde{\sigma}_{1,i}|^{\frac{1}{\delta\alpha_2}-1}}{\delta\alpha_2}\tag{8.51}$$

通过引理 8.2 以及不等式$(\mathrm{a}+b+c)^2\leqslant3(a^2+b^2+c^2)$可得

$$\sum_{i=1}^{3}|\tilde{\eta}_i|^{\frac{1}{\delta}-1}\leqslant3^{\delta}\left(\sum_{i=1}^{3}|\tilde{\eta}_i|^{\frac{1}{\delta}}\right)^{1-\delta}\leqslant3^{\frac{1+\delta}{2}}\|\boldsymbol{Z}\|^{1-\delta}\tag{8.52}$$

$$\sum_{i=1}^{3}|\tilde{\vartheta}_i|^{\frac{1}{\delta\alpha_1}-1}\leqslant3^{\delta\alpha_1}\left(\sum_{i=1}^{3}|\tilde{\vartheta}_i|^{\frac{1}{\delta\alpha_1}}\right)^{1-\delta\alpha_1}\leqslant3^{\frac{1+\delta\alpha_1}{2}}\|\boldsymbol{Z}\|^{1-\delta\alpha_1}\tag{8.53}$$

$$\sum_{i=1}^{3}|\tilde{\sigma}_{1,i}|^{\frac{1}{\delta\alpha_2}-1}\leqslant3^{\delta\alpha_2}\left(\sum_{i=1}^{3}|\tilde{\sigma}_{1,i}|^{\frac{1}{\delta\alpha_2}}\right)^{1-\delta\alpha_2}\leqslant3^{\frac{1+\delta\alpha_2}{2}}\|\boldsymbol{Z}\|^{1-\delta\alpha_2}\tag{8.54}$$

将式(8.52) ~ (8.54) 代入式(8.51)可得

$$\begin{aligned}\dot{V}_{\mathrm{of}}&\leqslant-c_1V_{\alpha}^{\varepsilon}+\frac{2\times3^{\frac{1+\delta}{2}}\chi_1\lambda_{\max}(\boldsymbol{P})\ \|\boldsymbol{Z}\|^{2-\delta}}{\delta}+\\&\quad\frac{2\times3^{\frac{1+\delta\alpha_1}{2}}\chi_2\lambda_{\max}(\boldsymbol{P})\ \|\boldsymbol{Z}\|^{2-\delta\alpha_1}}{\delta\alpha_1}+\frac{2\times3^{\frac{1+\delta\alpha_2}{2}}(\sigma_{1m}+\chi_3)\lambda_{\max}(\boldsymbol{P})\ \|\boldsymbol{Z}\|^{2-\delta\alpha_2}}{\delta\alpha_2}\\&\leqslant-c_1V_{\alpha}^{\varepsilon}+c_2V_{\mathrm{o1}}^{1-\frac{\delta}{2}}+c_3V_{\mathrm{o1}}^{1-\frac{\delta\alpha_1}{2}}+c_4V_{\mathrm{o1}}^{1-\frac{\delta\alpha_2}{2}}\end{aligned}\tag{8.55}$$

其中,$c_2=\dfrac{2\times3^{\frac{1+\delta}{2}}\chi_1\lambda_{\max}(\boldsymbol{P})}{\delta[\lambda_{\min}(\boldsymbol{P})]^{1-\frac{\delta}{2}}}$,$c_3=\dfrac{2\times3^{\frac{1+\delta\alpha_1}{2}}\chi_2\lambda_{\max}(\boldsymbol{P})}{\delta\alpha_1[\lambda_{\min}(\boldsymbol{P})]^{1-\frac{\delta\alpha_1}{2}}}$,$c_4=\dfrac{2\times3^{\frac{1+\delta\alpha_2}{2}}(\sigma_{1m}+\chi_3)\lambda_{\max}(\boldsymbol{P})}{\delta\alpha_2[\lambda_{\min}(\boldsymbol{P})]^{1-\frac{\delta\alpha_2}{2}}}$。

因为$0<1-\dfrac{\delta}{2}<1-\dfrac{\delta\alpha_1}{2}<1-\dfrac{\delta\alpha_2}{2}<\varepsilon<1$,将式(8.55)按如下两种情况进行分析。

(1) 如果$V_{\mathrm{of}}\geqslant1$,不等式(8.55)可简化为

$$\dot{V}_{\mathrm{of}}\leqslant-c_1V_{\alpha}^{\varepsilon}+c_{\mathrm{o}}V_{\mathrm{of}}\tag{8.56}$$

其中,$c_{\mathrm{o}}=c_2+c_3+c_4$。那么根据引理 8.2 可以推断出$V_{\mathrm{of}}$收敛到$V_{\mathrm{of}}=1$的时间$t_{\mathrm{o1}}$,即

$$t_{\mathrm{o1}}\leqslant\ln\frac{1-\frac{c_{\mathrm{o}}}{c_1}V_{\mathrm{of}}^{1-\varepsilon}(0)}{c_{\mathrm{o}}\varepsilon-c_{\mathrm{o}}}$$

(2) 如果$V_{\mathrm{of}}<1$,不等式(8.55)可简化为

$$\dot{V}_{\text{of}} \leqslant -c_1 V_\alpha^\varepsilon + c_o V_{o1}^{1-\frac{\delta}{2}}$$
$$\leqslant -c_1 \bar{c}_o V_\alpha^\varepsilon - [c_1(1-\bar{c}_o)V_\alpha^{\varepsilon-1+\delta/2} - c_o]V_{\text{of}}^{1-\frac{\delta}{2}} \tag{8.57}$$

其中，$0<\bar{c}_o<1-\dfrac{c_o}{c_1}$，所以，当$V_\alpha^{\varepsilon-1+\delta/2} > \dfrac{c_o}{c_1(1-\bar{c}_o)}$时，则$\dot{V}_{\text{of}} \leqslant -c_1\bar{c}_o V_\alpha^\varepsilon$，$V_{\text{of}}$是递减的，根据引理 7.1，递减的$V_{\text{of}}(\tilde{\boldsymbol{\eta}},\tilde{\boldsymbol{\vartheta}},\tilde{\boldsymbol{\sigma}}_1)$会使$V_{\text{of}}$在有限时间内收敛到

$$V_{\text{of}} < \left[\frac{c_o}{c_1(1-\bar{c}_o)}\right]^{\frac{2}{\delta\alpha_1}} \tag{8.58}$$

根据引理 7.1 可得收敛时间

$$t_{o2} \leqslant \frac{V_{o1}^{1-\varepsilon}(Z(t_{o1}))}{c_1 \bar{c}_{o1}(1-\varepsilon)} \tag{8.59}$$

因此，观测误差系统式(8.46)的李雅普诺夫函数V_{of}可以在有限时间$T_1=t_{o1}+t_{o2}<\infty$收敛到区域$V_{\text{of}} < \left[\dfrac{c_o}{c_1(1-\bar{c}_o)}\right]^{\frac{2}{\delta\alpha_1}}$，因此，将式(8.49)代入式(8.58)，可得观测误差$\boldsymbol{Z}$收敛到下列区域：

$$\|\boldsymbol{Z}\| < \frac{1}{\sqrt{\lambda_{\min}(\boldsymbol{P})}}\left[\frac{c_o}{c_1(1-\bar{c}_o)}\right]^{\frac{1}{\delta\alpha_1}} \tag{8.60}$$

应用引理 8.2，可得

$$\|\tilde{\boldsymbol{\eta}}\| \leqslant \sum_{i=1}^{3}(|\tilde{\eta}_i|^{\frac{1}{\delta}})^{\delta} \leqslant 3^{1-\delta}\left(\sum_{i=1}^{3}|\tilde{\eta}_i|^{\frac{1}{\delta}}\right)^{\delta} \leqslant 3^{1-\delta/2}\|\boldsymbol{Z}\|^{\delta} \tag{8.61}$$

$$\|\tilde{\boldsymbol{\vartheta}}\| \leqslant \sum_{i=1}^{3}(|\tilde{\vartheta}_i|^{\frac{1}{\delta\alpha_1}})^{\delta\alpha_1} \leqslant 3^{1-\delta\alpha_1}\left(\sum_{i=1}^{3}|\tilde{\vartheta}_i|^{\frac{1}{\delta\alpha_1}}\right)^{\delta\alpha_1} \leqslant 3^{1-\delta\alpha_1/2}\|\boldsymbol{Z}\|^{\delta\alpha_1} \tag{8.62}$$

$$\|\tilde{\boldsymbol{\sigma}}_1\| \leqslant \sum_{i=1}^{3}(|\tilde{\sigma}_{1,i}|^{\frac{1}{\delta\alpha_2}})^{\delta\alpha_2} \leqslant 3^{1-\delta\alpha_1}\left(\sum_{i=1}^{3}|\tilde{\sigma}_{1,i}|^{\frac{1}{\delta\alpha_2}}\right)^{\delta\alpha_2} \leqslant 3^{1-\delta\alpha_2/2}\|\boldsymbol{Z}\|^{\delta\alpha_2} \tag{8.63}$$

因此，可得观测误差的收敛域为

$$\|\tilde{\boldsymbol{\eta}}\| \leqslant \frac{3^{1-\delta/2}}{\sqrt{\lambda_{\min}(\boldsymbol{P})}^{\delta}}\left[\frac{c_o}{c_1(1-\bar{c}_o)}\right]^{\frac{2}{(3\alpha_1-2)}} \tag{8.64}$$

$$\|\tilde{\boldsymbol{\vartheta}}\| \leqslant \frac{3^{1-\delta\alpha_1/2}}{\sqrt{\lambda_{\min}(\boldsymbol{P})}^{\delta\alpha_1}}\left[\frac{c_o}{c_1(1-\bar{c}_o)}\right]^{\frac{2\alpha_1}{(3\alpha_1-2)}} \tag{8.65}$$

$$\|\tilde{\boldsymbol{\sigma}}_1\| \leqslant \frac{3^{1-\delta\alpha_2/2}}{\sqrt{\lambda_{\min}(\boldsymbol{P})}^{\delta\alpha_2}}\left[\frac{c_o}{c_1(1-\bar{c}_o)}\right]^{\frac{2\alpha_2}{(3\alpha_1-2)}} \tag{8.66}$$

上述结果表明，有限时间扩张状态观测器的观测误差$\tilde{\boldsymbol{\eta}}$、$\tilde{\boldsymbol{\vartheta}}$、$\tilde{\boldsymbol{\sigma}}_1$可以在有限时间$T$内收敛到一个有界的区域内，接下来分析如何恰当地选择设计参数$\chi_i(i=1,2,3)$使得观测误差收敛到平衡点。

定义李雅普诺夫函数如下：

$$\boldsymbol{V}_{o1}=\frac{1}{2}\tilde{\boldsymbol{\eta}}^{\mathrm{T}}\tilde{\boldsymbol{\eta}} \tag{8.67}$$

对式(8.67)进行求导，并根据引理 8.2 可得

$$\begin{aligned}\dot{\boldsymbol{V}}_{o1}&=\tilde{\boldsymbol{\eta}}^{\mathrm{T}}\dot{\tilde{\boldsymbol{\eta}}}=\tilde{\boldsymbol{\eta}}^{\mathrm{T}}[\tilde{\boldsymbol{\vartheta}}-k_1\operatorname{sig}^{\alpha_1}(\tilde{\boldsymbol{\eta}})-\chi_1\operatorname{sgn}(\tilde{\boldsymbol{\eta}})]\\&\leqslant\|\tilde{\boldsymbol{\eta}}\|\|\tilde{\boldsymbol{\vartheta}}\|-k_1\sum_{i=1}^{3}|\tilde{\eta}_i|^{\alpha_1+1}-\chi_1\sum_{i=1}^{3}|\tilde{\eta}_i|\\&\leqslant-(\chi_1-\|\tilde{\boldsymbol{\vartheta}}\|)\|\tilde{\boldsymbol{\eta}}\|-\frac{k_1}{3^{\alpha_1}}\|\tilde{\boldsymbol{\eta}}\|^{\alpha_1+1}\end{aligned} \tag{8.68}$$

由于 $\|\tilde{\boldsymbol{\vartheta}}\|\leqslant\frac{3^{1-\delta\alpha_1/2}}{\sqrt{\lambda_{\min}(\boldsymbol{P})}^{\delta\alpha_1}}\left[\frac{c_{o1}}{c_1(1-\bar{c}_{o1})}\right]^{\frac{2\alpha_1}{(3\alpha_1-2)}}$，$c_o=c_2+c_3+c_4$，$c_2=\frac{2\times3^{\frac{1+\delta}{2}}\chi_1\lambda_{\max}(\boldsymbol{P})}{\delta[\lambda_{\min}(\boldsymbol{P})]^{1-\frac{\delta}{2}}}$，选择 $\chi_1>\|\tilde{\boldsymbol{\vartheta}}\|$，即

$$\chi_1>\frac{3^{(2-\delta\alpha_1)/2}\delta\lambda_{\min}(\boldsymbol{P}_i)^{1-\delta/2}(c_2+c_3)}{\delta[\lambda_{\min}(\boldsymbol{P})]^{\epsilon}(c_1-c_4)-2\times3^{(3+\delta-\delta\alpha_1)/2}\lambda_{\max}(\boldsymbol{P})}$$

因此可知控制参数 χ_1 的选值与系统的状态量无关。那么式(8.68)表示为 $\dot{V}_{o1}\leqslant-c_{o1}V_{o1}^{(\alpha_1+1)/2}$，其中，$c_{o1}=\frac{2^{(\alpha_1+1)/2}k_1}{3^{\alpha_1}}$。则观测误差 $\tilde{\boldsymbol{\eta}}$ 能在时间 $t_{o3}<\frac{2V_{o2}^{(1-\alpha_1)/2}(\tilde{\boldsymbol{\eta}}(T_1))}{c_{o1}(1-\alpha_1)}$ 收敛到零。

在 $T_2=T_1+t_{o3}$ 时间之后，有限时间扩张状态观测器的观测误差系统式(8.46)的第二个式子可以写成

$$\dot{\tilde{\boldsymbol{\vartheta}}}=\tilde{\boldsymbol{\sigma}}_1-\chi_2\operatorname{sgn}(\tilde{\boldsymbol{\vartheta}}) \tag{8.69}$$

相应地，考虑观测误差 $\tilde{\boldsymbol{\vartheta}}$ 的李雅普诺夫函数 $\boldsymbol{V}_{o2}=\frac{1}{2}\tilde{\boldsymbol{\vartheta}}^{\mathrm{T}}\tilde{\boldsymbol{\vartheta}}$，求导可得

$$\begin{aligned}\boldsymbol{V}_{o2}&=\tilde{\boldsymbol{\vartheta}}^{\mathrm{T}}\dot{\tilde{\boldsymbol{\vartheta}}}=\tilde{\boldsymbol{\vartheta}}^{\mathrm{T}}\left[\tilde{\boldsymbol{\sigma}}_1-\chi_2\operatorname{sgn}(\tilde{\boldsymbol{\vartheta}})\right]\\&\leqslant-(\chi_2-\|\tilde{\boldsymbol{\sigma}}_1\|)\|\tilde{\boldsymbol{\vartheta}}\|\end{aligned} \tag{8.70}$$

选择合适的参数 χ_2 使得 $\chi_2>\|\tilde{\boldsymbol{\sigma}}_1\|+\varepsilon_1$ 成立，已知 $\|\tilde{\boldsymbol{\sigma}}_1\|\leqslant\frac{3^{1-\delta\alpha_2/2}}{\sqrt{\lambda_{\min}(\boldsymbol{P})}^{\delta\alpha_2}}\times\left[\frac{c_o}{c_1(1-\bar{c}_o)}\right]^{\frac{2\alpha_2}{(3\alpha_1-2)}}$，$c_3=\frac{2\times3^{\frac{1+\delta\alpha_1}{2}}\chi_2\lambda_{\max}(\boldsymbol{P})}{\delta\alpha_1[\lambda_{\min}(\boldsymbol{P})]^{1-\frac{\delta\alpha_1}{2}}}$，则同样可得控制参数 χ_2 的选值与系统的状态量无关。那么根据引理 7.1，可以推断出观测误差 $\tilde{\boldsymbol{\vartheta}}$ 在有限时间 $t_{o4}<\frac{\sqrt{2}}{\varepsilon_1}\boldsymbol{V}_{o2}(\tilde{\boldsymbol{\vartheta}})_{T_2}^{1/2}$ 内收敛到零。

在 $T_3=T_2+t_{o4}$ 时间后，有限时间扩张状态观测器的观测误差系统式(8.46)的第二个式子可以写成

$$\dot{\tilde{\boldsymbol{\sigma}}}_1=-\dot{\boldsymbol{\sigma}}_1-\chi_3\operatorname{sgn}(\tilde{\boldsymbol{\sigma}}_1) \tag{8.71}$$

相应地，考虑观测误差 $\tilde{\boldsymbol{\sigma}}_1$ 的李雅普诺夫函数 $\boldsymbol{V}_{o3}=\frac{1}{2}\tilde{\boldsymbol{\sigma}}_1^{\mathrm{T}}\tilde{\boldsymbol{\sigma}}_1$，求导可得

$$\begin{aligned}\dot{\boldsymbol{V}}_{o3}&=\tilde{\boldsymbol{\sigma}}_1^{\mathrm{T}}\dot{\tilde{\boldsymbol{\sigma}}}_1=\tilde{\boldsymbol{\sigma}}_1\left[-\dot{\boldsymbol{\sigma}}_1-\chi_3\operatorname{sgn}(\tilde{\boldsymbol{\sigma}}_1)\right]\\&\leqslant-(\|\dot{\boldsymbol{\sigma}}_1\|+\chi_3)\|\tilde{\boldsymbol{\sigma}}_1\|\end{aligned}\tag{8.72}$$

选取合适的参数 χ_3 使得 $\|\dot{\boldsymbol{\sigma}}_1\|+\chi_3>\varepsilon_2$ 成立，因为 $\|\dot{\boldsymbol{\sigma}}_1\|\leqslant\sigma_{1m}$，所以参数 χ_3 的选取与系统的状态量无关。根据定理 7.1 可得观测误差 $\tilde{\boldsymbol{\sigma}}_1$ 在 $t_{o5}<\frac{\sqrt{2}}{\varepsilon_2}\boldsymbol{V}_{o3}(\tilde{\boldsymbol{\sigma}}_1)_{T_3}^{1/2}$ 内收敛到零。

由以上分析，可得有限时间扩张状态观测器的观测误差 $\tilde{\boldsymbol{\eta}}$、$\tilde{\boldsymbol{\vartheta}}$ 和 $\tilde{\boldsymbol{\sigma}}_1$ 能在有限时间 $T_4=T_3+t_{o5}$ 内收敛到零。由此，定理 8.3 得证。

8.3.2 基于速度观测值的有限时间 LOS 导引律设计

基于上述有限时间扩张状态观测器观测的速度值设计有限时间 LOS 导引律，用于获得期望的艏向角和路径参数更新律。同样地，无人船在 SF 坐标系下的路径跟踪误差动态同式(8.12)，基于速度观测值的跟踪误差表示为

$$\begin{cases}\dot{x}_e=\hat{u}\cos(\psi-\psi_F)-\hat{v}\sin(\psi-\psi_F)+\dot{\psi}_F y_e-\dot{\theta}\sqrt{x_F'^2+y_F'^2}-\\\qquad\tilde{u}\cos(\psi-\psi_F)+\tilde{v}\sin(\psi-\psi_F)\\\dot{y}_e=U\sin(\psi-\psi_F+\beta)-\dot{\psi}_F x_e-\tilde{u}\sin(\psi-\psi_F)-\tilde{v}\cos(\psi-\psi_F)\\\dot{\psi}_e=\hat{r}_e+\alpha_r-\tilde{r}-\dot{\psi}_d\end{cases}\tag{8.73}$$

其中，$\hat{r}_e=\hat{r}-\alpha_r$，$U=\sqrt{\hat{u}^2+\hat{v}^2}$。

选取路径参数更新律、期望艏向角和虚拟控制律如下：

$$\dot{\theta}=\frac{\hat{u}\cos(\psi-\psi_F)-\hat{v}\sin(\psi-\psi_F)+k_s x_e+k_{s1}\operatorname{sig}^{1/2}(x_e)}{\sqrt{x_F'^2+y_F'^2}}\tag{8.74}$$

$$\psi_d=\psi_F+\arctan\left(-\frac{y_e+\operatorname{sig}^{1/2}(y_e)}{\Delta}\right)-\beta\tag{8.75}$$

$$\alpha_r=-k_\psi\psi_e-k_{\psi1}\operatorname{sig}^{\frac{1}{2}}(\psi_e)+\dot{\psi}_d-y_e U\varphi\tag{8.76}$$

其中，Δ 是导引方法中的前视距离；k_ψ、$k_{\psi1}$、k_s、k_{s1}、是设计参数，$k_\psi>0$，$k_{\psi1}>0$，$k_s>0$，$k_{s1}>0$；$\beta=\operatorname{arctan2}(\hat{v},\hat{u})$。

将式(8.74)～(8.76)代入式(8.73)，可得

$$\begin{cases}\dot{x}_e=-k_s x_e-k_{s1}\operatorname{sig}^{1/2}(x_e)+\dot{\psi}_F y_e-\tilde{u}\cos(\psi-\psi_F)+\tilde{v}\sin(\psi-\psi_F)\\\dot{y}_e=-U\dfrac{y_e+\operatorname{sig}^{1/2}(y_e)}{\sqrt{\Delta^2+(y_e+\operatorname{sig}^{1/2}(y_e))^2}}+U\varphi\psi_e-\dot{\psi}_F x_e-\tilde{u}\sin(\psi-\psi_F)-\tilde{v}\cos(\psi-\psi_F)\\\dot{\psi}_e=-k_\psi\psi_e-k_{\psi1}\operatorname{sig}^{1/2}(\psi_e)-y_e U\varphi-\tilde{r}+\hat{r}_e\end{cases}\tag{8.77}$$

令位置跟踪误差为 $\boldsymbol{E}_g=[x_e\ y_e\ \psi_e]^T$，其动态为

$$\dot{\boldsymbol{E}}_g=-\boldsymbol{K}_g\boldsymbol{E}_g-\boldsymbol{R}_F\tilde{\boldsymbol{v}}+\boldsymbol{l}_h-\boldsymbol{l}_g \tag{8.78}$$

其中，

$$\boldsymbol{K}_g=\mathrm{diag}\left[k_s\quad \frac{U}{\sqrt{\Delta^2+(y_e+\mathrm{sig}^{1/2}(y_e))^2}}\quad k_\psi\right],$$

$$\boldsymbol{R}_F=\begin{bmatrix}\cos(\psi-\psi_F) & -\sin(\psi-\psi_F) & 0\\ \sin(\psi-\psi_F) & \cos(\psi-\psi_F) & 0\\ 0 & 0 & 1\end{bmatrix},$$

$$\boldsymbol{l}_h=\left[\dot{\psi}_F y_e\quad U\varphi\psi_e-\dot{\psi}_F x_e\quad -y_eU\varphi+\hat{r}_e\right]^T,$$

$$\boldsymbol{l}_g=\left[k_{s1}\mathrm{sig}^{1/2}(x_e)\quad U\frac{\mathrm{sig}^{1/2}(y_e)}{\sqrt{\Delta^2+(y_e+\mathrm{sig}^{1/2}(y_e))^2}}\quad k_{\psi1}\mathrm{sig}^{1/2}(\psi_e)\right]^T。$$

针对误差子系统构造李雅普诺夫函数如下：

$$V_g=\frac{1}{2}\boldsymbol{E}_g^T\boldsymbol{E}_g=\frac{1}{2}x_e^2+\frac{1}{2}y_e^2+\frac{1}{2}\psi_e^2 \tag{8.79}$$

对式(8.79)进行求导可得

$$\begin{aligned}\dot{V}_g&=-\boldsymbol{E}_g^T\boldsymbol{K}_g\boldsymbol{E}_g-\tilde{\boldsymbol{v}}^T\boldsymbol{R}_F\boldsymbol{E}_g+\boldsymbol{E}_g^T\boldsymbol{l}_h-\boldsymbol{E}_g^T\boldsymbol{l}_g\\&=-\boldsymbol{E}_g^T\boldsymbol{K}_g\boldsymbol{E}_g-\tilde{\boldsymbol{v}}^T\boldsymbol{R}_F\boldsymbol{E}_g+\hat{r}_e\psi_e-k_{s1}\mid x_e\mid^{3/2}-\frac{U\mid y_e\mid^{3/2}}{\sqrt{(y_e+\mathrm{sig}^{1/2}(y_e))^2+\Delta}}-\\&\quad k_{\psi1}\mid\psi_e\mid^{3/2}\end{aligned} \tag{8.80}$$

应用杨氏不等式可得

$$-\tilde{\boldsymbol{v}}^T\boldsymbol{R}_F^T\boldsymbol{E}_g\leqslant\frac{1}{2}\tilde{\boldsymbol{v}}^T\boldsymbol{R}_F^T(\tilde{\boldsymbol{v}}^T\boldsymbol{R}_F^T)^T+\frac{1}{2}\boldsymbol{E}_g^T\boldsymbol{E}_g\leqslant\frac{1}{2}\tilde{\boldsymbol{\vartheta}}^T\tilde{\boldsymbol{\vartheta}}+\frac{1}{2}\boldsymbol{E}_g^T\boldsymbol{E}_g \tag{8.81}$$

由定理8.3可知，对于 $\forall t\geqslant T_4$，$\tilde{\boldsymbol{\vartheta}}$ 在有限时间 T_4 内收敛到零。所以，对于任意的 $t\geqslant T_4$ 有

$$\begin{aligned}\dot{V}_g&\leqslant-\boldsymbol{E}_g^T\boldsymbol{K}_g\boldsymbol{E}_g+\frac{1}{2}\tilde{\boldsymbol{\vartheta}}^T\tilde{\boldsymbol{\vartheta}}+\frac{1}{2}\boldsymbol{E}_g^T\boldsymbol{E}_g+\hat{r}_e\psi_e-k_{s1}\mid x_e\mid^{3/2}-\frac{U\mid y_e\mid^{3/2}}{\sqrt{[y_e+\mathrm{sig}^{1/2}(y_e)]^2+\Delta}}-k_{\psi1}\mid\psi_e\mid^{3/2}\\&\leqslant-\boldsymbol{E}_g^T\boldsymbol{K}_g\boldsymbol{E}_g+\frac{1}{2}\boldsymbol{E}_g^T\boldsymbol{E}_g+\hat{r}_e\psi_e-k_{s1}\mid x_e\mid^{3/2}-\frac{U\mid y_e\mid^{3/2}}{\sqrt{[y_e+\mathrm{sig}^{1/2}(y_e)]^2+\Delta}}-k_{\psi1}\mid\psi_e\mid^{3/2}\\&\leqslant-\left[\lambda_{\min}\left(\boldsymbol{K}_g-\frac{1}{2}\boldsymbol{I}\right)\right]\boldsymbol{E}_g^T\boldsymbol{E}_g+\hat{r}_e\psi_e-k_{s1}\mid x_e\mid^{3/2}-\frac{U\mid y_e\mid^{3/2}}{\sqrt{[y_e+\mathrm{sig}^{1/2}(y_e)]^2+\Delta}}-\\&\quad k_{\psi1}\mid\psi_e\mid^{3/2}\end{aligned} \tag{8.82}$$

式(8.82)将用于8.3.4节整个闭环系统的稳定性分析。

8.3.3　有限时间路径跟踪输出反馈控制器设计

有限时间路径跟踪输出反馈控制子系统分为两部分：① 有限时间航向跟踪输出反馈控制器设计；② 有限时间速度跟踪输出反馈控制器设计。在本小节，结合反步法和有限时间理论，设计基于速度观测值的有限时间姿态跟踪控制器 τ_r 和基于速度观测值的有限

时间速度跟踪控制器 τ_u，用于跟踪期望的艏向角 ψ_d 和期望的速度 u_d，未知合成扰动 d_r、d_u 采用有限时间干扰观测器进行估计。

(1) 基于速度观测值的有限时间航向跟踪控制器设计。

由 $\boldsymbol{\vartheta}=\boldsymbol{R}(\psi)\boldsymbol{\upsilon}$ 可知 $\boldsymbol{\upsilon}=\boldsymbol{R}^{\mathrm{T}}(\psi)\boldsymbol{\vartheta}$，所以有

$$\hat{\boldsymbol{\upsilon}}=\boldsymbol{R}^{\mathrm{T}}(\hat{\psi})\hat{\boldsymbol{\vartheta}} \tag{8.83}$$

定义速度观测值的艏向角速率误差为

$$\hat{r}_e=\hat{r}-\alpha_r \tag{8.84}$$

对式(8.84)进行求导，并将式(8.45)中的第二个式子展开，并结合式(8.83)，代入式(8.84)，可得

$$\dot{\hat{r}}_e=\hat{r}\hat{\vartheta}_r-k_2\operatorname{sig}^{\alpha_2}(\tilde{\psi})+\hat{\sigma}_r+m_{33}^{-1}\tau_r-\chi_2\operatorname{sgn}(\tilde{\psi})-\dot{\alpha}_r \tag{8.85}$$

为了镇定式(8.85)，并且为防止执行器饱和，结合 7.3.2 节的有限时间饱和补偿器，设计基于速度观测值的有限时间航向跟踪控制律如下：

$$\tau_{rc}=m_{33}(-k_r\hat{r}_e-k_{r1}\operatorname{sig}^{1/2}(\hat{r}_e)-\hat{r}\hat{\vartheta}_r+k_2\operatorname{sig}^{\alpha_2}(\tilde{\psi})+\chi_2\operatorname{sgn}(\tilde{\psi})-\hat{\sigma}_r+\dot{\alpha}_r-\psi_e+k_{\zeta r}\zeta r) \tag{8.86}$$

其中，k_r、k_{r1}、$k_{\zeta r}$ 是控制设计参数，$k_r>0$、$k_{r1}>0$、$k_{\zeta r}>0$。

因为 $\alpha_r=-k_\psi\psi_e-k_{\psi1}\operatorname{sig}^{1/2}(\psi_e)+\dot{\psi}_d-y_eU\varphi$，所以 $\dot{\alpha}_r$ 太过复杂，那么所设计的基于速度观测值的有限时间航向跟踪控制器也会很复杂，因此，同 7.3.2 节，设计有限时间非线性跟踪微分器获得虚拟控制输入 α_r 的微分，避免控制律的计算复杂性。有限时间非线性跟踪微分器的具体过程同 7.3.2 节，在此不再赘述。

将上述控制律代入式(8.86)可得

$$\dot{\hat{r}}_e=-k_r\hat{r}_e-k_{r1}\operatorname{sig}^{1/2}(\hat{r}_e)-\psi_e+m_{33}^{-1}\Delta\tau_r+k_{\zeta r}\zeta_r \tag{8.87}$$

(2) 基于速度观测值的有限时间速度跟踪控制器设计。

定义基于速度观测值的速度跟踪误差为

$$\hat{u}_e=\hat{u}-u_d \tag{8.88}$$

其中，u_d 为期望的纵向速度。

对式(8.88)进行求导可得

$$\begin{aligned}
\dot{\hat{u}}_e&=\dot{\hat{u}}-\dot{u}_d\\
&=-\hat{r}\sin(\hat{\psi})\hat{\vartheta}_u+\hat{r}\cos(\hat{\psi})\hat{\vartheta}_v+\\
&\quad\cos(\hat{\psi})(-k_2\operatorname{sig}^{\alpha_2}(\tilde{x})+\hat{\sigma}_u+\cos(\psi)m_{11}^{-1}\tau_u-\chi_2\operatorname{sgn}(\tilde{x}))+\\
&\quad\sin(\hat{\psi})(-k_2\operatorname{sig}^{\alpha_2}(\tilde{y})+\sigma_v+\sin(\psi)m_{11}^{-1}\tau_u-\chi_2\operatorname{sgn}(\tilde{y}))-\dot{u}_d\\
&=-\hat{r}\sin(\hat{\psi})\hat{\vartheta}_u+\hat{r}\cos(\hat{\psi})\hat{\vartheta}_v+m_{11}^{-1}\tau_u(\cos(\hat{\psi})\cos(\psi)+\sin(\hat{\psi})\sin(\psi))+\\
&\quad\cos(\hat{\psi})(-k_2\operatorname{sig}^{\alpha_2}(\tilde{x})+\hat{\sigma}_u-\chi_2\operatorname{sgn}(\tilde{x}))+
\end{aligned}$$

$$\sin(\hat{\psi})(-k_2\operatorname{sig}^{\alpha_2}(\tilde{y})+\hat{\sigma}_v-\chi_2\operatorname{sgn}(\tilde{y}))-\dot{u}_d \tag{8.89}$$

为了镇定式(8.89)，并且为防止执行器饱和，结合 7.3.2 节的有限时间饱和补偿器式(7.117)，设计基于速度观测值的速度跟踪控制律如下：

$$\begin{aligned}\tau_{uc}=Q^{-1}m_{11}[&-k_u\hat{u}_e-k_{u1}\operatorname{sig}^{1/2}(\hat{u}_e)+\hat{r}\sin(\hat{\psi})\vartheta_u-\hat{r}\cos(\hat{\psi})\vartheta_v-\\&\cos(\hat{\psi})(-k_2\operatorname{sig}^{\alpha_2}(\tilde{x})+\hat{\sigma}_u-\chi_2\operatorname{sgn}(\tilde{x}))-\\&\sin(\hat{\psi})(-k_2\operatorname{sig}^{\alpha_2}(\tilde{y})+\hat{\sigma}_v-\chi_2\operatorname{sgn}(\tilde{y}))+\dot{u}_d+k_{\zeta u}\zeta_u]\end{aligned} \tag{8.90}$$

其中，k_u、k_{u1}、$k_{\zeta u}$ 是控制设计参数，$k_u>0$、$k_{u1}>0$、$k_{\zeta u}>0$；$Q=\cos(\hat{\psi})\cos(\psi)+\sin(\hat{\psi})\sin(\psi)$。

将上述控制律式(8.90) 代入式(8.89) 可得

$$\dot{\hat{u}}_e=-k_u\hat{u}_e-k_{u1}\operatorname{sig}^{1/2}(\hat{u}_e)+k_{\zeta u}\zeta_u+m_{11}^{-1}(\cos(\hat{\psi})\cos(\psi)+\sin(\hat{\psi})\sin(\psi))\Delta\tau_u \tag{8.91}$$

因此，针对控制子系统构造李雅普诺夫函数如下：

$$V_c=\frac{1}{2}\hat{u}_e^2+\frac{1}{2}\zeta_r^2+\frac{1}{2}\hat{r}_e^2+\frac{1}{2}\zeta_u^2 \tag{8.92}$$

对式(8.92) 进行求导可得

$$\begin{aligned}\dot{V}_c=&-k_u\hat{u}_e^2-k_{u1}\,|\hat{u}_e|^{3/2}+k_{\zeta u}\hat{u}_e\zeta_u+m_{11}^{-1}(\cos(\hat{\psi})\cos(\psi)+\sin(\hat{\psi})\sin(\psi))\,\hat{u}_e\Delta\tau_u-\\&k_{\zeta u1}\zeta_u^2-k_{\zeta u0}\,|\zeta_u|^{\frac{3}{2}}+\zeta_u\Delta\tau_u-k_r\hat{r}_e^2-k_{r1}\,|\hat{r}_e|^{3/2}-\hat{r}_e\psi_e+k_{\zeta r}\hat{r}_e\zeta_r+m_{33}^{-1}\hat{r}_e\Delta\tau_r-\\&k_{\zeta r1}\zeta_r^2-k_{\zeta r0}\,|\zeta_r|^{\frac{3}{2}}+\zeta_r\Delta\tau_r\end{aligned} \tag{8.93}$$

应用杨氏不等式可得

$$\hat{u}_e\zeta_u\leqslant\frac{1}{2}\hat{u}_e^2+\frac{1}{2}\zeta_u^2 \tag{8.94}$$

$$\hat{u}_e\Delta\tau_u\leqslant\frac{1}{2}\hat{u}_e^2+\frac{1}{2}\Delta\tau_u^2 \tag{8.95}$$

$$\zeta_u\Delta\tau_u\leqslant\frac{1}{2}\zeta_u^2+\frac{1}{2}\Delta\tau_u^2 \tag{8.96}$$

$$\hat{r}_e\zeta_r\leqslant\frac{1}{2}\hat{r}_e^2+\frac{1}{2}\zeta_r^2 \tag{8.97}$$

$$\hat{r}_e\Delta\tau_r\leqslant\frac{1}{2}\hat{r}_e^2+\frac{1}{2}\Delta\tau_r^2 \tag{8.98}$$

$$\zeta_r\Delta\tau_r\leqslant\frac{1}{2}\zeta_r^2+\frac{1}{2}\Delta\tau_r^2 \tag{8.99}$$

将式(8.94) ～(8.99) 代入式(8.93) 可得

$$\begin{aligned}\dot{V}_c\leqslant&-k_u\hat{u}_e^2-k_{u1}\,|\hat{u}_e|^{3/2}+\frac{k_{\zeta u}}{2}\hat{u}_e^2+\frac{k_{\zeta u}}{2}\zeta_u^2+\frac{1}{m_{11}}\hat{u}_e^2+\frac{1}{m_{11}}\Delta\tau_u^2-\\&k_{\zeta u1}\zeta_u^2-k_{\zeta u0}\,|\zeta_u|^{\frac{3}{2}}+\frac{1}{2}\zeta_u^2+\frac{1}{2}\Delta\tau_u^2-k_r\hat{r}_e^2-k_{r1}\,|\hat{r}_e|^{3/2}-\hat{r}_e\psi_e+\end{aligned}$$

$$\frac{k_{\zeta r}}{2}\hat{r}_e^2+\frac{k_{\zeta r}}{2}\zeta_r^2+\frac{1}{2m_{33}}\hat{r}_e^2+\frac{1}{2m_{33}}\Delta\tau_r^2-k_{\zeta r1}\zeta_r^2-k_{\zeta r0}\ |\zeta_r|^{\frac{3}{2}}+\frac{1}{2}\zeta_r^2+\frac{1}{2}\Delta\tau_r^2 \tag{8.100}$$

式(8.100)将用于8.3.4节整个控制系统的稳定性分析。

8.3.4 系统稳定性分析

对于存在未建模动态以及未知环境干扰的无人船模型式(8.44),由设计的有限时间扩张状态观测器式(8.45)、基于速度观测值的有限时间LOS导引律式(8.75)、基于速度观测值的有限时间控制器式(8.86)和式(8.90),给出如下定理。

定理8.4 针对无人船模型式(8.44),存在外界干扰、未建模动态和船舶速度不可用,在满足假设8.2的条件下,采用设计的有限时间扩张状态观测器式(8.45)、基于速度观测值的LOS导引律式(8.75)、路径参数更新律式(8.74)、基于速度观测值的有限时间航向跟踪控制器式(8.86)、基于速度观测值的有限时间速度跟踪控制器式(8.90)、选取合适的控制参数 k_1、k_2、k_3、α_1、χ_1、χ_2、χ_3、k_s、k_{s1}、k_ψ、$k_{\psi1}$、k_r、k_{r1}、k_u、k_{u1}、$k_{\zeta u}$、$k_{\zeta u1}$、$k_{\zeta u0}$、$k_{\zeta r}$、$k_{\zeta r1}$、$k_{\zeta r0}$,并且控制参数满足 $\lambda_{\min}(K_g)>\frac{1}{2}$、$k_u>\frac{k_{\zeta u}}{2}+\frac{1}{m_{11}}$、$k_r>\frac{k_{\zeta r}}{2}+\frac{1}{2m_{33}}$、$k_{\zeta u1}>\frac{k_{\zeta u}}{2}+\frac{1}{2}$、$k_{\zeta r1}>\frac{k_{\zeta r}}{2}+\frac{1}{2}$,无人船路径跟踪误差能收敛到零邻域内,闭环系统的所有状态均为一致最终有界。

证明 构造整个闭环系统的李雅普诺夫函数如下:

$$V=V_g+V_c=\frac{1}{2}x_e^2+\frac{1}{2}y_e^2+\frac{1}{2}\psi_e^2+\frac{1}{2}\hat{u}_e^2+\frac{1}{2}\hat{r}_e^2+\frac{1}{2}\zeta_r^2+\frac{1}{2}\zeta_u^2 \tag{8.101}$$

对式(8.101)进行求导可得

$$\begin{aligned}\dot{V}\leqslant&-\left[\lambda_{\min}\left(K_g-\frac{1}{2}I\right)\right]\left(\frac{1}{2}x_e^2+\frac{1}{2}y_e^2+\frac{1}{2}\psi_e^2\right)-\left(k_u-\frac{k_{\zeta u}}{2}-\frac{1}{m_{11}}\right)\hat{u}_e^2-\\&\left(k_r-\frac{k_{\zeta r}}{2}-\frac{1}{2m_{33}}\right)\hat{r}_e^2-\left(k_{\zeta u1}-\frac{k_{\zeta u}}{2}-\frac{1}{2}\right)\zeta_u^2-\\&\left(k_{\zeta r1}-\frac{k_{\zeta r}}{2}-\frac{1}{2}\right)\zeta_r^2-2^{3/4}k_{s1}\left|\frac{1}{2}x_e\right|^{3/2}-\frac{2^{3/4}U\left|\frac{1}{2}y_e\right|^{3/4}}{\sqrt{[y_e+\mathrm{sig}^{1/2}(y_e)]^2+\Delta}}-\\&2^{3/4}k_{\psi1}\left|\frac{1}{2}\psi_e\right|^{3/4}-2^{3/4}k_{u1}\left|\frac{1}{2}\hat{u}_e\right|^{3/4}-2^{3/4}k_{r1}\left|\frac{1}{2}\hat{r}_e\right|^{3/4}-2^{3/4}k_{\zeta u0}\left|\frac{1}{2}\zeta_u\right|^{3/4}-\\&2^{3/4}k_{\zeta r0}\left|\frac{1}{2}\zeta_r\right|^{3/4}+\left(\frac{1}{2m_{33}}+\frac{1}{2}\right)\Delta\tau_r^2+\left(\frac{1}{m_{11}}+\frac{1}{2}\right)\Delta\tau_u^2\\\leqslant&-k_vV-k_{v0}V^{3/4}+C\end{aligned} \tag{8.102}$$

其中,

$$k_v=\left\{\lambda_{\min}(2K_g-I),\left(k_u-\frac{k_{\zeta u}}{2}-\frac{1}{m_{11}}\right),\left(k_r-\frac{k_{\zeta r}}{2}-\frac{1}{2m_{33}}\right),\right.$$
$$\left.\left(k_{\zeta u1}-\frac{k_{\zeta u}}{2}-\frac{1}{2}\right),\left(k_{\zeta r1}-\frac{k_{\zeta r}}{2}-\frac{1}{2}\right)\right\},$$

$$k_{v0}=\min\left\{2^{3/4}k_{s1},\frac{2^{3/4}U}{\sqrt{(y_e+\mathrm{sig}^{1/2}(y_e))^2+\Delta}},2^{3/4}k_{\psi1},2^{3/4}k_{u1},2^{3/4}k_{r1},2^{3/4}k_{\zeta u0},2^{3/4}k_{\zeta r0}\right\}$$

$$C=\left(\frac{1}{2m_{33}}+\frac{1}{2}\right)\Delta\tau_r^2+\left(\frac{1}{m_{11}}+\frac{1}{2}\right)\Delta\tau_u^2$$

(1) 根据式(8.102) 可知 $\dot{V}\leqslant -k_v V+C$,因此有

$$0\leqslant V\leqslant\left(V(0)-\frac{C}{k_v}\right)\mathrm{e}^{-k_v t}+\frac{C}{k_v}\tag{8.103}$$

显然障碍李雅普诺夫函数 V 是有界的。因此可以直观地得到 x_e、y_e、ψ_e、$\hat{u}_e$、$\hat{r}_e$ 是一致最终有界的。

(2) 然后分析闭环系统的收敛性。

当 $V\geqslant\dfrac{C}{\rho k_v}$ 时,有 $C\leqslant\rho k_v V$,其中 $0<\rho<1$,所以,从式(8.102) 可知

$$\dot{V}\leqslant -k_v V-k_{v0}V^{\frac{3}{4}}+C\leqslant -(1-\rho)k_v V-k_{v0}V^{\frac{3}{4}}\tag{8.104}$$

由引理 8.3 可知,V 可以在有限时间内收敛到区域 $\left\{\Omega_V:\Omega_V\leqslant\dfrac{C}{\rho k_v}\right\}$,收敛时间为 $T_0=\dfrac{4}{k_v}\ln\dfrac{k_v V^{\frac{1}{4}}\big|_{t=0}+k_{v0}}{k_{v0}}$。令跟踪误差 $\boldsymbol{\zeta}_e=[x_e\quad y_e\quad \psi_e\quad \hat{u}_e\quad \hat{r}_e]^{\mathrm{T}}$,因此,这意味着跟踪误差 $\boldsymbol{\zeta}_e$ 在 T_0 时间内收敛到 $\|\boldsymbol{\zeta}_e\|<\sqrt{2C/\rho k_v}$。由定理 8.3 可知合成干扰观测误差 $\tilde{\boldsymbol{\sigma}}_1$ 在 T_4 时间内收敛到零。

由于位置跟踪误差 x_e、y_e 是有界的,所以船舶位置 $P=(x,y)$ 是有界的。另外,由式(8.76) 可知,α_r 是有界的,u_d 是常数,$\hat{u}_e=\hat{u}-u_d$,$\hat{r}_e=\hat{r}-\alpha_r$,所以 $\hat{u}$、$\hat{r}$ 是有界的,又因为转换矩阵 $\boldsymbol{R}(\psi)$ 有界,$\tilde{\boldsymbol{\vartheta}}=\hat{\boldsymbol{\vartheta}}-\boldsymbol{\vartheta}$,所以 u、r 也是有界的。对于横向速度 v 的有界性证明过程同 6.3 节,在此不再赘述。因此闭环系统的所有状态是一致最终有界的。

定理 8.4 得证。

8.3.5　仿真验证

本小节给出了基于有限时间扩张状态观测器的无人船路径跟踪有限时间输出反馈控制方法的仿真验证。为验证所提基于有限时间扩张状态观测器的路径跟踪有限时间输出反馈控制器的鲁棒性能,本节仿真与上节所提的基于扩张状态观测器的输出反馈控制做对比。

仿真中的无人船模型参数、期望路径、期望速度、船舶的初始状态、外界环境干扰与上节相同,有限时间扩张状态观测器的初始值也与上节提出的扩张状态观测器的初始值相同,其余状态初值为零。

控制系统的设计参数选取如下。

$k_1=10$,$k_2=10$,$k_3=10$,$\alpha_1=0.8$,$\chi_1=0.005$,$\chi_2=0.005$,$\chi_3=0.005$,$k_s=20$,$k_{s1}=0.001$,$k_\psi=2$,$k_{\psi1}=0.01$,$k_r=6$,$k_{r1}=0.01$,$k_u=2$,$k_{u1}=0.001$,$\Delta=10$,$k_{\zeta u}=0.01$,$k_{\zeta u1}=0.1$,$k_{\zeta u0}=0.01$,$k_{\zeta r}=0.01$,$k_{\zeta r1}=0.1$,$k_{\zeta r0}=0.01$。

在无人船存在未建模动态、外界环境干扰、速度测量值不可用、执行器饱和的情况下，通过本节所设计的基于有限时间扩张状态观测器 LOS(FTESO -LOS) 导引律的有限时间鲁棒控制器和 8.3 节所设计的基于扩张状态观测器 LOS(ESO -LOS) 导引律的鲁棒控制器，无人船的路径跟踪控制曲线对比图如图 8.10 ~ 8.17 所示。图 8.10 为无人船在两种算法下的期望路径和实际路径跟踪曲线对比图，从图中可以看出，无人船在 FTESO -LOS 导引律作用下能从初始位置快速跟踪上所设定的期望路径，比 8.3 节所采用的控制策略收敛更快。图 8.11 为无人船在两种算法下的纵向速度、横向速度和艏向角速度的响应曲线对比图，如图所示，两种算法控制效果相当，但是在本节所提出的 FTESO -LOS 导引律控制策略下，船舶的速度响应曲线收敛时间更短，由纵向速度的局部图可以看出，在有限时间扩张状态观测器 LOS(FTESO LOS) 导引律作用下，船舶在 6 s 处已经可以收敛到期望速度，而在 ESO -LOS 导引律作用下，船舶在 11 s 左右收敛到期望速度，由此表明，FTESO -LOS 导引律收敛速度更快。图 8.12 为无人船在两种算法下的纵向误差和横向误差曲线对比图，图中表明，纵向误差在 ESO -LOS 导引律作用下大约 2 s 收敛到平衡点，而在 FTESO -LOS 导引律作用下大约 0.3 s 收敛到平衡点；横向误差在两种算法下收敛时间相当，但是 FTESO -LOS 导引律收敛速度更快。由此表明，无人船在 FTESO -LOS 导引律作用下的位置跟踪误差能够更快地收敛到零附近。图 8.13 为无人船在两种算法下的艏向角跟踪误差 ψ_e、基于观测速度值的速度跟踪误差 $\hat{u}_e$、基于速度观测值的艏向角速度误差 $\hat{r}_e$ 对比图，从图中可以看出，在 FTESO -LOS 导引律作用下的三个误差比 ESO -LOS 导引律作用下收敛更快，横向速度误差 $\hat{u}_e$ 效果最显著。图 8.14 为无人船在两种算法下的纵向位置估计误差 $\tilde{x}$、横向位置估计误差 $\tilde{y}$ 和艏向角估计误差 $\tilde{\psi}$ 变化曲线对比图，从图中可以看出，在 FTESO -LOS 导引律作用下，位置和航向估计误差的收敛时间分别为 2 s、1 s、10 s，明显比 ESO -LOS 导引律作用下的位置和航向估计误差的收敛时间更短。图 8.15 为无人船在两种算法下的纵向速度估计误差 $\tilde{u}$、横向速度估计误差 $\tilde{v}$ 和艏摇角速度估计误差 $\tilde{r}$ 曲线对比图，由图可知，在 FTESO -LOS 导引律作用下，速度和角速度估计误差的收敛时间分别为 2 s、9 s、9 s，明显比 ESO -LOS 导引律作用下的速度和角速度估计误差的收敛时间更短。图 8.16 为无人船在两种算法下的干扰估计误差曲线对比图，由图可知，FTESO -LOS 导引律作用下纵向总扰动估计误差 $\tilde{\sigma}_u$ 收敛时间早于 ESO -LOS 导引律作用下的估计误差收敛时间，横向干扰估计误差 $\tilde{\sigma}_v$、艏向干扰估计误差 $\tilde{\sigma}_r$ 在两种算法下的收敛时间相当，但是 FTESO -LOS 导引律作用下的误差振荡更弱。从图 8.14 ~ 8.16 可知，FTESO -LOS 导引律作用下的位置估计误差、速度估计误差和干扰估计误差的收敛时间整体小于 ESO -LOS 导引律作用下收敛时间，即在所提出的 FTESO -LOS 导引律作用下，无人船的位置、速度和干扰的观测值均能快速收敛于相应的真实值。图 8.17 为无人船在纵荡方向的控制力(纵向推力) 以及艏摇方向上的力矩(转艏力矩)，由图可以看出，在所提出有限时间饱和补偿器的作用下，无人船的控制推力和转艏力矩均在执行器输入饱和限制值的范围内，并且纵向推力的平衡点维持在 0.7 N 左右，比 8.3 节纵向推力的平衡点更小。

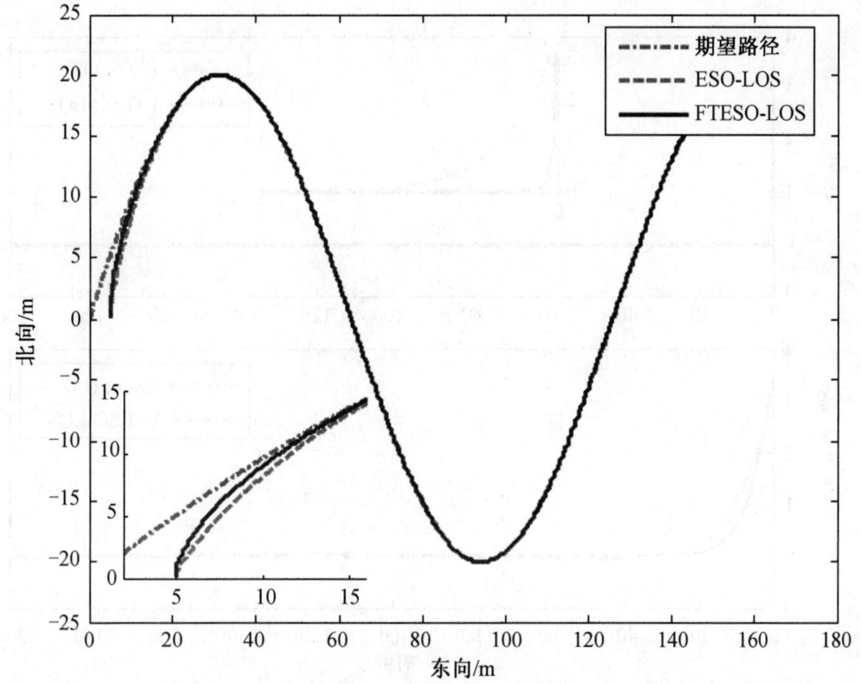

图 8.10　无人船在两种算法下的期望路径和实际路径跟踪曲线对比图

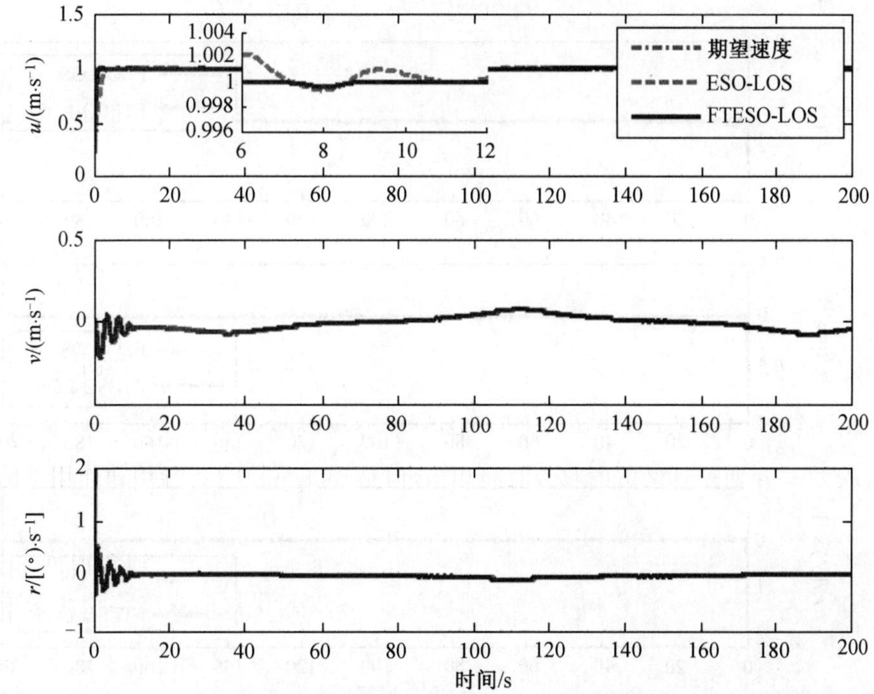

图 8.11　无人船在两种算法下的纵向速度、横向速度和艏向角速度的响应曲线对比图

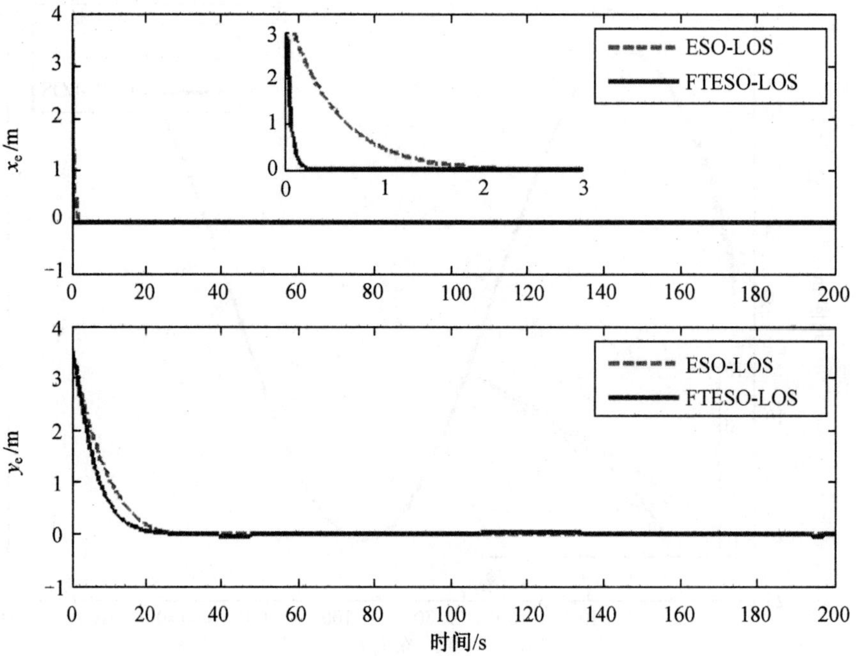

图 8.12　无人船在两种算法下的纵向误差和横向误差曲线对比图

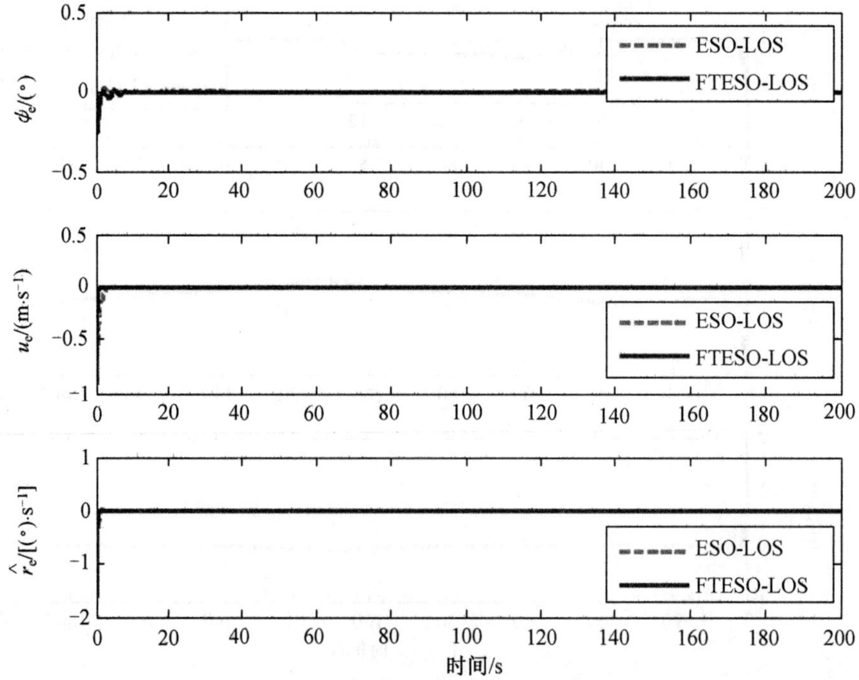

图 8.13　无人船在两种算法下的路径跟踪误差对比图

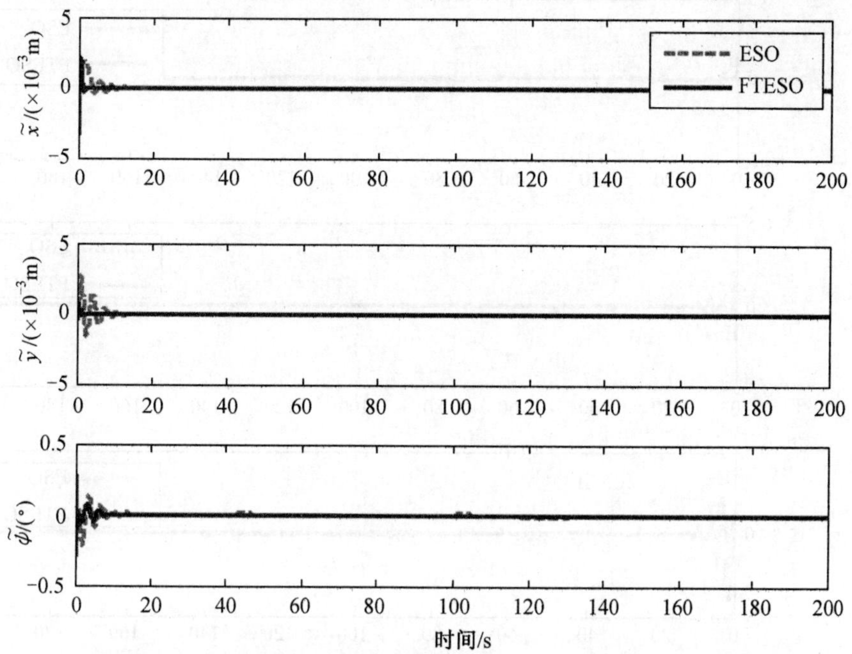

图 8.14　有限时间扩张状态观测器的位置估计误差曲线对比图

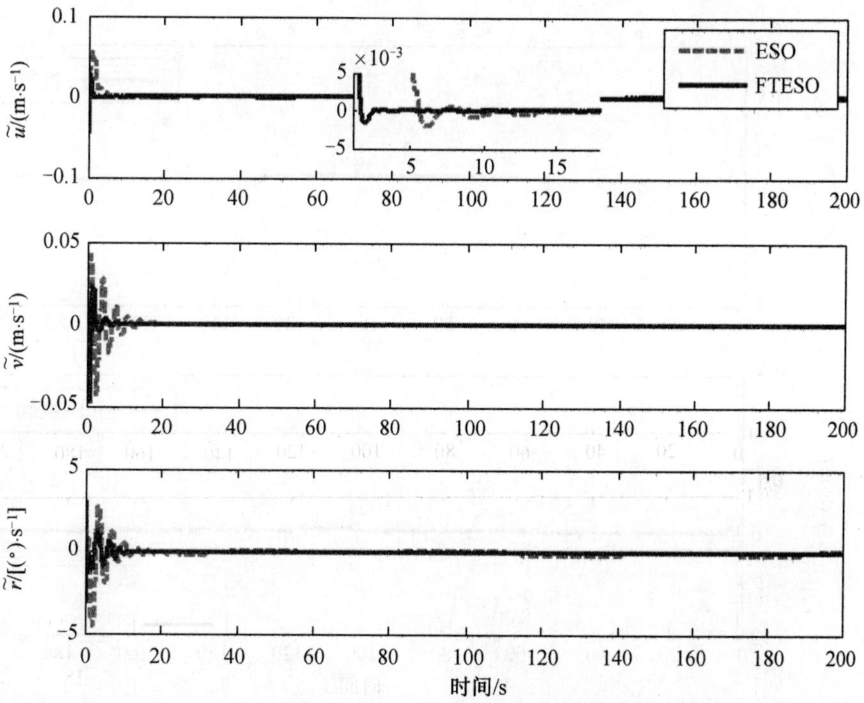

图 8.15　有限时间扩张状态观测器的速度估计误差曲线对比图

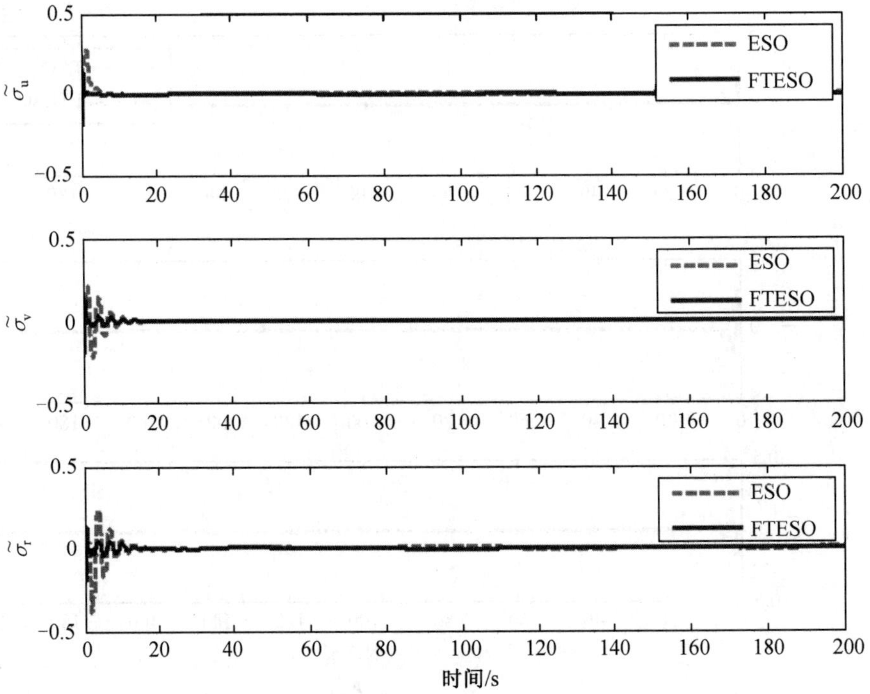

图 8.16　有限时间扩张状态观测器的干扰估计误差曲线对比图

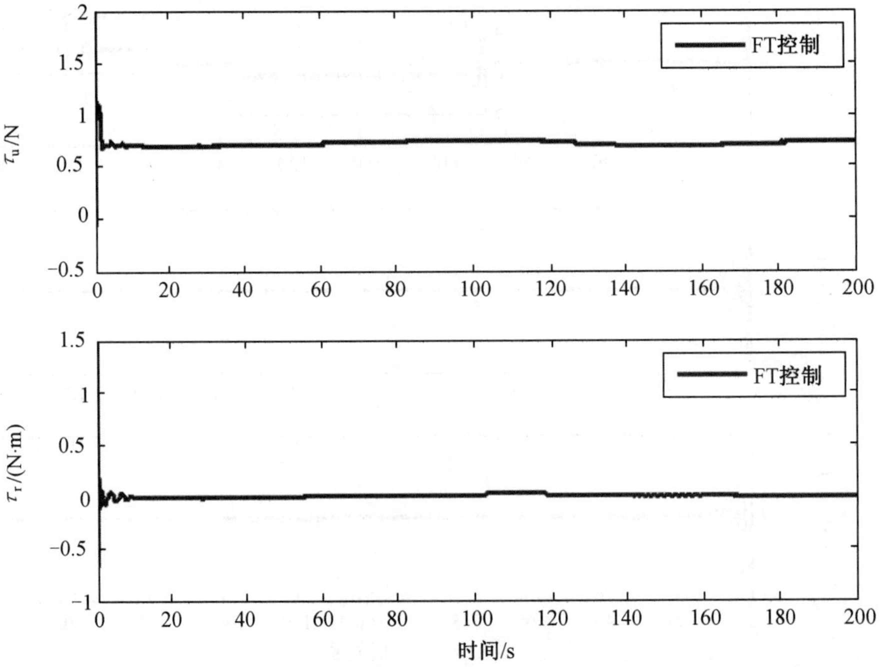

图 8.17　无人船的纵向推力和转艏力矩图

在无人船存在模型不确定、外界环境干扰、速度测量值不可用、执行器饱和的情况下，通过本节所设计的基于有限时间扩张状态观测器 LOS(FTESO -LOS) 导引律的有限时间鲁棒控制器，无人船能够在有限时间内以期望的速度跟踪期望的路径，并且跟踪误差能够在有限时间内收敛到零附近。

8.4　本章小结

本章研究了无人船在未建模动态、未知扰动、速度测量值不可用、执行器饱和情况下的路径跟踪输出反馈控制问题。首先，设计了扩张状态观测器用于观测船舶的速度状态信息，基于观测到的速度值设计了扩张状态观测器 LOS(ESO -LOS) 导引律，然后基于 ESO -LOS 导引律设计了无人船路径跟踪鲁棒控制器，通过李雅普诺夫稳定性理论证明了路径跟踪误差都能达到一致最终有界，并收敛到零附近。仿真验证了所提基于扩张状态观测器的路径跟踪鲁棒控制方法的有效性。虽然所提出的路径跟踪鲁棒控制器具有抗干扰能力，但是跟踪误差是渐进收敛到平衡点的，并且未建模动态和外界环境干扰的存在会对控制性能造成一定的影响。因此，为进一步提高无人船路径跟踪的收敛速度和抗干扰性能，提出了基于有限时间扩张状态观测器(FTESO)，通过齐次理论证明了观测器估计误差都能在有限时间内收敛，设计了有限时间扩张状态观测器 LOS(FTESO -LOS) 导引律，然后基于 FTESO -LOS 导引律设计了有限时间跟踪鲁棒控制器，并与渐进收敛的路径跟踪控制进行了对比分析，验证了所提的有限时间控制策略的有效性。仿真结果表明，基于 FTESO 的有限时间跟踪鲁棒控制器比渐进跟踪鲁棒控制器具有更快的收敛速度、更高的控制精度以及更强的抗干扰能力。

参考文献

[1] FOSSEN T I. Handbook of marine craft hydrodynamics and motion control[M]. Norway: John Wiley, 2012: 241-278.

[2] VAN D M R, WAN E A. The square-root unscented Kalman filter for state and parameter estimation[C]. IEEE International Conference on Acoustics Speech & Signal Processing, Salt Lake City, UT, USA, 2001: 3461-3464.

[3] HABIBI S. The smooth variable structure filter[J]. Proceedings of the IEEE, 2007, 95(5): 1026-1059.

[4] GADSDEN S A, HABIBI S R. A New robust filtering strategy for linear systems [J]. Journal of Dynamic Systems Measurement & Control, 2012, 135(1): 359-370.

[5] ATTARI M, LUO Z, HABIBI S. An SVSF-based generalized robust strategy for target tracking in clutter[J]. IEEE Trans. on Intelligent Transportation Systems, 2016, 17(5): 1381-1392.

[6] HONG L. Centralized and distributed multisensor integration with uncertainties in communication networks [J]. IEEE Transactions on Aerospace & Electronic Systems, 1991, 27(2): 370-379.

[7] FOSSEN T I. A nonlinear unified state-space model for ship maneuvering and control in a seaway[J]. International Journal of Bifurcation and Chaos, 2005, 15 (9): 2717-2746.

[8] PEREZ T, SÖRENSEN A J, BLANKE M. Marine vessel models in changing operational conditions-a tutorial [C]. In: 14th IFAC Symposium on System Identification, New Castle, Australia, 2006: 309-314.

[9] DO K D, PAN J. Global robust adaptive path following of underactuated ships[J]. Automatica, 2006, 42(10): 1713-1722.

[10] LAPIERRE L, JOUVENCEL B. Robust nonlinear path-following control of an AUV[J]. IEEE Journal of Oceanic Engineering, 2008, 33(2): 89-102.

[11] DO K D. Global path-following control of stochastic underactuated ships: a level curve approach[J]. Journal of Dynamic Systems, Measurement, and Control, 2015, 137(7): 1-10.

[12] LI Z, SUN J, BECK R F. Evaluation and modification of a robust path following controller for marine surface vessels in wave fields[J]. Journal of Ship Research, 2010, 54(2): 141-147.

[13] WANG X F, ZHANG B H, CHU D Y, et al. Adaptive analytic model predictive

controller for path following of underactuated ships[C]. Proceedings of the 30th Chinese Control Conference, Yantai, China, 2011: 5515-5521.

[14] CAHARIJA W, CANDELORO M, PETTERSEN K Y, et al. Relative velocity control and integral LOS for path following of underactuated surface vessels[J]. IFAC Proceedings Volumes, 2012, 45(27): 380-385.

[15] FOSSEN T I, PETTERSEN K Y, GALEAZZI R. Line-of-sight path following for dubins paths with adaptive sideslip compensation of drift forces [J]. IEEE Transactions on Control Systems Technology, 2015, 23(2): 820-827.

[16] WANG N, SUN Z. Finite-time observer based guidance and control of underactuated surface vehicles with unknown sideslip angles and disturbances[J]. IEEE Access, 2018, 6: 14059-14070.

[17] DO K D. Path-tracking control of underactuated ships under tracking error constraints[J]. Journal of Marine Science and Application, 2015, 14(4): 343-354.

[18] JIN X. Fault tolerant finite-time leader-follower formation control for autonomous surface vessels with LOS range and angle constraints[J]. Automatica, 2016, 68: 228-236.

[19] ZHENG Z W, XIE L H. Finite-time path following control for a stratospheric airship with input saturation and error constraint [J]. International Journal of Control, 2019, 92(2):368-393.

[20] DING FUGUANG, BAN XICHENG, LIU XIANGBO. Sensor fault diagnosis of dynamic positioning ship based on finite impulse response filter [C]. IEEE International Conference on Mechatronics and Automation, Harbin, China, 2016: 1278-1282.

[21] 林孝工，徐树生，赵大威. 动力定位冗余测量系统的模糊自适应融合算法[J]. 传感器与微系统，2012，31(7)：130-134.

[22] LIN Xiaogong, XU Shusheng, ZHAO Dawei, et al. Fuzzy adaptive multi-sensor fusion algorithm for the vessel heading redundant measurement system[J]. Sensor Letters, 2012, 10(7): 1529-1533.

[23] LIN Xiaogong, XU Shusheng, XIE Yehai. Multi-sensor hybrid fusion algorithm based on adaptive square-root cubature Kalman filter [J]. Journal of Marine Science and Application, 2013, 12(1): 106-111.

[24] LIN Xiaogong, JIAO Yuzhao, ZHAO Dawei. An improved gaussian filter for dynamic positioning ships with colored noises and random measurements loss[J]. IEEE Access, 2018(6):6620-6629

[25] LIN Xiaogong, JIAO Yuzhao, LI Heng, et al. The variational Bayesian-variable structure filter for uncertain system with model imprecision and unknown measurement noise[C]. 36th Chinese Control Conference (CCC), Dalian, China, 2017: 5469-5474.

[26] XU Shusheng, LIN Xiaogong. Asynchronous multi-sensor hierarchical adaptive data fusion algorithm[C]. Proceedings of the 2011 IEEE International Conference on Complex Medical Engineering, Harbin, China, 2011: 285-289.

[27] XU Shusheng, LIN Xiaogong, FU Mingyu. Multi-rate sensor adaptive data fusion algorithm based on incomplete measurement [C]. Proceeding of the IEEE International Conference on Automation and Logistics, Chongqing, China, 2011: 488-491.

[28] 丁福光,谭劲锋,王元慧. 非线性滤波器在动力定位船位估计中的应用[J]. 中国造船, 2011, 52(3):67-73.

[29] 徐树生,林孝工. 船舶动力定位多传感器闭环分级融合算法[J]. 电子学报,2014,42(3),512-516.

[30] 徐树生,林孝工. 强跟踪自适应平方根容积 Kalman 滤波算法[J]. 电子学报,2014,42(12):2394-2400.

[31] 徐树生,林孝工. 基于鲁棒 CKF 的多传感器全信息融合算法[J]. 电机与控制学报, 2013,17(2):90-97

[32] 徐树生,林孝工,赵大威,等. 强跟踪 SRCKF 及其在船舶动力定位中的应用[J]. 仪器仪表学报,2013,34(6):1266-1272.

[33] 林孝工,徐树生,赵大威. 多速率传感器不完全测量数据自适应融合算法[J]. 传感器与微系统,2012, 31(4): 119-122.

[34] 林孝工, 谢业海, 赵大威, 等. 基于滞后一停留时间切换控制的输入受限系统[J]. 哈尔滨工程大学学报,2012, 33(6): 720-724.

[35] 谢业海, 林孝工, 赵大威, 等. 基于粒子群算法的海浪方向谱估计[J]. 哈尔滨工程大学学报,2012, 33(12): 1504-1508.

[36] 林孝工, 焦玉召, 梁坤, 等. 相关噪声下非线性滤波及在动力定位中的应用[J]. 控制理论与应用,2016, 33(8): 1081-1088.

[37] 林孝工, 焦玉召, 聂君. 互相关噪声下动力定位船艏向估计方法[J]. 电机与控制学报, 2018,3(22): 114-120.

[38] 林孝工, 焦玉召, 李恒, 等. 基于容积变换的平滑变结构滤波及应用[J]. 系统工程与电子技术, 2018(1):159-164.

[39] ZHENG Z, SUN L, XIE L. Error-constrained LOS path following of a surface vessel with actuator saturation and faults[J]. IEEE Transactions on Systems, Man, and Cybernetics: Systems, 2017, 48(10): 1794-1805.

[40] DO K D, PAN J. Underactuated ships follow smooth paths with integral actions and without velocity measurements for feedback: theory and experiments[J]. IEEE Transactions on Control Systems Technology, 2006, 14(2): 308-322.

[41] WANG N, LV S L, ZHANG W D, et al. Finite-time observer based accurate tracking control of a marine vehicle with complex unknowns [J]. Ocean Engineering, 2017, 145: 406-415.

[42] 韩京清. 自抗扰控制器及其应用[J]. 控制与决策，1998，13(1)：19-23.
[43] 赵大威,边信黔,丁福光. 非线性船舶动力定位控制器设计[J]. 哈尔滨工程大学学报,2011，1:57-61.
[44] 赵大威,丁福光,谢业海. 利用船舶运动数据估计海浪方向谱的研究[J]. 哈尔滨工程大学学报,2014，35(10):1219-1223.
[45] 丁福光,马燕芹,李江军,等. 多船舶的神经网络自适应同步控制[J]. 计算机仿真，2015，32(1):397-401.
[46] WANG Yuanhui，ZHANG Bo，DING Fuguang. Estimating dynamic motion parameters with an improved wavelet thresholding and inter-scale correlation[J]，IEEE ACCESS，2018,6:39827-39838.
[47] DING Fuguang，WANG Bin，YAN Qinma. Adaptive coordinated formation control for multiple surface vessels based on virtual leader[C]. 35th Chinese Control Conference (CCC)，Chengdu，China，2016:7561-7566.
[48] XIE Yehai，LIN Xiaogong，BIAN Xinqian，et al. Discrete-time supervisory control of input-constrained using a new switching logic[J]. Information-An International Interdisciplinary Journal，2012，15(6)：2373-2381.
[49] LIN Xiaogong，XIE Yehai，ZHAO Dawei，et al. Estimation of parameters of observer of dynamic positioning ships[J]. Mathematical Problems in Engineering，2013(173603)：1-7.
[50] XIE Yehai，LIN Xiaogong，BIAN Xinqian. Multiple model adaptive nonlinear observer of dynamic positioning ship[J]. Mathematical Problems in Engineering，2013(893081):1-10.
[51] 林孝工，谢业海，赵大威，等. 基于海况分级的船舶动力定位切换控制[J]. 中国造船，2012，53(3)：165-173.
[52] LIN Xiaogong，XIE Yehai，BIAN Xinqian，et al. Dynamic positioning controller based on unified model in extreme seas[J]. Journal of Computational Information Systems,2013,9(20):8089-8097.
[53] ZHAO Dawei，DING Fuguang. Robust H_∞ control of neutral system with time-delay for dynamic positioning ships[J]. Mathematical Problems in Engineering，2015:976925.1-976925.11.
[54] LIBERZON D. Switching in systems and control [M]. Berlin：Birkhauser，2003.
[55] 韩京清. 自抗扰控制技术[M]. 北京:国防工业出版社,2008.
[56] ZHAO Dawei，BIAN Xinqian，DING Fuguang. Nonlinear controller based ADRC for dynamic positioned vessels[C]. ICIA2010，Harbin，Chian，2010：1367-1371.
[57] DING Fuguang，WU Jing，WANG Yuanhui. Stabilization of an underactuated surface vessel based on adaptive sliding mode and backstepping control [J]. Mathematical Problems in Engineering，2013(324954):1-5.
[58] 丁福光,马燕芹,王元慧,等. 基于状态观测器的多艘船舶鲁棒同步控制[J]. 哈尔滨

工程大学学报,2015(6): 789-794.

[59] 丁福光,朱增帅,王奇.基于BP网络的船舶动力定位控制技术仿真研究[J].计算机仿真,2014,31(10):405-409.

[60] 丁福光,吴静,隋玉峰.基于反步法的欠驱动船舶镇定控制[J].计算机仿真,2013,30(10):377-381.

[61] 丁福光,闫志辉.基于模糊PID串级控制的航迹保持方法[J].船舶工程,2009,31(1):35-37.

[62] 丁福光,王宏健,边信黔.分布式系统级故障诊断算法在船舶动力定位系统中的应用[J].船舶工程,2002,4:34-37.

[63] LIN Xiaogong, NIE Jun, JIAO Yuzhao, et al. Nonlinear adaptive fuzzy output-feedback controller design for dynamic positioning system of ships[J]. Ocean Engineering, 2018, 158: 186-195.

[64] LIN Xiaogong, NIE Jun, JIAO Yuzhao, et al. Adaptive fuzzy output feedback stabilization control for the underactuated surface vessel[J]. Applied Ocean Research, 2018, 74: 40-48.

[65] NIE Jun, LIN Xiaogong. Robust nonlinear path following control of underactuated msv with time-varying sideslip compensation in the presence of actuator saturation and error constraint[J]. IEEE Access, 2018, 6: 71906-71917.

[66] ZHENG Z, SUN L, XIE L. Error-constrained LOS path following of a surface vessel with actuator saturation and faults[J]. IEEE Transactions on Systems, Man, and Cybernetics: Systems, 2017, 48(10): 1794-1805.

[67] OH S R, SUN J. Path following of underactuated marine surface vessels using line-of-sight based model predictive control[J]. Ocean Engineering, 2010, 37: 289-295.

名 词 索 引